高等职业教育机电类专业系列教材

U0394404

机械制造技术

主　编　朱亮亮

副主编　刘红芳　林素敏

参　编　王碧艳　史　诺　付建军　谢超明

主　审　李敏科

西安电子科技大学出版社

内 容 简 介

　　本书共 13 章,以机械制造方法和机床装备为主线,介绍金属材料的基础知识、热处理方法及选用原则,铸造、锻压和焊接等热加工成形方法,尺寸公差、几何公差、表面粗糙度的标注及检测,金属切削原理及刀具基础,车削加工方法、铣削加工方法、磨削加工方法、钻削加工方法、齿轮加工方法、镗削加工方法、拉削加工方法、刨削加工方法和典型特种加工方法等,并融入工件的装夹、夹具、尺寸链计算、机械加工工艺规程制订、机械装配工艺规程制订等内容。

　　本书强调学以致用,理论联系实际,注重学生机械制造技术应用能力与工程素养两个方面的培养,旨在提高学生解决生产一线实际问题的能力。

　　本书可作为高等职业院校、高等专科院校机械制造与自动化专业、机电一体化专业、模具设计与制造专业、数控加工技术专业和其他相近专业的教材,也可用于职工培训或供有关技术人员参考。

图书在版编目(CIP)数据

机械制造技术/朱亮亮主编. —西安:西安电子科技大学出版社,2017.1(2024.8重印)
ISBN 978 - 7 - 5606 - 4309 - 0

Ⅰ. ①机…　Ⅱ. ①朱…　Ⅲ. ①机械制造工艺—高等职业教育—教材　Ⅳ. ①TH16

中国版本图书馆 CIP 数据核字(2016)第 262606 号

策　　划　李惠萍　毛红兵
责任编辑　杨　璠
出版发行　西安电子科技大学出版社(西安市太白南路 2 号)
电　　话　(029)88202421　88201467　　邮　　编　710071
网　　址　www.xduph.com　　　　电子邮箱　xdupfxb001@163.com
经　　销　新华书店
印刷单位　西安日报社印务中心
版　　次　2017 年 1 月第 1 版　2024 年 8 月第 2 次印刷
开　　本　787 毫米×1092 毫米　1/16　印　　张 22.5
字　　数　535 千字
定　　价　38.00 元
ISBN 978 - 7 - 5606 - 4309 - 0
XDUP 4601001 - 2
＊＊＊如有印装问题可调换＊＊＊

前　言

　　"机械制造技术"是机械类专业必修的一门重要的专业平台课程。通过该课程的学习，使学生掌握金属材料的基本知识、热处理方法及选用原则；掌握金属材料的热加工成形工艺；掌握零部件的公差配合与测量；熟知金属切削原理与刀具基础，能熟练进行车削、磨削、铣削、钻削、镗削、拉削、刨削等机械加工方法的操作；能够编制机械加工工艺流程和装配工艺流程。另外，通过该课程的学习，还应使学生能够熟练应用这些知识从事机械制造生产，并能够解决机械生产中的实际问题，为毕业后从事机械类工作奠定扎实的基础。

　　本书共四篇十三章。第一篇为机械工程材料，包括金属材料基础知识、钢的热处理、常用金属材料及选用；第二篇为金属材料热加工工艺基础，包括铸造成形、锻压成形、焊接成形；第三篇为公差配合与技术测量，包括尺寸公差及检测、几何公差及检测、表面粗糙度及其测量；第四篇为金属切削加工基础，包括金属切削原理与刀具基础、常见金属切削加工机床与加工方法、其他金属切削加工机床与加工方法、机械加工工艺与机械装配工艺基础。

　　本书具有如下特点：

　　(1) 以培养高级应用型人才为目标，在系统介绍机械制造工艺过程和加工工艺方法的基础上，更加注重基本知识的应用，以理解、够用为尺度，删减复杂的理论推导和设计计算。

　　(2) 各章内容相对独立，各学校可根据自己的学时数和专业的需要进行取舍。内容设计注重工程应用能力的培养，强化与实践的结合，突出应用。

　　(3) 每章末有本章小结和习题，有利于学生对本章重点内容的复习和掌握，从而拓展学生的思维空间，锻炼与提升学生解决实际问题的能力。

　　本书由杨凌职业技术学院朱亮亮担任主编，并负责全书的统稿工作，由湖北职业技术学院刘红芳和杨凌职业技术学院林素敏担任副主编，由杨凌职业技术学院王碧艳、史诺、付建军和湖北职业技术学院谢超明担任参编。本书具体编写任务为：朱亮亮编写第1章、第2章、第3章、第10章、第12章，刘红芳编写第5章、第6章，林素敏编写第 7 章、第 8 章,王碧艳编写第 4 章,史诺编写第 13 章,付建军编写第 11 章,谢超明编写第 9 章。

本书由杨凌职业技术学院李敏科副教授担任主审,并得到陈高锋副教授及有关领导的大力帮助和支持,在此一并表示感谢。

限于编者水平有限,书中难免有不妥之处,敬请读者批评指正,以求不断完善本书内容,在此表示衷心感谢!

编　者

2016 年 12 月

目　　录

第一篇

机械工程材料

第1章　金属材料基础知识

（一）教学目标

·知识目标：

（1）掌握金属材料五种力学性能指标及物理性能、化学性能、工艺性能的概念与内容；

（2）掌握金属材料的结合方式及结构特点；

（3）了解结晶的概念并掌握晶核形成过程；

（4）掌握 $Fe-Fe_3C$ 合金相图的特点及应用。

·能力目标：

（1）根据工况的不同，具备合理选择金属材料，保证其力学性能、物理性能、化学性能、工艺性能满足要求的能力；

（2）根据晶体点缺陷、线缺陷和面缺陷的几何特点，具备区分晶体缺陷的能力；

（3）根据铁碳合金相图，进行金属材料的选用，具备为铸造、锻造、焊接、热处理等热加工工艺提供重要依据的能力。

（二）教学内容

（1）金属材料的力学性能指标、物理性能、化学性能、工艺性能；

（2）金属材料的结合方式，金属材料的结构特点，纯金属的晶体结构，合金的晶体结构；

（3）结晶的基本概念，晶核的形成及长大过程，晶粒大小，铸锭的组织；

（4）铁碳合金的基本组元与基本相，$Fe-Fe_3C$ 合金相图分析，含碳量与铁碳合金组织及性能的关系，铁碳合金相图的应用。

（三）教学要点

（1）材料的力学性能指标；

（2）金属材料的结构特点和三种典型的晶体结构形式；

（3）晶核的形成及长大过程；

（4）铁碳合金的基本组元与基本相，$Fe-Fe_3C$ 合金相图分析及应用。

1.1　金属材料的性能

材料是人类生产和生活的物质基础。材料的种类很多，其中用于机械制造的各种材料为机械工程材料。机械工程材料是用以制造各种机械零件的材料的统称，通常分为金属材料和非金属材料两大类。

金属材料包括黑色金属（铁金属）材料和有色金属（非铁金属）材料。有色金属用量虽只占金属材料的 5%，但由于它具有良好的导热性、导电性，以及优异的化学稳定性和高的比强度等，因而在机械工程中占有重要的地位。非金属材料又可分为无机非金属材料、有机高分子材料和复合材料。其中，属于无机非金属材料的有耐火材料、陶瓷、磨料、碳和石墨材料、石棉等；属于有机高分子材料的有合成橡胶、合成树脂、合成纤维等；此外，还有由两种或多种不同材料组合而成的复合材料，这种材料由于复合效应具有比单一材料优越的综合性能，现已成为一类新型的工程材料。

在机械制造中，为生产出高质量、低成本的机械或零件，就要合理选择材料和工艺，这就要求了解各种常见工程材料的性能。

1.1.1　材料的力学性能

材料常用的力学性能指标有强度、塑性、硬度、冲击韧度、疲劳极限等。

1. 材料的强度

强度是材料在外力作用下抵抗塑性变形和断裂的能力。工程上常用的静拉伸强度判据有比例极限 σ_p（弹性极限 σ_e）、屈服点极限 σ_s 和强度极限 σ_b 等。

材料在外力作用下其强度和变形方面所表现出的力学性能，是强度计算和材料选用的重要依据。在不同的温度和加载速度下，材料的力学性能将发生变化。

材料的拉伸和压缩试验是测定材料力学性能的基本试验，试验中的试件按国家标准（GB/T 228.1—2010）设计，如图 1-1 所示。

试验前，先在试件中间的等截面直杆部分取长为 l 的一段作为工作段，长度 l 称为标距。根据国家标准，拉伸试件分长、短两种，对于圆截面试件，规定标距 l 与截面直径 d 的比例关系分别为 $l=10d$ 和 $l=5d$；对于矩形截面试件，规定其标距 l 与横截面面积 A 的关系分别为 $l=11.3\sqrt{A}$，$l=5.65\sqrt{A}$。将试样装夹在拉伸试验机上，缓慢增加试验力，试样标距的长度将逐渐增加，直至拉断。

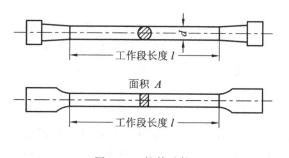

图 1-1　拉伸试件

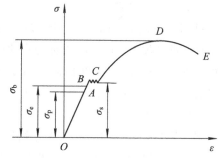

图 1-2　低碳钢拉伸应力-应变图

低碳钢是工程上应用最广泛的材料，同时，低碳钢试件在拉伸试验中所表现出来的力学性能最为典型。将试件装上试验机后，缓慢加载，直至拉断，试验机的绘图系统可自动绘出试件在试验过程中工作段的变形和拉力之间的关系曲线图。以 ε 和 σ 分别为横坐标与纵坐标，这样得到的曲线称为应力-应变图或 σ-ε 曲线。图 1-2 为 Q235 钢的 σ-ε 曲线，从图中可见，整个拉伸过程可分为以下四个阶段：

第 1 阶段　弹性阶段。

在试件拉伸的初始阶段，σ 与 ε 的关系表现为直线 OA，σ 与 ε 成正比，直线的斜率为

$$k = \frac{\sigma}{\varepsilon} = E \qquad (1-1)$$

所以有

$$\sigma = E \cdot \varepsilon \qquad (1-2)$$

这就是著名的胡克定律,式中 E 为弹性模量,为材料的刚度性能指标。

直线 OA 的最高点 A 所对应的应力,称为比例极限,用 σ_p 表示,即只有应力低于比例极限,胡克定律才能适用。Q235 钢的比例极限 $\sigma_p \approx 200$ MPa。弹性阶段的最高点 B 所对应的应力是材料保持弹性变形的极限点,称为弹性极限,用 σ_e 表示。此时在 AB 段已不再保持直线,但如果在 B 点卸载,则试件的变形还会完全消失。由于 A、B 两点非常接近,所以工程上对弹性极限和比例极限并不严格区分。

第 2 阶段 屈服阶段。

当应力超过弹性极限时,σ-ε 曲线上将出现一个近似水平的锯齿形线段(见图 1-2 中的 BC 段),这表明应力在此阶段基本保持不变,而应变却明显增加。此阶段称为屈服阶段或流动阶段。若试件表面光滑,则可看到其表面有与轴线大约呈 45° 的条纹,称为滑移线,如图 1-3(a)所示。在屈服阶段中,对应于曲线最高点与最低点的应力分别称为上屈服点应力和下屈服点应力。通常,下屈服点应力值较稳定,故一般将下屈服点应力作为材料的屈服点极限,用 σ_s 表示。Q235 钢的屈服点极限 $\sigma_s \approx 240$ MPa。

(a) 45° 滑移线　　　　　　　　　(b) 缩颈现象

图 1-3 屈服阶段缩颈阶段

当材料屈服时,将产生显著的塑性变形。通常,在工程中是不允许构件在塑性变形的情况下工作的,所以 σ_s 是衡量材料强度的重要指标。

第 3 阶段 强化阶段。

经过屈服阶段后,图 1-2 中 CD 段曲线又逐渐上升,表示材料恢复了抵抗变形的能力,且变形迅速加大,这一阶段称为强化阶段。强化阶段中的最高点 D 对应的是材料所能承受的最大应力,称为强度极限,用 σ_b 表示。强化阶段中,试件的横向尺寸明显缩小。Q235 钢的强度极限 $\sigma_b \approx 400$ MPa。

第 4 阶段 缩颈阶段。

在强化阶段,试件的变形基本是均匀的。过 D 点后,变形集中在试件的某一局部范围内,横向尺寸急剧减少,形成缩颈现象,如图 1-3(b)所示。由于在缩颈部分横截面面积明显减少,使试件继续伸长所需要的拉力也相应减少,故在 σ-ε 曲线中,应力由最高点下降到 E 点,最后试件在缩颈段被拉断,这一阶段称为缩颈阶段或局部变形阶段。

上述拉伸过程中,材料经历了弹性、屈服、强化和缩颈四个阶段。对应前三个阶段的三个特征点,其相应的应力值依次为比例极限 σ_p、屈服点极限 σ_s 和强度极限 σ_b。对低碳钢来说,屈服点极限和强度极限是衡量材料强度的主要指标。

2. 材料的塑性

试件拉断后,材料的弹性变形消失,塑性变形则保留下来,试件长度由原长 l 变为 l_1,

试件拉断后的塑性变形量与原长之比以百分比表示，即

$$\delta = \frac{l_1 - l}{l} \times 100\% \tag{1-3}$$

式中：δ 为断后伸长率；l 为试件原始标距；l_1 为试件拉断后的标距。

断后伸长率是衡量材料塑性变形程度的重要指标之一，Q235 钢的断后伸长率 $\delta \approx$ 20%～30%。断后伸长率越大，材料的塑性性能越好。工程上将 $\delta \geq 5\%$ 的材料称为塑性材料，如低碳钢、铝合金、青铜等均为常见的塑性材料；将 $\delta < 5\%$ 的材料称为脆性材料，如铸铁、高碳钢、混凝土等均为脆性材料。

衡量材料塑性变形程度的另一个重要指标是断面收缩率 ψ。设试件拉伸前的横截面面积为 A，拉断后断口横截面面积为 A_1，以百分比表示的比值，即

$$\psi = \frac{A - A_1}{A} \times 100\% \tag{1-4}$$

称为断面收缩率。断面收缩率越大，材料的塑性越好，Q235 钢的断面收缩率约为 50%。

3. 材料的硬度

硬度实际上是指一个小的金属表面或很小的体积内抵抗弹性变形、塑性变形或破裂的一种抗力。因此，硬度不是一个单纯的确定的物理量，不是基本的力学性能指标，而是一个由材料的弹性、强度、塑性、韧性等一系列不同力学性能组成的综合性能指标，所以硬度所表示的量不仅取决于材料本身，而且取决于试验方法和试验条件。

硬度试验方法很多，一般可分为三类，有：压入法，如布氏硬度、洛氏硬度、维氏硬度、显微硬度；划痕法，如莫氏硬度；回跳法，如肖氏硬度等。目前机械制造生产中应用最广泛的硬度试验方法是布氏硬度、洛氏硬度和维氏硬度。

1）布氏硬度

布氏硬度的测定原理是用一定大小的试验力 $F(\text{N})$，把直径为 $D(\text{mm})$ 的淬火钢球或硬质合金球压入被测金属的表面（见图 1-4），保持规定时间后卸除试验力，用读数显微镜测出压痕平均直径 $d(\text{mm})$，然后按公式求出布氏硬度 HB 值，或者根据 d 从已备好的布氏硬度表中查出 HB 值。布氏硬度的计算公式为

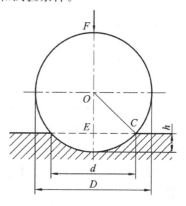

图 1-4　布氏硬度试验原理示意图

$$\text{HBS(HBW)} = 0.102 \frac{F}{\pi Dh} = 0.102 \frac{F}{\pi D(D - \sqrt{D^2 - d^2})} \tag{1-5}$$

由于金属材料有硬有软，被测工件有厚有薄、有大有小，如果只采用一种标准的试验力 F 和压头直径 D，就会出现对某些材料和工件不适应的现象。因此，在生产中进行布氏硬度试验时，要求能使用不同大小的试验力和压头直径。当对同一种材料采用不同的 F 和 D 进行试验时，能否得到同一布氏硬度值，关键在于压痕几何形状的相似性，即可建立 F 和 D 的某种选配关系，以保证布氏硬度的不变性。

用淬火钢球作压头测得的硬度值以符号 HBS 表示，用硬质合金球作压头测得的硬度值以符号 HBW 表示。符号 HBS 和 HBW 之前的数字为硬度值，符号后面依次用相应数值

注明压头球体直径(mm)、试验力(0.102 N)、试验力保持时间(s)(10～15 s 不标注)。例如：500 HBW5/750 表示用直径 5 mm 硬质合金球在 7355 N 试验力作用下保持 10～15 s 测得的布氏硬度值为 500；120 HBS10/1000/30 表示用直径 10 mm 的钢球压头在 9807 N 试验力作用下保持 30 s 测得的布氏硬度值为 120。布氏硬度试验规范见表 1-1。

表 1-1　布氏硬度试验规范

材料种类	布氏硬度使用范围	球直径 D/mm	$0.102F/D^2$ 值	试验力 F/N	试验力保持时间/s	备　注
钢、铸铁	≥140	10 5 2.5	30	29420 7355 1839	10	压痕中心距试样边缘距离不应小于压痕平均直径的 2.5 倍。 两相邻压痕中心距离不应小于压痕平均直径的 4 倍。 试样厚度至少应为压痕深度的 10 倍。试验后，试样支撑面应无可见变形痕迹
钢、铸铁	<140	10 5 2.5	10	9807 2452 613	10～15	
非铁金属材料	≥130	10 5 2.5	30	29420 7355 1839	30	
非铁金属材料	35～130	10 5 2.5	10	9807 2452 613	30	
非铁金属材料	<35	10 5 2.5	2.5	2452 613 153	60	

目前，布氏硬度试验法主要用于铸铁、非铁金属以及经退火、正火和调质处理的钢材。

2) 洛氏硬度

洛氏硬度试验是目前应用最广的性能试验方法，它是采用直接测量压痕深度来确定硬度值的方法。洛氏硬度试验原理如图 1-5 所示。它是用顶角为 120° 的金刚石圆锥体或直径为 1.588 mm(1/16 英寸)的淬火钢球作压头，先施加初试验力 F_1(98 N)，再加上主试验力 F_2，其总试验力为 $F＝F_1＋F_2$(588 N、980 N、1471 N)。

图 1-5 中，0-0 为压头没有与试样接触时的位置；1-1 为压头受到初试验力 F_1 后压入试样的位置；2-2 为压头受到总试验力 F 后压入试样的位置。经规定的保持时间，卸除主试验力 F_2，仍保留初试验力 F_1，试样弹性变形的恢复使压头上升到 3-3 的位置。此时压头受主试验力作用压入的深度为 h，即 1-1 位置至 3-3 位置。金属越硬，h 值越小。一般洛氏硬度机不需直接测量压痕深度，硬度值可由刻度盘上的指针指示出来。

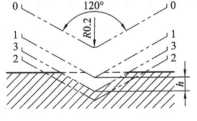

图 1-5　洛氏硬度试验原理示意图

为了能用一种硬度计测定从软到硬的材料硬度，采用了不同的压头和总试验力组成几种不同的洛氏硬度标度，每一个标度用一个字母在洛氏硬度符号 HR 后加以注明。我国常用的洛氏硬度是 HRA、HRB、HRC 三种，试验条件(GB/T 230.1—2004)及应用范围见表 1 - 2。洛氏硬度值标注方法为在硬度符号前面注明硬度数值，例如 52 HRC、70 HRA 等。

表 1 - 2　常用的三种洛氏硬度试验条件及应用范围

硬度符号	压头类型	总试验力 F/kN	硬度值有效范围	应 用 举 例
HRA	120°的金刚石圆锥体	0.5884	70～85 HRA	硬质合金，表面淬火层，渗碳层
HRB	ϕ1.588 mm 钢球	0.9807	25～100 HRB	非铁合金，退火、正火钢等
HRC	120°的金刚石圆锥体	1.4711	20～67 HRC	淬火钢，调质钢等

洛氏硬度 HRC 可以用于硬度很高的材料，操作简便迅速，而且压痕很小，几乎不损伤工件表面，故在钢件热处理质量检查中应用最多。但由于它的压痕小，因此硬度值代表性差些。若材料有偏析或组织不均匀的情况，则所测硬度值的重复性较低，故需在试样不同部位测定三点，取其算术平均值。

4. 材料的冲击韧度

机械零部件在使用过程中不仅受到静载荷或变动载荷的作用，而且会受到不同程度的冲击载荷作用，如锻锤、冲床、铆钉枪等。在设计和制造受冲击载荷的零件和工具时，还必须考虑所用材料的冲击吸收功或冲击韧度。

目前最常用的冲击试验方法是摆锤式一次冲击试验，其试验原理如图 1 - 6 所示。

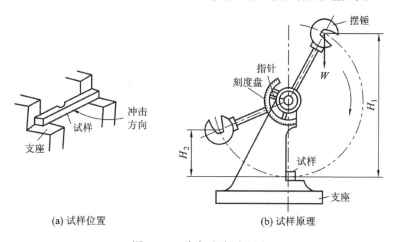

(a) 试样位置　　　　　　　(b) 试样原理

图 1 - 6　冲击试验原理图

将待测定的材料先加工成标准试样，然后放在试验机的机架上，试样缺口背向摆锤冲击方向；将具有一定重量 W 的摆锤举至一定高度 H_1，使其具有势能(WH_1)，然后摆锤落下冲击试样；试样断裂后摆锤上摆至 H_2 高度。在忽略摩擦和阻尼等条件下，摆锤冲断试样所做的功，称为冲击吸收功，以 A_K 表示，则有 $A_K = WH_1 - WH_2 = W(H_1 - H_2)$，用试样的断口处截面积 S_N 去除 A_K 即得到冲击韧度，用 a_K 表示，单位为 J/cm²，表达式为

$$a_K = \frac{A_K}{S_N} \tag{1-6}$$

试验表明，对一般常用钢材来说，所测冲击吸收功 A_K 越大，材料的韧性越好。试验还表明，冲击韧度值 a_K 随温度的降低而减小，在某一温度范围内材料的 a_K 值急剧下降。材料由韧性状态向脆性状态转变的温度称为韧脆转变温度。

长期生产实践证明 A_K、a_K 值对材料的组织缺陷十分敏感，能灵敏地反映材料品质、宏观缺陷和显微组织方面的微小变化，因而冲击试验是生产上用来检验冶炼和热加工质量的有效办法之一。

5. 材料的疲劳极限

许多机械零件(如轴、齿轮、弹簧等)和许多工程结构都是在交变应力作用下工作的，它们工作时所承受的应力通常都低于材料的屈服强度。材料在循环应力和应变作用下，在一处或几处产生局部永久性累积损伤，经一定循环次数后产生裂纹或突然发生完全断裂的过程称为材料的疲劳。

疲劳失效与静载荷下的失效不同，断裂前没有明显的塑性变形，发生断裂也较突然。这种断裂具有很大的危险性，常常造成严重的事故。据统计，大部分机械零件的失效是由金属疲劳造成的，因此，工程上十分重视对疲劳规律的研究。无裂纹体材料的疲劳性能判据主要是疲劳极限和疲劳缺口敏感度等。

在交变载荷下，金属材料承受的交变应力(σ)和断裂时应力循环次数(N)之间的关系，通常用疲劳曲线来描述，如图 1-7 所示。若金属材料承受的最大交变应力 σ 越大，则断裂时应力循环次数 N 越小；反之若 σ 越小，则 N 越大。当应力低于某值时，应力循环到无数次也不会发生疲劳断裂，此应力值称为材料的疲劳极限，以 σ_D 表示。

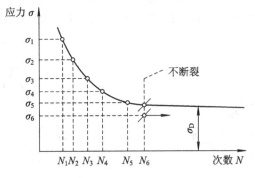

图 1-7　疲劳曲线示意图

常用钢铁材料的疲劳曲线形状有明显的水平部分，如图 1-8(a)所示。其他大多数金属材料的疲劳曲线上没有水平部分，如图 1-8(b)所示，在这种情况下，规定某一循环次数 N_0 断裂时所对应的应力作为条件疲劳极限，以 σ_N 表示。

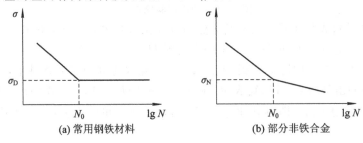

(a) 常用钢铁材料　　　　　　　(b) 部分非铁合金

图 1-8　两种类型疲劳曲线

通常材料疲劳性能的测定是在旋转弯曲疲劳实验机上进行的，具体试验方法请参阅 GB/T 4337—2008《金属材料疲劳试验旋转弯曲方法》。试验规范规定各种金属材料指定寿命(循环基数)N_0(如合金钢的循环基数为 10^7,低碳钢的循环基数为 5×10^6),应力循环次数达到 N_0 次仍不发生疲劳破坏,此时的最大应力可作为疲劳极限。通常这种在对称应力循环条件下的纯弯曲疲劳极限用 σ_{-1} 表示。

由于疲劳断裂通常是从机件最薄弱的部位或内、外部缺陷所造成的应力集中处发生的,因此疲劳断裂对许多因素很敏感。例如,循环应力特性、环境介质、温度、机件表面状态、内部组织缺陷等,这些因素导致疲劳裂纹的产生或加速裂纹扩展而降低疲劳寿命。

为了提高机件的疲劳抗力,防止疲劳断裂事故的发生,在进行机件设计和加工时,应选择合理的结构形状,防止表面损伤,避免应力集中。由于金属表面是疲劳裂纹易于产生的地方,而实际零件大部分都承受交变弯曲或交变扭转载荷,表面处应力最大,因此,表面强化处理就成为提高疲劳极限的有效途径。

1.1.2　材料的物理性能

金属材料的物理性能主要包括比重、熔点、热膨胀性、导热性、导电性、磁性等。由于机械零件的用途不同,因此对金属材料的物理性能要求也有所不同。例如,飞机零件是用比重小、强度高的铝合金制造而成的,这样可以增加有效载重量;制造内燃机的活塞,要求材料具有较小的热膨胀系数;制造变压器用的硅钢片,要求具有良好的磁性。

金属材料的一些物理性能,对热加工工艺也有一定的影响。例如,导热性对热加工具有十分重要的意义。在进行铸造、锻造、焊接或热处理时,由于导热性的缘故,金属材料在加热或冷却过程中产生内外温度差,导致各部位不同的膨胀或收缩量,产生内应力,从而引起金属材料的变形和裂纹。因此,对于导热性差的金属材料(如合金钢,尤其是高合金钢),应采取适当的措施,避免急剧的加热或冷却,防止材料产生裂纹;在铸造中,对于熔点不同的材料,所选择的浇注温度也应有所不同。

1.1.3　材料的化学性能

化学性能是指金属材料在常温或高温条件下,抵抗外界介质对其化学侵蚀的能力。它主要包括耐酸性、耐碱性、抗氧化性等。

一般金属材料的耐酸性、耐碱性和抗氧化性都是很差的,为了满足化学性能的要求,必须使用特殊的合金钢及某些有色金属,或者使之与介质隔离。例如,化工设备、医疗器械等采用不锈钢,工业用的锅炉、喷气发动机、汽轮机叶片等选用耐热钢。

1.1.4　材料的工艺性能

金属材料加工成形常用的四种基本加工方法是:铸造、锻压、焊接和切削加工。通常前三种加工方法称为热加工,而切削加工称为冷加工。

金属材料的工艺性能包括加工工艺性能和热处理工艺性能。其中,加工工艺性能是指材料加工成形的难易程度。按照加工工艺的不同,加工工艺性能又分为铸造性、锻造性、焊接性、切削加工性等。工艺性能往往是由物理性能、化学性能和力学性能综合作用所决定的,不能简单用一个物理参数来表示。

1. 铸造性

铸造性是指金属熔化成液态后,在铸造成形时所具有的特性。衡量金属铸造性的指标有：流动性、收缩性和偏析倾向。金属材料中，铝合金、青铜的铸造性优于铸铁和铸钢，铸铁的铸造性优于铸钢；铸铁中，灰铸铁的铸造性能最好。

2. 锻造性

锻造性是指金属材料在锻压加工时的难易程度。若材料的塑性好，变形抗力小，则锻造性好；反之，则锻造性差。锻造性不仅与金属材料的塑性和塑性变形抗力有关，而且与材料的成分和加工条件有关。如铜合金和铝合金在冷态下具有很好的锻造性；钢在高温下的锻造性也比较好，碳钢比合金钢的锻造性好，低碳钢比高碳钢的锻造性好；青铜、铸铝、铸铁等几乎不能锻造。

3. 焊接性

焊接性是指金属材料是否容易用焊接的方法形成优良接头的性能。焊接性好的金属易获得没有裂纹、气孔、夹渣等缺陷的焊缝，并且焊接接头具有一定的力学性能。导热性好、收缩小的金属材料焊接性都比较好，低碳钢和低合金高强度钢具有良好的焊接性，碳与合金元素含量越高，焊接性越差。

4. 切削加工性

切削加工性是指金属材料在切削加工时的难易程度。切削加工性好的金属材料对切削刀具的磨损量小，切削用量大，加工表面的粗糙度数值小。切削加工性能的好坏与金属材料的成分、硬度、导热性、内部组织结构、加工硬化等因素有关，尤其与硬度关系较大。材料的硬度值在 $170\sim230$ HBS 最容易进行切削加工。一般铸铁、铜合金、铝合金及中碳钢都具有较好的切削加工性，而高合金钢的切削加工性差。

5. 热处理工艺性

材料的热处理工艺性是指材料的淬透性、淬硬性、变形开裂倾向、热处理介质的渗透能力等。热处理能够提高和改善钢的力学性能，因此应充分利用热处理技术来发挥材料的潜力。一般碳钢的淬透性差，淬火时易变形开裂，而合金钢的淬透性优于碳钢。

1.2　金属材料的结构

工程材料的各种性能，尤其是力学性能，与其微观结构关系密切。物质都是由原子组成的，原子的排列方式和空间分布称为结构。物质由液态转变为固态的过程称为凝固。大多数材料的使用状态是固态，因此，深入地分析和了解材料的固态结构与其形成过程是十分必要的。

固体物质根据其原子排列情况分为两种形式，即晶体与非晶体。物质的结构可以通过外界条件加以改变，这种改变为改善材料的性能提供了可能。

1.2.1　金属材料的结合方式

1. 结合键

组成物质的质点（原子、分子或离子）之间通过某种相互作用而联系在一起，这种作用力称为键。结合键对物质的性能有重大影响。通常结合键分为结合力较强的离子键、共价键、金属键和结合力较弱的分子键与氢键。

　　绝大多数金属元素是以金属键结合的。金属原子结构的特点是外层电子少，金属中容易失去。当金属原子相互靠近时，这些外层电子就脱离原子，成为自由电子，为整个金属所共有。它们在整个金属内部运动，形成电子气。这种由金属正离子和自由电子之间相互作用而结合的方式称为金属键，其模型如图 1-9 所示。

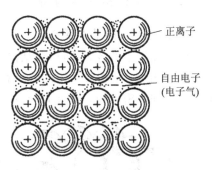

图 1-9　金属键模型

　　根据金属键的结合特点可以解释金属晶体的一般性能。由于自由电子的存在，金属中容易形成电流，显示出良好的导电性；自由电子的易动性也使金属有良好的导热性；由于金属原子移动一定位置以后仍然保持金属键，所以具有很好的变形能力；自由电子可以吸收光的能量，因而金属不透明，而所吸收的能量在电子恢复到原来状态时产生辐射，使金属具有光泽。

　　工程上使用的材料有的是单纯一种键，更多的是几种键的结合。金属材料的结合键主要是金属键，也有共价键和离子键（如某些金属键化合物）。陶瓷材料的结合键是离子键和共价键，大部分材料以离子键为主，所以陶瓷材料有高的熔点和很高的硬度，但脆性较大。高分子材料又称聚合物，它的结合键是共价键和分子键。由于高分子材料的分子很大，所以分子间的作用力也就很大，因而也具有一定的力学性能。

2. 晶体与非晶体

　　当原子或分子通过结合键结合在一起时，依键性的不同以及原子或分子的大小可在空间组成不同的排列，即形成不同的结构。化学键相同而结构不同时，材料的性能可以有很大差别。原子或分子在空间有秩序地排列即形成晶体，而无序排列就是非晶体。

　　1）晶体

　　几乎所有的金属、大部分陶瓷以及一些聚合物在其凝固时都要发生结晶，形成原子本身在三维空间按一定几何规律重复排列的有序结构，这种结构称为晶体。晶体具有固定熔点、各向异性等特性。

　　2）非晶体

　　某些工程上常用的材料，包括玻璃、绝大多数的塑料和少数从液态快速冷却下来的金属，还包括人们所熟悉的松香、沥青等，其内部原子无规则地堆垛在一起，这种结构为非晶体。非晶体材料的共同特点是：结构无序，物理性质表现为各向同性；没有固定的熔点；导热率和热膨胀性均小；塑性形变大。

　　3）晶体与非晶体的转化

　　非晶体结构从整体上看是无序的，但在有限的小范围内观察，还具有一定的规律性，即近程有序的；而晶体尽管从整体上看是有序的，但由于有缺陷，在很小的尺寸范围内也存在着无序性。所以，两者之间尚有共同特点且可互相转化。物质在不同条件下，既可形成晶体结构，又可形成非晶体结构。例如，金属液体在高速冷却下可以得到非晶态金属，玻璃经适当热处理可形成晶体玻璃。有些物质，可看成是有序和无序的中间状态，如塑料、液晶等。

1.2.2 金属材料的结构特点

1. 晶体结构的基本概念

实际晶体中的各类质点(包括离子、电子等)虽然都是在不停地运动着,但是通常在讨论晶体结构时,把构成晶体的原子看成是一个个固定的小球,这些原子小球按一定的几何形式在空间紧密堆积,如图 1-10(a)所示。

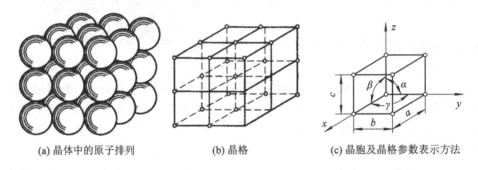

(a) 晶体中的原子排列   (b) 晶格   (c) 晶胞及晶格参数表示方法

图 1-10 简单立方晶格与晶胞示意图

为了便于描述晶体内部原子排列的规律,将每个原子视为一个几何质点,并用一些假想的几何线条将各质点连接起来,便形成一个空间几何格架。这种抽象的用于描述原子在晶体中排列方式的空间几何格架称为晶格,如图 1-10(b)所示。由于晶体中原子做周期性规则排列,因此可以在晶格内取一个能代表晶格特征的、由最少数目的原子构成的最小结构单元来表示晶格,称为晶胞,如图 1-10(c)所示,并用棱边长度 a、b、c 和棱边夹角 α、β、γ 来表示晶胞的几何形状及尺寸。不难看出,晶格可以由晶胞不断重复堆砌而成。通过对晶胞的研究可找出该种晶体中原子在空间的排列规律。晶格类型不同,呈现出的力学性能、物理性能和化学性能也就不同。

2. 三种典型的金属晶体结构

在金属晶体中,约有 90% 属于三种常见的晶格类型,即体心立方晶格、面心立方晶格和密排六方晶格。体心立方晶格的晶胞是一个立方体,在立方体的八个角上和晶胞中心各有一个原子,如图 1-11 所示,属于这种晶格类型的金属有 α-Fe、Cr、W、Mo、V、Nb 等。

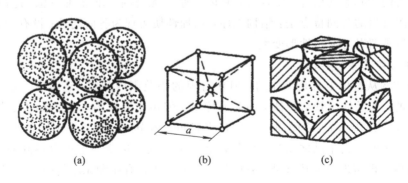

(a)   (b)   (c)

图 1-11 体心立方晶胞示意图

　　面心立方晶格和密排六方晶格示意图如图 1-12 和图 1-13 所示，属于面心立方晶格类型的金属有 γ-Fe、Cu、Al、Ni、Ag、Pb 等，属于密排六方晶格类型的金属有 Mg、Zn、Be 等。

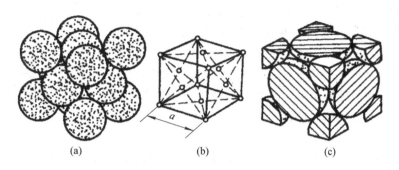

(a)　　　　　　　　(b)　　　　　　　　(c)

图 1-12　面心立方晶胞示意图

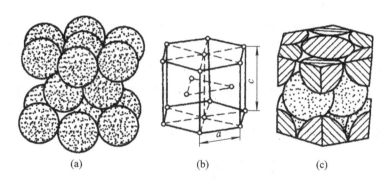

(a)　　　　　　　　(b)　　　　　　　　(c)

图 1-13　密排六方晶胞示意图

1.2.3　纯金属的晶体结构

1. 单晶体和多晶体

　　如果一块金属晶体，其内部的晶格位向完全一致，则称为单晶体。金属的单晶体只能靠特殊的方法制得。实际使用的金属材料都是由许多晶格位向不同的微小晶体组成的，称为多晶体，如图 1-14 所示。

图 1-14　多晶体的晶粒与晶界示意图

　　每个小晶体都相当于一个单晶体，其内部的晶格位向是一致的，而小晶体之间的位向却不相同。这种外形呈多面体颗粒状的小晶体称为晶粒。晶粒与晶粒之间的界面称为晶界。在晶粒内部，实际上晶格位向也不是理想的规则排列，而是由于结晶或其他加工等条件的影响，存在着大量的晶体缺陷，它们对性能有很大的影响。

2. 晶体缺陷

　　根据晶体缺陷存在形式的几何特点，通常将它们分为点缺陷、线缺陷和面缺陷三大类。

1）点缺陷

点缺陷是指在空间三个方向上晶格尺寸都很小的缺陷。最常见的点缺陷是晶格空位和间隙原子，如图 1-15 所示。晶格中某个原子脱离了平衡位置，形成了空结点，称为空位。某个晶格间隙中挤进了原子，称为间隙原子。缺陷的出现，破坏了原子间的平衡状态，使晶格发生扭曲，称为晶格畸变。晶格畸变将使晶体性能发生改变，如强度、硬度和电阻增加。

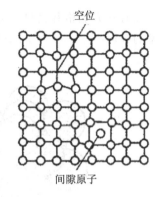

图 1-15　晶格点缺陷示意图

此外，空位和间隙原子的运动也是晶体中原子扩散的主要方式之一，这对金属热处理过程是极其重要的。

2）线缺陷

线缺陷的特征是在晶体空间两个方向上晶格尺寸很小，而第三个方向的晶格尺寸很大。属于这一类缺陷的主要是各种类型的位错。位错是一种很重要的晶体缺陷，它是晶体中一列或数列原子发生有规律错排的现象。

图 1-16 为简单立方晶体中的刃形位错几何模型，在晶体的 ABC 平面以上，多出一个垂直半原子面，这个多余半原子面像刀刃一样垂直切入晶体，使晶体中刃部周围上下的原子产生了错排现象。多余半原子面底边（EF 线）称为位错线。在位错线周围引起晶格畸变，离位错线越近，畸变越严重。晶体中的位错不是固定不变的。当晶体中的原子发生热运动或晶体受外力作用而发生塑性变形时，位错在晶体中能够进行不同形式的运动，致使位错密度及组态发生变化。位错的存在及其密度的变化对金属很多性能会产生重大影响。

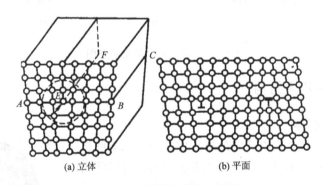

(a) 立体　　　　　　　(b) 平面

图 1-16　刃形位错几何模型

图 1-17 定性地表达了金属强度与位错密度之间的关系。图中的理论强度是根据原子结合力计算出的理想晶体的强度值。如果用特殊方法制成几乎不含位错的晶须，其强度接近理论计算值。一般金属的强度由于位错的存在较理论值约低两个数量级，此时金属易于进行塑性变形。但随着位错密度的增加，位错之间的相互作用和制约使位错运动变得困难起来，金属的强度会逐步提高。当缺陷增至趋近百分之百时，金属将失去规则排列的特征，而成为非晶态金属，这时金属也显示出很高的强度。可见，增加或降低位错密度都能有效

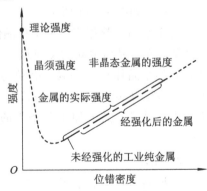

图 1-17　金属强度与位错密度的关系

提高金属的强度。目前，在生产中一般是采用增加位错密度的方法（如冷塑性变形）等来提高金属强度的。

3）面缺陷

面缺陷特征是在一个方向上晶格尺寸很小，而另两个方向上晶格尺寸很大，主要指晶界和亚晶界。晶界处的原子排列与晶内是不同的，晶界处的原子要同时受其两侧晶粒不同位向的综合影响，所以晶界处原子排列是不规则的，是从一种取向到另一种取向的过渡状态，如图 1-18（a）所示。在一个晶粒内部，还可能存在许多更细小的晶块，它们之间晶格位向差很小，通常小于 $2°\sim3°$，这些小晶块称为亚晶粒。亚晶粒之间的界面称为亚晶界，如图 1-18（b）所示。

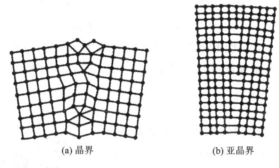

(a) 晶界　　　　　　　(b) 亚晶界

图 1-18　面缺陷示意图

由于晶界处原子排列不规则，偏离平衡位置，因而使晶界处能量较晶粒内部要高，引起晶界的性能与晶粒内部的不同。例如，晶界比晶内易受腐蚀、熔点低，晶界对塑性变形（位错运动）有阻碍作用等。在常温下，晶界处不易产生塑性变形，故晶界处硬度和强度均较晶内高。晶粒越细小，晶界亦越多，则金属的强度和硬度亦越高。

1.2.4　合金的晶体结构

由于纯金属的力学性能较低，所以工程上应用最广泛的是各种合金。合金是由两种或两种以上的金属元素，或金属和非金属元素组成的具有金属性质的物质。如黄铜是铜和锌的合金，钢是铁和碳等的合金。对合金而言，其结构及影响性能的因素更为复杂。下面以合金中的基本相为重点介绍合金的结构。

组成合金的最基本的独立物质称为组元。组元可以是金属元素、非金属元素和稳定的化合物。根据组元数的多少，可分为二元合金、三元合金等。

所谓相，是金属或合金中具有相同成分、相同结构，并以界面相互分开的各个均匀组成部分。若合金是由成分、结构都相同的同一种晶粒构成的，则各晶粒虽由界面分开，却属于同一种相；若合金是由成分、结构互不相同的几种晶粒所构成的，则它们将属于不同的几种相。金属与合金的一种相在一定条件下可以变为另一种相，叫做相变。例如，纯铜在熔点温度以上或以下，分别为液相或固相，而在熔点温度时为液、固两相共存。

用金相观察方法，在金属及合金内部看到的组成相的种类、大小、形状、数量、分布及相间结合状态称为组织。只有一种相组成的组织为单相组织；由两种或两种以上相组成的组织为多相组织。

合金的基本相结构可分为固溶体和金属化合物两大类。

1. 固溶体

溶质原子溶入溶剂晶格中仍保持溶剂晶格类型的合金相称为固溶体。根据溶质原子在溶剂晶格中占据的位置，可将固溶体分为置换固溶体和间隙固溶体，如图 1-19 所示。

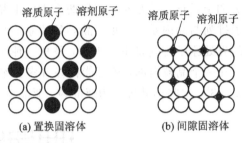

(a) 置换固溶体　　　　　　　(b) 间隙固溶体

图 1-19　固溶体结构示意图

由于溶质原子的溶入，会引起固溶体晶格发生畸变，使合金的强度、硬度提高。这种通过溶入原子，使合金强度和硬度提高的方法叫固溶强化。固溶强化是提高材料力学性能的重要强化方法之一。

2. 金属化合物

金属化合物是合金元素间发生相互作用而生成的具有金属性质的一种新相，其晶格类型和性能不同于合金中的任一组成元素，一般可用分子式来表示。金属化合物一般具有复杂的晶体结构，熔点高，硬而脆。当合金中出现金属化合物时，通常能提高合金的强度、硬度和耐磨性，但会降低塑性和韧性。以金属化合物作为强化相强化金属材料的方法，称为第二相强化。金属化合物是各种合金钢、硬质合金及许多非铁金属的重要组成相。金属化合物也可以溶入其他元素的原子，形成以金属化合物为基的固溶体。Fe_3C 是铁与碳相互作用形成的一种金属化合物，称为渗碳体。图 1-20 是渗碳体的晶体结构，碳质量分数 $w_C = 6.69\%$。

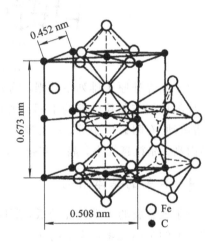

图 1-20　渗碳体结构示意图

合金组织可以是单相的固溶体组织，但由于其强度不高，应用受到了一定的限制，因此多数合金是由固溶体和少量金属化合物组成的混合物。人们可以通过调整固溶体的溶解度和分布于其中的化合物的形状、数量、大小和分布来调整合金的性能，以满足不同的需要。

1.3　金属材料的结晶

1.3.1　结晶的基本概念

物质由液态转变为固态的过程称为凝固，如果通过凝固形成晶体结构，则又称为结晶。晶体物质都有一个平衡结晶温度（熔点），液体低于这一温度时才能结晶，固体高于这一温度时便发生熔化。在平衡结晶温度，液体与晶体同时共存，处于平衡状态。非晶体物质无固定的凝固温度,凝固总是在某一温度范围内逐渐完成。

纯金属的实际结晶过程可用冷却曲线来描述。冷却曲线是温度随时间而变化的曲线,是用热分析法测绘的。从图 1-21 冷却曲线可以看出,液态金属随时间冷却到某一温度时,在曲线上出现一个平台,这个平台所对应的温度就是纯金属的实际结晶温度。因为结晶时放出结晶潜热,补偿了此时向环境散发的热量,使温度保持恒定,结晶完成后,温度继续下降。

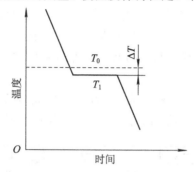

图 1-21 纯金属结晶时的冷却曲线

实验表明,纯金属的实际结晶温度 T_1 总是低于平衡结晶温度 T_0,这种现象叫做过冷现象。实际结晶温度 T_1 与平衡结晶温度 T_0(熔点)的差值 ΔT 称为过冷度。液体冷却速度越大,ΔT 越大。从理论上说,当散热速度无限小时,ΔT 趋于 0,即实际结晶温度与平衡结晶温度趋于一致。

由热力学第二定律可以证明,在等温等容(体积不变)条件下,一切自发变化过程都是朝着自由能降低的方向进行。自由能是受温度、压力、容积多因素影响的物质状态函数,从其物理意义来说,是指在一定条件下物质中能够自动向外界释放做功的那一部分能量。由于液体和晶体的结构不同,同一物质的液体和晶体在不同温度下的自由能变化是不同的,如图 1-22 所示。当温度为 T_0 时,液体和晶体自由能相等,二者处于平衡状态。T_0 就是平衡结晶温度,即理论结晶温度。当温度低于 T_0 时,即有一定过冷度,晶体的自由能低于液体,这时结晶可以自发进行。过冷度 ΔT 越大,液体和晶体的自由能差的绝对值 ΔE 越大,结晶倾向越大。

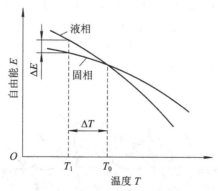

图 1-22 液体和晶体自由能 E 随温度变化曲线

1.3.2 晶核的形成及长大过程

科学实验证明,结晶是晶体在液体中从无到有(晶核形成),由小变大(晶核长大)的过程。在从高温冷却到结晶温度的过程中，液体内部在一些微小体积中原子由不规则排列向晶体结构的规则排列逐渐过渡，即随时都在不断产生许多类似晶体中原子排列的小集团。这些小集团的特点是尺寸较小、极不稳定、时聚时散；温度越低，尺寸越大，存在的时间越长。这种不稳定的原子排列小集团是结晶中产生晶核的基础。当液体被过冷到结晶温度以下时，某些尺寸较大的原子小集团变得稳定，能够自发地成长，即成为结晶的晶核。这种只依靠液体本身在一定过冷度条件下形成晶核的过程叫做自发形核。在实际生产中，金属液体内常存在各种固态的杂质微粒，金属结晶时，依附于这些杂质的表面形成晶核比较容易。这种依附于杂质表面而形成晶核的过程称为非自发形核。非自发形核在生产中所起的作用更为重要。

如图 1-23 所示，当第一批晶核形成后，晶核的形成与长大这两个过程是同时进行着的，直至每个晶核长大到互相接触，而每个长大了的晶核也就成为一个晶粒。

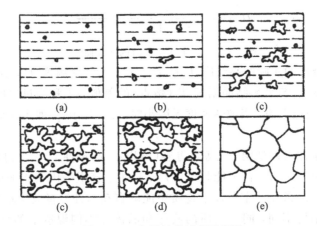

图 1-23　金属结晶过程示意图

晶核长大受过冷度影响，当过冷度较大时，金属晶体常以树枝状方式长大。在晶核开始成长初期，因其内部原子规则排列的特点，故外形大多是比较规则的。但随着晶核的长大，形成了棱角，棱角处的散热条件优于其他部位，因而可以优先长大，如树枝一样先长出枝干，称此为一次晶轴。在一次晶轴伸长和变粗的同时，在其侧面棱角处会长出二次晶轴，随后又可出现三次晶轴、四次晶轴。图 1-24 示意地表示树枝状晶体的形状。相邻的树枝状骨架相遇时，树枝骨架停止扩展，每个晶轴不断变粗，长出新的晶轴，直到枝晶间液体全部消失，每一枝晶成长为一个晶粒。

图 1-24　树枝状晶体示意图

1.3.3　晶粒大小

金属结晶后,获得由许多晶粒组成的多晶体组织。晶粒的大小对金属的力学性能、物理性能和化学性能均有很大影响。细晶粒组织的金属强度高、塑性和韧性好,而粗晶粒金属的耐蚀性好。作为软磁材料的纯铁,其晶粒越粗大,则磁导率越大,磁滞损耗减少。

为了提高金属材料的力学性能,必须了解晶粒大小的影响因素及控制方法。

晶粒大小可以用单位体积内晶粒的数目来表示,通常测量时是以单位截面积上的晶粒数目或晶粒的平均直径来表示。

金属结晶后其晶粒大小取决于形核率 N[晶核形成数目/$(mm^3 \cdot s)$]和长大率 $G(mm/s)$。N 越大,G 越小,则晶粒越细。N 和 G 都是随 ΔT 的增大而增长的,但两者的增长程度是不同的,N 的增长率大于 G 的增长率。ΔT 增大,单位体积内晶核数目增多,故晶粒变细。

在实际生产中,对于铸锭或大铸件,由于散热慢,要获得较大的过冷度很困难,而且过大的冷却速度往往导致铸件开裂而造成废品。为了获得细晶粒组织,浇注前在液态金属中加入少量的变质剂,促使形成大量非自发晶核,提高形核率 N,这种细化晶粒的方法称为变质处理。变质处理在冶金和铸造生产中应用十分广泛,如钢中加入铝、钛、钒、硼等,铸铁中加入硅钙等,铸造铝硅合金中加入钠盐等。

另外,在金属结晶时,对液态金属采取机械振动、超声波振动、电磁波振动等措施,造成枝晶破碎,使晶核数量增大,也能使晶核细化。

1.4　铁碳合金相图

在目前使用的工程材料中,合金占有十分重要的位置。为了全面了解合金的组织随成分、温度变化的规律,对合金系中不同成分的合金进行实验,测定冷却曲线,观察分析其在缓慢加热、冷却过程中内部组织的变化,然后组合绘制成图。这种表示在平衡条件下合金的成分、温度与其相和组织状态之间关系的图形,称为合金相图,也可称为合金状态图或合金平衡图。

钢铁材料是工业生产和日常生活中应用最广泛的金属材料,钢铁材料的主要组元是铁和碳,故称铁碳合金。铁碳相图是研究在平衡状态下铁碳合金成分、组织和性能之间的关系及其变化规律的重要工具。掌握铁碳相图对于制订钢铁材料的加工工艺具有重要的指导意义。

1.4.1　铁碳合金的基本组元与基本相

1. 纯铁的同素异构转变

大多数金属在结晶后晶格类型不再发生变化,但少数金属,如铁、钛、钴等在结晶后晶格类型会随温度的变化而发生变化。这种同一种元素在不同条件下具有不同的晶体结构,当温度等外界条件变化时晶格类型发生转变的现象称为同素异构转变。同素异构转变是一种固态转变。图 1-25 是纯铁在常压下的冷却曲线及晶体结构变化。

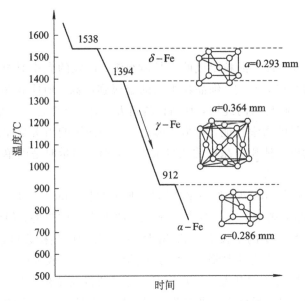

图 1-25 纯铁的冷却曲线及晶体结构变化

由图 1-25 可见，纯铁的熔点为 1538℃，在 1394℃和 912℃时出现平台。经分析，纯铁结晶后具有体心立方结构，称为 δ-Fe；当温度下降到 1394℃时，体心立方结构的 δ-Fe 转变为面心立方结构，称为 γ-Fe；在 912℃时，γ-Fe 又转变为体心立方结构，称为 α-Fe；再继续冷却时，晶格类型不再发生变化。由于纯铁具有这种同素异构转变，因而才有可能对钢和铸铁进行各种热处理，以改变其组织和性能。

2. 铁碳合金的基本相及其性能

在液态下，铁和碳可以互溶成均匀的液体。在固态下，碳可有限地溶于铁的各种同素异构体中，形成间隙固溶体。当含碳量超过相应温度固相的溶解度时，会析出具有复杂晶体结构的金属化合物——渗碳体。铁碳合金的相结构及性能介绍如下：

（1）液相。铁碳合金在熔化温度以上形成的均匀液体称为液相，常以符号 L 表示。

（2）铁素体。碳溶于 α-Fe 中形成的间隙固溶体称为铁素体，通常以符号 F 表示。碳在 α-Fe 中的溶解度很低，在 727℃时溶解度最大，为 0.0218%，在室温时几乎为零（0.0008%）。铁素体的力学性能几乎与纯铁相同，其强度和硬度很低，但具有良好的塑性和韧性。其力学性能为：$\sigma_b=180\sim280$ MPa，$\delta=30\%\sim50\%$，$\alpha_k=160\sim200$ J/cm^2，50～80 HBS。工业纯铁（$w_C<0.02\%$）在室温时的组织即由铁素体晶粒组成。

（3）奥氏体。碳溶于 γ-Fe 中形成的间隙固溶体称为奥氏体，通常以符号 A 表示。碳在 γ-Fe 中的溶解度也很有限，但比在 α-Fe 中的溶解度大得多。在 1148℃时，碳在奥氏体中的溶解度最大，可达 2.11%，随着温度的降低，溶解度也逐渐下降，在 727℃时，奥氏体的含碳量 $w_C=0.77\%$。奥氏体的硬度不高，易于塑性变形。

（4）渗碳体。渗碳体是一种具有复杂晶体结构的金属化合物。它的分子式为 Fe$_3$C，渗碳体的含碳量为 6.69%。在 Fe-Fe$_3$C 相图中，渗碳体既是组元，又是基本相。渗碳体的硬度很高，约为 800 HBW，而塑性和韧性几乎等于零，是一个硬而脆的相。渗碳体是铁碳合金中主要的强化相，它的形状、大小与分布对钢的性能有很大影响。

1.4.2　Fe−Fe₃C 合金相图分析

Fe−Fe₃C 相图如图 1−26 所示。图中左上角部分实际应用较少，为了便于研究和分析，将此部分作以简化。简化的 Fe−Fe₃C 相图如图 1−27 所示。

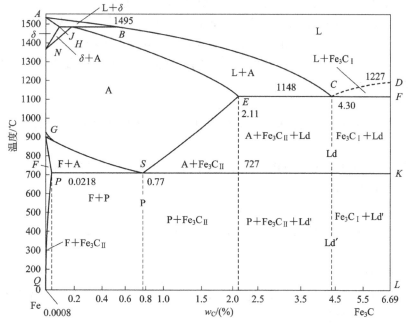

图 1−26　Fe−Fe₃C 相图

简化的 Fe−Fe₃C 相图可视为由两个简单相图组合而成。图 1−27 中的右上半部分为共晶转变（在一定条件下，一种液相同时结晶出两种固相的转变）类型的相图，左下半部分为共析转变（在一定条件下，一种固相同时析出两种固相的转变）类型的相图。

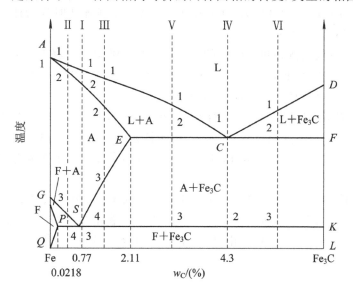

图 1−27　简化后的 Fe−Fe₃C 相图

1. 主要特点

(1) A 点和 D 点。A 点是铁的熔点(1538℃)；D 点是渗碳体的熔点(1227℃)。

(2) G 点。G 点是铁的同素异构转变点，温度为912℃。铁在该点发生面心立方晶格与体心立方晶格的相互转变。

(3) E 点和 P 点。E 点是碳在 $\gamma - Fe$ 中的最大溶解度点，$w_C = 2.11\%$，温度为1148℃；P 点是碳在 $\alpha - Fe$ 中的最大溶解度点，$w_C = 0.0218\%$，温度为727℃。

(4) Q 点。Q 点是室温下碳在 $\alpha - Fe$ 中的溶解度，$w_C = 0.0008\%$。

(5) C 点。C 点为共晶点，液相在1148℃同时结晶出奥氏体和渗碳体，此转变称为共晶转变。共晶转变的表达式为

$$L \rightleftharpoons A + Fe_3 C$$

共晶转变的产物称为莱氏体，它是奥氏体和渗碳体组成的机械混合物，用符号 Ld 表示。

(6) S 点。S 点为共析点，奥氏体在727℃同时析出铁素体和渗碳体，此转变称为共析转变。共析转变的表达式为

$$A \rightleftharpoons F + Fe_3 C$$

共析转变的产物称为珠光体，它是铁素体和渗碳体组成的机械混合物，用符号 P 表示。

2. 主要特性线

(1) ACD 线和 $AECF$ 线。ACD 线是液相线，该线以上为完全液相；$AECF$ 线是固相线，该线以下是完全固相。

(2) ECF 线。ECF 线是共晶线(1148℃)，相图中，凡是 $w_C = 2.11\% \sim 6.69\%$ 的铁碳合金都要发生共晶转变。

(3) PSK 线。PSK 线是共析线(727℃)，相图中，凡是 $w_C = 0.0218\% \sim 6.69\%$ 的铁碳合金都要发生共析转变。PSK 线又称为 A_1 线。

(4) GS 线。GS 线是冷却时奥氏体开始析出铁素体，或加热时铁素体全部溶入奥氏体的转变温度线。GS 线又称为 A_3 线。

(5) ES 线。ES 线是碳在奥氏体中的溶解度曲线。随温度的降低，碳在奥氏体中的溶解度沿 ES 线从2.11%变化至0.77%。由于奥氏体中含碳量的减少，将从奥氏体中沿晶界析出渗碳体，称为二次渗碳体($Fe_3 C_{II}$)。ES 线又称为 A_{cm} 线。

(6) PQ 线。PQ 线是碳在铁素体中的溶解度曲线。随温度的降低，碳在铁素体中的溶解度沿 PQ 线从0.0218%变化至0.0008%。由于铁素体中含碳量的减少，将从铁素体中沿晶界析出渗碳体，称为三次渗碳体($Fe_3 C_{III}$)。因其析出量极少，在含碳量较高的钢中可以忽略不计。

由于生成条件的不同，渗碳体可以分为 $Fe_3 C_I$、$Fe_3 C_{II}$、$Fe_3 C_{III}$、共晶 $Fe_3 C$ 和共析 $Fe_3 C$ 五种。其中 $Fe_3 C_I$ 是含碳量大于4.3%的液相缓冷到液相线(CD 线)对应温度时所直接结晶出的渗碳体。尽管它们是同一相，但由于形态与分布不同，对铁碳合金的性能有着不同的影响。

3. 相区

(1) 单相区。简化的 $Fe - Fe_3 C$ 相图中有 F、A、L 和 $Fe_3 C$ 四个单相区。

（2）两相区。简化的 Fe-Fe$_3$C 相图中有五个两相区，即 L＋A 两相区、L＋Fe$_3$C 两相区、A＋Fe$_3$C 两相区、A＋F 两相区和 F＋Fe$_3$C 两相区。

铁碳合金由于成分的不同，室温下将得到不同的组织。根据铁碳合金的含碳量及组织的不同，可将铁碳合金分为工业纯铁、钢及白口铸铁三类。

工业纯铁（w_C＜0.0218%）。

钢（0.0218%＜w_C＜2.11%）。根据室温组织的不同，钢又可分为三种，即亚共析钢（0.0218%＜w_C＜0.77%）、共析钢（w_C＝0.77%）、过共析钢（0.77%＜w_C＜2.11%）。

白口铸铁（2.11%＜w_C＜6.69%）。根据室温组织的不同，白口铸铁也分为三种，即亚共晶白口铸铁（2.11%＜w_C＜4.3%）、共晶白口铸铁（w_C＝4.3%）、过共晶白口铸铁（4.3%＜w_C＜6.69%）。

1.4.3　含碳量与铁碳合金组织及性能的关系

铁碳合金室温组织虽然都是由铁素体和渗碳体两相组成的，但是当含碳量不同时，组织中两个相的相对数量、分布及形态不同，因而不同成分的铁碳合金具有不同的性能。

1. 铁碳合金含碳量与组织的关系

根据对铁碳合金结晶过程中组织转变的分析，已经了解了在不同含碳量情况下铁碳合金的组织构成。图 1-28 表示了室温下铁碳合金中含碳量与平衡组织组成物及相组成物间的定量关系。从图中可以清楚地看出铁碳合金组织变化的基本规律：随含碳量的增加，铁素体相逐渐减少，渗碳体相逐渐增多；组织构成也在发生变化，如亚共析钢中的铁素体量减少，而珠光体量在增多，到共析钢就变为完全的珠光体了。这些必将极大地影响铁碳合金的力学性能。

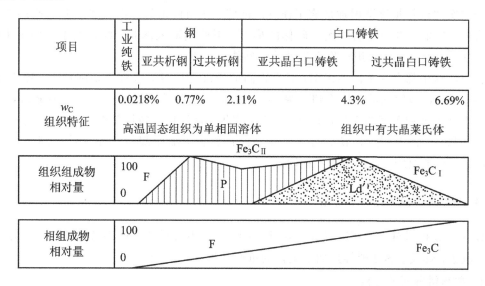

图 1-28　室温下铁碳合金的含碳量与相和组织的关系

2. 铁碳合金含碳量与力学性能的关系

在铁碳合金中，碳的含量和存在形式对合金的力学性能有直接的影响。铁碳合金组织中的铁素体是软韧相，渗碳体是硬脆相，因此铁碳合金的力学性能取决于铁素体与渗碳体的相对量及它们的相对分布。图 1-29 表示含碳量对缓冷状态钢力学性能的影响。

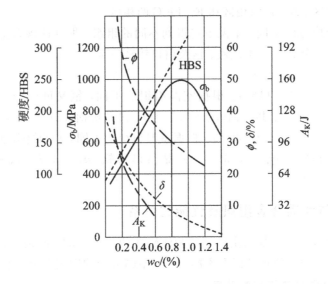

图 1-29　含碳量对缓冷钢力学性能的影响

从图 1-29 中可以看出，含碳量很低的工业纯铁，是由单相铁素体构成的，故塑性很好而强度、硬度很低。亚共析钢组织中的铁素体随含碳量的增多而减少，而珠光体量相应增加，因此塑性、韧性降低，强度和硬度直线上升。共析钢为珠光体组织，它具有较高的强度和硬度，但塑性较低。在过共析钢中，随着含碳量的增加，开始时强度和硬度继续增加，当 $w_C = 0.9\%$ 时，抗拉强度出现峰值，随后不仅塑性、韧性继续下降，强度也显著降低。这是由于二次渗碳体量逐渐增加形成了连续的网状，从而使钢的脆性增加，硬度则是始终直线上升的。如果能设法控制二次渗碳体的形态，不使其形成网状，则强度不会明显下降。由此可知，强度是一个对组织形态很敏感的性能。

白口铸铁中都存在莱氏体组织，具有很高的硬度和脆性，既难以切削加工，也不能进行锻造，因此白口铸铁的应用受到限制。但是由于白口铸铁具有很高的抗磨损能力，对于表面要求高硬度和耐磨的零件，如犁铧、冷轧辊等，常用白口铸铁制造。

必须指出，以上所述是铁碳合金平衡组织的性能，随冷却条件和其他处理条件的不同，铁碳合金的组织、性能会大不相同。

1.4.4　铁碳合金相图的应用

铁碳合金相图对生产实践具有重要意义，除了作为材料选用的参考外，还可作为制订铸造、锻造、焊接、热处理等热加工工艺的重要依据。

1. 在选材方面的应用

铁碳相图总结了铁碳合金组织和性能随成分的变化规律，这样，就可以根据零件的服役条件和性能要求来选择合适的材料。例如，若需要塑性好、韧性高的材料，则可选用低碳钢；若需要强度、硬度、塑性等都好的材料，则可选用中碳钢；若需要硬度高、耐磨性好的材料，则可选用高碳钢；若需要耐磨性高，不受冲击的工件用材料，则可选用白口铸铁。

2. 在铸造方面的应用

由相图可见,共晶成分的铁碳合金熔点最低,结晶温度范围要最小,具有良好的铸造性能。在铸造生产中,经常选用接近共晶成分的铸铁。根据相图中液相线的位置,可确定各种铸钢和铸铁的浇注温度,如图 1-30 所示,为制订铸造工艺提供依据。与铸铁相比,钢的熔化温度和浇注温度要高得多,其铸造性能较差,易产生收缩,因而钢的铸造工艺比较复杂。

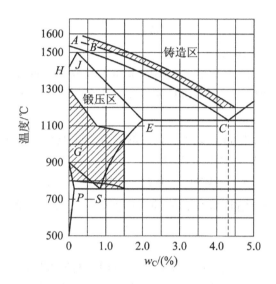

图 1-30　铁碳相图与铸锻工艺的关系

3. 在压力加工方面的应用

奥氏体的强度较低,塑性较好,便于塑性变形,因此钢材的锻造、轧制均选择在单相奥氏体区适当温度范围进行。

4. 在焊接方面的应用

焊接时由焊缝到母材各区域的温度是不同的,由 $Fe-Fe_3C$ 相图可知,受不同加热温度加热的各区域在随后的冷却中可能会出现不同的组织与性能。这就需要在焊接后采用热处理方法加以改善。

$Fe-Fe_3C$ 相图对制订热处理工艺有着特别重要的意义。

本 章 小 结

(1) 材料强度指标:材料经历了弹性、屈服、强化和缩颈四个阶段。对应前三个阶段的三个特征点,其相应的应力值依次为比例极限 σ_p、屈服点极限 σ_s 和强度极限 σ_b。对低碳钢来说,屈服点极限和强度极限是衡量材料强度的主要指标。

(2) 塑性指标:断后伸长率 δ 是衡量材料塑性变形程度的重要指标之一。设 l 为试样原始标距,l_1 为试样拉断后的标距,则断后伸长率 δ 的表达式为

$$\delta = \frac{l_1 - l}{l} \times 100\%$$

工程上将 $\delta \geqslant 5\%$ 的材料称为塑性材料，如低碳钢、铝合金、青铜等均为常见的塑性材料；将 $\delta < 5\%$ 的材料称为脆性材料，如铸铁、高碳钢、混凝土等均为脆性材料。

衡量材料塑性变形程度的另一个重要指标是断面收缩率 ψ。设试件拉伸前的横截面面积为 A，拉断后断口横截面面积为 A_1，以百分比表示的比值即为断面收缩率，即

$$\psi = \frac{A - A_1}{A} \times 100\%$$

断面收缩率越大，材料的塑性越好。

（3）硬度指标：硬度实际上是指一个小的金属表面或很小的体积内抵抗弹性变形、塑性变形或抵抗破裂的一种抗力。目前机械制造生产中应用最广泛的硬度试验方法是布氏硬度、洛氏硬度和维氏硬度。

（4）冲击韧度：在设计和制造受冲击载荷的零件和工具时，还必须考虑所用材料的冲击吸收功或冲击韧度。冲击吸收功以 A_K 表示，有

$$A_K = WH_1 - WH_2 = W(H_1 - H_2)$$

用试样的断口处截面积 S_N 去除 A_K 即得到冲击韧度，用 a_K 表示，单位为 J/cm^2，表达式为

$$a_K = \frac{A_K}{S_N}$$

对一般常用钢材来说，所测冲击吸收功 A_K 越大，材料的韧性越好。

（5）疲劳极限：若金属材料承受的最大交变应力 σ 越大，则断裂时应力交变的次数 N 越小；反之若 σ 越小，则 N 越大。当应力低于某值时，应力循环到无数次也不会发生疲劳断裂，此应力值称为材料的疲劳极限，以 σ_D 表示。

（6）三种典型晶体结构形式：在金属晶体中，约有 90% 属于三种常见的晶格类型，即体心立方晶格、面心立方晶格和密排六方晶格。

（7）点缺陷：点缺陷是指在空间三个方向上晶格尺寸都很小的缺陷。最常见的点缺陷是晶格空位和间隙原子。晶格中某个原子脱离了平衡位置，形成了空结点，称为空位。某个晶格间隙中挤进了原子，称为间隙原子。

（8）线缺陷：线缺陷的特征是在晶体空间两个方向上晶格尺寸很小，而第三个方向的晶格尺寸很大。属于这一类的缺陷主要是各种类型的位错。

（9）面缺陷：面缺陷的特征是在一个方向上晶格尺寸很小，而另两个方向上晶格尺寸很大，主要指晶界和亚晶界。

（10）Fe-Fe$_3$C 合金相图的主要特性点：A 点、D 点、G 点、E 点、P 点、Q 点、C 点、S 点。

（11）Fe-Fe$_3$C 合金相图的主要特性线：ACD 线、$AECF$ 线、ECF 线、PSK 线、GS 线、ES 线、PQ 线。

（12）Fe-Fe$_3$C 合金相图的主要相区：单相区和两相区。

（13）铁碳合金由于成分的不同，室温下将得到不同的组织。根据铁碳合金的含碳量及组织的不同，可将铁碳合金分为工业纯铁、钢及白口铸铁三类。其中：工业纯铁的含碳量

为 $w_C < 0.0218\%$，钢的含碳量为 $0.0218\% < w_C < 2.11\%$，白口铸铁的含碳量为 $2.11\% < w_C < 6.69\%$。

习　　题

1.1　什么叫做应力？什么叫做应变？低碳钢拉伸应力–应变曲线可分为哪几个变形阶段？这些阶段各具有什么明显的特征？

1.2　由拉伸试验可以得出哪些力学性能指标？在工程上这些指标是怎样定义的？

1.3　有一直径 $d_0 = 10.0$ mm、长度 $l = 50$ mm 的低碳钢试样，拉伸试验时测得 $F_s = 20.5$ kN，$F_b = 31.5$ kN，$d_1 = 6.25$ mm，$l_1 = 66$ mm，试确定此钢材的 σ_s、σ_b、ψ、δ。

1.4　在生产中，冲击试验有何重要作用？什么叫韧脆转变温度？

1.5　什么叫疲劳极限？为什么表面强化处理能有效地提高疲劳极限？

1.6　试述三种典型的金属晶体结构形式及特点。

1.7　晶体缺陷有哪些？它对金属材料的力学性能有什么影响？

1.8　合金的结构与纯金属的结构有什么不同？合金的力学性能为什么优于纯金属？

1.9　金属结晶的基本规律是什么？晶体的形核率及长大速度受到哪些因素的影响？

1.10　细晶粒组织为什么具有较好的综合力学性能？细化晶粒的基本途径有哪些？

1.11　画出简化的 $Fe - Fe_3C$ 合金相图，说明图中主要点、线的意义，填出各相区的相和组织组成物。

1.12　根据 $Fe - Fe_3C$ 合金相图，解释下列现象：

(1) 在室温下，$w_C = 0.8\%$ 的碳钢比 $w_C = 0.4\%$ 碳钢硬度高，比 $w_C = 1.2\%$ 的碳钢强度高；

(2) 钢铆钉一般用低碳钢制造；

(3) 绑扎物件一般用铁丝（镀锌低碳钢丝），而起重机吊重物时都用钢丝绳（用 60 钢、65 钢等制成）；

(4) 在 1100℃ 时，$w_C = 0.4\%$ 的钢能进行锻造，而 $w_C = 4.0\%$ 的铸铁不能进行锻造；

(5) 钳工锯削 T8、T10、T12 等退火钢料比锯削 10、20 钢费力，且锯条易磨钝；

(6) 钢适宜压力加工成形，而铸铁适宜铸造成形。

第 2 章　钢 的 热 处 理

（一）教学目标

·知识目标：

（1）掌握钢的退火、正火、淬火、回火的概念、分类及作用；

（2）掌握表面淬火、渗碳、渗氮的概念、方法及作用；

（3）了解钢的热处理新技术及应用；

（4）掌握钢的热处理工艺及应用。

·能力目标：

（1）根据钢的成分和退火目的不同，具备正确选择退火方式的能力；

（2）根据钢的种类不同及力学性能要求，具备合理选择正火方式的能力；

（3）综合考虑钢的成分、原始组织、工件形状和尺寸、加热介质、装炉量等因素的影响，具备确定淬火加热方法与保温时间的能力；

（4）根据钢件的性能要求，具备正确选择回火方式的能力；

（5）根据工件表层高的强度、硬度、耐磨性及疲劳强度，心部具有足够的塑性和韧性的要求，具备合理选用表面热处理和化学热处理的能力。

（二）教学内容

（1）钢的退火、正火、淬火、回火；

（2）钢的表面淬火、渗碳、渗氮；

（3）热处理新技术：可控气氛热处理、真空热处理、形变热处理、化学热处理、激光热处理和电子束表面淬火；

（4）热处理的技术条件，热处理工序位置确定，常见热处理缺陷及其预防。

（三）教学要点

（1）钢的退火、正火、淬火、回火；

（2）钢的表面淬火、渗碳、渗氮；

（3）钢的热处理工艺及应用。

2.1　钢的普通热处理

钢的最基本的热处理工艺有退火、正火、淬火、回火等，本节介绍这些热处理工艺过程。

2.1.1　钢的退火

退火是将钢加热到适当温度，保温一定时间，然后缓慢冷却的热处理工艺。退火主要用于铸、锻、焊毛坯或半成品零件，为预备热处理。退火后获得珠光体组织。退火的主要目的是：软化钢材以利于切削加工；消除内应力以防止工件变形；细化晶粒，改善组织，为零件的最终热处理做好准备。

根据钢的成分和退火目的不同，常用的退火方法有完全退火、等温退火、球化退火、均匀化退火、去应力退火、再结晶退火等。

1. 完全退火与等温退火

完全退火是把钢加热到 A_{c3} 以上 30～50℃，保温一定时间，随炉冷至 600℃ 以下，出炉空冷。完全退火可获得接近平衡状态的组织，主要用于亚共析钢的铸、锻件，有时也用于焊接结构。完全退火的目的在于细化晶粒、消除过热组织、降低硬度和改善切削加工性能。

过共析钢不宜采用完全退火，以避免二次渗碳体以网状形式沿奥氏体晶界析出，给切削加工和以后的热处理带来不利影响。

完全退火很费工时，生产中常采用等温退火来代替。等温退火与完全退火加热温度完全相同，只是冷却方式有差别。等温退火是以较快速度冷却到 A_1 以下某一温度，等温一定时间使奥氏体转变为珠光体组织，然后空冷。对某些奥氏体比较稳定的合金钢，采用等温退火可大大缩短退火周期。

2. 球化退火

球化退火是将钢加热到 A_{c1} 以上 20～30℃，充分保温后，随炉冷却到 600℃ 以下出炉空冷。球化退火主要用于过共析钢，其目的是使钢中的渗碳体球状化，以降低钢的硬度，改善切削加工性，并为以后的热处理工序做好组织准备。若钢的原始组织中有严重的渗碳体网，则在球化退火前应进行正火消除，以保证球化退火效果。

3. 去应力退火

去应力退火又称低温退火，是将钢加热到 A_{c1} 以下某一温度（一般为 500～600℃），保温一定时间，然后随炉冷却。去应力退火过程中不发生组织的转变，目的是为了消除铸件、锻件、焊件和冷冲压件的残余应力。

2.1.2　钢的正火

将钢加热到 A_{c3}（或 A_{ccm}）以上 30～50℃，保温适当时间，出炉后在空气中冷却的热处理工艺称为正火。正火主要有以下几方面的应用：

（1）加工要求不高的结构、零件。对力学性能要求不高的结构、零件，可用正火作为最终热处理，以提高其强度、硬度和韧性。

（2）加工低、中碳钢。对于低、中碳钢，可用正火作为预备热处理，以调整硬度，改善切削加工性。

（3）加工过共析钢。对于过共析钢，正火可抑制渗碳体网的形成，为球化退火做好组织准备。

与退火相比，正火的生产周期短，节约能量，而且操作简便，冷却速度较快，得到的组织比较细小，强度和硬度也稍高一些。生产中常优先采用正火工艺。常用退火和正火的加热温度范围及工艺曲线如图 2-1 所示。

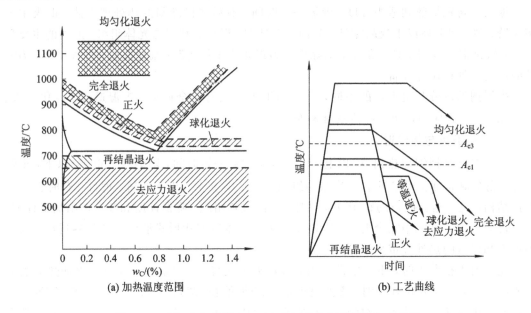

(a) 加热温度范围　　　　　　　(b) 工艺曲线

图 2-1　碳钢的各种退火、正火的加热温度范围及工艺曲线

2.1.3　钢的淬火

将钢加热到 A_{c3} 或 A_{c1} 以上，保温一定时间，冷却后获得马氏体和（或）贝氏体组织的热处理工艺称为淬火。淬火是钢的最经济、最有效的强化手段之一。

1. 淬火加热温度

钢的淬火加热温度主要根据其相变点来确定，如图 2-2 所示。亚共析钢一般采用完全奥氏体化淬火，淬火加热温度为 $A_{c3}+(30\sim50℃)$。如果加热温度选择为 $A_{c1}\sim A_{c3}$，则在淬火组织中将有先析出铁素体存在，使钢的强度降低。

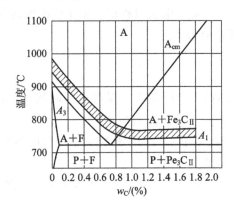

图 2-2　碳钢淬火加热温度范围

共析钢和过共析钢的淬火加热温度为 $A_{c1}+(30\sim50℃)$。过共析钢加热温度选择为 $A_{c1}\sim A_{ccm}$，是为了淬火冷却后获得细小片状马氏体和细小球状渗碳体的混合组织，以提高

钢的耐磨性。如果加热到 A_{ccm} 以上进行完全奥氏体化淬火，奥氏体晶粒粗化，淬火后的马氏体粗大，使钢的脆性增加。此外，由于渗碳体过多的溶解，使马氏体中碳的过饱和度过大，增大了淬火应力和变形与开裂的倾向，同时使钢中的残余奥氏体量增多，降低了钢的硬度和耐磨性。

应当指出的是，在确定具体零件热处理温度时，需全面考虑各种因素（如工件形状、尺寸等）的影响。对于高合金钢加热温度的选择，还应考虑合金碳化物的溶解、合金元素均匀化等问题。淬火加热与保温时间的确定，需综合考虑钢的成分、原始组织、工件形状和尺寸、加热介质、装炉量等因素的影响，生产中常用有关经验公式估算。

2. 常用淬火冷却方法

理想的冷却应是既保证工件淬火后得到马氏体，又要保证淬火质量，减小淬火应力和变形与开裂的倾向，这样采用适宜的淬火介质和适当的淬火方法就很重要。常用的冷却介质有水、盐或碱的水溶液和油等。常用的淬火方法有以下几种：

（1）单液淬火。将加热至淬火温度的工件，投入单一一种淬火介质中连续冷却至室温。例如，碳钢在水中淬火，合金钢在油中淬火等。单液淬火操作简便，易于实现机械化和自动化，但也有不足之处，即易产生淬火缺陷。水中淬火易产生变形和裂纹，油中淬火易产生硬度不足或硬度不均匀等现象。

（2）双介质淬火。将加热的工件先投入一种冷却能力强的介质中冷却，然后在 M_s（马氏体转变温度点）点区域转入冷却能力小的另一种介质中冷却。例如，形状复杂的非合金钢工件采用水淬油冷法，合金钢工件采用油淬空冷法等。双介质淬火可使低温转变时的内应力减小，从而有效防止工件的变形与开裂。

（3）马氏体分级淬火。将加热的工件先放入温度在 M_s 点附近（150～260 ℃）的盐浴或碱浴中，稍加停留 2～5 min，等工件整体温度趋于均匀时，再取出空冷以获得马氏体。分级淬火可更为有效地避免变形和裂纹的产生，而且比双介质淬火易于操作，一般适用于形状较复杂、尺寸较小的工件。

（4）贝氏体等温淬火。将加热的工件放入稍高于 M_s 点温度的盐浴或碱浴中，保温足够的时间，使其发生下贝氏体转变后出炉空冷。等温淬火的内应力很小，工件不易变形与开裂，而且具有良好的综合力学性能。等温淬火常用于处理形状复杂，尺寸要求精确，并且硬度和韧性都要求较高的工件，如各种冷、热冲模，成形刃具和弹簧等。

（5）局部淬火。若有些工件按其工件条件只是局部要求高硬度，则可进行局部加热淬火，以避免工件其他部分产生变形与裂纹。

2.1.4 钢的淬透性

1. 淬透性的概念

钢的淬透性是钢在淬火冷却时，获得马氏体组织深度的能力。工件在淬火后，整个截面的冷却速度不同，工件表层的冷却速度最大，中心层的冷却速度最小，如图 2-3（a）所示。冷却速度大于该钢 v_c 的表层部分，淬火后得到马氏体组织，图 2-3（b）中的影线区域表示获得马氏体组织的深度。一般规定：由钢的表面至内部马氏体组织占 50% 处的距离为有效淬硬深度。

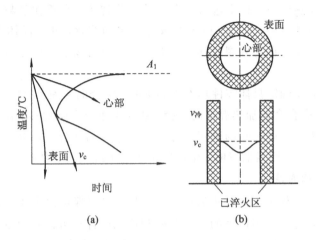

图 2-3　钢的有效淬硬深度与冷却速度的关系

淬透性是钢的一种重要的热处理工艺性能，其高低以钢在规定的标准淬火条件下能够获得的有效淬硬深度来表示。用不同钢种制造的相同形状和尺寸的工件，在同样条件下淬火，淬透性好的钢有效淬硬深度较大。

2. 影响淬透性的因素

影响淬透性的因素很多。钢的淬透性主要取决于钢的马氏体临界冷却速度的大小，实质是取决于过冷奥氏体的稳定性，即 C 曲线的位置。钢的 C 曲线越靠右，其淬透性越好。因此，钢的化学成分和奥氏体化条件是影响淬透性的主要因素。

3. 淬透性的实际应用

钢的淬透性是在机械设计制造过程中合理选材和正确制订热处理工艺的重要依据。淬透性对钢件热处理后的力学性能影响很大，如图 2-4 所示。若整个工件淬透，经高温回火后，则其力学性能沿截面是均匀一致的；若工件未淬透，高温回火后，则虽然截面上硬度基本一致，但未淬透部分的屈服点和冲击韧度却显著降低。

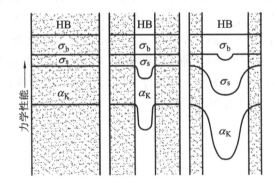

图 2-4　淬硬层深度与力学性能的关系（阴影部分表示淬透层）

机械制造中许多在重载荷、动载荷下工作的重要零件以及承受拉压应力的重要零件，常要求工件表面和心部的力学性能一致，此时应选用能全部淬透的钢；而对于应力主要集中在工件表面，心部应力不大的零件，则可考虑选用淬透性低的钢。焊接件一般不选用淬透性高的钢，否则易在焊缝及热影响区出现淬火组织，造成焊件变形和开裂。

在淬透性的实际应用中还须注意以下两点区别：

（1）淬透性与实际工件有效淬硬深度的区别。同一钢种不同截面的工件在同样奥氏体化条件下淬火，其淬透性是相同的。但是其有效淬硬深度却因工件的形状、尺寸和冷却介质的不同而异。淬透性乃是钢本身所固有的属性，对于一种钢，它是确定的，可用于不同钢种之间的比较。实际工件的有效淬硬深度，它除了取决于钢的淬透性外，还与工件的形状、尺寸及采用的冷却介质等外界因素有关。

（2）钢的淬透性与淬硬性是两个不同的概念。淬硬性是指钢淬火后能达到的最高硬度，它主要取决于马氏体的含碳量。淬透性好的钢其淬硬性不一定高。例如，低碳合金钢淬透性相当好，但其淬硬性却不高；高碳非合金钢的淬硬性高，但其淬透性却差。

2.1.5 钢的回火

回火是将淬火钢加热到 A_{c1} 以下某一温度，保温一定时间，然后冷却至室温的热处理工艺。回火是淬火的后续工序，其主要目的是：减少或消除淬火应力；防止工件变形与开裂；稳定工件尺寸及获得工件所需的组织和性能。

1. 淬火钢在回火时的组织转变

淬火后钢的组织是不稳定的，具有向稳定组织转变的自发倾向。回火加速了自发转变的过程。淬火钢在回火时，随着温度的升高，组织转变可分为四个阶段。

第一阶段（80～200℃）：马氏体分解。

马氏体内过饱和的碳原子，以 ε 碳化物形式析出，使马氏体的过饱和度降低。ε 碳化物是弥散度极高的薄片状组织。这种马氏体和 ε 碳化物的回火组织称为回火马氏体。此阶段钢的淬火内应力减少，韧性改善，但硬度并未明显降低。

第二阶段（200～300℃）：残余奥氏体分解。

在马氏体分解的同时，降低了对残余奥氏体的压力，使其转变为下贝氏体。这个阶段转变后的组织是下贝氏体和回火马氏体，淬火内应力进一步降低，但马氏体分解造成硬度降低，被残余奥氏体分解引起的硬度升高所补偿，故钢的硬度降低并不明显。

第三阶段（300～400℃）：马氏体分解完成和渗碳体的形成。

马氏体继续分解，直至过饱和的碳原子几乎全部从固溶体内析出。与此同时，ε 碳化物逐渐转变为极细的稳定碳化物 Fe_3C。此阶段到 400℃ 全部完成，形成尚未再结晶的针状铁素体和细球状渗碳体的混合组织，称为回火托氏体。此时，钢的淬火内应力基本消除，硬度有所降低。

第四阶段（400℃以上）：固溶体的再结晶与渗碳体的聚集长大。

温度高于 400℃ 后，固溶体发生回复与再结晶，同时渗碳体颗粒不断聚集长大。当温度高于 500℃ 时，形成块状铁素体与球状渗碳体的混合组织，称为回火索氏体。钢的强度、硬度不断降低，但韧性却明显改善。

必须指出，以上四个阶段是在不同温度范围内进行的，但四个温度范围有交叉，所以钢在回火以后所表现出的性能是这些变化的综合结果。

2. 回火的分类及其应用

实际生产中，根据钢件的性能要求，按其回火温度范围，回火可以分为以下三类：

（1）低温回火（150～250℃）：回火后的组织是回火马氏体，它基本保持马氏体的高硬度和耐磨性，钢的内应力和脆性有所降低。低温回火主要用于各种工具、滚动轴承、渗碳件和表面淬火件。

（2）中温回火（350～500℃）：回火后的主要组织为回火托氏体，具有较高的弹性极限和屈服强度，具有一定的韧性和硬度。中温回火主要用于各种弹簧、模具等。

（3）高温回火（500～650℃）：回火后的组织为回火索氏体，它具有强度、硬度、塑性和韧性都较好的综合力学性能。高温回火广泛用于汽车、拖拉机、机床等机械中的重要结构零件，如各种轴、齿轮、连杆、高强度螺栓等。

通常将淬火与高温回火相结合的热处理称为调质处理。调质处理一般作为最终热处理，但也可作为表面淬火和化学热处理的预备热处理。应指出，工件回火后的硬度主要与回火温度和回火时间有关，而回火后的冷却速度对硬度影响不大。实际生产中，回火件出炉后通常采用空冷。

3. 回火脆性

回火过程中，冲击韧度不一定总是随回火温度的升高而不断提高。有些钢在某一温度范围内回火时，其冲击韧度比在较低温度回火时反而显著下降，这种脆化现象称为回火脆性。如图2-5所示，在250～400℃的温度范围内出现的回火脆性称为第一类回火脆性，防止的办法常常是避免在此温度范围内回火。在500～600℃温度范围内出现的回火脆性称为第二类回火脆性，部分合金钢易产生这类回火脆性，回火后快冷可避免这类回火脆性产生。

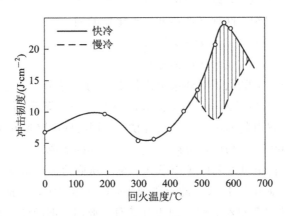

图2-5 钢的冲击韧度与回火温度的关系

2.2 钢的表面热处理

在某些冲击载荷、交变载荷及摩擦条件下工作的机械零件，如曲轴、凸轮轴、齿轮、主轴等，其表层和心部受力不同。由于表层承受较高的应力，因此要求工件表层具有高的强度、硬度、耐磨性及疲劳强度，而心部要具有足够的塑性和韧性。为了达到上述的性能要求，生产中广泛应用表面热处理和化学热处理。

2.2.1　表面淬火

表面热处理是仅对工件表层进行热处理以改变其组织和性能的工艺，其中最常用的是表面淬火。表面淬火是对钢的表面快速加热至淬火温度，并立即冷却，使表层获得马氏体强化的热处理。表面淬火不改变钢表层的成分，仅改变表层的组织，且心部组织不发生变化。

常用的感应加热表面淬火的基本原理如图 2-6 所示。将工件放在铜管绕制的感应圈内，当感应圈通以一定频率的电流时，感应圈内部和周围产生同频率的交变磁场，于是工件中相应产生了自成回路的感应电流。由于集肤效应，感应电流主要集中在工件表层，使工件表面迅速加热到淬火温度，随即喷水冷却，使工件表层淬硬。根据所用电流频率的不同，感应加热可分为高频（200～300 kHz）加热、超音频（20～40 kHz）加热、中频（2.5～8 kHz）加热、工频（50 Hz）加热等，用于各类中小型、大型机械零件。感应电流频率越高，电流集中的表层越薄，加热层也越薄，淬硬层深度越小。

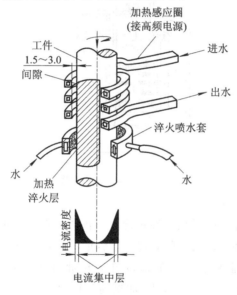

图 2-6　感应加热表面淬火示意图

感应加热表面淬火零件宜选用中碳钢和中碳低合金结构钢，目前应用最广泛的是汽车、拖拉机、机床和工程机械中的齿轮、轴类等，也可运用于高碳钢、低合金钢制造的工具和量具，以及铸铁冷轧辊等。经感应加热表面淬火的工件，表面不易氧化、脱碳，变形小，淬火层深度易于控制。该热处理方法生产效率高，易于实现生产机械化，多用于大批量生产的形状较简单的零件。

2.2.2　化学热处理

钢的化学热处理是将工件置于一定的活性介质中保温，使一种或几种元素渗入工件表层，以改变其化学成分，从而使工件获得所需组织和性能的热处理工艺。其目的主要是为了表面强化和改善工件表面的物理、化学性能，即提高工件的表面硬度、耐磨性、疲劳强度、热硬性和耐腐蚀性。化学热处理的种类很多，一般以渗入的元素来命名。化学热处理有渗碳、渗氮、碳氮共渗（氰化）、渗硫、渗硼、渗铬、渗铝及多元共渗等。

1. 渗碳

渗碳是将工件置于富碳的介质中，加热到高温（900～950℃），使碳原子渗入表层的过程。其目的是使增碳的表面层经淬火和低温回火后，获得高的硬度、耐磨性和疲劳强度，适用于低碳非合金钢和低碳合金钢，常用于汽车齿轮、活塞销、套筒等零件。生产中广泛采用的气体渗碳是将工件置于密封的渗碳炉中（见图 2-7），加热到 900～950℃，通入渗碳气体（如煤气、石油液化气、丙烷等）或易分解的有机液体（如煤油、甲苯、甲醇等），在高温下通过反应分解出活性碳原子，活性碳原子渗入高温奥氏体中，并通过扩散形成一定厚度的渗碳层。渗碳的时间主要由渗碳层的深度决定。工件渗碳后必须进行淬火和低温回火。

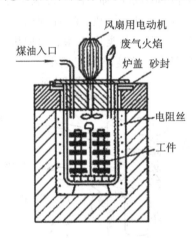

图 2-7　气体渗碳示意图

渗碳淬火工艺有以下三种：

（1）直接淬火法：工件渗碳后出炉经预冷直接淬火和低温回火。

（2）一次淬火法：工件渗碳后出炉缓冷，然后重新加热，进行淬火和低温回火。

（3）两次淬火法：性能要求较高的渗碳件采用此方法。第一次淬火（加热到 850～900℃）目的是细化心部组织。第二次淬火（加热到 750～800℃）是为了使表层获得细片状马氏体和粒状渗碳体组织。

一般低碳非合金钢经渗碳淬火后表层硬度可达 60～64HRC，心部为 30～40 HRC。气体渗碳的渗碳层质量高，渗碳过程易于控制，生产率高，劳动条件好，易于实现机械化和自动化，适于成批或大量生产。

2. 渗氮

将氮原子渗入工件表层的过程称为渗氮（氮化），目的是提高工件表面硬度、耐磨性、疲劳强度、热硬性和耐蚀性。常用的渗氮方法主要有气体渗氮、液体渗氮及离子渗氮等。

气体渗氮是将工件置于通入氨气的炉中，加热至 500～600℃，使氨分解出活性氮原子，渗入工件表层，并向内部扩散形成氮化层。气体渗氮的特点如下：

（1）与渗碳相比，渗氮工件的表面硬度较高，可达 1000～1200 HV（相当于 69～72 HRC）。

（2）渗氮温度较低，并且渗氮件一般不再进行其他热处理（如淬火等），因此工件变形很小。

（3）渗氮后工件的疲劳强度可提高 15%～35%。

（4）渗氮层具有高耐蚀性，这是由于氮化层是由致密的、耐腐蚀的氮化物所组成的，能有效地防止某些介质（如水、过热蒸气、碱性溶液等）的腐蚀作用。

渗氮虽有上述特点，但由于其工艺复杂，生产周期长，成本高，氮化层薄而脆，不宜承受集中的重载荷，并需要专用的渗氮用钢，所以只用于要求高耐磨性和高精度的零件，如精密机床的丝杠、镗床主轴、重要的阀门等。

为了克服渗氮周期长的缺点，近十几年在原渗氮的基础上发展了液体氮碳共渗、离子渗氮等先进渗氮方法。

2.3 钢的热处理新技术

随着工业及科学技术的发展，热处理工艺在不断改进，近 20 多年发展了新的热处理工艺，如可控气氛热处理、真空热处理、形变热处理、化学热处理和新的表面热处理（激光热处理、电子束表面淬火等）。近几年计算机技术已应用于热处理工艺控制。

2.3.1 可控气氛热处理

在炉气成分可控制在预定范围内的热处理炉中，进行的热处理称为可控气氛热处理。其目的是为了有效地进行控制表面碳浓度的渗碳、碳氮共渗等化学热处理，或防止工件在加热时的氧化和脱碳，还可用于实现低碳钢的光亮退火及中、高碳钢的光亮淬火。该炉气可分为渗碳性、还原性和中性气氛等。

目前我国常用的可控气氛有吸热式气氛、放热式气氛、放热-吸热式气氛、有机液滴注式气氛等，其中以放热式气氛的制备最便宜。

2.3.2 真空热处理

在真空中进行的热处理称为真空热处理。它包括真空淬火、真空退火、真空回火和真空化学热处理（真空渗碳、渗铬等）。

真空热处理是在 0.0133～1.33 Pa 真空度的真空介质中加热工件。真空热处理可以减少工件变形，使钢脱氧、脱氢和净化表面，使工件表面无氧化、不脱碳、表面光洁，可显著提高耐磨性和疲劳极限。

真空热处理的工艺操作条件好，有利于实现机械化和自动化，而且节约能源，减少污染，因而真空热处理目前发展较快。

2.3.3 形变热处理

形变热处理是将塑性变形同热处理有机结合在一起，获得形变强化和相变强化综合效果的工艺方法。这种工艺方法不仅可提高钢的强韧性，还可以大大简化金属材料或工件的生产流程。

形变热处理的方法很多，有高温形变热处理、低温形变热处理、等温形变淬火、形变时效、形变化学热处理等。

1. 高温形变热处理

高温形变热处理是将钢加热到稳定的奥氏体区内，在该状态下进行塑性变形，随即进行淬火、回火的综合热处理工艺，又称为高温形变淬火。与普通热处理比较，某些钢材经高温形变淬火能提高抗拉强度 10%～30%，提高塑性 40%～50%。一般碳钢、低合金钢均可采用这种热处理。

2. 低温形变热处理

低温形变热处理是将钢加热到奥氏体状态后，快速冷却到 A_{r1} 以下，进行大量（50%～70%）的变形，随即淬火、回火的工艺，又称为亚稳奥氏体的形变淬火。与普通热处理比较，低温形变热处理能在保持塑性不变的情况下，提高抗拉强度 30～70 MPa，有时甚至提高 100 MPa。这种工艺适用于某些珠光体与贝氏体之间有较长孕育期的合金钢。

形变热处理主要受设备和工艺条件限制，应用还不普遍，对形状比较复杂的工件进行形变热处理尚有困难，形变热处理后对工件的切削加工和焊接也有一定影响。这些问题都将有待进一步研究解决。

2.3.4　化学热处理

1. 电解热处理

电解热处理是将工件和加热容器分别接在电源的负极和正极上，容器中装有渗剂，利用电化学反应使欲渗元素的原子渗入工件表层。电解热处理可以进行电解渗碳、电解渗硼、电解渗氮等。

2. 离子化学热处理

离子化学热处理是在真空炉中进行的，炉内通入少量与热处理目的相适应的气体，在高压直流电场作用下，通过稀薄的气体放电、起辉来加热工件。与此同时，欲渗元素从通入的气体中离解出来，渗入工件表层。离子化学热处理比一般化学热处理速度快，在渗层较薄的情况下尤为显著。离子化学热处理可进行离子渗氮、离子渗碳、离子碳氮共渗、离子渗硫和渗金属等。

2.3.5　激光热处理和电子束表面淬火

激光热处理是利用专门的激光器发出能量密度极高的激光，以极快速度加热工件表面，自冷淬火后使工件表面强化的热处理。

电子束表面淬火是利用电子枪发射成束电子，轰击工件表面，使之急速加热，自冷淬火后使工件表面强化的热处理。其能量利用率大大高于激光热处理，可达 80%。

这两种表面热处理工艺不受钢材种类限制，淬火质量高，基体性能不变，是很有发展前途的新工艺。

2.4　钢的热处理工艺应用

热处理在机械制造过程中应用相当广泛，它穿插在机械零件制造过程的各个冷、热加工工序之间，正确合理地安排热处理的工序位置是一个重要问题。再者，机械零件类型很多，形状结构复杂，工作时承受各种应力，其选用的材料及要求的性能各异。因此，热处理技术条件的提出、热处理工艺规范的正确制订和实施也是一个相当重要的问题。

2.4.1 热处理的技术条件

设计者应根据零件的工作条件、所选用的材料及性能要求提出热处理技术条件，并标注在零件图上。其内容包括热处理的方法及热处理后应达到的力学性能。一般零件需标出硬度值，重要的零件还应标出强度、塑性、韧性指标或金相组织要求。对于化学热处理零件，还应标注渗层部位和渗层的深度。

标注热处理技术条件时，可用文字在图样标题栏上方作扼要说明。推荐采用《金属热处理工艺分类及代号》(GB/T 12603－2005)的规定标注热处理工艺，并标出应达到的力学性能指标及其他要求。热处理工艺代号标记规定见表 2－1。

表 2－1 热处理工艺分类及代号

工艺总称	代号	工艺类型	代号	工艺名称	代号	加热方法	代号
热处理	5	整体热处理	1	退火	1	加热炉 感应 火焰 电阻 激光 电子束 等离子体 其他	1 2 3 4 5 6 7 8
				正火	2		
				淬火	3		
				淬火和回火	4		
				调质	5		
				稳定化处理	6		
				固溶化处理	7		
				固溶化处理和时效	8		
		表面热处理	2	表面淬火和回火	1		
				物理气相沉积	2		
				化学气相沉积	3		
				等离子化学气相沉积	4		
		化学热处理	3	渗碳	1		
				碳氮共渗	2		
				渗氮	3		
				氮碳共渗	4		
				渗其他非金属	5		
				渗金属	6		
				多元共渗	7		
				熔渗	8		

热处理工艺代号由基础分类工艺代号及附加分类工艺代号组成。在基础分类工艺代号中按照工艺类型、工艺名称和实现工艺的加热方法三个层次进行分类，均有相应代号对

应。如表 2-1 所示，其中工艺类型分为整体热处理、表面热处理及化学热处理三种；工艺名称是按获得组织状态或渗入元素进行的分类；加热方法分为加热炉加热、感应加热、电阻加热等类型。附加分类是对基础分类中某些工艺的具体条件再进一步细化分类，其中包括：各种热处理的加热介质（见表 2-2）、退火工艺方法（见表 2-3）、淬火冷却介质或冷却方法、渗碳和碳氮共渗的后续冷却工艺等。

表 2-2　加热介质及代号

加热介质	固体	液体	气体	真空	保护气氛	可控气体	流态床
代号	S	L	G	V	P	C	F

表 2-3　退火工艺及代号

退火工艺	去应力退火	均匀化退火	再结晶退火	石墨化退火	去氢退火	球化退火	等温退火
代号	o	d	r	g	h	s	n

热处理后应达到的技术要求可按相应规定加以标注。如图 2-8 所示，其中 5151 表示螺钉施以整体调质，热处理后布氏硬度应达到 230～250 HBS；其尾部要进行表面火焰淬火和回火，故代号为 5213，硬度应为 42～48 HRC。

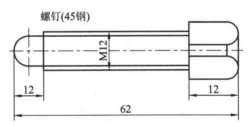

螺钉(45钢)

M12

12　　　62　　　12

热处理技术条件：5151，235 HBS；尾5213，45 HRC

图 2-8　热处理技术条件标注示例

2.4.2　热处理工序位置确定

根据热处理的目的和工序位置的不同，可将其分为预先热处理和最终热处理两大类。

1. 确定热处理工序位置的实例

车床主轴是传递力的重要零件，它承受一般载荷，轴颈处要求耐磨。一般车床主轴选用中碳结构钢（如 45 钢）制造。热处理技术条件为：整体调质处理，硬度 220～250 HBS；轴颈及锥孔表面淬火，硬度 50～52 HRC。

1）主轴制造工艺过程

主轴制造工艺过程为：锻造→正火→机加工（粗）→调质→机加工（半精）→高频感应表面淬火＋低温回火→磨削。

2）主轴热处理各工序的作用

（1）正火：作为预先热处理，目的是消除锻件内应力，细化晶粒，改善切削加工性。

（2）调质：获得回火索氏体，使主轴整体具有较好的综合力学性能，为表面淬火做好组织准备。

（3）高频感应表面淬火＋低温回火：作为最终热处理。高频感应表面淬火是为了使轴颈及锥孔表面得到高的硬度、耐磨性和疲劳强度；低温回火是为了消除应力，防止磨削时产生裂纹，并保持高硬度和耐磨性。

2. 热处理工序位置确定的一般规律

1）预先热处理工序位置的确定

预先热处理包括退火、正火、调质等。其工序位置一般安排在毛坯生产之后，切削加工之前，或粗加工之后，精加工之前。正火和退火的作用是消除热加工毛坯的内应力、细化晶粒、调整组织、改善切削加工性，为后面的热处理工序做好组织准备。调质是为了提高零件的综合力学性能，为最终热处理做组织准备。对于一般性能要求不高的零件，调质也可作为最终热处理。

2）最终热处理工序位置的确定

最终热处理包括各种淬火＋回火及化学热处理。零件经这类热处理后硬度较高，除可以磨削加工外，一般不适应其他切削加工，故其工序位置一般均安排在半精加工之后，磨削加工（精加工）之前。

在生产过程中，由于零件选用的毛坯和工艺过程不同，热处理工序会有所增减，因此工序位置的安排必须根据具体情况灵活运用。例如，要求精度高的零件，在切削加工之后，为了消除加工引起的残余应力，以减小零件变形，在粗加工后可穿插去应力退火。

2.4.3　常见热处理缺陷及其预防

在热处理生产中，由于加热过程控制不良、淬火操作不当或其他原因，会出现一些缺陷。有些缺陷是可以挽救的，有些严重缺陷将使零件报废。因此，了解常见热处理缺陷及其预防是很重要的。

1. 钢在加热时出现的缺陷

（1）欠热：又称加热不足。欠热会在亚共析钢淬火组织中出现铁素体，造成硬度不足；在过共析钢组织中会存在过多的未溶渗碳体。

（2）过热：加热温度偏高而使奥氏体晶粒粗大，淬火后得到粗大的马氏体，导致零件性能变脆。欠热与不严重的过热可通过退火或正火来矫正。

（3）过烧：加热温度过高，使钢的晶界氧化或局部熔化，致使零件报废。过烧是无法挽救的缺陷。

（4）氧化：钢的表面在氧化性介质中加热时与氧原子形成氧化铁的现象。氧化会使工件尺寸变小，表面变得粗糙并影响淬火时的冷却速度，从而使工件硬度下降。

（5）脱碳：钢表层的碳被氧化而导致表层的含碳量降低的现象。加热温度越高，工件的脱碳现象越严重。脱碳会造成钢淬火后表层硬度不足，疲劳强度下降，并易造成表面淬火裂纹。

一般来说，工件在盐浴炉中加热可减轻钢的氧化和脱碳。另外，可采用保护气氛加热、真空加热及工件表面涂层保护的办法来减小这类缺陷的发生。

2. 钢在淬火时易出现的缺陷

（1）淬火变形。淬火变形是零件在淬火时由于热应力与组织应力的综合作用引起的尺寸和形状的偏差。

（2）淬火裂纹。淬火裂纹的产生原因主要为冷却速度过快，另外零件结构设计不合理等因素也会引起此类缺陷。淬火裂纹应绝对避免，否则零件只能报废。

防止变形与开裂的措施主要有：正确选材，对形状复杂，要求变形小的精密零件，应选用高淬透性钢；合理进行零件的结构设计；选择或制订合理的淬火工艺，如淬火加热尽量采用下限温度，尽可能选择冷却缓慢的淬火介质或采用双介质淬火等。

本 章 小 结

（1）退火是将钢加热到适当温度，保温一定时间，然后缓慢冷却的热处理工艺。退火主要用于铸、锻、焊毛坯或半成品零件，为预备热处理。退火后获得珠光体组织。退火的主要目的是：软化钢材以利于切削加工；消除内应力以防止工件变形；细化晶粒，改善组织，为零件的最终热处理做好准备。根据钢的成分和退火目的不同，常用的退火方法有完全退火、等温退火、球化退火、均匀化退火、去应力退火、再结晶退火等。

（2）将钢加热到 A_{c3} 或 A_{c1} 以上，保温一定时间，冷却后获得马氏体和（或）贝氏体组织的热处理工艺称为淬火。淬火是钢的最经济、最有效的强化手段之一。常用的冷却介质有水、盐或碱的水溶液和油等。常用的淬火方法有：单液淬火、双介质淬火、马氏体分级淬火、贝氏体等温淬火、局部淬火。

（3）回火是将淬火钢加热到 A_{c1} 以下某一温度，保温一定时间，然后冷却至室温的热处理工艺。回火是淬火的后续工序，其主要目的是：减少或消除淬火应力；防止工件变形与开裂；稳定工件尺寸及获得工件所需的组织和性能。实际生产中，根据钢件的性能要求，按其回火温度范围，回火可以分为三类，即低温回火（150～250℃）、中温回火（350～500℃）、高温回火（500～650℃）。

（4）表面热处理是仅对工件表层进行热处理以改变其组织和性能的工艺，其中最常用的是表面淬火。表面淬火是对钢的表面快速加热至淬火温度，并立即冷却，使表层获得马氏体强化的热处理。表面淬火不改变钢表层的成分，仅改变表层的组织，且心部组织不发生变化。

（5）渗碳是将工件置于富碳的介质中，加热到高温（900～950℃），使碳原子渗入表层的过程。其目的是使增碳的表面层经淬火和低温回火后，获得高的硬度、耐磨性和疲劳强度，适用于低碳非合金钢和低碳合金钢，常用于汽车齿轮、活塞销、套筒等零件。

（6）将氮原子渗入工件表层的过程称为渗氮（氮化），目的是提高工件表面硬度、耐磨性、疲劳强度、热硬性和耐蚀性。常用的渗氮方法主要有气体渗氮、液体渗氮及离子渗氮等。

（7）热处理新技术有：真空热处理、可控气氛热处理、形变热处理、激光热处理、电子束表面淬火和化学热处理技术。

（8）根据热处理的目的和工序位置的不同，可将其分为预先热处理和最终热处理两大类。

① 预先热处理工序位置的确定。预先热处理包括退火、正火、调质等。其工序位置一般安排在毛坯生产之后，切削加工之前，或粗加工之后，精加工之前。

② 最终热处理工序位置的确定。最终热处理包括各种淬火＋回火及化学热处理。其工序位置一般均安排在半精加工之后，磨削加工(精加工)之前。

(9) 钢在加热时出现的缺陷有欠热、过热、过烧、氧化、脱碳。一般来说，工件在盐浴炉中加热可减轻钢的氧化和脱碳。另外，可采用保护气氛加热、真空加热及工件表面涂层保护的办法来减小这类缺陷的发生。

(10) 钢在淬火时易出现的缺陷有淬火变形、淬火裂纹。防止变形与开裂的措施主要有：正确选材，对形状复杂，要求变形小的精密零件，应选用高淬透性钢；合理进行零件的结构设计；选择或制订合理的淬火工艺。

习 题

2.1 正火和退火的主要区别是什么？生产中应如何选择正火和退火？

2.2 简述各种淬火方法及其适用范围。

2.3 为什么淬火钢回火后的性能主要取决于回火温度，而不是冷却速度？

2.4 为什么工件淬火后容易产生变形，甚至开裂？减少淬火变形和防止开裂有哪些措施？

2.5 渗碳后的零件为什么必须进行淬火和回火？淬火和回火后表层和心部性能有何不同？为什么？

2.6 简述材料表面处理方法分类及主要目的。

2.7 指出下列工件的淬火和回火温度，并说明回火后得到的组织和大致硬度。

(1) 45 钢小轴(要求综合力学性能好)；

(2) 60 钢弹簧；

(3) T12 钢锉刀。

2.8 用 T10 钢制造形状简单的车刀和用 45 钢制造较重要的螺栓，工艺路线均为锻造—热处理—机加工—热处理—精加工，对两种工件：

(1) 说明预备热处理的工艺方法及其作用；

(2) 制订最终热处理工艺规范(温度、冷却介质)，并指出最终热处理后的显微组织及大致硬度。

2.9 现有 20 钢和 40 钢制造的齿轮各一个，为提高齿面的硬度和耐磨性，宜采用何种热处理工艺？热处理后在组织和性能上有何不同？

2.10 甲、乙两厂同时生产一种 45 钢零件，硬度要求为 220～250 HBS。甲厂采用正火处理，乙厂采用调质处理，都达到硬度要求。试分析甲、乙两厂产品的组织和性能的差异。

2.11 钢的热处理新技术有哪些？简述其特点及应用。

2.12 指出生活中常见的建筑设施、家具、电器、工具等所采用的表面处理技术。

第3章　常用金属材料及选用

（一）教学目标

·知识目标：

（1）了解钢的常见分类方法及国家标准 GB/T 13304—2008《钢分类》；

（2）掌握钢的牌号表示方法；

（3）掌握碳钢的分类、性能及用途；

（4）掌握合金钢的分类、性能及用途；

（5）掌握特殊性能钢的分类、性能及用途；

（6）掌握铸钢、铸铁的分类、性能及用途。

·能力目标：

（1）根据钢的牌号，具备能够熟练读懂牌号所对应元素含量的能力；

（2）根据用途不同，具备合理选择碳钢、合金钢、特殊性能钢、铸钢、铸铁的能力。

（二）教学内容

（1）钢的分类及钢的牌号表示方法；

（2）碳素结构钢、优质碳素结构钢、碳素工具钢、易切削结构钢、工程用铸造碳钢；

（3）低合金钢、机械结构用合金钢、合金工具钢和高速工具钢；

（4）不锈钢、耐热钢、耐磨钢；

（5）铸钢、铸铁。

（三）教学要点

（1）钢的牌号表示方法；

（2）碳素结构钢、优质碳素结构钢、碳素工具钢、易切削结构钢、工程用铸造碳钢；

（3）低合金钢、机械结构用合金钢、合金工具钢和高速工具钢。

3.1　钢的分类和牌号

以铁为主要元素，碳的质量分数一般在 2% 以下，并含有其他元素的材料称为钢。其中非合金钢价格低廉，工艺性能好，力学性能能够满足一般工程和机械制造的使用要求，是工业中用量最大的金属材料。但工业生产不断对钢提出更高的要求，为了提高钢的力学性能，改善钢的工艺性能和得到某些特殊的物理、化学性能，有目的地向钢中加入某些合金元素，得到合金钢。

与非合金钢相比，合金钢经过合理的加工处理后能够获得较高的力学性能，有的还具有耐热、耐酸、不生锈等特殊物理、化学性能；但其价格较高，某些加工工艺性能差，某些专用钢只能应用于特定工作条件。因此，正确选用各类钢材，制订合理的冷热加工工艺，以使工件提高效能、延长寿命、节约材料、降低成本，产生良好的经济效益。

3.1.1　钢的分类

工业用钢的种类繁多，根据不同需要，可采用不同的分类方法，在有些情况下需将几种不同方法混合使用。

1. 我国多年来采用的分类方法

（1）按钢的用途：可分为建筑及工程用钢、机械制造用结构钢、工具钢、特殊性能钢、专业用钢（如桥梁用钢、锅炉用钢）等，每一大类又可分为许多小类。

（2）按钢的品质：如按有害杂质硫、磷含量，划分为普通质量钢、优质钢、高级优质钢。

（3）按冶炼方法：可分为平炉钢、转炉钢、电炉钢；根据炼钢时所用脱氧方法，可分为沸腾钢、镇静钢和半镇静钢。

（4）按钢中含碳量：可以不太严格地分为低碳钢（$w_C \leqslant 0.25\%$）、中碳钢（$w_C = 0.25\% \sim 0.60\%$）、高碳钢（$w_C > 0.60\%$）。

（5）合金钢按钢中合金元素含量：可分为低合金钢（$w_{Me} \leqslant 5\%$）、中合金钢（$w_{Me} = 5\% \sim 10\%$）、高合金钢（$w_{Me} > 10\%$）。

（6）根据钢中合金元素的种类：可分为锰钢、铬钢、硼钢、硅锰钢、铬镍钢等。

（7）按合金钢在空气中冷却后所得到的组织：可分为珠光体钢、贝氏体钢、马氏体钢、奥氏体钢、莱氏体钢等。

（8）工业用钢材按最终加工方法：可分为热轧材或冷轧材、拉拔材、锻材、挤压材、铸件等。

（9）钢的工业产品按轧制成品和最终产品（GB/T 15574—1995）：可分为大型型钢、棒材、中小型型钢、盘条、钢筋混凝土用轧制成品、铁道用钢、钢板桩、扁平成品（热（或冷）轧薄板、厚板、钢带、宽扁钢）、钢管、中空型材、中空棒材及经过表面处理的扁平成品、复合产品等。

2. 我国实施新的钢分类方法

国家标准 GB/T 13304—2008《钢分类》是参照国际标准制定的，按照化学成分、主要质量等级和主要性能及使用特性，将钢的分类总结归纳见表 3-1。

3. 铸铁的分类

根据碳在铸铁中存在形态的不同，铸铁可分为下列几种：

（1）白口铸铁：碳全部以碳化物形式存在，其断口呈亮白色。由于有大量硬而脆的渗碳体，故普通白口铸铁硬度高、脆性大，工业上极少直接用它制造机械零件，而主要作为炼钢原料或可锻铸铁零件的毛坯。

（2）灰铸铁：碳主要以片状石墨形式存在，断口呈灰色。灰铸铁是工业生产中应用最广泛的一种铸铁材料。

（3）可锻铸铁：由一定成分的白口铸铁铸件经过较长时间的高温可锻化退火，使白口铸铁中的渗碳体大部分或全部分解成团絮状石墨。这种铸铁并不可锻，但其强度和塑性、韧性比灰铸铁好。

（4）球墨铸铁：铁水经过球化处理后浇注，铸铁中的碳大部或全部呈球状石墨形式存在，用于力学性能要求高的铸件。

（5）蠕墨铸铁：碳主要以蠕虫状石墨形态存在于铸铁中，石墨形状介于片状和球状石墨之间，类似于片状石墨，但片短而厚，头部较圆，形似蠕虫。

灰铸铁、可锻铸铁、球墨铸铁、蠕墨铸铁是一般工程应用铸铁。为了满足工业生产的各种特殊性能要求，向上述铸铁中加入某些合金元素，可得到具有耐磨、耐热、耐腐蚀等特性的多种合金铸铁。

表 3-1 钢 的 分 类

名称	大类	小类	细　　　类
钢	非合金钢	普通质量非合金钢	碳素结构钢、碳素钢筋钢、铁道用一般碳素钢、一般钢板桩型钢等
		优质非合金钢	机械结构用优质碳素钢、工程结构用碳素钢、冲压薄板用低碳结构钢、镀层板带用碳素钢、锅炉和压力容器用碳素钢、造船用碳素钢、铁道用碳素钢、焊条用碳素钢、标准件用钢、冷锻用钢、非合金易切削钢、电工用非合金钢、优质铸造碳素钢等
		特殊质量非合金钢	保证淬透性非合金钢、保证厚度方向性能非合金钢、铁道用特殊非合金钢、航空兵器等用非合金结构钢、核能用非合金钢、特殊焊条用非合金钢、碳素弹簧钢、特殊盘条钢丝、特殊易切削钢、碳素工具钢、电磁纯铁、原料纯铁等
	低合金钢	普通质量低合金钢	一般低合金高强度结构钢、低合金钢筋钢、铁道用一般低合金钢、矿用一般低合金钢等
		优质低合金钢	通用低合金高强度结构钢、锅炉和压力容器用低合金钢、造船用低合金钢、汽车用低合金钢、桥梁用低合金钢、自行车用低合金钢、低合金耐候钢、铁道用低合金钢、矿用优质低合金钢、输油管线用低合金钢等
		特殊质量低合金钢	核能用低合金钢、保证厚度方向性能低合金钢、铁道用特殊低合金钢、低温压力容器用钢、舰船及兵器等专用低合金钢等
	合金钢	优质合金钢	一般工程结构用合金钢、合金钢筋钢、电工用硅（铅）钢、铁道用合金钢、地质和石油钻探用合金钢、耐磨钢、硅锰弹簧钢等
		特殊质量合金钢	压力容器用合金钢、经热处理的合金结构钢、经热处理的地质和石油钻探用合金钢管、合金结构钢（调质钢、渗碳钢、渗氮钢、冷塑性成形用钢）、合金弹簧钢、不锈钢、耐热钢、合金工具钢（量具刃具用钢、耐冲击工具用钢、热作模具钢、冷作模具钢、塑料模具钢）、高速工具钢、轴承钢、高电阻电热钢、无磁钢、永磁钢、软磁钢等

3.1.2　钢的牌号表示方法

我国《钢铁产品牌号表示方法》GB/T 221—2008规定,采用汉语拼音字母、化学符号与阿拉伯数字相结合的原则表示钢的牌号。

1. 非合金结构钢和低合金高强度结构钢的牌号

(1)碳素结构钢和低合金高强度结构钢:牌号由代表屈服点的汉语拼音首位字母Q、屈服点数值、质量等级符号、脱氧方法符号等部分按顺序组成。其中,质量等级用A、B、C、D、E表示硫、磷含量不同;脱氧方法用F(沸腾钢)、b(半镇静钢)、Z(镇静)、TZ(特殊镇静钢)表示,钢号中"Z"和"TZ"可以省略。例如Q235AF,代表屈服点$\sigma_s=235$ MPa,质量等级为A级的沸腾碳素结构钢;Q390A为$\sigma_s=390$ MPa,质量等级为A级的低合金高强度结构钢。

(2)优质碳素结构钢:牌号用两位数字表示,这两位数字表示钢中平均碳的质量分数为万分之几。当钢中锰的含量较高时,在数字后面附化学元素符号Mn。例如,钢号40表示钢中平均$w_C=0.40\%$;60Mn表示平均$w_C=0.60\%$,$w_{Mn}=0.7\%\sim1.00\%$的优质碳素结构钢。

(3)易切削结构钢:牌号是在同类结构钢牌号前冠以"Y",以区别其他结构用钢。

(4)碳素工具钢:牌号是在T(碳的汉语拼音字首)的后面加数字表示,数字表示钢中平均碳的质量分数为千分之几。例如T9,表示平均$w_C=0.9\%$的碳素工具钢。碳素工具钢都是优质钢,若钢号末尾标A,则表示该钢是高级优质钢。

2. 合金钢的牌号

我国合金钢的编号是按照合金钢中的含碳量及所含合金元素的种类(元素符号)和含量来编制的。一般牌号的首部是表示碳的平均质量分数的数字,表示方法与优质碳素钢的编号是一致的。对于结构钢,以万分数计,对于工具钢以千分数计。当钢中某合金元素的平均质量分数$w_{Me}<1.5\%$时,牌号中只标出元素符号,不标明含量;当$w_{Me}=1.5\%\sim2.5\%$、$2.5\%\sim3.5\%$、…时,在该元素后面相应地用整数2、3、…注出其近似含量。

(1)合金结构钢:例如,60Si2Mn表示平均$w_C=0.6\%$、$w_{Si}>1.5\%$、$w_{Mn}<1.5\%$的合金结构钢;09Mn2表示平均$w_C=0.09\%$、$w_{Mn}>1.5\%$的合金结构钢。钢中钒、钛、铝、硼、稀土(以RE表示)等合金元素,虽然含量很低,仍应在钢号中标出,例如40MnVB、25MnTiBRE等。

(2)合金工具钢:当平均$w_C<1.0\%$时,如前所述,牌号前以千分之几(一位数)表示;当$w_C\geqslant1.0\%$时,为了避免与结构钢相混淆,牌号前不标数字。例如,9Mn2V表示平均$w_C=0.9\%$,$w_{Mn}=2\%$,含少量V的合金工具钢;CrWMn牌号前面没有数字,表示钢中平均$w_C>1.0\%$,$w_W<1.5\%$,$w_{Mn}<1.5\%$。高速工具钢牌号中不标出含碳量。

(3)滚动轴承钢:有自己独特的牌号。牌号前面以"G"(滚)为标志,其后为铬元素符号Cr,其质量分数以千分之几表示,其余与合金结构钢牌号规定相同,例如GCr15SiMn钢。

(4)特殊性能钢:牌号表示法与合金工具钢基本相同,只是当$w_C\leqslant0.08\%$及$w_C\leqslant0.03\%$时,在牌号前面分别冠以"0"及"00",例如0Cr19Ni9、00Cr30Mo2等。

3. 铸钢的牌号

工程用铸造碳钢的牌号前面是ZG("铸钢"二字汉语拼音字首),后面第一组数字表示屈服点，第二组数字表示抗拉强度，若牌号末尾标字母 H（焊），则表示该钢是焊接结构用碳素铸钢。例如，ZG200—400 表示铸钢 $\sigma_s = 200$ MPa、$\sigma_b = 400$ MPa 的工程用铸钢。

3.2　碳　　钢

3.2.1　碳素结构钢

碳素结构钢是建筑及工程用非合金结构钢，价格低廉，工艺性能（焊接性、冷变形成形性）优良，用于制造一般工程结构及普通机械零件。它通常热轧成扁平成品或各种型材（圆钢、方钢、工字钢、钢筋等），一般不经过热处理，在热轧态下直接使用。

3.2.2　优质碳素结构钢

优质碳素结构钢是用于制造重要机械结构零件的非合金结构钢，在机械制造中应用极为广泛，一般是经过热处理以后使用，以充分发挥其性能潜力。优质碳素结构钢的牌号用两位数字表示，表示钢中平均碳的质量分数为万分之几，当钢中 Mn 的含量较高时，在数字后面附化学元素符号 Mn。

为适应某些专业的特殊用途，对优质碳素结构钢的成分和工艺作一些调整，并对性能作出补充规定，可派生出锅炉与压力容器、船舶、桥梁、汽车、农机、纺织机械、焊条等一系列专业用钢，并已制定了相应的国家标准。

3.2.3　碳素工具钢

碳素工具钢（非合金工具钢）生产成本较低，加工性能良好，可用于制作低速、手动刀具及常温下使用的工具、模具、量具等。各种牌号的碳素工具钢淬火后的硬度相差不大，但随含碳量增加，未溶的二次渗碳体增多，钢的耐磨性提高，韧性降低。因此，不同牌号的工具钢适用于不同用途的工具。例如，T9 表示平均 $w_C = 0.9\%$ 的碳素工具钢，主要用于一定硬度和韧性的工具，如冲模、冲头、凿岩石用凿子。

3.2.4　易切削结构钢

易切削结构钢是钢中加入一种或几种元素，利用其本身或与其他元素形成一种对切削加工有利的夹杂物，来改善钢材的切削加工性，目前常用元素是 S、P、Pb、Ca 等。易切削结构钢的牌号是在同类结构钢牌号前冠以"Y"，以区别其他结构用钢。例如，Y15Pb 中 $w_P = 0.05\% \sim 0.10\%$，$w_S = 0.23\% \sim 0.33\%$，$w_{Pb} = 0.15\% \sim 0.35\%$。采用高效专用自动机床加工的零件，大多用低碳易切削钢。Y12、Y15 是硫磷复合低碳易切削钢，用来制造螺栓、螺母、管接头等不重要的标准件；Y45Ca 钢适合于高速切削加工，比用 45 钢提高生产效率一倍以上，用来制造重要的零件，如机床的齿轮轴、花键轴等热处理零件。

3.2.5　工程用铸造碳钢

在机械制造业中，许多形状复杂，用锻造方法难以生产，力学性能要求比铸铁高的零件，可用碳钢铸造生产。铸造碳钢广泛用于制造重型机械、矿山机械、冶金机械、机车车辆的某些零件、构件。例如，ZG200－400 表示铸钢 σ_s＝200 MPa，σ_b＝400 MPa，具有良好的塑性、韧性和焊接性，用于受力不大的机械零件，如机座、变速箱壳等。

3.3　合　金　钢

3.3.1　低合金钢

低合金钢是一类可焊接的低碳低合金工程结构用钢，主要用于房屋、桥梁、船舶、车辆、铁道、高压容器及大型军事工程等工程结构件。这些构件的特点是尺寸大，需冷弯及焊接成形，形状复杂，大多在热轧或正火条件下使用，且可能长期处于低温或暴露于一定环境介质中。因而，要求钢材必须具有：较高的强度和屈强比；较好的塑性和韧性；良好的焊接性；较低的缺口敏感性和冷弯后低的时效敏感性；较低的韧脆转变温度。

1. 低合金高强度结构钢

低合金高强度结构钢的主要合金元素有 Mn、V、Ti、Nb、Al、Cr、Ni 等。Mn 有固溶强化铁素体，增加并细化珠光体的作用；V、Ti、Nb 等主要作用是细化晶粒；Cr、Ni 可提高钢的冲击韧度，改善钢的热处理性能，提高钢的强度，并且 Al、Cr、Ni 均可提高钢对大气的抗蚀能力。为改善钢的性能，高性能级别钢可加入 Mo、稀土等元素。例如，Q295 广泛用作车辆的冲压件、冷弯型钢、螺旋焊管、拖拉机轮圈、低压锅炉气包、中低压化工容器、输油管道、储油罐、油船等。

2. 低合金专业用钢

为了适应某些专业的特殊需要，对低合金高强度结构钢的成分、工艺及性能作相应的调整和补充规定，从而发展了门类众多的低合金专业用钢。例如锅炉、各种压力容器、船舶、桥梁、汽车、农机、自行车、矿山、建筑钢筋等，许多已纳入国家标准。

汽车用低合金钢是一类用量极大的专业用钢，广泛用于汽车大梁、托架及车壳等结构件。汽车用低合金钢主要包括冲压性能良好的低强度钢（发动机罩等）、微合金钢（大梁等）、低合金双相钢（轮毂、大梁等）、高延性高强度钢（车门、挡板）四类。

3.3.2　机械结构用合金钢

机械结构用合金钢主要用于制造各种机械零件，其质量等级都属于特殊质量等级，大多须经热处理后才能使用，按其用途、热处理特点可分为合金渗碳钢、合金调质钢、合金弹簧钢、滚动轴承钢、超高强度钢等。

1. 合金渗碳钢

1）用途与性能特点

合金渗碳钢通常是指经渗碳淬火、低温回火后使用的合金钢。合金渗碳钢主要用于制造承受强烈冲击载荷和摩擦磨损的机械零件，如汽车、拖拉机中的变速齿轮，内燃机上的凸轮轴、活塞销等。其工作表面具有高硬度、高耐磨性，心部具有良好的塑性和韧性。

2）常用钢种及热处理特点

20CrMnTi 是应用最广泛的合金渗碳钢，用于制造汽车、拖拉机的变速齿轮、轴等零件。合金渗碳钢的热处理一般是渗碳后淬火加上低温回火。热处理使合金渗碳钢的表层获得高碳回火马氏体加碳化物，硬度一般为 58～64 HRC；而心部组织则视钢的淬透性高低及零件尺寸的大小而定，可得到低碳回火马氏体或珠光体加铁素体组织。例如 20CrMnTi 主要用于汽车、拖拉机截面在 30 mm 以下，承受高速、中速或重载荷以及受冲击、摩擦的重要渗碳件，如齿轮、轴、齿轮轴、爪形离合器、蜗杆等。

常用合金渗碳钢的牌号、热处理、力学性能与用途参见 GB/T 3077－2015。

2. 合金调质钢

1）用途与性能特点

合金调质钢是指经调质后使用的钢。合金调质钢主要用于制造在重载荷下同时又受冲击载作用的一些重要零件，如汽车、拖拉机、机床等上的齿轮、轴类件、连杆、高强度螺栓等。它是机械结构用钢的主体，要求零件具有高强度、高韧性相结合的良好综合力学性能。

2）常用钢种及热处理特点

最典型的合金调质钢钢种是 40Cr，用于制造一般尺寸的重要零件。合金调质钢的最终热处理为淬火后高温回火（即调质处理），回火温度一般为 500～650℃，热处理后的组织为回火索氏体。若要求合金调质钢表面有良好的耐磨性，则可在调质后进行表面淬火或氮化处理。合金调质钢主要用于汽车后半轴、机床齿轮、轴、花键轴、顶尖套等。

常用合金调质钢的牌号、热处理、力学性能及用途参见 GB/T 3077－2015。

3. 合金弹簧钢

1）用途与性能特点

合金弹簧钢是专用结构钢，主要用于制造弹簧等弹性元件。弹簧类零件应有高的弹性极限和屈强比（σ_s/σ_b），还应具有足够的疲劳强度和韧性。

2）常用钢种及热处理特点

55Si2Mn 钢是典型的合金弹簧钢。合金弹簧钢的热处理一般是淬火后中温回火，获得回火托氏体组织。55Si2Mn 主要用于汽车、拖拉机、机车上的减振板簧和螺旋弹簧，气缸安全阀簧等。

常用合金弹簧钢的牌号、热处理、力学性能与用途参见 GB/T 1222－2007。

4. 滚动轴承钢

1）用途与性能特点

滚动轴承钢主要用于制造滚动轴承的内、外套圈以及滚动体，此外还可用于制造某些工具，如模具、量具等。滚动轴承在工作时承受很大的交变载荷和极大的接触应力，受到严重的摩擦磨损，并受到冲击载荷、大气和润滑介质腐蚀的作用。这就要求滚动轴承钢必须具有高而均匀的硬度和耐磨性、高的接触疲劳强度、足够的韧性和对大气等的耐蚀能力。

2）常用钢种及热处理特点

我国目前以 Cr 滚动轴承钢应用最广，最有代表性的是 GCr15。滚动轴承钢的最终热处理是淬火并低温回火，组织为极细的回火马氏体、均匀分布的细粒状碳化物及微量的残余奥氏体，硬度为 61～65 HRC。GCr15 主要用于汽车、拖拉机、内燃机、机床及其他工业设备上的轴承。

3.3.3　合金工具钢和高速工具钢

合金工具钢与碳素工具钢相比，主要是合金元素提高了钢的淬透性、热硬性和强韧性。合金工具钢通常按用途分类，有量具刃具钢、耐冲击工具钢、冷作模具钢、热作模具钢、无磁工具钢和塑料模具钢。高速工具钢（简称高速钢）用于制造较高速切削的刃具，有锋钢之称。

1. 合金工具钢

1）量具刃具钢

量具刃具钢主要用于制造形状较复杂、截面尺寸较大的低速切削刃具，如铰刀、丝锥、成形刀、钻头等金属切削刀具，也用于制造如卡尺、千分尺、块规、样板等在机械制造过程中控制加工精度的测量工具。刃具切削时受切削力作用且切削发热，还要承受一定的冲击与振动，因此刃具钢要具有高强度、高硬度、高耐磨性、高的热硬性和足够的塑性与韧性。量具在使用过程中主要是磨损，因此要有较高的硬度和耐磨性，高的尺寸稳定性以及一定的韧性。

对简单量具如卡尺、样板、直尺、量规等也多用 T10A 等碳素工具钢制造，一些模具钢和滚动轴承钢也可用来制造量具。刃具的最终热处理为淬火并低温回火。对于量具在淬火后还应立即进行 −80～−70℃ 的冷处理，使残余的奥氏体尽可能地转变为马氏体，以保证量具尺寸的稳定性。例如 9SiCr 主要用于制造板牙、丝锥、钻头、铰刀、齿轮铣刀、拉刀等，还可用于制造冷冲模、冷轧辊等。

2）模具钢

制造模具的材料很多，非合金工具钢、高速钢、轴承钢、耐热钢等都可制作各类模具，用得最多的是合金工具钢。根据用途模具钢可分为冷作模具钢、热作模具钢和塑料模具钢。

冷作模具钢用于制作使金属冷塑性变形的模具，如冷冲模、冷镦模、冷挤压模等，工作温度为 200～300℃。热作模具钢用于制作使金属在高温下塑变成形的模具，如热锻模、热挤压模、压铸模等，工作时型腔表面温度可达 600℃ 以上。塑料模具钢主要用作塑料成形的模具。冷作模具在工作时承受较大的弯曲应力、压力、冲击及摩擦，因此冷作模具钢应具有高硬度、高耐磨性和足够的强度、韧性，这与刃具钢的性能要求较为相似。热作模具的工作条件与冷作模具有很大不同。热作模具在工作时承受很大的压力和冲击，并反复受热和冷却，因此要求热作模具钢在高温下具有足够的强度、硬度、耐磨性和韧性，以及良好的耐热疲劳性，即在反复的受热、冷却循环中，表面不易热疲劳（龟裂），还应具有良好的导热性及高的淬透性。

尺寸较小的冷作模具可选用 9Mn2V、CrWMn 等，承受重载荷、形状复杂、要求淬火变形小、耐磨性高的大型模具，则必须选用淬透性大的高铬、高碳 Cr12 型冷作模具钢或高速钢。常用的热作模具钢为 5CrNiMo。冷作模具钢的最终热处理一般是淬火后低温回火，硬度可达到 62～64 HRC。热作模具钢的最终热处理为淬火后高温（或中温）回火，组织为回火索氏体，硬度在 40 HRC 左右。

2. 高速工具钢

1）用途与性能要求

高速工具钢要求具有高强度、高硬度、高耐磨性以及足够的塑性和韧性。由于在高速切削时，其温度可高达600℃，因此要求此时其硬度仍无明显下降，要具有良好的热硬性。

2）常用钢种及热处理特点

通用型高速钢代表钢种有两种，即W18Cr4V和W6Mo5Cr4V2，在此基础上改变基本成分或添加Co、Al、RE等，派生出许多新钢种。近年又研制超硬型高速钢、粉末冶金高速钢及其他新的钢号，使用效果良好。高速钢的热处理特点主要是淬火加热温度高（1200℃以上），以及回火时温度高（560℃左右）、次数多（三次），硬度可达63～64 HRC。

常用高速工具钢的牌号、化学成分、热处理及硬度参见GB/T 9943—2008。

3.4　特殊性能钢

特殊性能钢指具有某些特殊的物理、化学、力学性能，因而能在特殊的环境、工作条件下使用的钢。工程中常用的特殊性能钢有不锈钢、耐热钢、耐磨钢等。

3.4.1　不锈钢

1. 用途与性能特点

不锈钢通常是不锈钢和耐酸钢的统称。能够抵抗空气、蒸汽和水等弱腐蚀性介质腐蚀的钢为不锈钢；在酸、碱、盐等强腐蚀性介质中能够抵抗腐蚀的钢为耐酸钢。不锈钢主要用来制造在各种腐蚀介质中工作的零件或构件，例如化工装置中的各种管道、阀门和泵，医疗手术器械，防锈刃具和量具等。对不锈钢性能的要求，最重要的是耐蚀性能，还要有合适的力学性能，良好的冷、热加工和焊接工艺性能。不锈钢的耐蚀性要求愈高，碳含量应愈低。加入Cr、Ni等合金元素可提高钢的耐蚀性。

2. 常用钢种及热处理特点

铬不锈钢包括马氏体不锈钢和铁素体不锈钢两种类型。Cr13型不锈钢属马氏体不锈钢，可淬火获得马氏体组织，热处理是淬火和回火。当含Cr量较高时，铬不锈钢的组织为单相铁素体，如1Cr17钢，其耐蚀性优于马氏体不锈钢，通常在退火状态下使用。

铬镍不锈钢经1100℃水淬固溶处理，在常温下呈单相奥氏体组织，故又称奥氏体不锈钢。奥氏体不锈钢无磁性，耐蚀性优良，塑性、韧性、焊接性优于别的不锈钢，是应用最为广泛的一类不锈钢。由于奥氏体不锈钢固态下无相变，所以不能热处理强化，冷变形强化是有效的强化方法。奥氏体不锈钢的品种很多，我国原以1Cr18Ni9Ti为主，近年逐步被低碳或超低碳的0Cr18Ni10或00Cr18Ni11所取代，超低碳不锈钢可避免晶间腐蚀，塑性成形性亦有提高。

3.4.2　耐热钢

耐热钢主要用于热工动力机械（汽轮机、燃气轮机、锅炉和内燃机）、化工机械、石油装置、加热炉等高温条件工作的构件。钢的耐热性是高温抗氧化性和高温强度保持性的综合性能。耐热钢按性能和用途可分为抗氧化钢和热强钢两类；按使用状态下的组织，可分为奥氏体型、铁素体型、珠光体型、马氏体型等多种类型钢。

1. 抗氧化钢

抗氧化钢主要用于长期在燃烧环境中工作，有一定强度的零件，如各种加热炉底板、辊道、渗碳箱、燃气轮机燃烧室等。

抗氧化钢中加入铬、硅、铝等元素，在钢的表面形成致密的高熔点氧化膜（Cr_2O_3、SiO_2、Al_2O_3），能保护钢不被进一步氧化破坏。此外，铬、镍等元素使钢呈单相固溶体，且固态范围内加热无相变而使抗氧化能力增强。

碳在钢中对抗氧化性不利，碳与铬易形成碳化物，减少固溶体含铬量，降低抗氧化能力。因此，耐热钢一般限制 $w_C = 0.1\% \sim 0.2\%$。抗氧化钢有铁素体、奥氏体两类。

2. 热强钢

热强钢的特点是在高温下不仅有良好的抗氧化能力，而且有较高的高温强度及保持能力。例如，汽轮机、燃气轮机的转子和叶片、锅炉过热器、内燃机的排汽阀等零件，长期在高温下承受载荷工作，即使所受应力小于材料的屈服强度，也会缓慢而持续的产生塑性变形，这种塑性变形称为蠕变，最终将导致零件断裂或损坏。表示热强钢抵抗蠕变，保持高温强度的常用指标是蠕变极限和持久强度极限。

热强钢按正火状态下组织的不同可分为珠光体钢、马氏体钢、奥氏体钢三类。15CrMo 钢是典型的锅炉用钢，可用于制造在 500℃ 以下长期工作的零件，耐热性不高但工艺性能（如焊接性、压力加工性和切削加工性）和物理性能（如导热性、膨胀系数等）都较好。4Cr10Si2Mo 钢适于制作在 650℃ 以下受动载荷的部件，如汽车发动机的排气阀，故又称为气阀钢。1Cr13、0Cr18Ni11Ti 钢既是不锈钢又是良好的热强钢，1Cr13 钢在 450℃ 左右、0Cr18Ni11Ti 钢在 600℃ 左右都具有足够的热强性。

3.4.3　耐磨钢

铁路道岔、坦克履带、挖掘机铲齿等构件的共同特点是工作时其表面受到剧烈的冲击、强摩擦、高压力。因此，这类零件制造用钢必须具有表面硬度高、耐磨，心部韧性、强度高的特点。通常用高锰钢制造这类零件，其牌号是 ZGMn13，其成分特点是高锰、高碳，$w_{Mn} = 11.5\% \sim 14.5\%$，$w_C = 0.9\% \sim 1.3\%$，其铸态组织是奥氏体和大量锰的碳化物，经固溶化处理可获得单相奥氏体组织。

单相奥氏体组织韧性、塑性很好，开始投入使用时硬度很低、耐磨性差，当工作中受到强烈的挤压、撞击、摩擦时，钢件表面迅速产生剧烈的加工硬化，同时伴随奥氏体向马氏体的转变以及 ε 碳化物沿滑移面析出，从而使钢的表面硬度提高到 50 HRC 以上，获得耐磨层，而心部仍保持原来的组织和高韧性状态。

3.5　铸钢和铸铁

3.5.1　铸钢

在重型机械、冶金设备、运输机械、国防工业等部门中，有不少零件如齿轮、轴、轧辊、机座、缸体、外壳、阀体等是铸钢件。

铸钢通常按化学成分和用途分类。铸钢按化学成分可分为铸造碳素钢和铸造合金钢；按用途可分为铸造结构钢、铸造特殊钢（如耐磨钢、不锈钢和耐热钢）、铸造工具钢（如高速钢和模具钢）等。

1. 铸造碳素钢

碳质量分数是影响铸钢性能的主要元素，随着碳质量分数的增加，屈服强度和抗拉强度增加，但抗拉强度比屈服强度增加得更快，当碳质量分数超过 0.45% 时，屈服强度增加很少，而塑性、韧性却显著下降。从铸造性能来看，适当提高含碳量，可降低钢液的熔化温度，增加钢液的流动性，钢中气体和夹杂物也能减少。所以，生产中使用最多的是 ZG25、ZG35、ZG45 三种铸钢。

铸造碳素钢的牌号、化学成分、力学性能及用途参见 GB/T 11352—2009。

2. 铸造合金钢

由于铸造碳素钢的淬透性低，某些物理、化学性能满足不了工程的需要，因此在碳钢中加入适量的合金元素，以提高碳钢的力学性能和改善某些物理、化学性能，常用的元素有 Mn、Si、Mo、Cr、Ni、Cu 等。按加入的合金元素总量的多少，铸造合金钢又分为铸造低合金钢和铸造高合金钢。

原则上讲，铸造合金钢与型材合金钢相比，在本质上区别不大，要求的化学成分基本相同。只是相比型材合金钢而言，铸造合金钢由于组织粗大，易产生缩孔、缩松和夹砂等缺陷，所以其力学性能方面相对稍差。

1）铸造低合金钢

铸造低合金钢中的合金元素质量分数总量小于 5%，主要加入元素有 Si、Mn、Cr。Si 元素在钢中不形成碳化物，只形成固溶体，能在铁素体中起固溶强化的作用。Mn 元素在钢中能固溶于铁素体、奥氏体中，并形成合金渗碳体（Fe，Mn）$_3$C，因此 Mn 对钢有较大的强化作用。Cr 元素起提高钢淬透性、耐磨性作用。

常用铸造低合金钢的成分、力学性能及用途参见 GB/T 6402—2008。

2）铸造高合金钢

不锈钢 1Cr13、2Cr13、1Cr18Ni9，高速钢 W18Cr4V，模具钢 5CrMnMo、5CrNiMo 等可以铸造成形使用，在钢号前加"ZG"两个字母，如 ZG1Cr13。这类铸钢中的合金元素质量分数总量为 10% 以上，称为铸造高合金钢。铸造高合金钢具有特殊的使用性能，如耐磨、耐热、耐腐蚀等性能。这些铸钢的化学成分、性能及应用与相应的型材基本相同。

3. 铸钢的组织特征及热处理

由于铸钢的浇注温度很高，而且冷却较慢，所以容易得到粗大的奥氏体晶粒。在冷却过程中，铁素体首先沿着奥氏体晶界呈网状析出，然后沿一定方向以片状生长，形成"魏氏组织"。魏氏组织的特点是铁素体沿晶界分布并呈针状插入珠光体内，使钢的塑性和韧性下降，不能直接使用，所以铸钢要经过退火或正火处理，以细化晶粒，消除魏氏组织和铸造应力，改善力学性能。铸钢经过退火或正火后的组织为晶粒比较细小的珠光体和铁素体。

3.5.2 铸铁

1. 铸铁的石墨化

铸铁中的碳除极少量固溶于铁素体以外，大部分碳以两种形式存在：一是碳化物状态，如渗碳体(Fe₃C)及合金铸铁中的其他碳化物；二是游离状态，即石墨(以 G 表示)。石墨的晶格类型为简单六方晶格，如图 3-1 所示，其基面中的原子结合力较强，而两基面之间的结合力较弱，故石墨的基面很容易滑动，其强度、硬度、塑性和韧性极低，常呈片状形态存在。

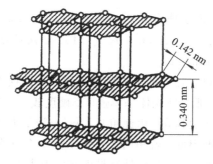

图 3-1　石墨的晶体结构

　　铸铁组织中石墨的形成过程称之为石墨化过程。铸铁的石墨化可以有两种方式：一种是石墨直接从液态合金和奥氏体中析出，另一种是渗碳体在一定条件下分解出石墨。铸铁的组织取决于石墨化过程进行的程度，而影响石墨化的主要因素是铸铁的化学成分和冷却速度。

　　碳与硅是强烈促进石墨化的元素。铸铁的碳、硅含量越高，石墨化进行得越充分。硫是强烈阻碍石墨化的元素，并降低铁水的流动性，使铸铁的铸造性能恶化，其含量应尽可能降低。锰也是阻碍石墨化的元素，但它和硫有很大的亲和力，在铸铁中能与硫形成MnS，减弱硫对石墨化的有害作用。

　　冷却速度对铸铁石墨化的影响也很大，冷却越慢，越有利于石墨化的进行。冷却速度受造型材料、铸造方法、铸件壁厚等因素的影响。例如，金属型铸造使铸铁冷却快，砂型铸造冷却较慢；壁薄的铸件冷却快，壁厚的冷却慢。图 3-2 表示化学成分(C+Si)和冷却速度(铸件壁厚)对铸铁组织的综合影响。从图中可以看出，对于薄壁铸件，容易形成白口铸铁组织。要得到灰铸铁组织，应增加铸铁的碳、硅含量。相反，厚大的铸件，为避免得到过多的石墨，应适当减少铸铁的碳、硅含量。

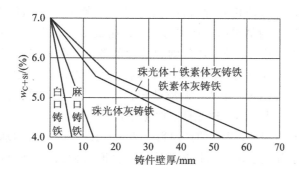

图 3-2　铸铁的成分和冷却速度对铸铁组织的影响

2. 常用铸铁

常用铸铁有灰铸铁、球墨铸铁、可锻铸铁和蠕墨铸铁，它们的组织形态都是由某种基体组织加上不同形态的石墨构成的。

1）灰铸铁

目前生产中，灰铸铁的化学成分范围一般为：$w_C = 2.5\% \sim 3.6\%$，$w_{Si} = 1.0\% \sim 2.5\%$，$w_P \leqslant 0.3\%$，$w_{Mn} = 0.5\% \sim 1.3\%$，$w_S \leqslant 0.15\%$。灰铸铁的性能取决于基体组织和石墨的数量、形状、大小及分布状态。

根据灰铸铁石墨化的程度，有三种不同的基体组织，即铁素体、铁素体＋珠光体、珠光体。铁素体基体强度、硬度低，珠光体基体强度、硬度较高。当石墨状态相同时，基体组织珠光体的量越多，铸铁的强度越高。由此可见，灰铸铁的组织相当于在钢的基体上分布着片状石墨。由于石墨的强度很低，就相当于在钢基体中有许多孔洞和裂纹，破坏了基体的连续性，并且在外力作用下，裂纹尖端处容易引起应力集中，而产生破坏。因此，灰铸铁的抗拉强度、疲劳强度都很差，塑性、冲击韧度几乎为零。当基体组织相同时，其石墨越多、片越粗大、分布越不均匀，铸铁的抗拉强度和塑性越低。由于片状石墨对灰铸铁性能的决定性影响，即使基体的组织从珠光体改变为铁素体，也只会降低强度而不会增加塑性和韧性，因此珠光体灰铸铁得到广泛应用。

石墨虽然降低了铸铁的力学性能，但却使铸铁获得了许多钢所不及的优良性能。例如，由于石墨本身的润滑作用，以及它从铸铁表面脱落后留下的孔洞具有储存润滑油的能力，故铸铁又有良好的减摩性；由于石墨组织松软，能够吸收振动，因而铸铁也有良好的减振性。另外，石墨相当于零件上的许多小缺口，使工件加工形成的切口作用相对减弱，故铸铁的缺口敏感性低。铸铁在切削加工时，石墨的润滑和断屑作用使灰铸铁有良好的切削加工性；灰铸铁的熔点比钢低，流动性好，凝固过程中析出了比容较大的石墨，减小了收缩率，故具有良好的铸造工艺性，能够铸造形状复杂的零件。

灰铸铁的牌号以"HT"和其后的一组数字表示。其中"HT"表示灰铁二字的汉语拼音字首，其后一组数字表示直径 30 mm 试棒的最小抗拉强度值。例如 HT100 适用于载荷小、对摩擦和磨损无特殊要求的不重要零件，如防护罩、盖、油盘、手轮、支架、底板、重锤、小手柄、镶导轨的机床底座等。

2）球墨铸铁

球墨铸铁是将铁水经过球化处理而得到的。球墨铸铁的基体组织上分布着球状石墨，由于球状石墨对基体组织的割裂作用和应力集中作用很小，所以球墨铸铁力学性能远高于灰铸铁，而且石墨球越圆整、细小、均匀则力学性能越高，在某些性能方面甚至可与碳钢相媲美。球墨铸铁同时还具有灰铸铁的减振性、耐磨性、低的缺口敏感性等一系列优点。

在生产中球墨铸铁经退火、正火、调质处理、等温淬火等不同的热处理，可获得不同的基体组织，如铁素体、铁素体＋珠光体、珠光体和贝氏体。

球墨铸铁的牌号用"QT"及其后的两组数字表示。其中"QT"表示球铁二字的汉语拼音字首，后面的两组数字分别表示最低抗拉强度和最低断后伸长率，如 QT400－18。

3）可锻铸铁

可锻铸铁是由一定化学成分的白口铸铁，通过可锻化退火而获得的具有团絮状石墨的铸铁。可锻铸铁的生产过程分为两步，第一步先铸成白口铸铁件，第二步再经高温长时间的可锻化退火，使渗碳体分解出团絮状石墨。可锻铸铁可分为黑心（铁素体）可锻铸铁和珠光体可锻铸铁两种类型。可锻铸铁生产过程较为复杂，退火时间长，生产率低、能耗大、成本较高。近年来，不少可锻铸铁件已被球墨铸铁件代替。可锻铸铁韧性和耐蚀性好，适宜制造形状复杂、承受冲击的薄壁铸件及在潮湿环境中工作的零件，与球墨铸铁相比具有质量稳定、铁水处理简易、易于组织流水线生产等优点。

可锻铸铁的牌号用"KTH"、"KTZ"和后面的两组数字表示。其中"KT"是"可铁"两字的汉语拼音字首，两组数字分别表示最低抗拉强度和最低断后伸长率，如黑心可锻铸铁 KTH300－06，珠光体可锻铸铁 KTZ450－06。

4）蠕墨铸铁

蠕墨铸铁是近十几年来发展起来的新型铸铁。它是在一定成分的铁水中加入适量的蠕化剂，获得石墨形态介于片状与球状之间，形似蠕虫状石墨的铸铁。蠕墨铸铁的牌号用"RuT"加抗拉强度数值表示，如 RuT340。各牌号蠕墨铸铁的主要区别在于基体组织。

蠕墨铸铁的力学性能介于相同基体组织的灰铸铁和球墨铸铁之间，其铸造性能、热传导性、耐疲劳性及减振性与灰铸铁相近。蠕墨铸铁已在工业中广泛应用，主要用来制造大功率柴油机气缸盖、气缸套、电动机外壳、机座、机床床身、阀体、玻璃模具、起重机卷筒、纺织机零件、钢锭模等铸件。

本 章 小 结

（1）我国多年来采用的钢的分类方法如下：

① 按钢中含碳量分为低碳钢（$w_c \leqslant 0.25\%$）、中碳钢（$w_c = 0.25\% \sim 0.60\%$）、高碳钢（$w_c > 0.60\%$）。

② 合金钢按钢中合金元素含量分为低合金钢（$w_{Me} \leqslant 5\%$）、中合金钢（$w_{Me} = 5\% \sim 10\%$）、高合金钢（$w_{Me} > 10\%$）。

（2）我国实施新的钢分类方法如下：

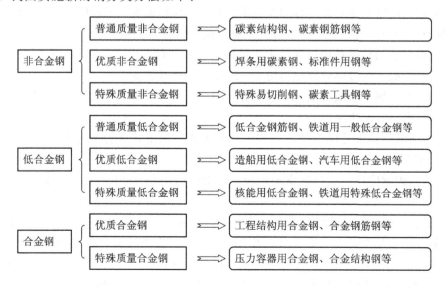

（3）铸铁分类如下：

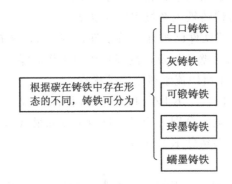

根据碳在铸铁中存在形态的不同，铸铁可分为：白口铸铁、灰铸铁、可锻铸铁、球墨铸铁、蠕墨铸铁

（4）非合金结构钢和低合金高强度结构钢的牌号表示方法如下：

① 碳素结构钢和低合金高强度结构钢牌号由代表屈服点的汉语拼音首位字母 Q、屈服点数值、质量等级符号、脱氧方法符号等部分按顺序组成。其中，质量等级用 A、B、C、D、E 表示硫、磷含量不同；脱氧方法用 F（沸腾钢）、b（半镇静钢）、Z（镇静）、TZ（特殊镇静钢）表示，钢号中"Z"和"TZ"可以省略。

② 优质碳素结构钢牌号用两位数字表示，这两位数字表示钢中平均碳的质量分数为万分之几。

③ 易切削结构钢牌号是在同类结构钢牌号前冠以"Y"，以区别其他结构用钢。

④ 碳素工具钢牌号是在 T（碳的汉语拼音字首）的后面加数字表示，数字表示钢中平均碳的质量分数为千分之几。

（5）合金钢的编号是按照合金钢中的含碳量及所含合金元素的种类（元素符号）和含量来编制的。一般牌号的首部是表示碳的平均质量分数的数字，表示方法与优质碳素钢的编号是一致的。对于结构钢，以万分数计，对于工具钢以千分数计。

（6）工程用铸造碳钢牌号前面是 ZG（"铸钢"二字汉语拼音字首），后面第一组数字表示屈服点，第二组数字表示抗拉强度。

（7）碳素结构钢是建筑及工程用非合金结构钢，价格低廉，工艺性能（焊接性、冷变形成形性）优良，用于制造一般工程结构及普通机械零件。

（8）优质碳素结构钢是用于制造重要机械结构零件的非合金结构钢，在机械制造中应用极为广泛，一般是经过热处理以后使用，以充分发挥其性能潜力。

（9）碳素工具钢生产成本较低，加工性能良好，可用于制作低速、手动刀具及常温下使用的工具、模具、量具等。

（10）易切削结构钢是钢中加入一种或几种元素，利用其本身或与其他元素形成一种对切削加工有利的夹杂物，来改善钢材的切削加工性。

（11）铸造碳钢广泛用于制造重型机械、矿山机械、冶金机械、机车车辆的某些零件、构件。

（12）低合金高强度结构钢的主要合金元素有 Mn、V、Ti、Nb、Al、Cr、Ni 等。Mn 有固溶强化铁素体，增加并细化珠光体的作用；V、Ti、Nb 等主要作用是细化晶粒；Cr、Ni 可提高钢的冲击韧度，改善钢的热处理性能，提高钢的强度，并且 Al、Cr、Ni 均可提高钢对大气的抗蚀能力。为改善钢的性能，高性能级别钢可加入 Mo、稀土等元素。

（13）低合金专业用钢：为了适应某些专业的特殊需要，对低合金高强度结构钢的成分、工艺及性能作相应的调整和补充规定，从而发展了门类众多的低合金专业用钢。

（14）合金渗碳钢通常是指经渗碳淬火、低温回火后使用的合金钢。合金渗碳钢主要用于制造承受强烈冲击载荷和摩擦磨损的机械零件。

（15）合金调质钢是指经调质后使用的钢。合金调质钢主要用于制造在重载荷下同时又受冲击载作用的一些重要零件。

（16）合金弹簧钢是专用结构钢，主要用于制造弹簧等弹性元件。弹簧类零件应有高的弹性极限和屈强比（σ_s/σ_b），还应具有足够的疲劳强度和韧性。

（17）滚动轴承钢主要用于制造滚动轴承的内、外套圈以及滚动体，此外还可用于制造某些工具。

（18）量具刃具钢主要用于制造形状较复杂、截面尺寸较大的低速切削刃具，也用于制造在机械制造过程中控制加工精度的测量工具。

（19）制造模具的材料很多，非合金工具钢、高速钢、轴承钢、耐热钢等都可制作各类模具，用得最多的是合金工具钢。

（20）高速工具钢要求具有高强度、高硬度、高耐磨性以及足够的塑性和韧性，同时要具有良好的热硬性。

（21）不锈钢通常是不锈钢和耐酸钢的统称。能够抵抗空气、蒸汽和水等弱腐蚀性介质腐蚀的钢为不锈钢；在酸、碱、盐等强腐蚀性介质中能够抵抗腐蚀的钢为耐酸钢。

（22）耐热钢主要用于热工动力机械、化工机械、石油装置、加热炉等高温条件工作的构件。

（23）耐磨钢的特点是工作时其表面受到剧烈的冲击、强摩擦、高压力。因此，这类零件制造用钢必须具有表面硬度高、耐磨，心部韧性、强度高的特点。

（24）铸钢通常按化学成分和用途分类。铸钢按化学成分可分为铸造碳素钢和铸造合金钢；按用途可分为铸造结构钢、铸造特殊钢（如耐磨钢、不锈钢和耐热钢）、铸造工具钢（如高速钢和模具钢）等。

（25）铸铁中的大部分碳以两种形式存在：一是碳化物状态，如渗碳体（Fe_3C）及合金铸铁中的其他碳化物；二是游离状态，即石墨（以 G 表示）。常用铸铁有灰铸铁、球墨铸铁、可锻铸铁和蠕墨铸铁。

习　　题

3.1　分别以含锰、铬、硼的钢为例，说明非合金钢、低合金钢、合金钢的界限是如何规定的？

3.2　以低合金钢为例，说明如何按主要质量等级分类？特殊质量低合金钢有何质量要求？

3.3　硫、磷对钢的性能有哪些影响？

3.4　碳素结构钢、优质碳素结构钢、碳素工具钢各自有何性能特点？非合金钢共同的性能不足是什么？

3.5　合金元素提高钢的耐回火性，使钢在使用性能方面有何益处？

3.6　说明下列钢中锰的作用：

　　Q215，Q345，20CrMnTi，CrWMn，ZGMn13

3.7　说明下列钢中铬的作用：

　　20Cr，GCr15，1Cr13，4Cr9Si2

3.8　说明下列钢中硅的作用：

　　60Si2Mn，9SiCr，4Cr9Si2

3.9　说明下列钢中镍的作用：

　　8Cr2Ni4W，1Cr18Ni9Ti

3.10　说明下列钢中钨的作用：

　　W18Cr4V，18Cr2Ni4W

3.11　指出下列每个牌号钢的类别、含碳量、热处理工艺、主要用途：

　　T8，Q345，20Cr，40Cr，20CrMnTi，2Cr13，GCr15，60Si2Mn，9SiCr，Cr12

　　CrWMn，0Cr19Ni9Ti，4Cr9Si2，W18Cr4V，ZGMn13

3.12　为什么汽车变速齿轮常采用 20CrMnTi 钢制造，而机床上同样是变速齿轮却采用 45 钢或 40Cr 钢制造？

3.13　化学成分和冷却速度对铸铁石墨化有何影响？阻碍石墨化的元素主要有哪些？

3.14　为什么一般机器的支架、机床床身常用灰铸铁制造？

3.15　白口铸铁、灰铸铁和钢，这三者的成分、组织和性能有何主要区别？

3.16　灰铸铁、球墨铸铁、蠕墨铸铁、可锻铸铁在组织上的根本区别是什么？试述石墨对铸铁性能特点的影响？

3.17　球墨铸铁和可锻铸铁，哪种适宜制造薄壁铸件？为什么？

3.18　灰铸铁为什么不能进行改变基体的热处理，而球墨铸铁可以进行这种热处理？

3.19　轴承合金必须具备哪些特性？其组织有何特点？常用滑动轴承合金有哪些？

第二篇

金属材料热加工工艺基础

第4章　铸造成形

（一）教学目标

·知识目标：

（1）了解铸造的定义；

（2）了解铸造的优缺点；

（3）了解型砂的性能与成分；

（4）了解常用的造型方法；

（5）了解铸件的浇注系统；

（6）了解铸件的常见缺陷；

（7）了解常用的特种铸造方法。

·能力目标：

（1）能根据零件的结构形状选择合理的造型方法；

（2）能根据零件的结构建立合理的浇注系统；

（3）能判断出铸件产生缺陷的原因，并了解如何避免这种缺陷；

（4）能根据实际情况选择不同的铸造方法。

（二）教学内容

（1）铸造的定义、分类和特点；

（2）型砂的性能与成分，造型方法与分类，铸型的制作工艺过程，浇注系统与铸件的常见缺陷和修补；

（3）各种特种铸造方法，包括熔模铸造、金属型铸造、压力铸造和离心铸造。

（三）教学要点

（1）砂型铸造的造型方法；

（2）铸型的制作工艺过程；

（3）浇注系统各部分的作用；

（4）铸件的常见缺陷；

（5）各种特种铸造方法的应用。

4.1　铸造概述

铸造是人类掌握比较早的一种金属热加工工艺，已有约 6000 年的历史。中国在公元前 1700—公元前 1000 年已进入青铜铸件的全盛期，工艺上已达到相当高的水平。中国商朝的重 875 kg 的司母戊方鼎，战国时期的曾侯乙尊盘等都是古代铸造的代表产品。

铸造能够制成形状复杂的毛坯，重量小到几克大到上百吨，适应各种合金材料的加工，对塑性很差的材料，铸造几乎是其毛坯成形的唯一方法。随着科学技术的不断发展以及工艺水平的不断提高，铸造生产的机械化、自动化程度已经有了很大的进步。各种特种铸造、精密铸造工艺已经实现了少切削或无切削加工，铸件的质量及其精度大幅度提高，工人工作环境明显改善。因此，铸造已成为现代机械制造业中不可或缺的一种基础工艺方法。

4.1.1　铸造的定义

铸造指熔炼金属，制造铸型，并将熔融金属浇入铸型，凝固后获得具有一定形状、尺寸、成分、组织和性能的零件毛坯的成形方法。铸造是将金属熔炼成符合一定要求的液体并浇入铸型，经冷却凝固、清整处理后得到有预定形状、尺寸和性能的铸件的工艺过程。

4.1.2　铸造的分类

根据生产方法的不同，铸造可分为砂型铸造和特种铸造两大类。

砂型铸造按砂型分为湿型(砂型未经烘干处理)铸造、干型(砂型经烘干处理)铸造和自硬型铸造三种。

特种铸造按造型材料可分为两类：一是，以天然矿产砂石为主要造型材料的特种铸造，包括熔模铸造、泥型铸造、壳型铸造、负压铸造、实型铸造、陶瓷型铸造等；二是，以金属为主要铸型材料的特种铸造，包括金属型铸造、压力铸造、低压铸造、离心铸造等。

4.1.3　铸造的优缺点

1. 铸造的优点

(1) 可制成形状复杂、特别是具有复杂内腔的毛坯，如箱体、气缸体等。

(2) 适应范围广，可以铸造各种合金。对于脆性材料，铸造是唯一的毛坯制造方法。

(3) 铸件的形状、尺寸与零件可以做到最为接近，因而减少了切削的加工余量，节省了金属材料，节约了加工工时。

(4) 设备投资少，成本低。铸造废料(浇口、冒口、废品等)可熔化再利用。

2. 铸造的缺点

(1) 生产工序繁多，工艺过程较难控制，铸件易产生缺陷。

(2) 铸件的尺寸均一性差，尺寸精度低，

(3) 同种金属材料制成的零件，力学性能较锻件低。

(4) 工作环境差，温度高，粉尘多，劳动强度大。

4.2　砂 型 铸 造

用型砂制造铸型并生产铸件的方法称为砂型铸造。砂型铸造适应性强，使用工具、模具简单，成本低，因此尽管生产过程复杂，铸件质量不高，但仍然是目前应用最为广泛的铸造方法。

砂型铸造一般由制造模样、制备造型材料、制造砂型、制造型芯、合箱、浇注、落砂、清理及检验等工艺过程组成。图4-1为齿轮毛坯的砂型铸造工艺过程。

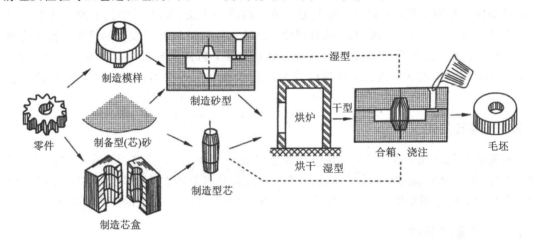

图4-1　砂型铸造工艺过程

砂型一般由上砂型、下砂型、型芯、浇注系统组成等，如图4-2所示。上、下砂型的交界面称为分型面，上、下砂型一般由定位销进行定位。

砂型中由模样形成的空腔称为型腔。金属液体流入型腔，凝固后形成铸件的外形。图4-2中型腔中的阴影部分为型芯，用来形成铸件的内

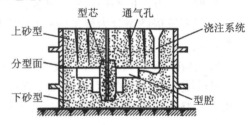

图4-2　砂型组成示意图

腔。浇注系统将金属液体倒入并使之充满型腔，液体与型砂作用产生的气体，从冒口、通气孔等处排出砂型。

按砂型的干燥状态，砂型可分为干型、湿型、自硬型。干型需要在一定温度下烘干，以驱除砂型中的水分，提高砂型的强度和透气性，主要用于铸钢及大型、重要的铸件的生产；湿型是不经烘干含有一定水分的砂型，主要用于中、小型铸件的生产；自硬型则需要使用特殊型砂，不需烘干即可硬化，适合大批量生产。砂型中的型芯除了少数不重要或形状简单的以外，一般都需要烘干。

4.2.1　型砂的性能与成分

1. 型砂的性能

铸型在浇注过程中要承受金属液的冲击、静压和高温的作用，并要排除大量的气体，型芯还要承受铸件凝固时的收缩压力，因而型砂应满足以下性能要求：

（1）可塑性。型砂在外力作用下铸造成形，当外力去除时仍能保持外力作用时的形状称为可塑性。这种性能能保证铸件具有清晰的轮廓和精确的尺寸。

（2）透气性。高温金属液浇入铸型后，型腔内充满大量气体，这些气体必须顺利排出型腔，型砂这种能使气体通过的性能称为透气性。否则，将会使铸件产生气孔、浇不足等缺陷。

（3）强度。型砂承受外力的作用而不易破坏的性能称为强度。型砂必须具有足够的强度，在浇注时才能承受金属溶液的冲击和压力，不至于变形和毁坏，从而防止铸件存在夹砂、砂眼等缺陷。型砂的强度也不宜过高，否则会因透气性、退让性的下降，使铸件产生缺陷。

（4）耐火性。型砂在高温金属液的作用下不软化、不熔化以及不黏附在铸件表面上的性能称为耐火性。如果型砂的耐火性差，则铸件易产生黏砂，使清理和切削加工困难。型砂中 SiO_2 含量越多，型砂颗粒越大，耐火性越好。为防止黏砂，也可在型砂中掺入少量煤粉或在型腔和型芯表面涂上一层涂料。

（5）退让性。铸件冷却收缩时，砂型和型芯的体积可以被压缩的性能称为退让性。当退让性不好时，铸件收缩受阻碍，产生内应力，使铸件变形甚至出现裂纹。型砂中黏土含量越高，高温时越容易发生烧结，退让性越差。在型砂中加入少量木屑，或采用其他黏结剂，如油和树脂，可以改善退让性。

此外，还需考虑型砂的回用性、发气性和出砂性。回用性良好的型砂便于重复使用，型砂耗费量低；发气性低的型砂浇注时自身产生的气体少，铸件不易产生气孔；出砂性好的型砂浇注冷却后残留强度低，铸件易于清理。

2. 型砂的成分

型砂是由原砂、旧砂、黏结剂、附加材料和水混合而成的。一般来说，生产 1 t 的铸件需要 4～5 t 的原砂，原砂多为天然的石英砂等。黏结剂一般为黏土、水玻璃、树脂等，加入黏结剂能使型砂具有一定的强度和可塑性。附加材料是为了改善和提高型砂的性能，有时需要加入煤粉、木屑等附加物。

4.2.2 造型方法与分类

将型砂制作成砂型的过程称为造型。造型方法可按砂箱特征和模型特征区分。

1. 按砂箱特征分

按砂箱特征分，造型可分为两箱造型、三箱造型、脱箱造型、地坑造型等。

（1）两箱造型是指铸型由上砂型、下砂型构成，操作简单，适用于各种批量、尺寸、大小的铸件，如图 4-3 所示。

（2）三箱造型是指零件的外形结构出现两个大截面之间夹着一个小截面时，若只用一个分型面、两个砂箱造型，则不能起模，必须将砂型沿两个最大截面分型，即两个分型面、三个砂箱造型，同时还应将模型分成两块或多块才能使模型从砂型中取出，如图 4-4 所示。三箱造型操作复杂、精度低，适用于单件和中、小批量生产。

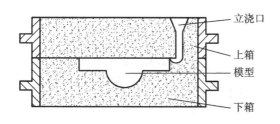

图 4-3 两箱造型

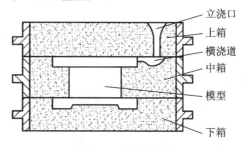

图 4-4 三箱造型

（3）脱箱造型是采用活动砂箱来造型如图4-5所示，造铸型合型后，将砂型脱出，重新用于造型，一个砂箱可制造多个砂型。脱箱造型适用于生产小型零件。

（4）地坑造型是利用车间地面、砂床作为铸件的下箱的造型方法，如图4-6所示。大铸件需要在砂床下面铺以焦炭，埋出气管。地坑造型用于砂箱不足，或生产批量不大，质量要求不高的中、大型铸件，如砂箱、压铁、栅栏等。

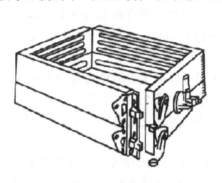

图4-5 脱箱造型

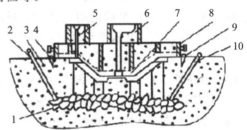

1—焦炭；2、10—气管；3—型砂；4、9—定位楔；
5—出气孔；6—浇口杯；7—型腔；8—上砂型

图4-6 地坑造型

2. 按模型特征分

按模型特征分，造型可分为整体模造型、假箱造型、分模造型、活块造型、刮板造型等。

（1）整体模造型是当零件外形轮廓的最大截面位于其一端时，可将其端面作为分型面进行造型，因为零件端面以下没有妨碍起模的部分，故可将模型做成与零件形状相适应的整体结构，称为整体模，如图4-7所示。

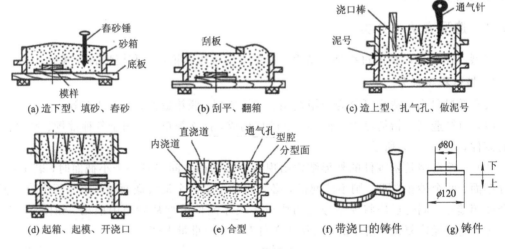

(a) 造下型、填砂、春砂　　(b) 刮平、翻箱　　(c) 造上型、扎气孔、做泥号

(d) 起箱、起模、开浇口　　(e) 合型　　(f) 带浇口的铸件　　(g) 铸件

图4-7 整体模造型

整体模的特点：模型基本在一个砂箱内形成；分型面是平面，操作方便，不会因为错箱影响零件精度。

（2）假箱造型是在造型前预先做个假箱（底胎），然后在底胎上制下箱，因底胎不参与浇注，故称为假箱，如图4-8所示。

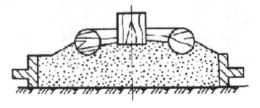

图4-8 假箱造型

（3）分模造型是将模型沿铸件中间的最大截面分成两半，型腔位于上、下两个砂箱内，造型简单省力，如图 4-9 所示。分模造型的特点是模型的分模面与铸型的分型面重合，起模方便，尤其适合需要用水平型芯形成内孔的铸件，因为它使下芯操作方便，浇注时型芯产生的气体很容易由分型面排出。

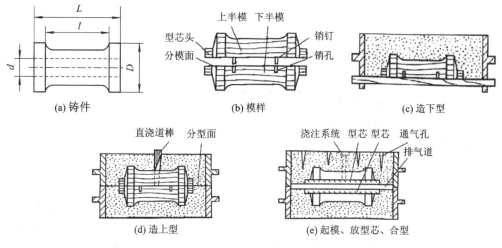

图 4-9　分模造型

（4）活块造型是当零件外形上有局部妨碍起模的凸台或肋板时，可将模型上的这部分做成活动的，称为活块。模型上的活块部分和模型主体用销或燕尾榫连接，起模时先取出模型主体，然后再从侧面取出活块，如图 4-10 所示。活块造型操作困难，铸件精度较差，生产率低，主要用于单件、小批量生产。

（5）刮板造型是用与铸件截面形状相应的刮板来造型的，如图 4-11 所示，刮板分为绕轴线旋转刮板和沿导轨往复移动刮板两大类。刮板造型适用于回转体或等截面形状的大、中型铸件，如带轮、简单气缸盖、弯管等。

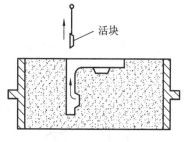

图 4-10　活块造型

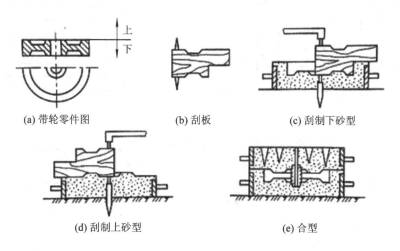

图 4-11　刮板造型

以上几种围绕解决不同形状模型起模而产生的基本造型方法不一定是单独使用，实际上往往是在一个铸件上综合应用多种造型方法。

4.2.3　砂型的制作工艺过程

制作砂型的各主要工序说明如下：

1. 预备工序

（1）准备造型材料和配砂。造型材料主要包括制造砂型的型砂和制造型芯的芯砂。造型材料的性能直接影响造型工艺及铸件的质量。

（2）制作模样和芯盒。模样用来通过造型形成铸型型腔，其形状与铸件外形一致，仅尺寸比铸件增加一收缩量；芯盒用来制造型芯，型芯的外形相当于铸件的内腔形状，用来形成铸件的内腔。

2. 手工造型

造型是使用模样、型砂以及其他辅助工具制作砂型的操作工序。手工造型的基本操作主要有：造型前的准备工作、紧实型砂、砂型的通气、起模、开设浇口、修型、合型等。

（1）造型前的准备工作。首先要准备造型用的工具和辅具，如底板、砂箱、模样、芯盒、舂砂锤、起模针等。然后按照模样的形状和尺寸，确定砂箱的结构和尺寸。最后将模样安放在砂箱内底板上的安放位置，保证有一定的吃砂量，模样的拔模斜度与起模方向一致，如图 4-12 所示。

（2）紧实型砂。把型砂填入砂箱中，用舂砂锤舂紧型砂，使砂型获得一定的紧实度以保证其具有一定的强度。第一次加砂时要用手按住模样，将模样周围的型砂塞紧，以防模样在砂箱中移动。型砂要分批加入、逐层紧实，并且要按照一定路线进行，一般从砂箱边开始逐步向中间紧实，如图 4-13 所示。

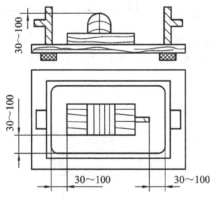

图 4-12　砂箱尺寸示意图(单位：mm)

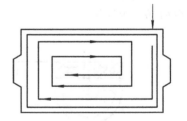

图 4-13　舂砂路线示意图

（3）砂型的通气。为了使金属液体浇入铸型型腔时内部产生的大量气体顺利排出型腔，不仅要求砂型具有良好的透气性，还需在砂型上扎通气孔，以及采取其他通气措施，如图 4-14 所示。扎通气孔时，一般用直径为 2～10 mm 的通气针，通气孔之间距离为 20～30 mm，通气孔距模样表面 10～15 mm，不得穿

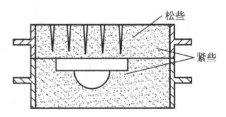

图 4-14　砂型各处的紧实度应不同

透型腔，如图4-15所示。

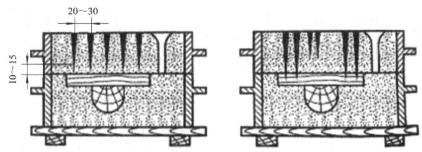

20~30

10~15

图4-15 砂型的通气孔(单位：mm)

（4）起模。把模样从砂箱中取出前，先在模样四周的型砂上刷一些水，增加型砂的强度与塑性，但不要用水量过大，以免铸件产生气孔。

（5）开设浇口。在上、下分型面上开设横浇口和内浇口。

（6）修型。修型主要是将起模时损坏的、砂型不够紧实的部分和型腔表面不光滑的部分修补好。

（7）合型。修型完毕，把各分砂型和型芯按图纸要求组装成完整的铸型的过程为合型。合型时要对准合型线，合型后用螺栓或卡箍紧固砂箱，或者在砂箱上放置压铁，以防止抬箱、跑火等。

3．制造型芯

1）型芯的工艺要点

型芯的作用是用来形成铸件的内腔。制作型芯的工艺操作过程与造型的工艺过程相似，只是型芯由于处在高温液体的包围和冲刷之中，因此性能要求更高。为了保证型芯的性能要求，在制芯过程中需要采取如下措施：

（1）放置型芯骨，以提高型芯的强度，图4-16为用铁丝制作的芯骨。

（2）开通气道以提高型芯的排气能力，图4-17为几种通气方法。

蜡线在烘烤时烧毁

砂芯 芯骨

(a) 用气针扎通气孔　(b) 挖通气孔　(c) 埋蜡线

图4-16 铁丝芯骨　　　　图4-17 型芯的通气孔

（3）涂料与烘干，在型芯表面刷一层涂料，以防止铸件黏砂，然后在一定温度下烘干，以提高型芯的强度及透气性。

2）制芯方法

可用芯盒制芯，也可用刮板制芯。在单件小批量生产时多用手工制芯；在大批量生产时多用机器制芯。

根据芯盒的结构，制芯方法有：整体式芯盒制芯，主要用于形状简单的中、小型型芯；对开式芯盒制芯，适用于圆形截面的较小型芯；可拆式芯盒制芯，主要用于形状复杂的大、中型型芯，如图4-18所示。

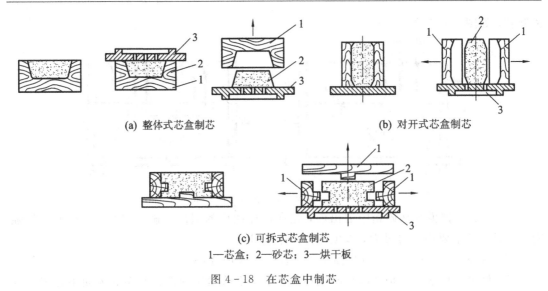

(a) 整体式芯盒制芯　　　　　　　　(b) 对开式芯盒制芯

(c) 可拆式芯盒制芯
1—芯盒；2—砂芯；3—烘干板
图 4-18　在芯盒中制芯

3）型芯的固定

型芯在铸件中的定位主要靠型芯头，型芯头必须有足够的尺寸和合适的形状，能使型芯牢固的固定在铸型中，以防止浇注时漂浮和偏移。

4.2.4　浇注系统

金属溶液注入铸型时流经的通道，称为浇注系统。浇注系统主要是为了保证金属液体平稳、均匀、连续地充满型腔，防止熔渣、砂粒等进入型腔，调节铸件的凝固顺序，并供给铸件冷凝收缩时所需要填充的金属溶液。

1. 浇注系统的组成

一般浇注系统主要由四部分组成，包括浇口杯、直浇道、横浇道和内浇道，如图 4-19 所示。并非每个铸件的浇注系统都需要有这四个部分，如一些简单的小铸件，只有直浇道与内浇道，而不需要横浇道。

2. 浇注系统各部分的作用

浇注系统中各个组成部分在系统中所起的作用是不同的，为了保证浇注时金属液能平稳的注入型腔，并将熔渣等杂质阻挡在型腔以外，一般应使内浇道截面积总和小于横浇道截面积，而横浇道截面积则小于直浇道截面积。

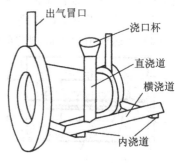

图 4-19　带冒口的浇注系统

（1）浇口杯：呈漏斗形，其作用是缓和金属液对铸型的冲击作用，并使熔渣、杂质上浮，起到挡渣作用。

（2）直浇道：浇注系统中的垂直通道。通常带有一定的锥度，其作用是通过其高度产生的静压力使金属液迅速充满型腔。

（3）横浇道：浇注系统中的水平通道部分。其截面为梯形，它的作用是分配金属溶液流入内浇道，起到挡渣作用。一般横浇道开在上砂箱内。

（4）内浇道：浇注系统中引金属溶液进入型腔的部分。其截面为梯形或半圆形，它的作用是控制金属溶液的流动速度和方向。内浇道一般位于下砂箱分型面上，内浇道的尺寸和数目根据金属的种类，铸件的重量、壁厚和外形而定。

（5）冒口：金属溶液在冷凝过程中产生缩孔和缩松，在铸件中要设置冒口。冒口主要是对铸件最后冷却部位的收缩提供金属液进行补缩，以便使铸件的缩孔集中在冒口中。另外，在浇注时产生的气体可以从冒口排出，同时在型腔中的少量熔渣、砂粒等杂质也可集中上浮到冒口的上部。冒口一般设在铸件的最高处和最远处，图 4-19 为带冒口的铸件。

4.2.5　铸件的常见缺陷和修补

1. 铸件的常见缺陷

铸件缺陷的种类很多，应该根据具体情况综合分析，找出原因，再采取相应措施加以防止。铸件清理后检验的项目主要有外观、尺寸、力学性能及内部缺陷，最基本的是外观检查和内部缺陷检验。对于裸眼难以发现的铸件细致缺陷和皮下缺陷常用渗透法和磁粉探伤法进行检查。铸件内部缺陷需要用超声波和射线探伤来检查。表 4-1 为常见铸件缺陷的特征及主要原因。

表 4-1　铸件常见缺陷及其主要原因

类别	名称和特征	图 例	主要原因
孔 眼	气孔：圆形或梨形的光滑孔洞，位于铸件内部或露出铸件表面		（1）型砂含水量过高或起模、修型时刷水太多； （2）舂砂过紧或型砂透气性差； （3）型砂太湿或其通气孔堵塞； （4）来自铁水中的气体
	缩孔：集中孔洞或细小分散孔洞，多位于铸件最后凝固的厚大部位内部，孔内壁粗糙		（1）铸件结构设计不合理，壁厚相差悬殊； （2）内浇道位置和冒口、冷铁大小及位置设置不合理； （3）浇注温度太高或金属液成分不对使液态收缩过大
	渣眼：形状不规则且内含熔渣的孔洞，多位于铸件在浇注中最后充型的上表面		（1）浇注时挡渣不良； （2）浇注系统不合理，未起撇渣作用； （3）浇注温度太低，熔渣来不及上浮，铸件已凝固
	砂眼：形状不规则且内含砂粒的孔洞，位于铸件表面或内部		（1）合型前未将散落在型腔中的散砂清除； （2）合型时将局部砂型损坏； （3）型腔紧实度不够或型芯强度不够而被金属液冲坏； （4）浇注系统不合理或浇注位置太高而将铸型冲坏

类别	名称和特征	图 例	主 要 原 因
形状尺寸不合格	错型:铸件沿分型面错位		(1) 分模造型时上、下模定位不准; (2) 合型时上、下砂型未对好; (3) 合型泥记号不准
	偏芯或歪斜:铸件上孔的位置偏移或歪斜		(1) 型芯座尺寸不对或位置偏移使型芯下偏; (2) 型芯在型腔中不稳固; (3) 浇注位置不当,把型芯冲歪
	浇不足:铸件未浇满,轮廓残缺		(1) 浇注温度太低; (2) 铸件壁太薄; (3) 浇口太小或未开出气孔; (4) 浇注时金属液不够
	抬型:铸件分型面上有厚飞翅		(1) 未紧固上、下砂型,浇注时上砂型被金属液抬起; (2) 型芯未固定,金属液将型芯抬起
	变形铸件发生翘曲		(1) 铸件结构不合理,壁厚相差太大,冷却不均匀; (2) 开型落砂过早
表面缺陷	冷隔:铸件表面有未完全融合的圆弧状接口缝隙		(1) 浇注温度太低; (2) 浇注速度太慢或浇注时不连续; (3) 浇口太小或位置不对
	黏砂:烧结的砂粒黏附在铸件表面上		(1) 浇注温度太高; (2) 砂型型腔表面或型芯表面未刷涂料或涂料太薄; (3) 型(芯)砂耐火度差
	夹砂:铸件表面凸起局部片状物,与铸件之间夹有一层型砂		(1) 型砂湿热强度低,型腔受热后膨胀,表层型砂拱起; (2) 砂型过湿; (3) 浇注温度太高或浇注时间过长; (4) 修型时用工具在砂型表面反复来回按压

续表二

类别	名称和特征	图 例	主 要 原 因
表面缺陷	铁豆：包含金属小球的孔眼		(1) 浇注温度太低； (2) 浇注系统不合理，金属液飞溅
	热裂：铸件开裂，裂纹表面呈现氧化色；冷裂：铸件开裂，裂纹表面发亮		(1) 铸件壁厚相差太大； (2) 浇口位置开设不合理； (3) 型(芯)砂的退让性差； (4) 舂砂过紧； (5) 落砂时间过早或过晚

2. 铸件的修补

有缺陷的铸件应在保证质量的前提下尽量修复，铸件修补常采用的方法有以下几种：

(1) 气焊和电弧焊修补。气焊和电弧焊常用于修补裂纹、气孔、缩孔、冷隔、砂眼等。焊补可达到与铸件本体相近的力学性能，为保证焊补质量，焊补前应将缺陷处的黏砂、氧化皮等杂物铲除，开出坡口并使其露出新的金属光泽，以防未焊透、夹渣等。

(2) 金属喷镀。金属喷镀是在铸件缺陷处喷镀一层金属，采用先进的等离子喷镀效果较好。

(3) 填腻修补。填腻修补是用腻子填补孔洞缺陷，不能改变铸件的质量，只用于装饰。

4.3 特 种 铸 造

砂型铸造是铸造生产中使用最广泛的铸造方法，可根据具体情况采用新工艺、新技术和实现机械化、自动化生产来进一步改善劳动条件、降低劳动强度和提高劳动生产率，可以在一定程度上提高铸件质量。但是，砂型铸造要消耗较多造型材料，工序繁多，实现机械化、自动化生产比较困难，并且由于砂型铸造中影响质量的因素太多，铸件的尺寸精度、表面粗糙度和内部质量的提高都受到较多的限制。因此，生产中不得不寻求其他铸造方法来满足某些特殊要求，一般将普通砂型铸造以外的那些铸造方法统称为特种铸造。下面简要介绍几种较为常见的特种铸造方法。

4.3.1 熔模铸造

熔模铸造通常是在模样表面涂覆多层耐火材料制成型壳，再将模样熔化排出型壳，从而获得无分型面的铸型。

1. 熔模铸造的工艺过程

熔模铸造又称失蜡铸造，包括压蜡、修蜡、组树、沾浆、熔蜡、浇铸金属液及后处理等工序。熔模铸造是用易熔材料制成零件的蜡模，然后在蜡模上涂以泥浆，晾干后再焙烧成陶模，经过焙烧蜡模全部熔化流失只剩陶模，再从浇注口灌入金属溶液，冷却后所需的零件就制成了。

熔模铸造的工艺过程如图 4-20 所示。

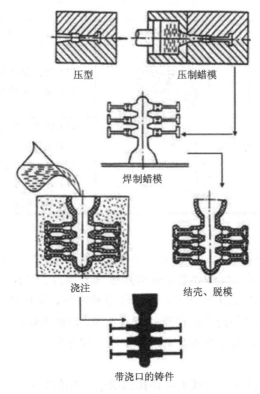

图 4 - 20　熔模铸造的工艺过程

2. 熔模铸造的特点

(1) 熔模铸件尺寸精度较高，一般可达 IT4～IT6（砂型铸造为 IT10～IT13）。但是熔模铸造的工艺过程复杂，影响铸件尺寸精度的因素较多，例如模料的收缩、熔模的变形、型壳在加热和冷却过程中的线量变化、合金的收缩率以及在凝固过程中铸件的变形等。

(2) 熔模铸件的表面光洁度也比较高。一是压制熔模时，采用型腔表面光洁度高的压型。二是型壳由耐高温的特殊黏结剂和耐火材料配制成的耐火涂料涂挂在熔模上而制成，与熔融金属直接接触的型腔内表面光洁度高。所以，熔模铸件的表面光洁度比一般铸造件的高，Ra 一般可达 $1.6～3.2\ \mu m$。

(3) 熔模铸件可减少机械加工工序，只是在零件上要求较高的部位预留少许加工余量，甚至某些铸件只留打磨、抛光余量，不必机械加工即可使用。由此可见，采用熔模铸造方法可大量节省机床设备和加工工时，大幅度节约金属原材料。

(4) 熔模铸造可以铸造各种合金且形状复杂的铸件，特别是铸造高温合金铸件，如喷气式发动机的叶片，其流线型外廓与冷却用内腔，用机械加工工艺几乎无法形成。用熔模铸造工艺生产不仅可以做到批量生产，保证了铸件的一致性，而且避免了机械加工后残留刀纹的应力集中。

4.3.2　金属型铸造

金属型铸造是将液态金属浇入金属铸型，以获得铸件的一种铸造工艺。其铸型是用金属制成的，可以反复使用几百次到几千次，所以又称为永久型铸造。

1. 金属型铸造的类型

金属型铸造按照结构可分为四种类型，包括整体式、水平分型式、垂直分型式和复合分型式。采用哪种类型的金属型铸造取决于铸件的形状、尺寸和大小，分型面数量，合金种类、生产批量等条件。

（1）整体式。这种金属型铸造的铸型无分型面，结构简单，它只适用于形状简单，无分型面的铸件。

（2）水平分型式。它适用于薄壁轮状铸件。

（3）垂直分型式。这类金属型铸造便于开设浇冒口和排气系统，开、合型方便，容易实现机械化生产，多用于生产简单的小铸件。

（4）复合分型式。它由两个或两个以上的分型面组成，甚至由活块组成，一般用于复杂铸件的生产。

2. 金属型铸造的结构

金属型铸造的结构包括上型、下型、型块、砂芯、型腔、止口定位、动型、定位销、定型和底座等，如图 4-21 所示。

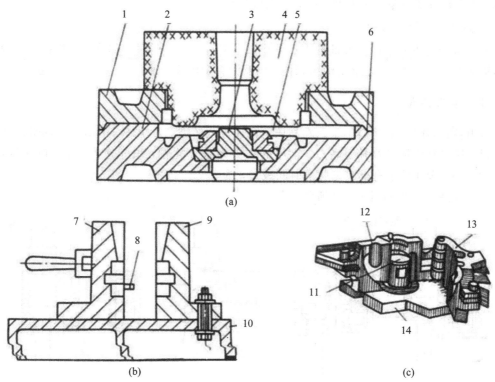

1—上型；2—下型；3—型块；4—砂芯；5—型腔；6—止口定位；7—动型；8—定位销；
9—定型；10—底座；11—铸件；12—左半型；13—右半型；14—底座

图 4-21　金属型铸造的结构

根据铸件的复杂情况和合金的种类可采用不同材料的型芯。一般浇注薄壁复杂件或高熔点合金（如锈钢、铸铁）时，多采用砂芯，而在浇注低熔点合金（如铝、镁合金）时，大多采用金属芯。在同一铸件上也可砂芯和金属芯并用。

金属型铸造合型时，要求两半型定位准确，一般采用两种办法，即定位销定位和"止口"定位。对于上下分型，当分型面为圆形时，可采用"止口"定位，而对于矩形分型面大多采用定位销定位。定位销应设在分型面轮廓之内，当金属型铸件本身尺寸较大，且自身的重量也较大时，要保证开、合型定位方便，可采用导向形式。

3. 金属型铸造的特点

（1）金属型铸造生产的铸件，其机械性能比砂型铸件高。

（2）铸件的精度和表面光洁度比砂型铸件高，而且质量和尺寸稳定。

（3）金属型铸造可不用砂或者少用砂，一般可节约造型材料80%～100%。

（4）金属型铸造的生产效率高，工序简单，易实现机械化和自动化。

金属型铸造虽有很多优点，但也有不足之处。比如，金属型制造成本高；金属型铸造不透气，而且无退让性，易造成铸件浇不足、开裂或铸铁件白口等缺陷；铸型的工作温度、合金的浇注温度和浇注速度，铸件在铸型中停留的时间，以及所用的涂料等，对铸件的质量的影响很敏感，需要严格控制。

因此，在决定采用金属型铸造时，必须综合考虑的因素有：铸件形状和重量大小必须合适；要有足够的批量；完成生产任务的期限许可。

4. 金属型铸造的应用

金属型铸造主要适用于大批量生产的中、小型有色金属铸件，如汽车、拖拉机、内燃机的铝活塞、气缸体、气缸盖、油泵壳体，以及铜合金轴瓦、轴套。

4.3.3　压力铸造

压力铸造（压铸）是将熔融金属在高压下高速充入铸型，并在高压下结晶凝固形成铸件的过程。其主要特征是高压、高速，常用的压力为数十兆帕，填充速度（内浇口速度）为16～80 m/s，金属液填充模具型腔的时间极短，为0.01～0.2 s。

压力铸造的过程如图4-22所示。

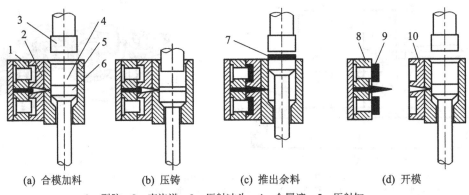

(a) 合模加料　　(b) 压铸　　(c) 推出余料　　(d) 开模

1—型腔；2—直浇道；3—压射冲头；4—金属液；5—压射缸；
6—反料冲头；7—余料；8—动模；9—压铸件；10—定模

图4-22　压铸过程示意图

1. 压铸的特点

压铸件尺寸精度高，可达IT9～IT12，表面粗糙度Ra可达0.8～6.3 μm；压铸可铸造薄壁复杂的铸件,并可直接铸出小孔、螺纹、齿轮等,所得铸件的结晶致密、强度高。例如,目前锌合金压铸件最小壁厚可达 0.3 mm;铝合金铸件可达 0.5 mm;最小铸出孔径为 0.7 mm;最小螺距为 0.75 mm。但是,由于金属液的填充速度高,压型内的气体很难排出,所以压铸件内常有小气孔,常存在于表皮下面;高熔点合金(如铜,黑色金属),压铸型寿命较低;压铸模型结构复杂,设备投资大,成本高。

2. 压力铸造的应用

压力铸造广泛用于不需进行切削加工,大批量生产的薄壁、复杂、小型的有色金属铸件,如铝合金气缸体、气缸盖、仪表、化油器等。

压铸件在高压下会形成气孔,热处理加热时,气体膨胀会使铸件表面突起或变形,因此压铸件不能进行热处理,压力铸造不适于高熔点合金,如钢、铸铁等。

4.3.4 离心铸造

离心铸造是将液体金属注入高速旋转的铸型内,使金属液在离心力的作用下充满铸型和形成铸件的技术和方法。离心力使液体金属在径向能很好地充满铸型并形成铸件的自由表面,不用型芯能获得圆柱形的内孔,有助于液体金属中气体和夹杂物的排除,影响金属的结晶过程,从而改善铸件的机械性能和物理性能。

1. 离心铸造的分类

根据铸型旋转轴线的空间位置,离心铸造可分为立式离心铸造和卧式离心铸造。

(1) 立式离心铸造。铸型的旋转轴线处于垂直状态时的离心铸造称为立式离心铸造,它主要用于生产高度小于直径的圆环类铸件,如图 4 - 23(a)所示。

(2) 卧式离心铸造。铸型的旋转轴线处于水平状态或与水平线夹角很小(4°)时的离心铸造称为卧式离心铸造,它主要用于生产长度大于直径的套筒或管类铸件,如图 4 - 23(b)所示。

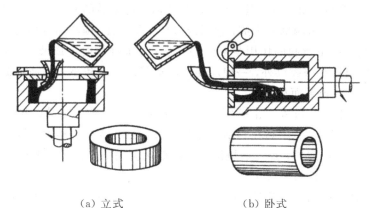

(a) 立式   (b) 卧式

图 4 - 23 离心铸造

2. 离心铸造的特点

1) 优点

(1) 几乎不存在浇注系统和冒口系统的金属消耗,提高工艺出品率。

(2) 生产中空铸件时可不用型芯,故在生产长管形铸件时可大幅度地改善金属充型能力，降低铸件壁厚对长度或直径的比值，简化套筒和管类铸件的生产过程。

（3）铸件致密度高，气孔、夹渣等缺陷少，力学性能高。

（4）便于制造筒、套类复合金属铸件，如钢背铜套、双金属轧辊等；成形铸件时，可借离心力提高金属的充型能力，故可生产薄壁铸件。

2）缺点

（1）用于生产异形铸件时有一定的局限性。

（2）铸件内孔直径不准确，内孔表面比较粗糙，质量较差，加工余量大。

（3）铸件易产生比重偏析，因此不适于合金易产生比重偏析的铸件（如铅青铜），尤其不适于铸造杂质比重大于金属液的合金。

3. 离心铸造的应用

由于采用离心铸造可获得均匀的壁厚，因此它主要用来浇注气缸套、轴套等圆筒形重要零件，如铸铁水管、缸套和活塞环坯料等。它也可用来制造钢套镶铜的双金属轴承，使两种合金牢固地连接成一体，以节约昂贵的铜合金。

本 章 小 结

（1）铸造的分类：根据生产方法的不同，铸造可分为砂型铸造和特种铸造两大类。砂型铸造按砂型分为湿型（砂型未经烘干处理）铸造、干型（砂型经烘干处理）铸造和自硬型铸造三种。特种铸造按造型材料可分为两类：一是，以天然矿产砂石为主要造型材料的特种铸造，包括熔模铸造、泥型铸造、壳型铸造、负压铸造、实型铸造、陶瓷型铸造等；二是，以金属为主要铸型材料的特种铸造，包括金属型铸造、压力铸造、低压铸造、离心铸造等。

（2）型砂的性能：铸型在浇注过程中要承受金属液的冲击、静压和高温的作用，并要排除大量的气体，型芯还要承受铸件凝固时的收缩压力，因而型砂应满足的性能要求有：可塑性、透气性、强度、耐火性、退让性，此外还需考虑型砂的回用性、发气性和出砂性。

（3）浇注系统主要由四部分组成，包括浇口杯、直浇道、横浇道和内浇道。浇注系统中各个组成部分在系统中所起的作用是不同的，为了保证浇注时金属液能平稳的注入型腔，并将熔渣等杂质阻挡在型腔以外，一般应使内浇道截面积总和小于横浇道截面积，而横浇道截面积则小于直浇道截面积。

（4）熔模铸造的工艺过程：熔模铸造的工艺过程包括压蜡、修蜡、组树、沾浆、熔蜡、浇铸金属液及后处理等工序。熔模铸造是用易熔材料制成零件的蜡模，然后在蜡模上涂以泥浆，晾干后再焙烧成陶模，经过焙烧蜡模全部熔化流失只剩陶模，再从浇注口灌入金属溶液，冷却后所需的零件就制成了。

（5）金属型铸造的结构：根据铸件的复杂情况和合金的种类可采用不同材料的型芯。一般浇注薄壁复杂件或高熔点合金（如锈钢、铸铁）时，多采用砂芯，而在浇注低熔点合金（如铝、镁合金）时，大多采用金属芯。在同一铸件上也可砂芯和金属芯并用。金属型铸造合型时，要求两半型定位准确，一般采用两种办法，即定位销定位和"止口"定位。对于上下分型，当分型面为圆形时，可采用"止口"定位，而对于矩形分型面大多采用定位销定位。定位销应设在分型面轮廓之内，当金属型铸件本身尺寸较大，且自身的重量也较大时，要保证开、合型定位方便，可采用导向形式。

习 题

4.1 填空题：

(1) 砂型铸造_____，_____，_____，因此尽管生产过程复杂、铸件质量不高，但仍然是目前应用最为广泛的铸造方法。

(2) 高温金属液浇入铸型后，型腔内充满大量气体，这些气体必须顺利排出型腔，型砂这种能使_____称为透气性。否则，将会使铸件产生气孔、浇不足等缺陷。

(3) 型砂中 SiO_2 含量越多，型砂颗粒_____，耐火性_____。

(4) 分模造型的特点是_____，起模方便，尤其适合_____形成内孔的铸件，因为它使下芯操作方便，浇注时型芯产生的气体很容易由分型面排出。

(5) 浇注系统中各个组成部分在系统中所起的作用是不同的，为了保证_____，并将熔渣等杂质阻挡在型腔以外，一般应使内浇道截面积总和_____横浇道截面积，而横浇道截面积则_____直浇道截面积。

(6) 气焊和电弧焊常用于修补_____、_____、_____、_____、_____等。焊补可达到与铸件本体相近的_____。

4.2 名词解释：

透气性、耐火性、退让性、整体模造型、分模造型、熔模铸造、金属型铸造、压力铸造

4.3 简答题：

(1) 砂型铸造的造型方法有哪些？

(2) 制作砂型的各主要工序有哪些？

(3) 浇注系统由哪几部分组成？每一部分在浇注中起什么作用？

(4) 铸件有哪些常见缺陷及其形成的主要原因是什么？

(5) 特种铸造方法都有哪些？各有什么特点及应用？

第 5 章　锻 压 成 形

（一）教学目标

·知识目标：

（1）掌握锻压成形的基本方式及其特点；

（2）掌握锻压成形的工艺基础及工艺过程；

（3）掌握自由锻的特点、应用及工艺规程的制订；

（4）掌握模锻的特点、应用及工艺规程的制订；

（5）掌握胎模锻的特点、应用及工艺规程的制订；

（6）掌握板料冲压的特点、应用及结构工艺性。

·能力目标：

（1）具备根据工件材料、零件复杂程度，合理选择锻压成形方法的能力；

（2）具备熟练进行各种锻压成形方法工艺规程制订的能力。

（二）教学内容

（1）锻压成形的基本方式及其特点；

（2）锻压成形的工艺基础；

（3）锻压成形的工艺过程；

（4）自由锻的特点、应用及工艺规程的制订；

（5）模锻的特点、应用及工艺规程的制订；

（6）胎模锻的特点、应用及工艺规程的制订；

（7）板料冲压的特点、应用及结构工艺性。

（三）教学要点

（1）锻压成形的基本方式及其特点；

（2）自由锻的特点、应用及工艺规程的制订；

（3）模锻的特点、应用及工艺规程的制订；

（4）胎模锻的特点、应用及工艺规程的制订；

（5）板料冲压的特点、应用及结构工艺性。

5.1　锻 压 概 述

5.1.1　锻压成形的实质

锻压是指在加压设备及工、模具的作用下，使坯料或铸锭发生局部或全部的塑性变形，以获得一定几何尺寸、形状和质量的锻件的加工方法。锻件是指金属材料经锻压变形而得到的工件或毛坯。锻压属于金属塑性加工，实质是利用固态金属的塑性流动性来实现的。

5.1.2 锻压成形的基本方式

1. 轧制

轧制是材料在旋转轧辊的压力下产生连续塑性变形，获得要求的截面形状，并改变其性能的加工方法。通过合理设计轧辊上的各种不同孔形，可以轧制出不同截面的原材料，如钢板、各种型材、无缝钢管等，也可以直接轧制出毛坯或零件。

2. 挤压

挤压是坯料在三向压应力作用下从模具的模孔挤出，使之横截面积减小，长度增加，成为所需制品的方法。按照挤压温度可将其分为冷挤、温挤和热挤，适用于加工有色金属、低碳钢等金属材料。

3. 拉拔

拉拔是坯料在牵引力作用下通过模孔拉出，使之横截面积减小，长度增加，成为所需制品的方法。拉拔生产主要用来制造各种细线、棒、薄壁管等型材。

4. 自由锻

只用简单的通用性工具或在锻造设备上下砧铁间直接使坯料变形，而获得所需的几何形状及内部质量的锻件，这种加工方法称为自由锻。

5. 模锻

模锻是在锻造设备上通过锻模使坯料发生变形获得锻件的方法。

6. 冲压

冲压是使板料经分离或变形而得到锻件的方法。由于冲压多数是在常温下进行的，所以也可以称为冷冲压。

常见的金属型材、管材、板材、线材等原材料，大都是通过轧制、挤压等方法制成的。自由锻、模锻、冲压则是一般机械厂常用的生产方法。凡承受重载荷、工作条件恶劣的机器零件，如汽轮发动机转子、主轴、叶轮、齿轮等通常采用锻件毛坯，再经切削加工成形。

5.1.3 锻压成形的主要特点和应用

1. 锻件的组织性能好

锻压不仅是一种成形加工方法，还是一种改善材料性能的加工方法。锻压时金属的形变和相变都会对锻件的组织结构造成影响。如果在锻压过程中对锻件的形变、相变进行控制，通常可获得组织性能好的锻件。因此，大多数受力复杂、承载大的重要零件，常采用锻件毛坯。

2. 成形困难，对材料的适应性差

锻压时金属的塑性流动类似于熔融金属的流动，但固态金属的塑性流动必须在施加外力、采用加热等工艺措施下才能实现。形状复杂的工件难以锻压成形，塑性差的金属材料如灰铸铁也不能进行锻压加工，必须选择塑性优良的钢、加工铝合金、加工黄铜等材料，才能进行锻压加工。

3. 锻压成形的应用

锻压成形在机器制造、汽车、拖拉机、仪表、电子、造船、冶金工程及国防等工业中有着广泛的应用。以汽车为例，汽车上60%的零件是由锻压加工成形的。

5.2　锻压成形的工艺基础

5.2.1　金属的塑性变形

1. 塑性变形的实质

金属在外力作用下首先要产生弹性变形，当外力增大到内应力超过材料的屈服点时，就产生塑性变形。锻压成形加工则需要利用塑性变形。

金属的塑性变形是金属晶体每个晶粒内部的变形和晶粒间的相对移动、晶粒转动的结果。单晶体的塑性变形主要通过滑移的方式来实现，即在切应力的作用下，晶体的一部分相对于另一部分沿着一定的晶面产生滑移，如图5-1所示。

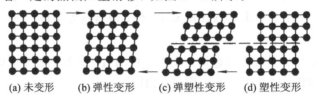

(a) 未变形　　(b) 弹性变形　　(c) 弹塑性变形　　(d) 塑性变形

图5-1　单晶体滑移示意图

单晶体的滑移是通过晶体内部的位错运动来实现的，而不是沿滑移面所有的原子同时进行刚性移动的结果，所以滑移需要的切应力比理论值低很多。位错机制滑移运动的示意图如图5-2所示。

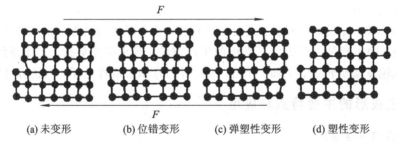

(a) 未变形　　　　(b) 位错变形　　　　(c) 弹塑性变形　　　　(d) 塑性变形

图5-2　位错运动引起塑性变形示意图

2. 冷变形强化

金属在塑性变形过程中，随着变形程度的增加，强度和硬度提高而塑性和韧性下降的现象称为冷变形强化或加工硬化。

加工硬化组织是一种不稳定的组织，具有自发向稳定状态转变趋势的组织状态，但在常温下，多数金属的原子扩散能力很低，使得加工硬化组织能够长久持续，并不发生明显的变化。因此，冷变形强化在生产中具有非常重要的意义，它是提高金属材料强度、硬度和耐磨性的重要手段。但冷变形强化后，由于塑性、韧性降低，给进一步变形带来困难，甚至导致开裂和断裂，同时，冷变形材料的各向异性还会引起材料的不均匀变形。

3. 回复和再结晶

对加工硬化组织进行加热，变形金属将继续发生回复、再结晶和晶体长大三个阶段的变化。

（1）回复。当加热温度较低时，原子的活动能力较小，形变金属的显微组织无显著变化，金属的强度、硬度稍有下降，这种变化称为回复。

（2）再结晶。当加热温度达到比回复阶段更高的温度时，变形金属的显微组织将发生显著的变化，金属的性能恢复到以前的水平，在金属内开始以碎晶或杂质为核心结晶出新的晶粒，这个过程称为再结晶。金属再结晶的温度称为再结晶温度，一般为该金属熔点绝对温度的 0.4 倍。

（3）晶粒长大。再结晶过程完成后，如再延长加热时间或提高加热温度，则晶粒会明显长大，成为粗晶粒组织，导致材料力学性能下降，使锻造性能恶化。因此，必须严格控制再结晶温度。

4. 热加工流线和锻造比

1）热加工流线

热加工时，金属的脆性杂质被打碎，沿着金属主要伸长方向呈脆粒状分布；塑性杂质则随金属变形沿着主要伸长方向呈带状分布。热加工后的金属组织就具有一定的方向性，通常称为热加工流线。流线使金属性能呈现异向性，即平行流线方向的强度、塑性显著高于垂直流线方向。变形程度越大，热加工流线越明显，性能上的差别就越大，45 钢力学性能与热加工流线方向的关系见表 5-1。

表 5-1　45 钢力学性能与热加工流线方向的关系

热加工流线方向	σ_b/MPa	σ_s/MPa	$\delta/(\%)$	$\psi/(\%)$	$a_k/(\mathrm{J/cm^2})$
纵向（沿流线方向）	715	470	17.5	62.8	62
横向（垂直流线方向）	672	440	10.0	31.0	30

热加工流线形成后，用热处理方法难以消除或改变其分布状态，因此在制造和设计受冲击载荷的零件时，要充分考虑热加工流线的分布对金属性能的影响。合理的热加工流线方向的分布是：零件工作时最大正应力与热加工流线方向平行，最大切应力与热加工流线方向垂直；热加工流线沿着零件轮廓分布不被切除则更为合理。图 5-3 为三种锻压件合理的热加工流线分布。

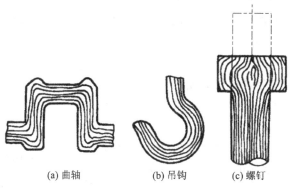

(a) 曲轴　　　　(b) 吊钩　　　　(c) 螺钉

图 5-3　三种锻压件合理的热加工流线分布

从图 5-3 中可以看出，用模锻成形曲轴图 5-3(a)，用弯曲成形吊钩图 5-3(b)，用局部墩粗成形螺钉图 5-3(c)，其热加工流线是沿零件轮廓分布的，适应零件受力情况。因此，这三种零件热加工流线分布是合理的。

2）锻造比

锻造比是表示金属变形程度大小的一个参数。锻造比和锻造工序有着密切关系，拔长时锻造比用 $Y_{拔长}$ 表示，墩粗时锻造比用 $Y_{墩粗}$ 表示，具体计算公式为

$$Y_{拔长} = \frac{S_0}{S}$$

$$Y_{墩粗} = \frac{H_0}{H}$$

式中：S_0 为拔长前金属坯料的横截面积；S 为拔长后金属坯料的横截面积；H_0 为墩粗前金属坯料的高度；H 为墩粗后金属坯料的高度。

锻造比对锻件质量影响很大，锻造比越大，热变形程度也越大，热加工流线也越明显，其金属组织、性能改善越明显，但锻造比过大，金属的力学性能增加不明显，还会增加金属的各向异性，锻造比过小时性能又达不到要求。因此，碳素结构钢取 $Y=2\sim3$，合金结构钢取 $Y=3\sim4$，对某些高合金钢为了击碎粗大碳化物，并使其细化和分散，应采取较大的锻造比，如高速钢取 $Y=4\sim6$。

5.2.2 金属的可锻性

金属的可锻性是指锻造金属材料时获得合格制品的难易程度，生产中常用金属塑性和变形抗力两个因素来综合衡量。金属的可锻性好表现为塑性高，变形抗力小，适宜锻压加工成形，相反则金属的可锻性差。

金属的可锻性取决于金属的本质和外界加工条件。

1. 金属本质

（1）化学成分。金属或合金的化学成分不同，其可锻性也不同。如纯金属的可锻性比合金的好，而钢的可锻性随着钢中含碳量的增加，塑性下降，变形抗力增大，可锻性变差。钢中的合金元素含量越多，其可锻性越差。

（2）组织状态。金属的组织状态不同，其可锻性也不同。单一固溶体比金属化合物的塑性高，变形抗力小，可锻性好。同样的单一固溶体组织，晶格类型不同可锻性也不同，奥氏体比铁素体的可锻性好，而奥氏体、铁素体的可锻性远远高于渗碳体，因此渗碳体不适宜锻压加工。粗晶结构比细晶结构的可锻性差。

2. 外界加工条件

（1）变形温度。随着金属加热温度的升高，原子间结合力削弱，动能增加，有利于金属滑移变形，金属的可锻性得到改善。

（2）变形速度。变形速度是指金属在单位时间内的变形量。变形速度对金属的塑性变形和变形抗力的影响如图 5-4 所示。

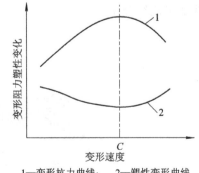

1—变形抗力曲线；　2—塑性变形曲线

图 5-4　变形速度对金属可锻性的影响

在临界变形速度 C 前，随着变形速度的增加，金属的塑性下降，变形抗力增加。这是由于金属变形速度增大，使金属的再结晶进行的不完全，不能全部消除加工硬化，最后导致金属可锻性变差。在临界变形速度 C 后，消耗于金属塑性变形的能量转化为热能，即热效应。由于热效应的作用，使金属温度升高，塑性上升，变形抗力下降，金属易锻压加工，相应变形速度越高，其热效应也越明显。这种热效应现象，只使用高速锤才能实现，而普通锻压设备其变形速度不能超过临界值 C，故不太明显。

3. 应力状态

金属在锻压加工时，由于采用的方式不同，金属受力时产生的应力状态也不同，因此其可锻性也有一定的区别，其变形方式主要有挤压和拉拔。挤压时金属三个方向承受压应力，如图 5-5(a)所示。在压应力的作用下，金属呈现出很高的塑性，因为压应力有助于恢复晶界联系，压合内部的孔洞缺陷，可阻碍裂缝形成和扩展。但压应力将增大金属的摩擦，提高金属的变形抗力，锻压加工时需要的加工设备吨位大。拉拔时金属呈两向压应力和一向拉应力状态，如图 5-5(b)所示。拉应力容易使金属内部的缺陷处产生应力集中，增加金属破裂倾向，表现为金属的塑性下降。实践证明，三向应力状态中的压应力数越多，金属的塑性越好；拉应力数目越多，其塑性越差。

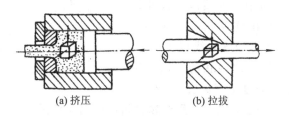

(a) 挤压　　　　　　　(b) 拉拔

图 5-5　不同变形方式时金属的应力状态

综上所述，在锻压加工中，合理选用金属材料和创造有利的变形条件，是提高金属塑性，降低变形抗力，提高其可锻性的最基本条件，这样才能以较小的能量消耗获得高质量的锻压件。

5.3　锻压工艺过程

锻压工艺过程一般包括加热、锻造成形、冷却、检验、热处理，下面分别予以介绍。

5.3.1　加热

在锻造前，对金属进行加热，目的是提高其塑性，降低变形抗力，改善金属的可锻性，使之容易流动成形。加热是锻造生产过程中的一个重要环节，它直接影响生产效率、产品质量和金属的利用率。

1. 锻造温度范围的确定

锻造温度范围是指由开始锻造温度(称始锻温度)到停止锻造温度(称终锻温度)的间隔。确定锻造温度范围的基本原则为：尽量扩大金属的锻造温度范围，使金属在确定的温度范围内具有良好的塑性和较低的变形抗力，并能获得优质锻件，不产生各种缺陷；加热火次少，生产效率高，成本低。碳钢始锻温度和终锻温度的确定，主要依据铁碳相图，如图 5-6 所示。

1）始锻温度的确定

在不出现过热、过烧等加热缺陷的前提下，尽量提高始锻温度，使金属具有良好的可锻性。始锻温度一般控制在固相线以下 150～250℃。

2）终锻温度的确定

终锻温度过高，停止锻造后金属的晶粒还会继续长大，锻件的力学性能随着下降；终锻温度过低，金属再结晶进行的不充分，加工硬化现象严重，内应力增大，甚至导致锻件产生裂纹。钢中碳的质量分数不同，其终锻温度也不同，如亚共析钢的终锻温度一般控制在 GS 线以下的两相区（A＋F），而过共析钢如在 ES 线以上停止锻造，冷却至室温时锻件会出现网状的二次渗碳体，因此其终锻温度控制在 PSK 线以上 50～70℃，以便通过反复锻打击碎网状的二次渗碳体。常用金属材料的锻造温度范围见表 5-2。

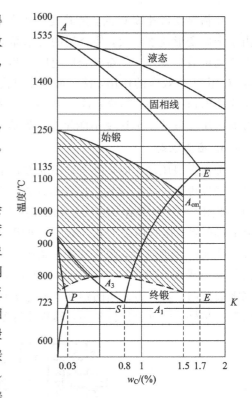

图 5-6　碳钢的锻造温度范围

表 5-2　常用金属材料锻造温度范围

金属材料	始锻温度/℃	终锻温度/℃	锻造温度范围/℃
碳素结构钢	1200～1250	800～850	400～450
碳素工具钢	1050～1150	750～800	300～350
合金结构钢	1150～1200	800～850	350
合金工具钢	1050～1150	800～850	250～300
高速钢	1100～1150	900	200～250
耐热钢	1100～1150	850	250～300
弹簧钢	1100～1150	800～850	300
轴承钢	1080	800	280

2. 金属加热易产生的缺陷

1）氧化、脱碳

钢加热到一定温度范围后，表层的铁和炉气中的氧化性气体（O_2、CO_2、H_2O、SO_2）发生化学反应，将使钢的表层形成氧化皮（铁的氧化物 Fe_3O_4、FeO、Fe_2O_3），这种现象称为氧化。大锻件表层脱落下来的氧化皮厚度达 7～8 mm，钢在加热过程中因生成氧化皮而造成的损失，称为烧损。每次加热时的烧损量可达金属质量的 1％～3％。氧化皮的硬度很高，可能被压入金属表层，影响锻件质量和模具的寿命。因此，要尽量缩短加热时间或在还原性炉气中加热。

钢加热到高温时,表层中的碳被炉气中的 O_2、CO_2 等氧化或与氢发生化学反应,生成 CO_2 或甲烷而被烧掉,这种因钢在加热时表层碳量降低的现象称为脱碳。脱碳的钢会使工件表面软化,强度和耐磨性降低,钢中碳的质量分数越高,加热时越易脱碳。减少脱碳的主要方法是:采取快速加热;缩短高温阶段的加热时间,对加热好的坯料尽快出炉锻造;加热前在坯料表面涂上保护涂层。

2)过热、过烧

过热是指金属加热温度过高,加热时间过长引起的晶粒粗大现象。过热使钢坯的可锻性和力学性能下降,必须通过退火处理来细化晶粒以消化过热组织,不能进行退火处理的钢可通过反复锻打来改善晶粒度。

当钢加热到接近熔点温度并停留过长时间时,炉内氧化性气体将渗入粗大的奥氏体晶界,使晶界氧化或局部熔化,这种现象称为过烧。过烧破坏了晶粒间的结合,极易使钢脆裂而不能锻造。过烧的钢无法补救,只有报废。

5.3.2　锻造成形

金属加热后可以锻造成形,根据锻造时所用的设备、工具、模具和成形方式的不同,可将锻造成形分为自由锻、模锻等,具体内容将在下一节讲述。

5.3.3　冷却、检验和热处理

锻件冷却的方式一般分为空冷、炉冷和坑冷。冷却方式主要根据材料的化学成分、锻件形状特点、截面尺寸等因素确定,锻件的形状越复杂,尺寸越大,冷却速度相应越慢。如低、中碳钢和低合金结构钢的小型锻件均采用空冷;高碳高合金钢(Cr12 等)则采用随炉冷却的方式;合金结构钢(40Cr 等)在坑中、箱中用砂子、炉灰覆盖冷却。

锻后的零件或毛坯要按图样技术要求进行检验。经检验合格的锻件,最后进行热处理。结构钢锻件采用退火、正火处理;工具钢采用正火加球化退火处理;对于不再进行处理的中碳钢和合金结构钢可进行调质处理。

5.4　锻压成形工艺方法

5.4.1　自由锻

自由锻是利用自由锻设备上下砧铁或一些简单的通用性工具,直接使坯料变形而获得所需的几何形状及内部质量的锻件的方法。

由于自由锻使用的工具简单,具有较大的通用性,所以应用广泛。生产的自由锻件可以从 1 kg 的小件到 200～300 t 的大件。对于特大型锻件如水轮机主轴、多拐曲轴、大型连杆等,自由锻是唯一可行的加工方法,所以自由锻在重型工业中具有重要的意义。其不足是锻件精度低,生产率低,生产条件差。自由锻适用于单件小批量生产。

1. 自由锻的工序

自由锻的工序可以分为基本工序、辅助工序和修整工序三大类。

（1）基本工序：使金属材料发生一定的塑性变形，以达到一定形状和尺寸的工艺过程。基本工序包括拔长、墩粗、冲孔、切割、弯曲、扭转等，其主要特征及适应范围见表 5 - 3。实际生产中常用的是拔长、墩粗、冲孔三个基本工序。

表 5 - 3　自由锻基本工序的主要特征及适用范围

工序	简　图	主要特征	适用范围
拔长		坯料横截面积减小，长度增加	适用于锻造轴类、杆类零件
墩粗		坯料横截面积增大，高度减小	适用于锻造齿轮坯、法兰盘等圆盘类零件
冲孔		用冲头在坯料上冲出通孔或不通孔	适用于圆盘类坯料墩粗后的通孔
扩孔		减少空心坯料的壁厚而增大其内外径	适用于各种圆环锻件
错移		将坯料的一部分相对于另一部分错开，且保持这两部分平行	锻造曲轴类零件
弯曲		将坯料弯成一定角度或曲线	适用于锻造吊钩、地脚螺栓、角尺和 U 形弯管
扭转		将坯料的一部分相对于另一部分沿其共同轴线旋转一定角度	适用于锻造多拐曲轴和校正锻件
切割		切去坯料的一部分	适用于切除钢锭底部、锻件料头和分割锻件

（2）辅助工序：为使基本工序操作方便而进行的预先变形工序，如压钳口、压肩、钢锭倒棱等。

（3）修整工序：以减少锻件表面缺陷而进行的工序，如校正、滚圆、平整等。

2. 自由锻工艺规程的制订

制订工艺规程、编写工艺卡是进行自由锻生产必不可少的技术准备工作，是组织生产过程、规定操作规范、控制和检查产品质量的依据。自由锻工艺规程的主要内容有：根据零件图绘制锻件图，计算坯料的质量和尺寸，确定锻造工序，选择锻造设备，确定坯料加热工序和填写工艺卡片等。

1）绘制锻件图

锻件图是制订锻造工艺过程和检验的依据，绘制锻件图要考虑余块、余量和锻件公差。

某些零件上的精细结构，如键槽、齿槽、退刀槽以及小孔、不通孔、台阶等，难以用自由锻锻出，必须暂时添加一部分金属以简化锻件形状。这部分添加的金属称为余块，如图5-7所示，将在切削加工时切去。

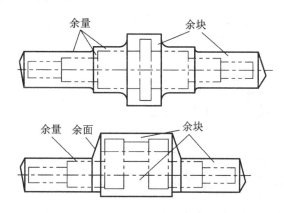

图 5-7　锻件的各种余块、余量

由于自由锻的精度低，表面质量较差，一般需要进一步进行切削加工，所以零件表面要留加工余量。余量大小和零件形状、尺寸等因素有关，具体数据要结合生产情况而定。

锻件公差是锻件名义尺寸的允许变动量。公差的数值可查有关国家标准，通常为加工余量的 $1/4 \sim 1/3$。

2）计算坯料质量和尺寸

坯料质量的计算公式为

$$m_{坯} = m_{锻} + m_{烧} + m_{芯} + m_{切}$$

式中：$m_{坯}$ 为坯料质量；$m_{锻}$ 为锻件质量；$m_{烧}$ 为加热时坯料表面氧化烧损的质量；$m_{芯}$ 为冲孔时芯料的质量；$m_{切}$ 为端部切头损失质量。

确定坯料的尺寸，首先根据材料的密度和坯料质量计算出坯料的体积，然后再根据基本工序的类型（如拔长、墩粗）和锻造比计算坯料横截面积、直径、边长等尺寸。

3）确定锻造工序

根据不同类型的锻件选择不同的锻造工序。一般锻件的大致分类及所用工序见表5-4。

表 5 - 4　自由锻锻件分类及锻造工序

锻件类型	图　　　例	实　例	锻　压　工　序
杆类	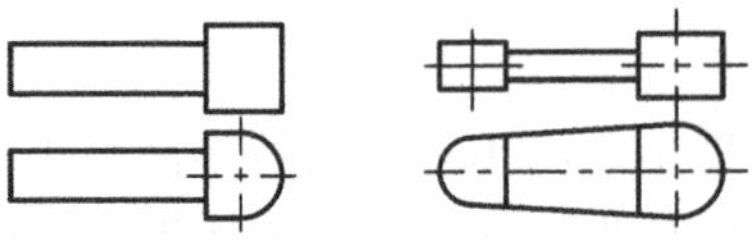	连杆类	拔长、压肩、修整、冲孔
轴类	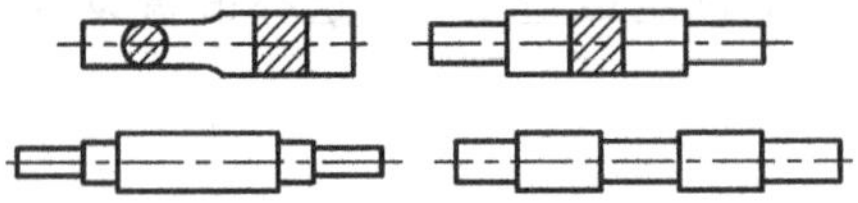	主轴、传动轴等	拔长、压肩、滚圆
曲轴类	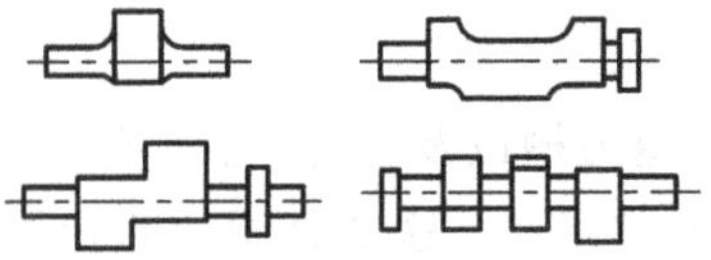	曲轴、偏心轴等	拔长、错移、压肩、扭转、滚圆
盘类、圆环类	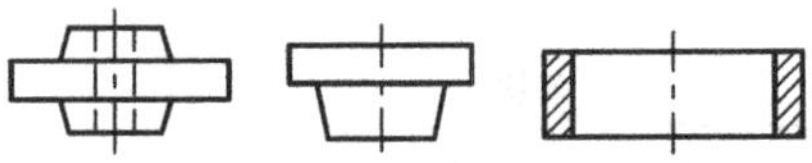	齿圈、法兰、套筒、圆环等	墩粗、冲孔、扩孔、定位
筒类	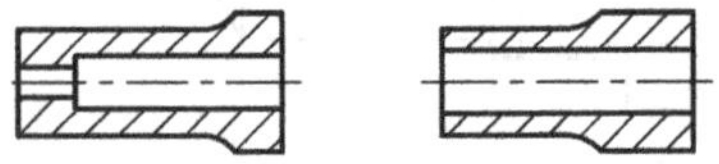	圆筒、套筒等	墩粗、冲孔、扩孔、修整
弯曲类		吊钩、弯杆等	拔长、弯曲

工艺规程的内容还包括所用工具、夹具、加热设备、加热规范、冷却规范、锻压设备和锻后热处理规范等。

3. 零件结构的锻压工艺性

零件结构的锻压工艺性是指所设计的零件，在满足使用性能要求的前提下锻压成形的可行性和经济性，即锻压成形的难易程度。良好的锻件结构应与材料的锻压性能、锻件的锻压工艺相适应。

1）锻压性能对结构的要求

不同金属材料锻压性能不同，对结构的要求也不同。例如，$w_c \leqslant 0.65\%$ 的碳素钢塑性好，变形抗力较低，锻压温度范围宽，能够锻出形状较复杂、肋较高、腹板较薄、圆角较小的锻件。高合金钢的塑性差，变形抗力大，锻压温度范围窄，如采用一般锻压工艺，锻件的形状应较为简单，截面尺寸变化应较为平缓。

2）锻压工艺对结构的要求

自由锻锻件结构设计的原则是：在满足使用性能的条件下锻件形状应尽量简单，易于锻造。自由锻锻件的结构工艺性要求见表 5 - 5。

表 5–5 自由锻锻件的结构工艺性

工艺要求	合 理	不 合 理
避免锥面和斜面		
避免加强肋和工字形、椭圆形等复杂截面		
避免非平面交接结构		
避免加强肋及表面凸凹等结构		

5.4.2 模锻

模锻是在高强度金属锻模上预先制出与锻件形状一致的模膛,使坯料在模膛内受压变形。由于模膛对金属坯料流动的限制,因而锻压终了能得到与模膛形状相符的锻件。

1. 模锻特点

1)优点

和自由锻相比,模锻具有很多优点。例如生产效率高,一般比自由锻高 10 倍;锻件的尺寸和精度比较高,机械加工余量较小,节省加工工时,材料利用率高;可以锻造形状复杂的锻件;锻件的内部流线分布合理;操作简便,劳动强度低。

2)缺点

模锻生产由于受到模锻设备吨位的限制,锻件质量不能太大,一般在 150 kg 以下;制造锻模比较困难,成本很高。因此,模锻不适于单件小批量生产,而适用于中小型锻件的大批量生产。模锻按使用设备的不同,可以分为锤上模锻、胎模锻、压力机上模锻,这里主要对锤上模锻进行讲解,同时对胎模锻做简单介绍。

2. 锤上模锻

1) 锻模

锤上模锻工作示意图如图 5-8 所示。锻模由上、下模膛组成。上模和下模分别安装在锤头下端和模座上的燕尾槽内,用楔铁紧固。上、下模合在一起,其中部分形成完整的模膛。根据模膛功用不同,可分为模锻模膛和制坯模膛,而模锻模膛又可以分为终锻模膛和预锻模膛两种。

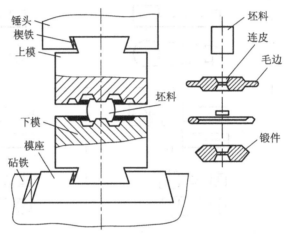

图 5-8 锤上模锻工作示意图

(1) 模锻模膛。

① 终锻模膛:其作用是使坯料最后变形到锻件所要求的形状和尺寸,因此它的形状应和锻件的形状相同。但因锻件冷却时要收缩,终锻模膛的尺寸应比锻件尺寸放大一个收缩量,钢件的收缩量取 1.5%。终锻模膛沿模膛四周有飞边槽,锻造时部分金属先压入飞边槽内形成毛边,毛边很薄最先冷却,可以阻碍金属从模膛内流出,以促使金属充满模膛,同时容纳多余的金属。对于具有通孔的锻件,由于不可能靠上、下模的凸起部分把金属完全挤压掉,故终锻后在孔内留下一薄层金属,称为冲孔连皮(见图 5-9)。把冲孔连皮和飞边冲掉后,才能得到有通孔的模锻件。

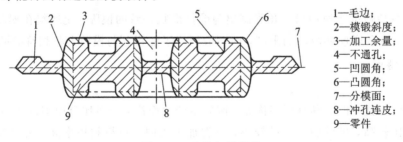

1—毛边;
2—模锻斜度;
3—加工余量;
4—不通孔;
5—凹圆角;
6—凸圆角;
7—分模面;
8—冲孔连皮;
9—零件

图 5-9 齿轮坯模锻件

② 预锻模膛:预锻模膛的作用是使坯料变形到接近于锻件的形状和尺寸,这样再进行终锻时金属容易充满终锻模膛,同时减少其磨损,延长其使用寿命。预锻模膛的形状和尺寸与终锻模膛相近似,只是模锻斜度和圆角半径稍大,没有飞边槽。对于形状简单或批量

不大的模锻件可不设飞边槽。

（2）制坯模膛。

对于形状复杂的模锻件，原始坯料进入模锻模膛前，先放在制坯模膛内制坯，按锻件的最终形状作初步变形，使金属能合理分布和很好的充满模膛。制坯模膛有以下几种：

① 拔长模膛：其作用是减少某部分的横截面积，增加该部分的长度，如图 5 - 10(a)所示。当模锻件沿轴向各横截面积相差较大时，采用拔长模膛。

② 滚压模膛：其作用是减小坯料某部分横截面积，增大另一部分的横截面积，如图 5 - 10(b)所示。当模锻件沿轴向各横截面积相差不是很大或作为修整拔长后的毛坯时，采用滚压模膛。

③ 弯曲模膛：其作用是弯曲杆类模锻件的坯料，如图 5 - 10(c)所示。

④ 切断模膛：其作用是切断金属，如图 5 - 10(d)所示。当单件锻造时，用它从坯料上切下锻件或从锻件上切下钳口；当多件锻造时，用它来分离成单个件。

为方便起见，制坯模膛一般布置在终锻模膛的两侧。

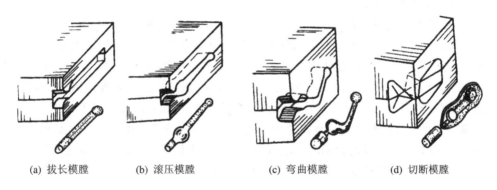

(a) 拔长模膛　　　　(b) 滚压模膛　　　　(c) 弯曲模膛　　　　(d) 切断模膛

图 5 - 10　制坯模膛

生产中，根据锻件复杂程度的不同，锻模可以分为单膛锻模和多膛锻模两种。单膛锻模在一副模膛上只具有终锻模膛，而多锻模膛在一个锻模上具有两个以上的模膛。

2）工艺规程的制订

模锻生产的工艺规程包括制订锻件图、计算坯料质量和尺寸、确定模锻工步、选择设备及安排修整工序等。

（1）制订模锻锻件图。

锻件图是根据零件图按模锻工艺特点制订的。它是设计和制造锻模、计算坯料以及检查锻件的依据。制订模锻锻件图应考虑以下几个问题：

① 分模面。分模面即上、下锻模在模锻件上的分界面。锻件分模面位置选择的合适与否，关系到锻件成形、出模、材料利用率等一系列问题。因此，确定分模面时应注意下列原则（见图 5 - 11）：

· 要保证锻件能从模膛中取出，一般分模面选在模锻件最大尺寸的截面上。

· 要保证金属容易充满模膛，有利于锻模制造和取出。分模面应选在使模膛深度最浅的位置上。

· 要保证按选定的分模面制成锻模后上下两模沿分模面的模膛轮廓一致，以便在安装锻模和生产中易于发现错模现象，及时调整锻模位置。

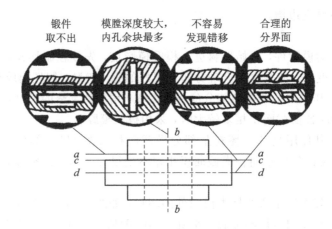

图 5-11 分模面的比较

• 要保证锻模容易制造。分模面最好做成平面，且上、下模膛深度基本一致。

• 要保证锻件上所加的余块最少。

按以上综合原则分析，图 5-11 中 $d-d$ 分模面是最合适的。

② 余量、公差、余块。模锻时金属坯料是在锻模中形成的，因此模锻件的尺寸较精确，其余量、公差、余块均比自由锻小得多。余量、公差与工件的形状尺寸、精度要求等因素有关。一般单边余量为 1~5 mm，公差为 0.4~3.5 mm。成品零件中的各种细槽、齿轮齿间、横向孔以及其他妨碍出模的凹部均应加余块，直径小于 30 mm 的孔一般不锻出。

③ 模锻斜度。为使锻件容易从模膛中取出，在垂直于分模面的锻件表面必须有一定的斜度（见图 5-12），模锻斜度和模锻深度有关。对于锤上模锻，一般外壁斜度常为 7°，特殊情况可为 5°或 10°，内壁斜度常为 10°，特殊可为 7°、12°或 15°。

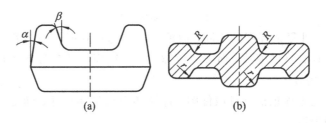

图 5-12 模锻斜度和圆角半径

④ 模锻圆角半径。为使金属容易充满模膛，增大锻件强度，避免锻模内尖角处产生裂纹，减缓锻模外尖角的磨损，提高锻模使用寿命，在所用平面的交角处均需做成圆角。模膛深度越深，圆角半径取值越大。一般凸圆角半径 r 等于单面加工余量加成品零件圆角半径或导角值，凹圆角半径 $R=(2-3)r$，计算所得半径需要圆整为标准值，以利用标准刀具。

（2）计算坯料质量和尺寸。

计算坯料质量和尺寸的步骤和自由锻相同。坯料的质量包括锻件、毛边、连皮、钳口料头和氧化皮。一般毛边是锻件质量的 20%~50%，氧化皮是锻件和毛边质量的 2.5%~4%。

（3）确定模锻工步。

① 长轴类模锻件。长轴类模锻件的长度和宽度之比较大，锻造过程中捶击方向垂直于

锻造的轴线,常选用拔长、滚压、弯曲、预锻和终锻等工序,如台阶轴、连杆等。

② 盘类模锻件。盘类模锻件为圆形或长度接近宽度,锻造过程中捶击方向与坯料轴向相同,终锻时坯料沿高度、宽度、长度方向产生流动,因此常选用墩粗、终锻等工序,对于形状简单的可只用终锻工序形成。

(4) 选择模锻设备。

模锻锤的吨位按照表 5-6 选择。

表 5-6　模锻锤的锻造能力范围

模锻锤吨位/t	1	2	3	5	10	16
锻件质量/kg	2.5	6	17	40	80	120
锻件在分模面处的投影面积/cm^2	13	380	1080	1260	1960	2830
能锻齿轮的最大直径/mm	130	220	370	400	500	600

(5) 安排修整工序。

坯料在锻模内制成锻模后,需经过一系列修整工序才能保证和提高锻件质量。

① 切边和冲孔。钢锻制成的模锻件一般都带有毛边和连皮,须在压力机上使用切边模将它们切除。

② 校正。在切边和其他工序中都可能引起锻件变形,因此切边后可在终锻模膛内或在专门的校正模内进行校正。

③ 热处理。热处理的目的是为了消除锻件在锻造过程中产生的过热组织或加工硬化,改善锻件组织和切削加工性,提高锻件的力学性能,一般采用正火或退火。

④ 清理。为了提高模锻件的表面质量,改善模锻件的切削加工性能,模锻件需要进行表面清理(如喷砂法、酸洗法等)去除锻件表面的氧化皮、污垢和其他表面缺陷(如毛刺等)。

⑤ 精压。对于要求精度高、表面粗糙度低的模锻件,清理后还要在压力机上进行精压。

3) 模锻件的结构工艺性

设计模锻件时,为便于模锻件生产和降低成本,应根据模锻特点和工艺要求使其结构符合下列原则:

(1) 模锻件要有合理的分模面、模锻斜度和圆角半径。

(2) 由于模锻件精度较高和表面粗糙度较低,因此零件的配合表面可留有加工余量,非配合表面一般不需要进行加工,不留加工余量。

(3) 为了使金属容易充满模膛、减少加工工序,零件外形力求简单、平直、对称,尽量避免零件截面间相差过大或具有薄壁、高筋、凸起等结构。

(4) 避免有深孔或多孔结构。

(5) 为减少余块,简化模锻工艺,在可能的条件下,尽量采用锻焊组合的工艺。

图 5-13(a)所示零件的最小截面和最大截面之比小于 0.5,故不宜采用模锻方法制造,且该零件凸缘薄而高,中间凹下很深,难于用模锻方法锻制。如图 5-13(b)所示零件扁而薄,模锻时薄的部分金属易于冷却,不易充满模膛。如图 5-13(c)所示零件有个高而薄的凸缘,使得锻模制造和取出锻件都很困难;如对零件的使用没有什么影响的话,图 5-13(d)就具有较好的结构工艺性。

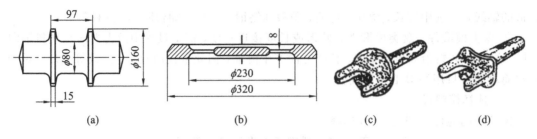

图 5-13　模锻件的结构工艺性

3. 胎模锻

胎模锻是在自由锻设备上使用可移动模具生产模锻件的一种锻造方法。所用模具称为胎模，它结构简单，形式多样，但不固定在上下砧铁上。一般选用自由锻方法制坯，然后在胎模中终锻成形。常用的胎模结构主要有以下三种类型：

（1）扣模：用来对坯料进行全面或局部扣形，主要生产杆状非回转体锻件，如图 5-14（a）所示。

（2）套筒模：锻模呈套筒形，主要用于锻造齿轮、法兰盘等回转体锻件，如图 5-14（b）、（c）所示。

（3）合模：通常由上、下模两部分组成，如图 5-14（d）所示。为了使上、下模吻合且不产生错模，经常用导柱等定位。合模多用于生产形状较复杂的非回转体锻件，如连杆、叉形件等锻件。

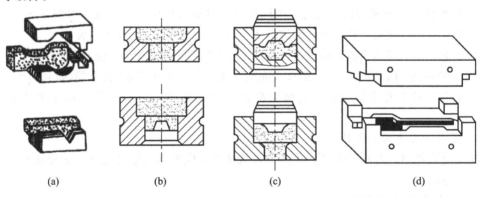

图 5-14　胎模的几种结构

图 5-15 描述的是一个法兰盘胎模锻造的过程。所用胎模为套筒模，它由模筒、模垫和冲头组成。原始坯料加热后，先用自由锻墩粗，然后将模垫和模筒放在下砧铁上，再将墩粗的坯料平放在模筒内，压上冲头后终锻成形，最后将连皮冲掉。

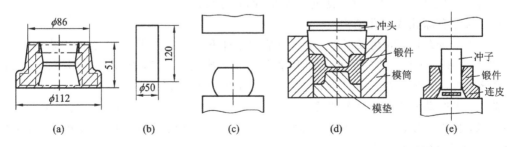

图 5-15　法兰盘胎模锻造过程

5.4.3　板料冲压

板料冲压是使板料经分离或变形而得到制件的加工方法。板料冲压一般是在常温下进行的，又称为冷冲压，简称冲压。如果板料的厚度为 8～10 mm，才使用热冲压。冲压也属于金属塑性变形加工。

板料冲压常用的原材料通常是塑性很好的低碳非合金钢、塑性高的合金钢、铜合金、铝合金等的薄板料、条带料。

板料冲压所用的设备主要是剪床和冲床。剪床用来把板料剪切成需要宽度的条料，以供冲压工序使用。冲床用来实现冲压加工。

1. 板料冲压的特点和应用

冲压件尺寸精度高，表面粗糙度值小，互换性好；板料冲压可冲出形状复杂的零件，废料较少，材料利用率很高；冲压操作简单，工艺过程便于实现自动化、机械化，生产率高；冲模制造复杂，要求高。

板料冲压在工业生产中有着广泛的使用，特别是在汽车、拖拉机、航空、电器、仪表等工业中占有极为重要的位置。这种工艺方法用于大批量生产时才能使冲压产品成本降低。

2. 冲压成形的基本工序

板料冲压工序可以分为分离工序和变形工序两大类。

1）分离工序

分离工序是将坯料的一部分和另一部分分开的工序，如落料、冲孔、剪切、修整等。

（1）落料和冲孔。落料和冲孔都是将板料沿封闭轮廓分离的工序，一般统称为冲裁。这两个工序的模具结构和坯料的变形过程都是一样的，只是用途不同。落料是被分离的部分为成品或坯料，周边都是废品；冲孔是被分离的部分为废品，而周边部分则是带孔的成品。

图 5-16 是落料和冲孔的过程示意图，凸模和凹模都有锋利的刃口，两者之间留有间隙 z，为使成品边缘光滑，凹、凸模刃口必须锋利，间隙 z 要均匀适当，因为它不仅严重影响成品的断面质量，而且影响模具寿命、冲裁力和成品的尺寸精度。

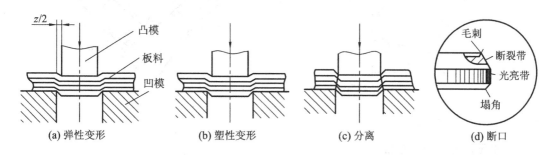

图 5-16　落料和冲孔过程示意图

（2）剪切。剪切是使用剪刃或冲模将模板沿不封闭轮廓进行分离的工序。

（3）修整。修整是使落料和冲孔后的成品获得精确的轮廓的工序。利用修整模沿冲压件外缘或内孔刮削一层薄薄的切屑，或切掉冲孔或落料时在冲压件截面上存留的剪裂带和毛刺，从而提高冲压件的尺寸精度和降低表面粗糙度值，修整工序示意图如图 5-17 所示。

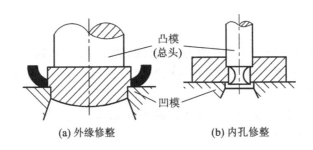

(a) 外缘修整　　　　　　　(b) 内孔修整

图 5-17　修整工序示意图

2) 变形工序

变形工序是使坯料的一部分相对于另一部分产生塑性变形而不破坏的工序，如拉深、弯曲、翻边、成形等。

(1) 拉深。拉深是使坯料变形成开口空心零件的工序，图 5-18 为拉深过程简图。当凸模压下时，和凸模底部接触的板料在拉深过程中基本上不变形，最后形成空心件的底，其余的环形部分坯料经变形后为空心件的侧壁。

(2) 弯曲。弯曲是使坯料的一部分相对于另一部分弯曲一定角度的工序。图 5-19 是弯曲过程的示意图。当凸模压下时，板料内侧产生压缩变形，处于压应力状态，板料外侧产生拉伸变形，处于拉应力状态。为防止弯裂，弯曲模的弯曲半径要大于限定的最小弯曲半径 $r_{\min}$，通常 $r_{\min}=(0.25\sim1)\delta$。弯曲板料塑性好，弯曲半径可小些，弯曲还应尽可能使弯曲线和坯料纤维方向垂直。弯曲的角度应比成品稍小，因为坯料弯曲后有弹性变形现象，外力去除后，坯料将有一定角度的回弹。

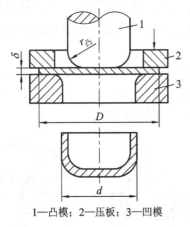

1—凸模；2—压板；3—凹模

图 5-18　拉深过程简图

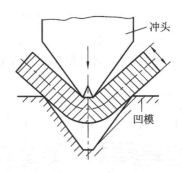

图 5-19　弯曲过程简图

3. 冲压件的结构工艺性

冲压件设计不仅应保证它具有良好的使用性能，而且应使它具有良好的工艺性能。因此，对冲压件的设计在形状、尺寸、精度等方面提出了种种要求，其目的是简化冲压生产工艺，提高生产效率，延长模具寿命，降低成本，保证冲压件质量。

1) 冲压件的形状、尺寸

(1) 对冲裁件的要求。冲裁件的形状应力求简单、对称，尽量采用规则形状，并使排料合理，零件形状和节约材料的关系如图 5 - 20 所示。

落料的外形和冲的孔尽量采用圆形、矩形等规则形状，应避免长槽或细长悬臂结构，否则模具制作困难，寿命低，图 5 - 21 为工艺性差的落料件。

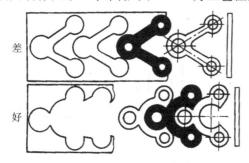

图 5 - 20　零件形状和节约材料的关系

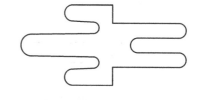

图 5 - 21　不合理工艺的落料件外形

冲孔及其有关尺寸如图 5 - 22 所示。设 δ 为板料的厚度，圆孔的直径不得小于板厚；方孔的边长不得小于 0.9δ；孔与孔、孔与边的距离不得小于 δ；工件边缘凸出和凹进的尺寸不得小于 1.5δ。

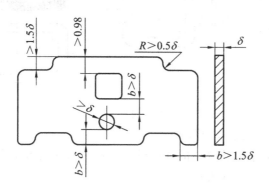

图 5 - 22　冲孔件尺寸和厚度的关系

为了避免应力集中而引起开裂，在冲裁件的转角处应以圆弧过渡，其最小圆角半径见表 5 - 7。

表 5 - 7　冲裁件的最小圆角半径

工序	角　度	最小圆角半径/mm		
		低碳钢	合金钢	铜、铝
落料	$\alpha_1 \geqslant 90°$	0.25δ	0.35δ	0.18δ
	$\alpha_2 < 90°$	0.50δ	0.70δ	0.35δ
冲孔	$\alpha_1 \geqslant 90°$	0.30δ	0.45δ	0.20δ
	$\alpha_2 < 90°$	0.60δ	0.90δ	0.40δ

（2）对弯曲件的要求。为防止弯裂，弯曲时要考虑弯曲线垂直于纤维方向，并且注意弯曲半径 r 不得小于材料允许的最小弯曲半径 r_{min}。若弯曲件平行于纤维方向，则弯曲半径 r 还应加倍。

弯曲边高度不能过短，否则不易弯成形，一般弯曲边长 $H>2\delta$，如图 5-23 所示。若要求 H 很短，则需先留出适当余量，以增大 H，待弯曲成形后再切去多余的材料。

弯曲带孔件时，为避免孔变形，孔位置应满足如图 5-24 所示的要求，其中 $L>(1.5\sim2)\delta$。

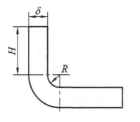

图 5-23 弯曲边长度要求

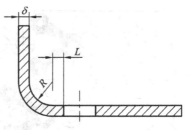
图 5-24 带孔的弯曲件

（3）对拉深件的要求。为了便于加工，拉深件应尽量简单、对称，高度不应过深，凸缘不宜过宽，以尽量减小拉深系数，拉深件圆角半径要求如图 5-25 所示。

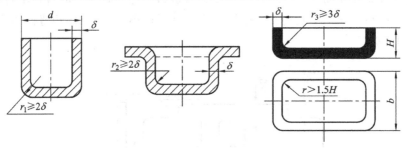
图 5-25 拉深件圆角半径要求

2）改进结构、简化工艺、节约材料

采用冲、焊结构。对于形状复杂的冲压件，可先分别冲出若干个单体件，然后再焊成整体的冲、焊结构，如图 5-26 所示。

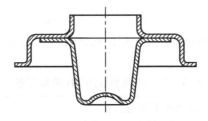
图 5-26 冲、焊结构

采用冲口工艺，减少组合件。如图 5-27 所示冲压件，原设计用三件铆接或焊接组成，现改用冲口工艺（冲口、弯曲）制成了整体件，既节省了材料，也可免去铆接或焊接工序。

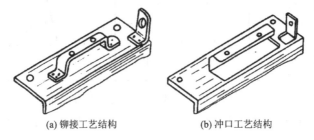

(a) 铆接工艺结构　　　　　(b) 冲口工艺结构

图 5-27 冲口工艺应用

3）冲压件的厚度

在强度、刚度允许的条件下，应尽可能采用较薄的材料，减少材料消耗，对局部刚度不够的地方，可采用加强肋，图 5-28 为薄材料代替厚材料的例子。

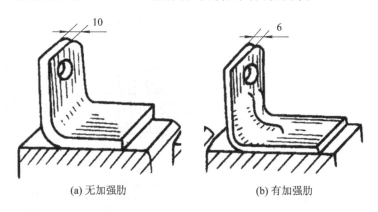

(a) 无加强肋   (b) 有加强肋

图 5-28 加强肋

4）冲压件精度和表面质量

设计冲压件时，对其精度要求不应超过冲压工序所能达到的一般精度，如果要求过高，将会增加精整工序，提高制作成本。一般落料的精度为 IT9～IT10，冲孔精度为 IT9，弯曲精度为 IT9～IT10，拉深件高度精度为 IT8～IT10（整修可达 IT7，拉深直径精度可达 IT9～IT10。

一般冲压件表面质量的要求不高于原材料表面所具有的质量，否则需增加切削加工等工序反而提高了成本。

5.4.4 典型零件的锻造过程实例

锻造生产时，必须正确选择操作方法，并按一定的顺序进行锻造，以螺母为例，螺母的锻造过程见表 5-8。

表 5-8 螺母锻造工艺过程

锻件名称	螺 母	工艺类型	手 工 锻
材料	低碳钢	始锻温度	1250℃
加热火次	1～2 次	终锻温度	800℃
锻 件 图		坯 料 图	
M12 21.9 12 19		φ16 27	

序　号	工序名称	工序草图	工具名称
1	墩粗		尖嘴钳
2	冲孔		尖嘴钳、圆冲子、漏盘、抱钳
3	打六方		圆嘴钳、圆冲子、六角槽垫、方平锤、样板
4	倒锥面		尖嘴钳、窝子

本 章 小 结

本章主要介绍了锻压成形的基本工艺。

(1) 锻压成形属于热加工方法，经常用于制作机械切削加工零件的毛坯。

(2) 锻压成形适用于塑性良好材料的加工。

(3) 锻压成形工艺过程包含：加热、锻造成形、冷却、检验、热处理等；其中锻造温度的控制对锻压产品性能影响非常明显。

(4) 锻压成形的加工方法中自由锻、模锻、板料冲压适用场合不同。

习　　题

5.1　晶体的塑性变形具有什么特点？

5.2　何谓加工硬化？它对金属组织性能和加工过程有什么影响？

5.3　金属的再结晶有什么特点？对金属组织、性能有什么影响？

5.4　何谓金属的可锻性？影响因素有哪些？常用锻造材料有哪些？

5.5　钢的始锻温度和终锻温度过高或过低会如何影响锻件的质量？

5.6　自由锻有哪些主要工序？说明其工艺特点和应用范围。

5.7　模膛分为哪几类？其作用是什么？其中设飞边槽的是哪个模膛？其作用是什么？

5.8 模锻和自由锻比有哪些特点？为什么它不能取代自由锻？

5.9 板料冲压成形的基本工序有哪些？其中落料和冲孔有何不同？保证冲裁件质量的方法有哪些？

5.10 图 5-29 为三种形状不同的连杆，请选择锤上模锻时的分模面位置。

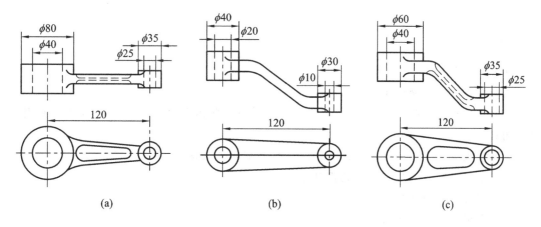

图 5-29 题 5.10 图

5.11 如图 5-30 所示的模锻件零件结构有些错误之处，请指出并改正。

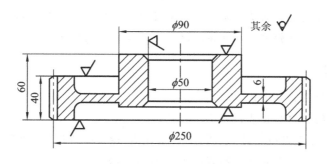

图 5-30 题 5.11 图

5.12 如图 5-31 所示的零件分别在单件、小批量和大批量生产时应选择何种锻造方法？并定性的绘出锻件图。

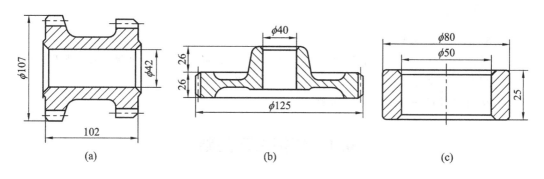

图 5-31 题 5.12 图

第6章 焊接成形

(一) 教学目标

·知识目标：

(1) 掌握焊接的功能及其分类；

(2) 掌握焊条电弧焊、气焊和气割、埋弧自动焊、气体保护焊、电渣焊、电阻焊的特点及应用；

(3) 掌握焊接变形的基本形式及预防焊接变形的工艺措施；

(4) 掌握焊缝布置的一般工艺设计原则；

(5) 掌握焊接接头形式；

(6) 掌握焊接检验方法。

·能力目标：

(1) 具备根据工件性能不同、焊接工艺不同，合理选择焊接方法的能力；

(2) 具备根据焊接变形的基本形式，及早提出预防焊接变形工艺措施的能力；

(3) 具备根据焊接检验方法，能够进行焊缝质量检验的能力。

(二) 教学内容

(1) 焊接的功能及其分类；

(2) 焊接接头的组织和性能；

(3) 焊条电弧焊、气焊和气割、埋弧自动焊、气体保护焊、电渣焊、电阻焊的特点及应用；

(4) 焊接变形的基本形式及预防焊接变形的工艺措施；

(5) 焊缝布置的一般工艺设计原则；

(6) 焊接接头形式、焊接检验方法。

(三) 教学要点

(1) 焊接的功能及其分类；

(2) 焊条电弧焊、气焊和气割、埋弧自动焊、气体保护焊、电渣焊、电阻焊的特点及应用；

(3) 焊接变形的基本形式及预防焊接变形的工艺措施；

(4) 焊缝布置的一般工艺设计原则。

6.1 焊接工艺基础

6.1.1 焊接工艺概述

焊接是通过加热或加压，或两者并用，借助于金属原子扩散和结合，使分离的材料牢

固地连接在一起的加工方法。焊接方法的种类很多,按焊接过程特点可分为以下三大类:

1. 熔焊

熔焊焊接方法的共同特点是把焊接局部连接处加热至熔化状态,形成熔池,待其冷却结晶后形成焊缝,将两部分材料焊接成一个整体。因两部分材料均被熔化,故称熔焊。

2. 压焊

压焊是指在焊接过程中需要对焊件施加压力(加热或不加热)的一类焊接方法。

3. 钎焊

钎焊是将熔点比母材熔点低的填充金属(称为钎料)熔化后,填入接头间隙并与固态的母材通过扩散实现连接的一类焊接方法。

主要焊接方法分类如图 6-1 所示。

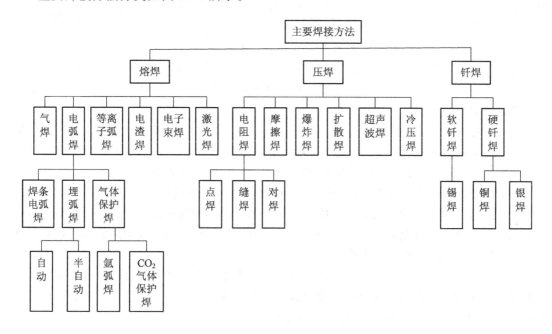

图 6-1 主要焊接方法分类框图

焊接主要用于制造金属结构件,如锅炉、压力容器、船舶、桥梁、管道、车辆、起重机、海洋结构、冶金设备;生产机器零件(或毛坯),如重型机械和冶金、锻压设备的机架、底座、箱体、轴、齿轮等。与铸造相比,焊接不需要制造木模和砂型,不需要专门冶炼和浇注,生产周期短,而且节省了材料,降低了成本。对于一些单件生产的特大型零件(或毛坯),可通过焊接以小拼大,简化工艺;可以修补铸、锻件的缺陷和局部损坏的零件,这在生产中具有较大的经济意义。世界上主要工业国家每年生产的焊件结构约占钢产量的45%。

焊接正是有了连接性能好、省工省料、成本低、重量轻、可简化工艺等优点,才得以广泛应用。但同时它也存在一些不足之处,如:结构不可拆,更换修理不方便;存在焊接应力,容易产生焊接变形;容易出现焊接缺陷等。有时焊接质量会成为突出问题,焊接接头往往是锅炉、压力容器等重要容器的薄弱环节,实际生产中应特别注意。

6.1.2　焊接接头的组织和性能

熔焊按其所用的焊接热源不同分为电弧焊、电渣焊、气焊等多种方法。图6-2显示了焊条电弧焊的过程。熔焊从母材和焊条被加工熔化，到熔池的形成、停留、结晶，要发生一系列的冶金化学反应，从而影响焊缝的化学成分、组织和性能。由于空气中的氧气等在电弧高温作用下发生分解，氧原子与金属和碳发生反应，会使Fe、C、Mn、Si等元素大量烧损，而且由于焊缝金属中含有氧、氮、氢等元素，会使焊缝机械性能明显下降，尤其使低温冲击韧性急剧下降，会引起冷脆等现象。为了保证焊接质量，在焊接过程中，通常采取下列措施：

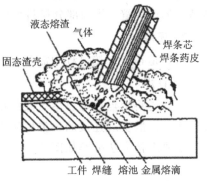

图6-2　焊条电弧焊过程示意图

（1）形成保护气氛，防止有害元素侵入熔池。采用焊条药皮、埋弧焊焊剂、气体保护焊保护气体（如CO_2气、氩气等），使熔池与外界空气隔绝，防止空气进入。此外，焊前对坡口及两侧的锈、油污等进行清理，烘干焊条、焊剂等，都能有效地防止有害气体进入熔池。

（2）添加合金元素，补充烧损的元素，清除已进入熔池的有害元素。如焊条药皮中加锰铁合金等，进行脱氧、脱硫、脱磷、去氢、渗合金等，从而保证和调整了焊缝的化学成分；生成的MnS等不溶于金属的物质，进入焊渣中，最终被清理掉。

熔焊使焊缝及其附近的母材经历了一个加热和冷却的热过程。由于温度分布不均匀，焊缝受到一次复杂的冶金过程，焊缝附近区域受到一次不同规范的热处理，因此必然引起相应的组织和性能的变化，直接影响焊接质量。离焊缝越近的点，被加热的温度越高；反之，越远的点，被加热的温度越低。

焊接接头由焊缝、熔合区和热影响区组成。焊缝附近的母材组织和性能发生变化的区域称为热影响区。熔焊焊缝和母材的交界线称为熔合线，熔合线两侧有一个很窄的焊缝与热影响区的过渡区，称为熔合区（或称半熔化区）。

1. 焊缝的组织和性能

焊缝组织是由熔池金属结晶得到的铸造组织。焊缝中的铸造组织晶粒粗大、成分偏析，组织不致密。但由于焊接熔池小、冷却快，焊条药皮、焊剂或焊丝在焊接过程中的冶金处理作用，使得焊缝金属的化学成分优于母材，硫磷含量较低，所以容易保证焊缝金属的性能不低于母材，特别是强度容易达到要求。

2. 热影响区及熔合区的组织和性能

图6-3(a)是低碳钢焊接接头各点最高加热温度曲线，图6-3(b)是简化的铁碳相图的一部分。低碳钢的热影响区分为过热区、正火区和部分相变区。

（1）过热区：焊接时加热到1100℃以上至固相线温度的区域。由于加热温度高，奥氏体晶粒明显长大，冷却后产生晶粒粗大的加热组织。过热区是热影响区中性能最差的部位。因此，在焊接刚度大的结构时，易在此区产生裂纹。

（2）正火区：最高加热温度从A_{c3}至1100℃的区域，金属发生重结晶，焊后冷却得到均匀而细小的铁素体和珠光体组织。正火区的性能优于母材。

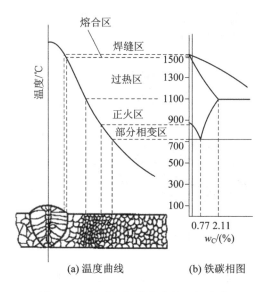

图 6-3　低碳钢焊接接头的组织变化

（3）部分相变区：加热到 A_{c1} 至 A_{c3} 温度区域。因为只有部分组织发生转变，部分铁素体来不及转变，故称为部分相变区。这一区域冷却后晶粒大小不匀，机械性能较差。

（4）熔合区：熔合区化学成分不均匀，晶粒粗大，其性能往往是焊接接头中最差的。

综上所述，熔合区和过热区是焊接接头中的薄弱部分，对焊接质量有严重影响，应尽可能减小。影响焊接接头组织和性能的因素有焊接材料、焊接方法和焊接工艺。其中焊接工艺主要参数（如焊接电流、电弧电压、焊接速度等）是影响焊接接头热影响区的大小和焊接接头的组织与性能的主要因素。

熔焊过程中总会产生一定尺寸的热影响区。一般地，当低碳钢的焊接结构用手工电弧焊或埋弧自动焊时，热影响区尺寸较小，对焊接产品质量影响较小，焊后可不进行处理；对于合金钢焊接结构或用电渣焊焊接的结构，热影响区尺寸较大，焊后必须进行处理，通常采用正火工序，细化晶粒，均匀组织，改善焊接接头的质量；对于焊后不能进行热处理的焊接结构，只能通过正确选择焊接方法，合理制订焊接工艺来减小焊接热影响区，以保证焊接质量。

6.2　常用焊接方法

6.2.1　焊条电弧焊

焊条电弧焊简称手弧焊。它是利用焊条与焊件之间产生的电弧热，将焊件和焊条熔化，冷却凝固后获得牢固的焊接接头的一种手工焊接方法。

1. 焊接过程

手弧焊的焊接过程如图 6-4 所示。将工件和焊钳分别接到电焊机的两个电极上，并用焊钳夹持焊条。焊接时，先将焊条与工件瞬时接触，然后将焊条提到一定的距离（2～4 mm），于是在焊条端部与工件之间便产生了明亮的电弧。电弧热将工件接头处和焊条熔化形成熔池。随着焊条的向前移动，新的熔池不断产生，旧熔池不断冷却凝固，从而形成连续的焊缝，使工件牢固地连接在一起。

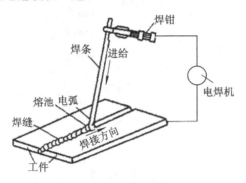

图 6-4　焊条电弧焊

2. 电焊机

焊条电弧焊的主要设备是电焊机，它实际上是一种弧焊电源。按产生电流的种类不同，这种电源可分为弧焊变压器(交流)和弧焊整流器(直流)。

(1) 弧焊变压器。它实际上是一种特殊的降压变压器，如图 6-5 所示。它将 220 V 或 380 V 的电源电压降到 60～80 V(即电焊机的空载电压)，以满足引弧的需要。焊接时，电压会自动下降到电弧正常工作时所需的工作电压 20～30 V。输出电流是从几十安培到几百安培的交流电，可根据焊接的需要调节电流的大小。电流的调节分为粗调和细调。粗调是通过改变输出抽头的接法来实现的，调节范围大；细调是旋转调节手柄，将电流调节到所需要的数值。弧焊变压器结构简单、价格便宜、工作噪音小、使用可靠、维修方便、应用很广，其缺点是焊接电弧不够稳定。

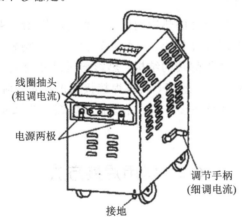

图 6-5　弧焊变压器

(2) 弧焊整流器。弧焊整流器全称是整流式直流电焊机，近年来得到了普遍的应用。它是通过整流器把交流电转变为直流电，既弥补了交流电焊机电弧稳定性不好的缺点，又比一般直流电焊机结构简单、维修容易、噪音小。

用直流电焊机焊接时，由于正极和负极上的热量不同，所以有正接和反接两种接线方法，如图 6-6 所示。把焊件接正极，焊条接负极，称为正接法；反之，称为反接法。焊接厚板时一般采用直流正接法，这时电弧中的热量大部分集中在焊件上，有利于加快焊件熔化，保证足够的熔深。焊接薄板时，为防止烧穿，常采用反接法。在使用碱性焊条时，均采用直流反接。

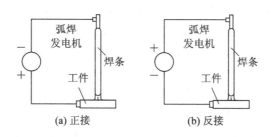

(a) 正接　　　　　　(b) 反接

图 6-6　直流电焊机的接线法

（3）焊钳和面罩。焊钳是用于夹持焊条和传递电流的，面罩则用来保护眼睛和面部，以免弧光灼伤，其结构如图 6-7 所示。

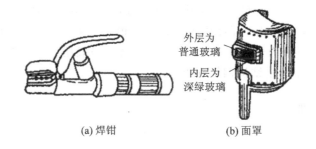

(a) 焊钳　　　　　　(b) 面罩

图 6-7　焊钳和面罩

3. 焊条

焊条电弧焊使用的焊条由焊芯和药皮组成，如图 6-8 所示。

图 6-8　焊条

焊芯是焊接专用的金属丝，是组成焊缝金属的主要材料。焊接时焊芯的作用有两个方面：一是导电，产生电弧；二是熔化后作为填充金属，与熔化的母材一起形成焊缝。为了保证焊缝质量，对焊芯金属的化学成分有较严格的要求。因此，焊芯都是专门冶炼的，碳、硅含量较低，硫、磷含量极少。我国目前常用的碳素结构钢焊芯牌号有 H08、H08A、H08MnA。焊条的直径是用焊芯的直径来表示的，常用的直径为 3.2～6 mm，长度为 350～450 mm。

焊条药皮由矿石粉和铁合金粉等原料按一定比例配制而成。药皮的主要作用是保证焊接电弧的稳定燃烧，防止空气进入焊接熔池，添加合金元素，保证焊缝具有良好的力学性能。

按用途的不同，可将焊条分为结构钢焊条、不锈钢焊条、铸铁焊条等，其中结构钢焊条应用最广。我国生产的结构钢焊条主要用于焊接低碳钢和低合金结构钢，其牌号是用汉字拼音首字母加上三位数字表示的。例如 J422(结 422)，"J"表示结构钢焊条，前两位数字"42"表示焊缝金属的抗拉强度不低于 420 MPa，第三位数字表示药皮类型为钛钙型，适用交直流电源。国家标准 GB/T 5117-2012 中规定了碳素钢焊条的型号，用"E"加四位数字表示，即 E××××。"E"表示焊条，前两位数字表示焊缝金属的最低抗拉强度值，第三位数字表示焊接位置，第三、四位数字组合表示焊接电流种类和药皮类型。如 E4315，"43"表示焊缝金属的 $\sigma_b \geqslant 420$ MPa；"1"表示适用于立、平、横、仰位置焊接；"15"表示焊条药皮为低氢钠型，电流类型为直流反接。

根据焊条药皮性质的不同，结构钢焊条可以分为酸性焊条和碱性焊条两大类。药皮中含有多量酸性氧化物(TiO_2、SiO_2 等)的焊条称为酸性焊条，如 J××1、J××2、J××3、J××4、J××5。药皮中含有多量碱性氧化物的焊条称为碱性焊条，如 J××6、J××7。酸性焊条能交直流两用，焊接工艺性能较好，但焊缝的力学性能，特别是冲击韧度较差，适用于一般低碳钢和强度较低的低合金结构钢的焊接，是应用最广的焊条。碱性焊条脱硫、脱磷能力强，药皮有去氢作用，焊接接头中含氢量很低，故又称低氢型焊条。碱性焊条的焊缝具有良好的抗裂性和力学性能，但工艺性能较差，一般用直流电源，主要用于重要结构(如锅炉、压力容器、合金结构钢等)的焊接。

6.2.2 气焊和气割

1. 气焊

气焊是利用气体火焰来熔化母材和填充金属的一种焊接方法。最常用的是氧-乙炔焰，乙炔(C_2H_2)为可燃气体，氧气为助燃气体。乙炔和氧气在焊炬中混合均匀后从焊嘴喷出燃烧，将焊件和焊丝熔化形成熔池，冷却凝固后形成焊缝，如图 6-9 所示。气焊时气体燃烧，产生大量 CO_2、CO、H_2 气体笼罩熔池，起到保护作用。气焊使用不带药皮的光焊丝作填充金属。

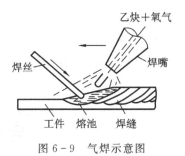

图 6-9 气焊示意图

气焊设备简单，操作灵活方便，不需电源，但气焊火焰温度较低(最高约为 3150℃)，且热量较分散，生产率低，工件变形大，所以不如电弧焊应用广泛。气焊主要用于焊接厚度在 3 mm 以下的薄钢板，铜、铝等有色金属及其合金，低熔点材料以及铸铁焊补等。

1) 气焊设备

气焊所用的设备及管路系统连接如图 6-10 所示。

(1) 氧气瓶。氧气瓶是运输和储存高压氧气的钢瓶。它的容积为 40 L，储氧最大压力为 14.7 MPa，外表漆成天蓝色，并用黑漆写上"氧气"字样。

(2) 乙炔瓶。乙炔瓶是储存溶解乙炔的钢瓶，如图 6-11 所示。瓶内装有浸满丙酮的多孔填充物，丙酮对乙炔有良好的溶解能力，可使乙炔稳定而安全地储存在瓶中。在乙炔瓶阀下面的填料中心部分放着石棉，作用是帮助乙炔从多孔填料中分解出来。乙炔瓶限压 15.2 MPa，容积为 40 L。乙炔瓶涂成白色，并用红漆写上"乙炔"字样。

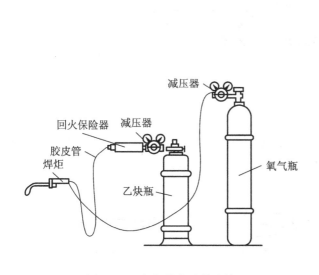

图 6-10　气焊设备及其连接

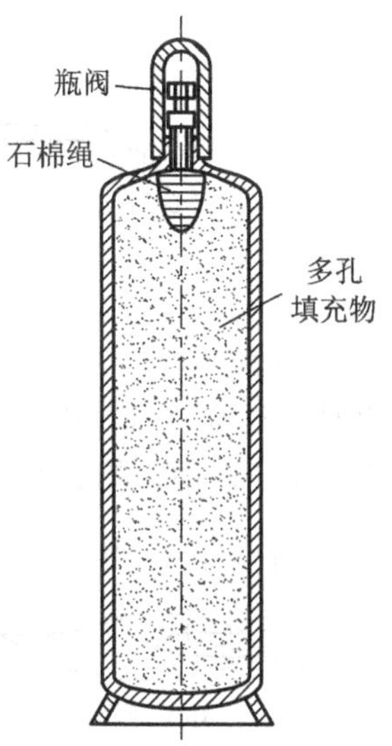

图 6-11　乙炔瓶

（3）减压器。减压器是将高压气体降为低压气体，并保持焊接过程中压力基本稳定的调节装置，如图 6-12 所示。减压器使用时先缓慢打开氧气瓶或乙炔瓶的阀门，然后旋转减压器调压手柄，待压力达到所需要时为止；停止工作时先松开调压手柄，再关闭氧气瓶或乙炔瓶的阀门。

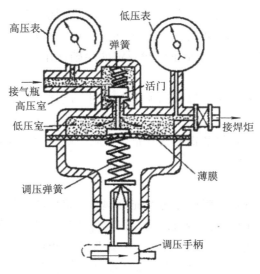

图 6-12　减压器

（4）回火保险器。回火保险器是装在燃烧气体系统上的防止向燃气管路或气源回烧的保险装置。

（5）焊炬。焊炬是使乙炔和氧气按一定比例混合并获得气焊火焰的工具，如图 6-13 所示。

工作时，先开氧气阀，然后开乙炔阀，两种气体在混合管内均匀混合，从焊嘴喷出点火燃烧。一般焊炬备有 3~5 个大小不同的焊嘴，以便焊接不同厚度的焊件。

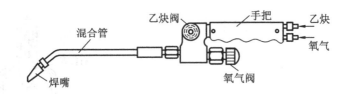

图 6-13　焊炬

2）气焊火焰

气焊时通过调节氧气阀和乙炔阀，可以改变氧气和乙炔的混合比例，从而得到三种不同的气焊火焰，即中性焰、碳化焰和氧化焰，如图 6-14 所示。

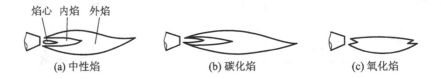

图 6-14　气焊火焰

（1）中性焰。当氧气和乙炔的混合比为 1～1.2 时，燃烧所形成的火焰称为中性焰，又称正常焰。它由焰心、内焰和外焰三部分组成。内焰温度最高，可达 3000～3200℃，焊接时应使熔池和焊丝末端处于此最高温度区。中性焰适合焊接碳钢和有色金属，是应用最广泛的火焰。

（2）碳化焰。当氧气和乙炔的混合比小于 1.0 时，燃烧所形成的火焰称为碳化焰。碳化焰的火焰比中性焰长，最高温度为 2700～3000℃。由于火焰中氧气较少，燃烧不完全，火焰中含有游离碳，具有较强的还原作用和一定的渗碳作用。碳化焰适用于焊接高碳钢、铸铁、硬质合金等。

（3）氧化焰。当氧气和乙炔的混合比大于 1.2 时，燃烧所形成的火焰称为氧化焰。氧化焰火焰较短，最高温度可达 3100～3300℃。由于火焰中有过量的氧，故对熔池有氧化作用，一般很少使用，仅用于焊接黄铜和锡青铜，生成一层氧化物膜覆盖在熔池上，以防止锌、锡在高温下蒸发。

3）焊丝和焊剂

（1）焊丝。在焊接时气焊的焊丝作为填充金属，与熔化的母材一起形成焊缝，因此焊丝质量对焊件性能有很大的影响。焊接时常根据焊件材料选择相应的焊丝。

（2）焊剂。焊剂的作用是保护熔池金属，去除焊接过程中形成的氧化物，增加液态金属的流动性。焊接低碳钢时，由于中性焰本身具有相当的保护作用，可不用焊剂。我国气焊焊剂的主要牌号有 CJ101（用于焊接不锈钢、耐热钢）、CJ201（用于焊接铸铁）、CJ301（用于焊接铜合金）、CJ401（用于焊接铝合金）。焊剂的主要成分有硼酸（H_3BO_3）、硼砂（$Na_2B_4O_7$）、碳酸钠（Na_2CO_3）等。

4）气焊操作技术

（1）点火、调节火焰及灭火。点火时，先微开氧气阀门，再开乙炔阀门，用明火点燃火焰。这时火焰为碳化焰，然后逐渐开大氧气阀门调节到所需火焰状态。在点火过程中，若有放炮声或火焰熄灭，则应立即减少氧气或放掉不纯的乙炔，再点火。灭火时，应先关乙炔阀门后关氧气阀门，以免发生回火并减少烟尘。

（2）平焊焊接。平焊时，一般是右手握焊炬，左手捏焊丝，两手互相配合，沿焊缝向左或向右焊接，如图6-15所示。开始焊接时，为了尽快加热工件形成熔池，焊炬角应大些（可达80°～90°），正常焊接时，焊炬倾角一般保持在40°～50°。焊接结束时，为了更好地填满尾部焊坑，避免烧穿，倾角应适当减少（可至20°）。

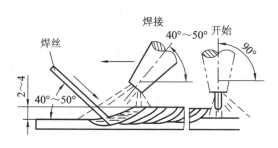

图6-15 焊炬、焊丝倾角

2. 气割

气割是利用高温的金属在纯氧中燃烧而将工件分离的加工方法。气割时，先用氧-乙炔焰将金属加热到燃点，然后打开切割氧阀门，使高温金属燃烧，金属燃烧所生成的氧化物熔渣被高压氧吹走，形成切口，如图6-16所示。金属燃烧放出大量的热，又预热了待切割的金属，所以气割过程是预热－燃烧－吹渣形成切口不断重复进行的过程。

气割时用割炬代替焊炬，其余设备与气焊相同，气割用割炬如图6-17所示。割炬与焊炬相比，多了一个切割高压氧气管和一个切割氧阀门。割嘴的结构与焊嘴也不相同，周围一圈是预热用氧-乙炔混合气体出口，中间的通道为切割氧出口，两者互不相通。

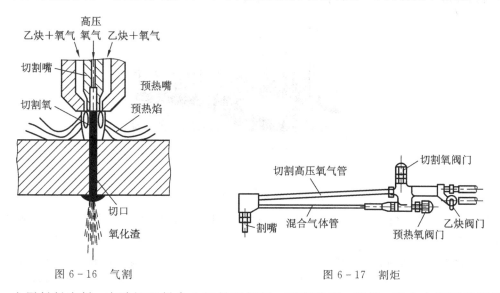

图6-16 气割   图6-17 割炬

金属材料中低、中碳钢和低合金钢易于气割，而高碳钢、铸铁、高合金钢以及铜铝等有色金属及其合金，均难以进行氧气切割。

气割设备简单，操作灵活方便，适应性强，广泛用于型钢下料和铸钢浇铸冒口的切除，有时可代替刨削加工，如厚钢板开坡口等。

焊接实训安全技术要求如下：

（1）焊接前应检查电焊机外壳接地是否良好，焊钳与电缆是否绝缘良好。操作时应穿胶底鞋或站在绝缘垫板上，防止触电。

（2）电弧发射出大量紫外线和红外线会对人有伤害，焊后仍处于高温的工件、飞溅的液态金属和熔渣等易造成烫伤，操作时需穿长袖工作服，戴手套、面罩和工作帽，应特别避免弧光照射眼睛。

（3）氧气瓶严禁靠近易燃品、油脂等，搬运时避免碰撞和剧烈振动。

（4）焊炬和割炬使用前要检查是否漏气，焊嘴和割嘴是否有堵塞现象。

（5）在焊、割过程中遇到回火应迅速关闭氧气阀，然后关闭乙炔阀。

（6）焊接结束要切断电源，并检查焊接场地有无火种，清理工具和场地。

6.2.3　埋弧自动焊

为了提高焊接质量和生产率，改善劳动条件，使焊接技术向机械化、自动化方向发展，便出现了埋弧自动焊。使手弧焊的引弧、焊条送进、电弧移动几个动作由机械自动来完成，称为自动焊，如果部分动作由机械完成，其他动作仍由焊工辅助完成，则称为半自动焊。

1. 埋弧自动焊的焊接过程

埋弧自动焊也称熔剂层下自动焊。它因电弧埋在熔剂下，看不见弧光而得名。埋弧自动焊由焊接电源、焊车和控制箱三部分组成。常用焊机型号有 MZ－1000 和 MZ1－1000 两种，"MZ"表示埋弧焊机，"1000"表示额定电流为 1000 A。焊接电源可以配交流弧焊电源和整流弧焊电源。埋弧自动焊焊接过程纵断面如图 6－18 所示。

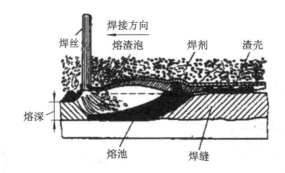

图 6－18　埋弧自动焊的纵截面图

焊接时，自动焊机头将焊丝自动送入电弧区、自动引弧并保证一定的弧长，电弧焊在颗粒状熔剂（焊剂）下燃烧，工件金属与焊丝被熔化成较大体积（可达 20 cm^3）的熔池。焊机带着焊丝自动均匀向前移动，或焊机头不动，工件匀速运动，熔池金属被电弧气体排挤向后堆积形成焊缝。电弧周围的颗粒状熔剂被熔化成熔渣，部分焊剂被蒸发，生成的气体将电弧周围的气体排开，形成一个封闭的熔渣泡。它有一定的黏度，能承受一定的压力，因此使熔化金属与空气隔离，并防止熔化金属飞溅，既可减少热能损失，又能防止弧光四射。未熔化的焊剂可以回收并重新使用。

2. 焊接材料

埋弧自动焊焊接材料有焊丝和焊剂。焊丝除了作电极和填充材料外，还可以起到渗合金、脱氧、去硫等冶金处理作用。焊剂的作用相当于焊条药皮。焊丝和焊剂要合理匹配，保证焊缝金属化学成分和性能。

3. 埋弧自动焊的特点和应用

埋弧自动焊与手弧焊相比，有以下特点：

（1）生产率高、成本低。埋弧自动焊电流比手弧焊高 6～8 倍，不需更换焊条，没有飞溅，生产效率比手弧焊高 5～10 倍。同时，由于埋弧自动焊熔深大，可以不开或少开坡口，节省坡口加工工时，节省焊接材料，焊丝利用率高，焊剂用量少，降低了焊接成本。

（2）焊接质量好而且稳定。埋弧自动焊焊剂供给充足，保护效果好，冶金过程完善，焊接工艺参数稳定，对操作者技术要求低，焊缝成形美观。

（3）改善了劳动条件。没有弧光，没有飞溅，烟雾也很少，劳动强度较轻。

（4）埋弧自动焊适应性差。只焊平焊位置，通常焊接直缝和环缝，不能焊接空间位置焊缝和不规则焊缝。

（5）设备结构较复杂，投资大，调整等准备工作量较大。

根据埋弧自动焊上述特点可知，埋弧自动焊适用于成批生产中长直焊缝和较大直径环缝的平焊，对于狭窄位置的焊缝以及薄板焊接，则受到一定限制。因此，埋弧自动焊被广泛用于大型容器和钢结构焊接生产中。

6.2.4　气体保护焊

1. 氩弧焊

氩弧焊是氩气保护焊的简称。氩气是惰性气体，在高温下不和金属起化学反应，也不溶于金属，可以保护电弧区的熔池、焊缝和电极不受空气的有害作用，是一种较理想的保护气体。氩弧焊分钨极（不熔化极）氩弧焊和熔化极（金属极）氩弧焊两种，如图 6-19 所示。

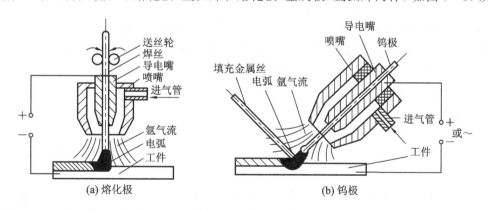

图 6-19　氩弧焊示意图

钨极氩弧焊焊接时，电极不熔化，只起导电和产生电弧作用，填充金属有的可采用与母材相同的金属，有的需要加一些合金元素，进行冶金处理，以防止气孔等缺陷。

熔化极氩弧焊以连续送进的焊丝作为电极，与埋弧自动焊相似，可用来焊接 25 mm 以下的工件。

氩弧焊的特点如下：

(1) 机械保护效果很好，焊缝金属纯净，成形美观，质量优良。

(2) 电弧稳定，尤其现在普遍采用脉冲氩弧焊，更容易保证焊透和焊缝成形。

(3) 采用气体保护，电弧可见(称为明弧)，易于实现全位置自动焊接。工业中应用的焊接机器人，一般采用氩氙弧焊或 CO_2 气体保护焊。

(4) 电弧在气流压缩下燃烧，热量集中，熔池小，焊速快，热影响区小，焊接变形小。

(5) 氩气价格较高，因此焊接成本较高。

氩弧焊适用于焊接易氧化的有色金属和合金钢，如铝、钛、不锈钢等。

2. CO_2 气体保护焊

CO_2 气体保护焊是以 CO_2 作为保护气体，以焊丝作电极，以自动或半自动方式进行焊接的。

目前常用的 CO_2 气体保护焊是半自动焊，即焊丝送进靠机械自动进行并保持弧长，由操作人员手持焊炬进行焊接。CO_2 气体在电弧高温下能分解，有氧化性，会烧损合金元素，因此不能用来焊接有色金属和合金钢。焊接低碳钢和普通低合金钢时，通过含有合金元素的焊丝来脱氧和渗合金。

CO_2 气体保护焊的特点如下：

(1) 成本低。CO_2 气体比较便宜，焊接成本仅是埋弧自动焊和手弧焊的 40% 左右。

(2) 生产率高。焊丝送进过程自动化，电流密度大，电弧热量集中，所以焊接速度快。焊后没有熔渣，不需清渣，比手弧焊的生产率提高 1~3 倍。

(3) 操作性能好。CO_2 气体保护焊电弧是明弧，可清楚看到焊接过程，像手弧焊一样灵活，适合全位置焊接。

(4) 焊接质量比较好。CO_2 气体保护焊焊缝含氢量低，采用合金钢焊丝，易于保证焊缝性能。电弧在气流压缩下燃烧，热量集中，热影响区较小，变形和开裂倾向也小。

(5) 焊缝成形差，飞溅大，烟雾较大，控制不当易产生气孔。

(6) 设备使用和维修不便。送丝机构容易出故障，需要经常维修。

因此，CO_2 气体保护焊适用于低碳钢和强度级别不高的普通低合金钢焊接，主要焊接薄板。单件小批生产和不规则焊缝采用半自动 CO_2 气体保护焊；大批生产和长直焊缝可用 CO_2 混合气体保护焊。

6.2.5 电渣焊

电渣焊是利用电流通过液态熔渣产生的电阻热加热熔化母材与电极(填充金属)的焊接方法。图 6-20 是丝极电渣焊过程示意图。

电渣焊一般都是在垂直立焊位置焊接，两工件相距 25~35 mm，引燃电弧熔化焊剂和工件，形成渣池和熔池，待渣池有一定深度时，增加送丝速度，使焊丝插入渣池，电弧便熄灭，转入电渣过程。这时，电流通过熔渣产生电阻热，将工件和电极熔化，形成金属熔池沉在渣池下面。渣池既作为焊接热源，又起机械保护作用。随着熔池和渣池上升，远离渣池的熔池金属便冷却形成焊缝。电渣焊可使很厚的焊件一次焊成，焊接速度慢，过热区大，接头组织粗大，因此，焊后要进行正火处理。

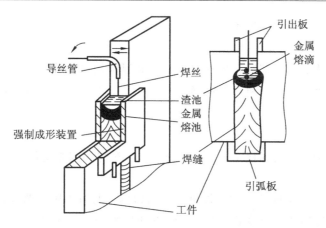

图 6-20 丝极电渣焊过程示意图

电渣焊的特点如下：

（1）适合焊接厚件，生产效率高，成本低。可用铸-焊、锻-焊结构拼成大件，以代替巨大的铸造或锻造整体结构，改变了重型机器制造工艺过程，节省了大量的金属材料和设备投资。同时，40 mm 以上厚度的工件可不开坡口，节省了加工工时和焊接材料。

（2）焊缝金属比较纯净，电渣焊机械保护好，空气不易进入。熔池存在时间长，低熔点夹杂物和气体容易排出。

（3）焊接接头组织粗大，焊后要进行正火处理。

6.2.6 电阻焊

电阻焊是利用电流通过接触处及焊件产生的电阻热，将焊件加热到塑性或局部熔化状态，再施加压力形成焊接接头的焊接方法。

电阻焊生产效率高，焊接变形小，劳动条件好，操作方便，易于实现自动化，所以适合于大批量生产，在自动化生产线上（如汽车制造）应用较多，甚至采用机器人。但电阻焊设备复杂、投资大、耗电量大，接头形式和工件厚度受到一定限制。

电阻焊通常分为点焊、缝焊、对焊三种，如图 6-21 所示。

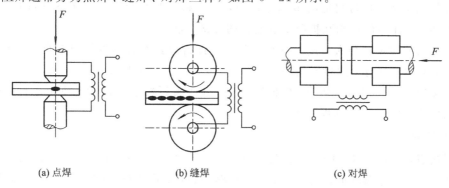

(a) 点焊　　　　　(b) 缝焊　　　　　(c) 对焊

图 6-21 电阻焊种类

1. 点焊

点焊是利用柱状电极通电加压在搭接的两焊件间产生电阻热，使焊件局部熔化，将接触面焊成一个焊点的焊接方法。点焊主要用于厚度在 4 mm 以下的薄板冲压壳体结构及钢筋的焊接，尤其是在汽车和飞机制造中大量应用。

2. 缝焊

缝焊过程与点焊相似，都属于搭接电阻焊。缝焊采用滚盘作电极，边焊边滚，相邻两个焊点部分重叠，形成一条密封性的焊缝，一般适合于焊接 3 mm 以下的薄板结构，如油箱焊接、烟道焊接等。

3. 对焊

对焊是对接电阻焊，按焊接工艺不同，分为电阻对焊和闪光对焊。

1）电阻对焊

电阻对焊是将两个工件装夹在对焊机电极钳口内，先加预压使两焊件端面压紧，再通电加热，使被焊处达到塑性温度状态后，再断电加压顶锻，使高温端面产生一定塑性变形而焊合。电阻对焊操作简单，接头比较光滑，但对焊件端面加工和清理要求较高，否则端面加热不均匀，容易产生氧化物夹杂，质量不易保证。因此，电阻对焊一般仅用于断面简单、直径（或边长）小于 20 mm 和强度要求不高的工件。

2）闪光对焊

闪光对焊是两焊件不接触，先加电压，再移动焊件使之接触，由于工件表面不平，接触点少，其电流密度很大，接触点金属迅速达到熔化、蒸发、爆破，有火花从接触处飞射出来，形成"闪光"。经多次闪光加热后，端面达到均匀半熔化状态，同时多次闪光将端面氧化物清理干净，此时断电并迅速对焊件加压顶锻，形成焊接接头。闪光对焊对端面加工要求较低，而且经闪光对焊之后端面被清理，因此接头夹渣少，质量较高，常用于焊接重要零件。闪光对焊可以焊接相同的金属材料，也可以焊接异种金属材料；被焊工件可以是直径小到 0.01 mm 的金属丝，也可以是截面积达 20000 mm^2 的金属型材或钢坯。

对焊用于杆状零件对接，如刀具、管子、钢筋、钢轨、车圈、链条等。不论哪种对焊，焊接断面要求尽量相同，圆棒直径、方钢边长、管子壁厚之差不应超过 15%。

6.2.7　钎焊

钎焊是利用熔点比母材低的金属作钎料，加热将钎料熔化，利用液态钎料润湿母材，填充接头间隙，并与母材相互扩散实现连接的焊接方法。

钎焊接头的质量在很大程度上取决于钎料。钎料应具有合适的熔点和良好的润湿性。母材接触面要求很干净，焊接时使用钎焊钎剂（熔剂），参照 GB/T 15829—2008 选用钎剂。钎剂能去除氧化膜和油污等杂质，保护接触面，并改善钎料润湿性和毛细流动性。钎焊按钎料熔点分为软钎焊和硬钎焊两大类。

1. 软钎焊

钎料熔点在 450℃ 以下的钎焊称为软钎焊。软钎焊常用的钎剂是松香、氯化锌溶液等。软钎焊强度低，工作温度低，主要用于电子线路的焊接。由于软钎焊的钎料常用锡铅合金，故通称锡焊。

2. 硬钎焊

钎料熔点在 450℃ 以上，接头强度较高，都在 200 MPa 以上的钎焊称为硬钎焊。硬钎焊常用的钎料有铜基、银基、镍基等，常用钎剂由硼砂、硼酸、氯化物、氟化物等组成。硬钎焊主要用于受力较大的钢铁和铜合金构件以及刀具的焊接。

钎焊焊接变形小，焊件尺寸精确，生产率高，主要用于精密仪表、电气零部件、异种金属构件、复杂薄板结构及硬质合金刀具的焊接。

6.3 焊接变形及防止措施

6.3.1 焊接变形的基本形式

焊接时，由于焊接接头局部不均匀加热，金属冷却后沿焊缝纵向收缩时受到焊件低温部分的阻碍，使焊缝及其附近区域纵向受拉应力，远离焊缝区域受压应力。如果在整个焊接过程中焊件能够自由收缩，则焊后焊件变形较大，而应力较小；反之，如果焊件厚度或刚性较大，不能自由收缩，则焊后焊件变形较小，而焊接应力较大。

焊接变形的基本形式有五种，如图 6-22 所示。

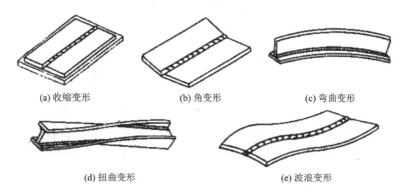

(a) 收缩变形　　　　(b) 角变形　　　　(c) 弯曲变形

(d) 扭曲变形　　　　　(e) 波浪变形

图 6-22　常见焊接变形的基本形式

（1）收缩变形。由于焊缝的纵向（沿焊缝方向）和横向（垂直于焊缝方向）收缩，引起焊缝的纵向收缩变形和横向收缩变形。

（2）角变形。V 形坡口对接焊，由于焊缝截面形状上下不对称，造成焊缝上下横向收缩量不均匀而引起角变形。

（3）弯曲变形。T 形梁焊接后，由于焊缝布置不对称，焊缝多的一面收缩量大，也会引起弯曲变形。

（4）扭曲变形。工字梁焊接时，由于焊接顺序和焊接方向不合理引起扭曲变形，又称螺旋形变形。

（5）波浪变形。这种变形容易发生在薄板焊接中，由于焊缝收缩使薄板局部引起较大的压应力而失去稳定，焊后使构件呈波浪形。

6.3.2 预防焊接变形的工艺措施

1. 反变形法

通过试验或计算，预先确定焊后可能发生变形的大小和方向，将工件安装在相反方向位置上，如图 6-23 所示，或预先使焊接工件向相反方向变形，以抵消焊后所发生的变形，如图 6-24 所示。

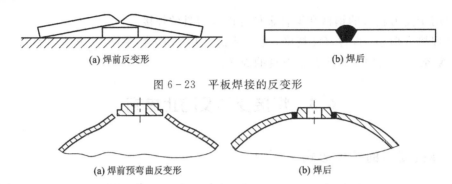

(a) 焊前反变形　　　　　　　　(b) 焊后

图 6-23　平板焊接的反变形

(a) 焊前预弯曲反变形　　　　　(b) 焊后

图 6-24　防止壳体焊接局部塌陷的反变形

2. 加裕量法

根据经验在工件下料尺寸上加一定裕量，通常为 0.1%～0.2%，以弥补焊后的收缩变形。

3. 刚性固定法

当焊件刚性较小时，可利用外加刚性固定以减小焊接变形，如图 6-25 所示。这种方法能有效地减小焊接变形，但会产生较大的焊接应力。

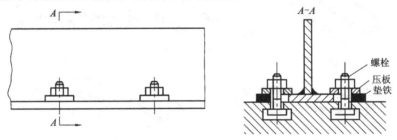

图 6-25　T 形梁在刚性平台上夹紧焊接

4. 合理安排焊接次序

对称截面梁焊接次序如图 6-26 所示。焊接长焊缝（1 m 以上）可采用逐步退焊法、跳焊法、分中逐步退焊法、分中对称焊法等，如图 6-27 所示。

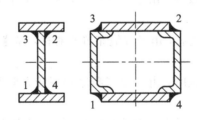

图 6-26　对称截面梁的焊接顺序

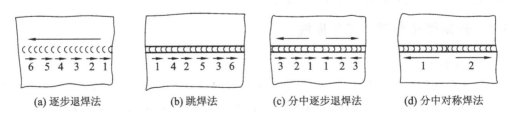

(a) 逐步退焊法　　　(b) 跳焊法　　　(c) 分中逐步退焊法　　　(d) 分中对称焊法

图 6-27　长焊缝的不同焊接顺序

5. 强制冷却法

强制冷却使焊缝处热量迅速散走，减小金属受热面，以减少焊接变形，如图 6-28 所示。

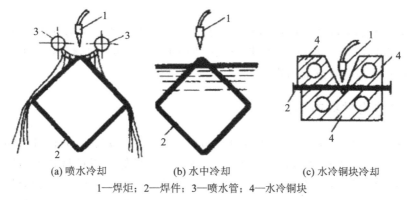

(a) 喷水冷却　　　　　(b) 水中冷却　　　　　(c) 水冷铜块冷却

1—焊炬；2—焊件；3—喷水管；4—水冷铜块

图 6-28　强制冷却控制焊接变形

6. 焊前预热，焊后处理

预热可以减小焊件各部分温差，降低焊后冷却速度，减小残余应力。在允许的条件下，焊后进行去应力退火或用锤子均匀迅速地敲击焊缝，使之得到延伸，均可有效地减小残余应力，从而减小焊接变形。

6.3.3　焊接变形的矫正

焊接过程中，即使采取了上述工艺措施，有时也会产生超过允许值的焊接变形，因此需要对变形进行矫正。其方法有以下两种：

1. 机械矫正法

在机械力的作用下矫正焊接变形，使焊件恢复到要求的形状和尺寸，如图 6-29 所示可采用辊床、压力机、矫直机、手工锤击矫正。这种方法适用于低碳钢、普通低合金钢等塑性好的材料。

2. 火焰矫正法

利用氧-乙炔焰对焊件适当部分加热，利用加热时的压缩塑性变形和冷却时的收缩变形来矫正原来的变形，如图 6-30 所示。火焰矫正法适用于低碳钢和没有淬硬倾向的普通低合金钢。

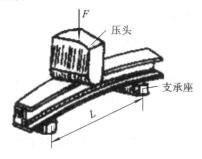

图 6-29　机械矫正法

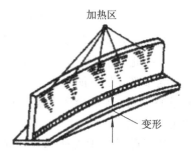

图 6-30　火焰矫正法

6.4　焊接结构的工艺性

焊接结构的设计，除考虑结构的使用性能要求外，还应考虑结构的工艺性能，以力求生产率高、成本低，满足经济性的要求。焊接结构工艺性一般包括焊接结构材料选择、焊缝布置、焊接接头设计等方面内容。

6.4.1　焊接结构材料的选择

随着焊接技术的发展，工业上常用的金属材料一般均可焊接，但材料的焊接性不同，焊后接头质量差别就很大。因此，应尽可能选择焊接性良好的焊接材料来制造焊接构件，特别是优先选用低碳非合金钢、低合金高强度钢（如 Q345）等材料，其价格低廉，工艺简单，易于保证焊接质量。重要焊接结构材料的选择，已在相应标准中作出规定，可查阅有关标准或手册。

6.4.2　焊缝布置

焊缝布置的一般工艺设计原则如下：

（1）焊缝布置应尽可能分散，避免过分集中和交叉，如图 6-31 所示。焊缝密集或交叉，会加大热影响区，使组织恶化，性能下降。

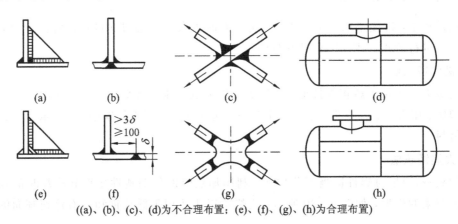

((a)、(b)、(c)、(d)为不合理布置；(e)、(f)、(g)、(h)为合理布置)

图 6-31　焊缝分散布置的设计

（2）焊缝应避开应力集中部位。焊接接头往往是焊接结构的薄弱环节，存在残余应力和焊接缺陷。因此，焊缝应避开应力较大部位，尤其是应力集中部位。

（3）焊缝布置应尽可能对称。焊缝对称布置可使焊接变形相互抵消。图 6-32(a)、(b) 偏于截面重心一侧，焊后会产生较大的弯曲变形。图 6-32(c)、(d)、(e)焊缝对称布置，焊后不会产生明显变形。

（4）焊缝布置应便于焊接操作。焊条电弧焊时，要考虑焊条能到达待焊部位，如图 6-33 所示。点焊和缝焊时，应考虑电极能方便进入待焊位置，如图 6-34 所示。

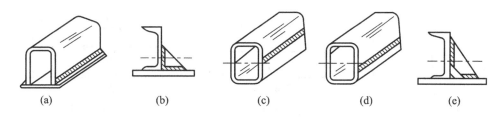

图 6-32　焊缝对称布置的设计

图 6-33　焊条电弧焊焊缝设置

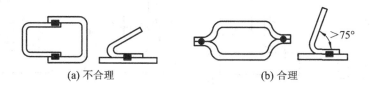

图 6-34　点焊或缝焊焊缝设置

（5）尽量减少焊缝长度和数量。减少焊缝长度和数量，可减少焊接加热，减少焊接应力和变形，同时减少焊接材料消耗，降低成本，提高生产率。图 6-35 是采用型材和冲压件减少焊缝的设计。

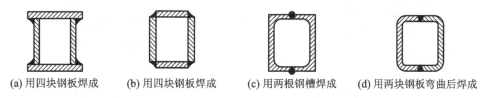

图 6-35　减少焊缝数量

（6）焊缝应尽量避开机械加工表面。有些焊接结构需要进行机械加工，为保证加工表面精度不受影响，焊缝应避开这些加工表面。

6.4.3　焊缝接头设计

1. 焊接的接头形式

根据 GB/T 3375—1994 规定，焊接碳钢和低合金钢的基本接头形式有对接、搭接、角接和 T 形接四种。接头形式的选择是根据结构的形状、强度要求、工件厚度、焊接材料消耗量及其他焊接工艺而决定的。

根据 GB 985—88 规定，手弧焊常采用的基本坡口形式有 I 形坡口、V 形坡口、X 形坡口、U 形坡口等四种，如图 6-36～图 6-38 所示。

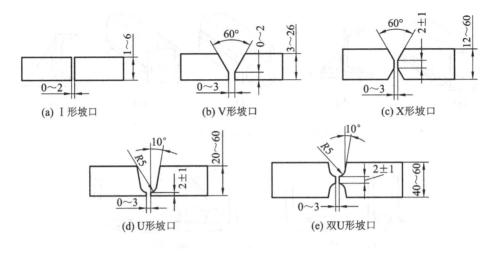

图 6-36 对接接头坡口形式

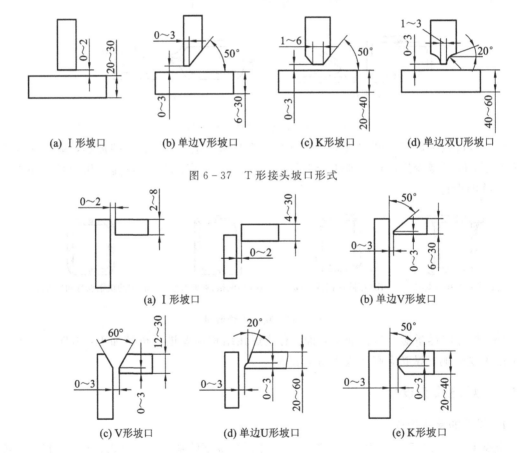

图 6-37 T形接头坡口形式

图 6-38 角接接头坡口形式

坡口形式的选择主要根据板厚,目的是为了保证焊透,又能提高生产率和降低成本。在板厚相等的情况下,X形坡口比 V 形坡口需要的填充金属少。因此,X形坡口焊接所消耗的焊条少,所需焊接工时也少,并且焊后角变形小。当然,X形坡口需要双面焊。U形坡口根部较宽,允许焊条深入与运条,容易焊透,同时它比 V 形坡口省焊条、省工时,焊接变形也较小。但因 U 形坡口形状复杂,需用切削加工准备坡口,成本较高,一般只在重要的受动载的厚板焊接结构中采用。

一般来说,要求焊透的受力焊缝,在焊接工艺可行的情况下,能双面焊的都采用双面焊。这样容易保证焊接质量,容易全部焊透,焊接变形也小。坡口的加工方法主要有气割、切削加工(刨削、铣削等)、碳弧气刨等。

2. 焊缝的空间位置

按焊缝在空间位置的不同,可将其分为平焊、立焊、横焊和仰焊四种,如图 6 - 39 所示。平焊操作方便,易于保证焊缝质量,应尽可能采用。立焊、横焊和仰焊由于熔池中液体金属有滴落的趋势而造成施焊的困难,应尽量避免,若确实需要采用这些焊接位置,则应选用小直径的焊条、较小的电流、短弧操作等工艺措施。

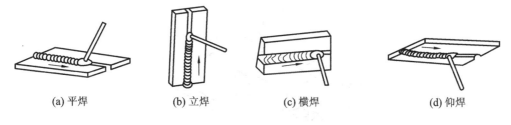

(a) 平焊　　　　　(b) 立焊　　　　　(c) 横焊　　　　　(d) 仰焊

图 6 - 39　焊缝的空间位置

3. 焊接参数

为了保证焊接质量和提高生产率,必须正确选择焊接参数。焊条电弧焊的焊接参数包括选择焊条直径、焊接电流及焊接速度等。

焊条直径主要根据焊件厚度来选择。焊接厚板时应选较粗的焊条。平焊低碳钢时,焊条直径可按表 6 - 1 选取。

表 6 - 1　焊条直径的选择

焊件厚度/mm	2	3	4～5	6～12	＞12
焊条直径/mm	2	3.2	3.2～4	4～5	5～6

焊接电流主要根据焊条直径选取。焊接电流是影响焊接接头质量和生产效率的主要因素。电流过大,金属熔化快,熔深大,金属飞溅大,同时易产生烧穿、咬边等缺陷;电流过小,易产生未焊透、夹渣等缺陷,而且生产效率低。

焊接速度是指焊条沿焊缝长度方向移动的速度,它对焊接质量影响很大。焊速过快,易产生焊缝的熔深浅、焊缝宽度小及未焊透等缺陷;焊速过慢,焊缝熔深、焊缝宽度增加,特别是薄件易烧穿。手弧焊的焊接速度由焊工凭经验掌握,一般在保证焊透且焊缝成形良好的前提下,应尽可能快速施焊。

4. 操作技术

(1) 引弧。引弧就是使焊条和工件之间产生稳定的电弧。首先将焊条末端与工件表面接触形成短路,然后迅速将焊条向上提起 2～4 mm 的距离,电弧即引燃。引弧方法有敲击法和划擦法两种,如图 6 - 40 所示。

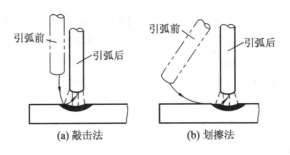

图 6 - 40　引弧方法

（2）运条。引弧后，首先必须掌握好焊条与工件之间的角度，焊接时焊条应有三个基本运动，如图 6 - 41 所示，分别为：焊条向下均匀地送进，以保证弧长不变；焊条沿焊接方向逐渐向前移动；焊条做横向摆动，以获得适当的焊缝宽度。

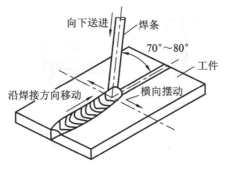

图 6 - 41　焊条的运动

（3）焊缝的收尾。焊缝收尾时，为了不出现尾坑，焊条应停止向前移动，而采用划弧收尾法或反复断弧收尾法或回焊收尾法自下而上慢慢地拉断电弧，以保证焊缝尾部成形良好。

6.5　焊接质量检验

6.5.1　焊接检验过程

焊接检验过程贯穿于焊接生产的始终，包括焊前、焊接生产过程中和焊后成品检验。焊前检验主要内容有原材料检验、技术文件、焊工资格考核等。焊接过程中的检验主要是检查各生产工序的焊接参数执行情况，以便发现问题及时补救，通常以自检为主。

焊后成品检验是检验的关键，是焊接质量最后的评定，通常包括三个方面：一是无损检验，如 X 光检验、超声波检验等；二是成品强度试验，如水压试验、气压试验等；三是致密性检验，如煤油试验、吹气试验等。

6.5.2　焊接检验方法

焊接检验的主要目的是检查焊接缺陷。焊接缺陷包括外部缺陷（如外形尺寸不合格、弧坑、焊瘤、咬边、飞溅等）和内部缺陷（如气孔、夹渣、未焊透、裂纹等）。针对不同类型的缺陷通常采用破坏性检验和非破坏性检验（无损检验）。破坏性检验主要有力学性能试验、化学成分分析、金相组织检验和焊接工艺评定；非破坏性检验是检验的重点，主要方法如下：

1. 外观检验

用肉眼或放大镜(小于 20 倍)检查外部缺陷。外观检验合格后，方可进行下一步检验。

2. 无损检验

(1) 射线检验：借助射线(X 射线、γ 射线或高能射线等)的穿透作用检查焊缝内部缺陷，通常用照相法，质量评定标准依照 GB/T 3323—2005 执行。

(2) 超声波检验：利用频率在 20000 Hz 以上超声波的反射，探测焊缝内部缺陷的位置、种类和大小，质量评定标准依照 GB/T 11345—2013 执行。

(3) 磁粉检验：利用漏磁场吸附磁粉检查焊缝表面或近表面缺陷，质量标准依照 JB/T 6061—2007 或 JB/T 4730—2005 执行。

(4) 着色检验：借助渗透性强的渗透剂和毛细管的作用检查焊缝表面缺陷，质量标准依照 JB/T 4730—2005 执行。

3. 焊后成品强度检验

焊后成品强度检验主要是水压试验和气压试验，用于检查锅炉、压力容器、压力管道等焊缝接头的强度，具体检验方法依照有关标准执行。

4. 致密性检验

(1) 煤油检验：在被检焊缝的一侧刷上石灰水溶液，另一侧涂煤油，借助煤油的穿透能力，若有裂缝等穿透性缺陷，则石灰粉上呈现出煤油的黑色斑痕，据此发现焊接缺陷。

(2) 吹气检验：在焊缝一侧吹压缩空气，另一侧刷肥皂水，若有穿透性缺陷，则该部位便出现气泡，即可发现焊接缺陷。

上述各种检验方法均可依照有关产品技术条件、有关检验标准及产品合同的要求进行。有关无损检验的几种常用方法的比较见表 6-2。

表 6-2　几种焊缝内部检验方法的比较

检验方法	能探出的缺陷	可检验的厚度	灵敏度	其他特点	质量判断
磁粉检验	表面及近表面的缺陷(微细裂缝、未焊透、气孔等)	表面及近表面，深度不超过 6 mm	与磁场强度大小及磁粉质量有关	被检验表面最好与磁场正交，限于磁性材料	根据磁粉分布情况判定缺陷位置，但深度不能确定
着色检验	表面及近表面的有开口缺陷(微细裂纹、气孔、夹渣、夹层等)	表面	与渗透剂性能有关，可检出 $0.005\sim0.01$ mm 的微裂纹，灵敏度高	表面应打磨到 Ra 为 12.5 μm，环境温度在 15℃以上可用于非磁性材料，适于各种位置单面检验	可根据显示剂上的红色条纹，形象地看出缺陷位置、大小

检验方法	能探出的缺陷	可检验的厚度	灵敏度	其他特点	质量判断
超声波检验	内部缺陷（裂纹、未焊透、气孔及夹渣）	焊件厚度的上限几乎不受限制，下限一般应为8～10 mm	能探出直径大于1 mm的气孔及夹渣，探裂缝较灵敏，对表面及近表面的缺陷不灵敏	检验部位的表面应加工到 Ra 为 6.3～1.6 μm，可以单面探测	根据荧光屏上的讯号，可当场判断有无缺陷、位置及其大致大小，但判断缺陷种类较难
X 射线检验	内部缺陷（裂纹、未焊透、气孔、夹渣等）	150 kV 的 X 光机可检厚度小于等于 25 mm；250 kV 的 X 光机可检厚度小于等于 60 mm	能检验出尺寸大于焊缝厚度的 1%～2% 的各种缺陷	焊接接头表面不需加工，但正反两面都必须是可接近的	从底片上能直接形象地判断缺陷种类和分布。对平行于射线方向的平面形缺陷，不如超声波检验灵敏
γ 射线检验		镭能源可检 60～150 mm；钴 60 能源可检 60～150 mm；铱 192 能源可检 1.0～65 mm	较 X 射线低，一般约为焊缝厚度的 3%		
高能射线检验		9 kV 电子直线加速器可检 60～300 mm；24 kV 电子感应加速器可检 60～600 mm	一般小于等于焊缝厚度的 3%		

本 章 小 结

（1）焊接是通过加热或加压，或两者并用，借助于金属原子扩散和结合，使分离的材料牢固地连接在一起的加工方法。焊接方法的种类很多，按焊接过程特点可分为三大类，即熔焊、压焊、钎焊。

（2）为了保证焊接质量，在焊接过程中，通常采取下列措施：

① 形成保护气氛，防止有害元素侵入熔池。

② 添加合金元素，补充烧损的元素，清除已进入熔池的有害元素。

（3）焊条电弧焊简称手弧焊。它是利用焊条与焊件之间产生的电弧热，将焊件和焊条熔化，冷却凝固后获得牢固的焊接接头的一种手工焊接方法。

（4）气焊是利用气体火焰来熔化母材和填充金属的一种焊接方法。最常用的是氧-乙炔焰，乙炔（C_2H_2）为可燃气体，氧气为助燃气体。

(5) 气割是利用高温的金属在纯氧中燃烧而将工件分离的加工方法。气割时，先用氧-乙炔焰将金属加热到燃点，然后打开切割氧阀门，使高温金属燃烧，金属燃烧所生成的氧化物熔渣被高压氧吹走，形成切口。

(6) 把手弧焊的引弧、焊条送进、电弧移动几个动作由机械自动来完成，称为自动焊。埋弧自动焊也称熔剂层下自动焊，它因电弧埋在熔剂下，看不见弧光而得名。

(7) 氩弧焊是氩气保护焊的简称。氩气是惰性气体，在高温下不和金属起化学反应，也不溶于金属，可以保护电弧区的熔池、焊缝和电极不受空气的有害作用，是一种较理想的保护气体。

(8) CO_2 气体保护焊是以 CO_2 作为保护气体，用焊丝作电极，以自动或半自动方式进行焊接。

(9) 电渣焊是利用电流通过液态熔渣产生的电阻热加热熔化母材与电极（填充金属）的焊接方法。

(10) 电阻焊是利用电流通过接触处及焊件产生的电阻热，将焊件加热到塑性或局部熔化状态，再施加压力形成焊接接头的焊接方法。电阻焊通常分为点焊、缝焊、对焊三种。

(11) 焊接变形的基本形式有五种，即收缩变形、角变形、弯曲变形、扭曲变形、波浪变形。

(12) 预防焊接变形的工艺措施有：反变形法，加裕量法，刚性固定法，合理安排焊接次序，强制冷却法，焊前预热、焊后处理法。

(13) 焊接过程中，常用变形矫正方法有机械矫正法和火焰矫正法。

(14) 焊缝布置的一般工艺设计原则如下：

① 焊缝布置应尽可能分散，避免过分集中和交叉。

② 焊缝应避开应力集中部位。

③ 焊缝布置应尽可能对称。

④ 焊缝布置应便于焊接操作。

⑤ 尽量减少焊缝长度和数量。

⑥ 焊缝应尽量避开机械加工表面。

(15) 根据 GB 985—88 规定手弧焊常采用的基本坡口形式有Ⅰ形坡口、Ⅴ形坡口、Ⅹ形坡口、Ｕ形坡口等四种。

(16) 为了保证焊接质量和提高生产率，必须正确选择焊接参数。焊条电弧焊的焊接参数包括选择焊条直径、焊接电流及焊接速度等。

(17) 焊后成品检验是检验的关键，是焊接质量最后的评定，通常包括三个方面：一是无损检验，如 X 光检验、超声波检验等；二是成品强度试验，如水压试验、气压试验等；三是致密性检验，如煤油试验、吹气试验等。

习　　题

6.1　名词解释：酸性焊条、碱性焊条、金属焊接性、碳当量、晶间腐蚀、线能量。

6.2　焊接时为什么要进行保护？说明各电弧焊方法中的保护方式及保护效果。

6.3　焊芯的作用是什么？其化学成分有何特点？焊条药皮有哪些作用？

6.4 下列焊条型号的含义是什么?

E4303、E5015、E307 - 15、EZCQ、EZNi、ECuSn - A

6.5 结构钢焊条如何选用? 试给下列钢材选用两种不同牌号的焊条,并说明理由。

Q235、20、45、Q345(16Mn)

6.6 什么叫焊接热影响区? 低碳钢焊接热影响区的组织与性能怎样?

6.7 焊接接头中力学性能差的薄弱区域在哪里? 为什么?

6.8 影响焊接接头性能的因素有哪些? 如何影响?

6.9 如何防止焊接变形? 矫正焊接变形的方法有哪几种?

6.10 减少焊接应力的工艺措施有哪些? 消除焊接残余应力有什么方法?

6.11 熔焊时常见的焊接缺陷有哪些? 焊接缺陷有何危害?

6.12 焊接裂纹有哪些种类? 是怎样产生的? 如何防止?

6.13 如何选择焊接方法? 下列情况应选用什么焊接方法? 简述理由。

(1) 低碳钢桁架结构,如厂房屋架。

(2) 厚度为 20 mm 的 Q345(16Mn)钢板拼成大型工字梁。

(3) 纯铝低压容器。

(4) 低碳钢薄板(厚 1 mm)皮带罩。

(5) 供水管道维修。

6.14 低碳钢焊接有何特点?

6.15 普通低合金钢焊接的主要问题是什么? 焊接时应采取哪些措施?

6.16 奥氏体不锈钢焊接的主要问题是什么?

6.17 铝、铜及其合金焊接常用哪些方法? 哪种方法最好? 为什么?

第 三 篇

公差配合与技术测量

第7章 尺寸公差及检测

(一) 教学目标

·知识目标:

(1) 了解互换性的概念及其在机械制造中的作用;

(2) 掌握尺寸公差与配合的有关术语及计算;

(3) 掌握公差与配合的国家标准;

(4) 认识常用测量工具,掌握其读数方法。

·能力目标:

(1) 能够正确读出图纸上的尺寸公差符号的含义;

(2) 根据零件被测要素的要求,熟练、正确查用国家公差与配合标准;

(3) 具备正确选择量、器具对给定轴类零件进行精度评价的能力;

(4) 具备内孔尺寸精度检测的能力。

(二) 教学内容

(1) 尺寸公差与配合的有关术语,如孔、轴、尺寸、公差、偏差、配合等;

(2) 标准公差与极限偏差的标准表格应用及查取;

(3) 基本偏差、标准公差系列,孔、轴的常用公差带和优先常用配合;

(4) 常用测量工具如游标卡尺、外径千分尺和内径百分表的使用。

(三) 教学要点

(1) 公差与配合的常用术语;

(2) 尺寸公差与配合的国家标准;

(3) 常用测量工具的使用。

7.1 尺寸公差与配合的基本术语

7.1.1 互换性

1. 互换性概念

在日常生活中,经常会遇到零部件互换的情况,例如自行车、钟表、汽车、拖拉机、缝纫机上的零部件坏了,可以迅速换上相同型号的零部件,更换后即能正常行驶或运转。之所以这样方便,就是因为这些零部件具有互相替换性。在现代化工业生产中,常采用专业化大协作组织生产的方法,即用分散制造、集中装配的方法,来提高生产率、保证产品质量和降低成本。现代化生产的产品零部件应具有互换性。

在机械工业中，互换性是指相同规格的零部件在装配或更换时，不经挑选、调整或附加加工，就能进行装配，并且满足预定要求的性能。

2. 互换性的分类

互换性按照互换性程度分为完全互换和不完全互换。

完全互换是指零部件具有在装配时不需要经过挑选、分组、调整和修配，装配后就能达到预定要求的特性。如齿轮泵中的螺钉，只要是同一规格的螺钉，装到任何一台机器上都能达到预定要求。

不完全互换是指在装配时零部件需要挑选、分组，或者需要部分调整、修配后才能达到预定要求的特性。比如，分组互换是指一批零件完工后由于某些原因造成误差过大，致使一定数量的孔轴会因超差而成为废品，但是若按照实际尺寸大小进行分组装配，遵循"大孔配大轴、小孔配小轴"的原则对各组提出不同的精度要求，装配后仍能够满足不同精度的使用要求。

在企业内部的生产中，常采用这种不完全互换的方式，可达到既保证不同等级的装配精度要求，又不致增加生产成本的经济生产效果。

3. 互换性的作用

(1) 设计方面。由于零部件具有互换性，就可以最大限度地采用具有互换性的标准件、通用件，可使设计工作简化，大大减少计算和绘图的工作量，缩短设计周期。

(2) 制造方面。互换性是专业化协作组织生产的重要基础，整个生产过程可以采用分散加工、集中装配的方式进行。这样有利于实现加工过程和装配过程的机械化、自动化，从而可以提高劳动生产率，提高产品质量，降低生产成本。

(3) 装配方面。由于装配时不须附加加工和修配，减轻了工人的劳动强度，缩短了劳动周期，并且可以采用流水作业的装配方式，大幅度地提高生产效率。

(4) 使用方面。由于零部件具有互换性，生产中各种设备的零部件及人们日常使用的拖拉机、自行车、汽车、机床等有关的零部件损坏后，在最短时间内用备件加以替换，能很快地恢复其使用功能，减少了修理时间及费用，从而提高了设备的利用率，延长了它们的使用寿命。

综上所述，互换性是现代化生产基本的技术经济原则，在机器的制造与使用中具有重要的作用。因此，要实现专业化生产，必须采用互换性原则。

7.1.2　有关尺寸的术语

1. 轴和孔

(1) 轴。轴主要是指工件的圆柱形外尺寸要素，也包括非圆柱形外尺寸要素(由二平行平面或切面形成的被包容面)。

(2) 孔。孔主要是指工件的圆柱形内尺寸要素，也包括非圆柱形内尺寸要素(由二平行平面或切面形成的包容面)。

标准中定义的轴、孔是广义的。从装配上来讲，轴是被包容面，它之外没有材料；孔是包容面，它之内没有材料。例如，圆柱、键等都是轴，圆柱孔、键槽等都是孔，如图 7 - 1 所示。

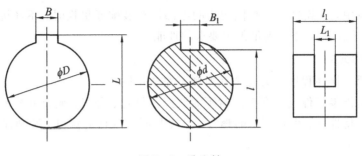

图 7-1 孔和轴

2. 尺寸

尺寸是以特定单位表示线性尺寸值的数值。尺寸表示长度的大小，由数字和长度单位组成。机械加工中的常用单位为 mm，在图样上标注尺寸时，常将单位省略，仅标注数值，但是当以其他单位表示尺寸时，必须注出长度单位，如 100 μm、10 m 等。

3. 公称尺寸

公称尺寸是由图样规范确定的理想形状要素的尺寸，如图 7-2 所示。公称尺寸是设计零件时，根据使用要求，通过强度、刚度计算及结构等方面的考虑，并按标准直径或标准长度圆整合后所给定的尺寸。常用 D 表示孔的公称尺寸，用 d 表示轴的公称尺寸。

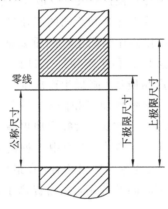

图 7-2 公称尺寸、上极限尺寸和下极限尺寸

4. 实际(组成)要素

实际(组成)要素是通过测量获得的某一孔、轴的尺寸。由于零件存在着加工误差，所以不同部位的实际尺寸不尽相同，故往往把它称为局部实际尺寸。常用 D_a 表示孔的实际(组成)要素，用 d_a 表示轴的实际(组成)要素。

5. 极限尺寸

极限尺寸是尺寸要素允许的尺寸的两个极端。孔或轴允许的最大尺寸称为上极限尺寸，孔或轴允许的最小尺寸称为下极限尺寸。孔的上、下极限尺寸用 D_{max} 和 D_{min} 表示，如图 7-2 所示，轴的上、下极限尺寸用 d_{max} 和 d_{min} 表示。

7.1.3 有关偏差和公差的术语

1. 偏差

偏差是指某一尺寸减去其公称尺寸所得的代数差。偏差可以是正值、负值或零，书写或标注时，正、负号或零都要写出并标注。偏差包括实际偏差和极限偏差。

（1）实际偏差。实际尺寸减去公称尺寸所得的代数差称为实际偏差，孔的实际偏差用 E_a 表示，轴的实际偏差用 e_a 表示。

（2）极限偏差。极限尺寸减去公称尺寸所得的代数差称为极限偏差。上极限尺寸减去公称尺寸所得的代数差称为上极限偏差，孔的上极限尺寸用 ES 表示，轴的上极限尺寸用 es 表示。下极限尺寸减去公称尺寸所得的代数差称为下极限偏差，孔的上极限尺寸用 EI 表示，轴的下极限尺寸用 ei 表示。

孔　　　　　　　$\mathrm{ES}=D_{\max}-D$，$\mathrm{EI}=D_{\min}-D$

轴　　　　　　　$\mathrm{es}=d_{\max}-d$，$\mathrm{ei}=d_{\min}-d$

国家标准规定极限偏差的基本标注形式为：公称尺寸$^{上极限偏差}_{下极限偏差}$，如 $\phi 12^{+0.006}_{-0.017}$，若上、下极限偏差相等，符号相反时，则可以表示为 $\phi 20\pm0.026$，即使上、下偏差有一个是零，也要进行标注，如 $\phi 20^{+0.026}_{0}$。

完工后零件尺寸的合格条件可表示为

孔　　　　　　　$D_{\min}\leqslant D_a\leqslant D_{\max}$，$\mathrm{EI}\leqslant E_a\leqslant \mathrm{ES}$

轴　　　　　　　$d_{\min}\leqslant d_a\leqslant d_{\max}$，$\mathrm{ei}\leqslant e_a\leqslant \mathrm{es}$

2. 尺寸公差

（1）公差（T_h，T_s）。允许实际尺寸的变动量称为公差，其数值为绝对值。

孔　　　　　　　$T_h=D_{\max}-D_{\min}=\mathrm{ES}-\mathrm{EI}$

轴　　　　　　　$T_s=d_{\max}-d_{\min}=\mathrm{es}-\mathrm{ei}$

（2）公差带图。为了直观地反映出极限偏差与公差之间的关系，不必画出孔与轴的全形，而采用简单明了的图解方式，即为公差带图。

① 公差带图由零线和公差带组成。

零线：它是代表公称尺寸并确定上、下极限偏差起点位置的一条基准直线，标注为"0"。零线上方是正偏差，下方是负偏差，分别标注"＋"、"－"号。

公差带：它是由代表上、下极限偏差的两条直线所限定的区域。公差带是允许实际尺寸或误差变动的区域，如图 7-3 所示。

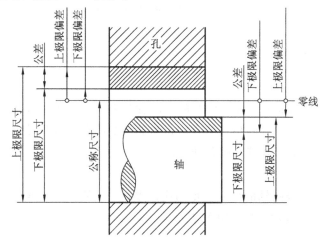

图 7-3　公差和公差带图

② 公差带包括大小和位置两个要素。公差带大小即为公差值，称为标准公差。公差带位置由基本偏差表示。基本偏差是指靠近零线的那个极限偏差。

标准公差和基本偏差是反映尺寸精度(公差与配合)的两个重要指标，由国家标准专门规定。

例 7-1　已知基本尺寸为 $\phi30$ mm 的孔和轴，孔的最大极限尺寸为 $\phi30.021$ mm，孔的最小极限尺寸为 $\phi30.005$ mm，轴的最大极限尺寸为 $\phi29.990$ mm，轴的最小极限尺寸为 $\phi29.965$ mm。求孔、轴的极限偏差及公差，并画出公差带图。

解　孔的极限偏差

$$ES = D_{max} - D = (30.021 - 30)mm = +0.021（mm）$$

$$EI = D_{min} - D = (30.005 - 30)mm = +0.005（mm）$$

孔的公差

$$T_h = ES - EI = [+0.021 - (+0.005)]mm = 0.016（mm）$$

轴的极限偏差

$$es = d_{max} - d = (29.990 - 30)mm = -0.010（mm）$$

$$ei = d_{min} - d = (29.965 - 30)mm = -0.035（mm）$$

轴的公差

$$T_s = es - ei = [-0.010 - (-0.035)]mm = 0.025（mm）$$

公差带图如图 7-4 所示。

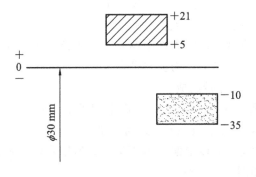

图 7-4　公差带图(单位：μm)

7.1.4　有关配合的术语

1. 配合

配合是指公称尺寸相同的、相互结合的孔和轴公差带之间的关系。定义说明，相配合的孔和轴公称尺寸必须相同，而相互结合的孔和轴公差带之间的不同关系决定了孔和轴配合的松紧程度，也决定了孔和轴的配合性质。

2. 间隙和过盈

孔的尺寸减去相配合的轴的尺寸所得的代数差，此差值为正时叫做间隙，此差值为负时叫做过盈。间隙用 X 表示，过盈用 Y 表示。

3. 配合的种类

根据相互结合的孔和轴公差带之间的位置关系，配合分为间隙配合、过盈配合和过渡配合三类。

（1）间隙配合：指具有间隙（包括最小间隙等于零）的配合。此时，孔的公差带在轴的公差带之上，通常指孔大、轴小的配合，也可以是零间隙配合。

在间隙配合中，间隙包括最大间隙 X_{max} 和最小间隙 X_{min}。由于孔、轴的实际尺寸允许在各自的公差带内变动，所以孔、轴配合后的间隙也是变动的。当孔为上极限尺寸而轴为下极跟尺寸时，装配后的孔、轴为最松的配合状态，此时即为最大间隙；当孔为下极限尺寸而轴为上极限尺寸时，装配后的孔、轴为最紧的配合状态，此时即为最小间隙，如图 7-5 所示。

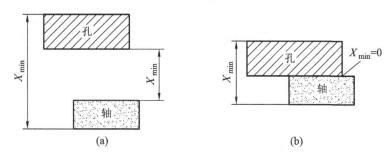

图 7-5　间隙配合

极限间隙公式为

$$X_{max} = D_{max} - d_{min} = \text{ES} - \text{ei}$$
$$X_{min} = D_{min} - d_{max} = \text{EI} - \text{es}$$

平均间隙是指最大间隙与最小间隙的算术平均值，在数值上等于最大间隙与最小间隙之和的一半，用 X_{av} 表示。

（2）过盈配合：指具有过盈（包括最小过盈等于零）的配合。此时，孔的公差带在轴的公差带之下，通常是指孔小、轴大的配合。

在过盈配合中，过盈包括最大过盈和最小过盈。当孔的上极限尺寸减轴的下极限尺寸时，所得的差值为最小过盈 Y_{min}，此时是孔、轴配合的最松状态；当孔的下极限尺寸减轴的上极限尺寸时，所得的差值为最大过盈 Y_{max}，此时是孔、轴配合的最紧状态，如图 7-6 所示。

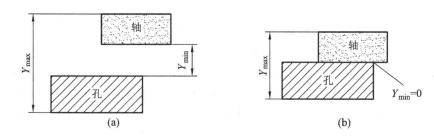

图 7-6　过盈配合

极限过盈公式为

$$Y_{\max} = D_{\min} - d_{\max} = \mathrm{EI} - \mathrm{es}$$
$$Y_{\min} = D_{\max} - d_{\min} = \mathrm{ES} - \mathrm{ei}$$

平均过盈是指最大过盈与最小过盈的算术平均值，在数值上等于最大过盈与最小过盈之和的一半，用 Y_{av} 表示。

（3）过渡配合：指可能具有间隙或过盈的配合。此时，孔的公差带和轴的公差带相互交叠。过渡配合是介于间隙配合与过盈配合之间的配合。当孔的上极限尺寸减轴的下极限尺寸时，所得的差值为最大间隙 $X_{\max}$，此时是孔、轴配合的最松状态；当孔的下极限尺寸减轴的上极限尺寸时，所得的差值为最大过盈 $Y_{\max}$，此时是孔、轴配合的最紧状态，但其间隙或过盈的数值都较小，如图 7-7 所示。

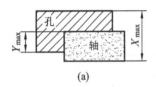
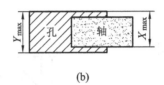
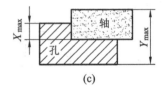

(a)   (b)   (c)

图 7-7 过渡配合

极限间隙公式为

$$X_{\max} = D_{\max} - d_{\min} = \mathrm{ES} - \mathrm{ei}$$

极限过盈公式为

$$Y_{\max} = D_{\min} - d_{\max} = \mathrm{EI} - \mathrm{es}$$

平均间隙 X_{av}（或平均过盈 Y_{av}）是指最大间隙与最大过盈的算术平均值。

4. 配合公差

配合公差 T_{f} 是组成配合的孔与轴公差之和。它是允许间隙或过盈的变动量。配合公差越大，配合时形成的间隙或过盈的变化量就越大，配合后松紧变化程度就越大，配合精度就越低，反之，配合精度高。因此，要想提高配合精度，就要减小孔、轴的尺寸公差。

配合公差 T_{f} 的计算公式为

间隙配合

$$T_{\mathrm{f}} = |X_{\max} - X_{\min}| = T_{\mathrm{h}} + T_{\mathrm{s}}$$

过渡配合

$$T_{\mathrm{f}} = |X_{\max} - Y_{\max}| = T_{\mathrm{h}} + T_{\mathrm{s}}$$

过盈配合

$$T_{\mathrm{f}} = |Y_{\max} - Y_{\min}| = T_{\mathrm{h}} + T_{\mathrm{s}}$$

由此可见，对于各类配合，均有其配合公差等于相互配合的孔公差与轴公差之和的结论。这一结论说明了配合件的装配精度与零件的加工精度有关。若要提高装配精度，使配合后间隙或过盈的变化范围减小，则要减小零件的公差，即需要提高零件的加工精度。配合公差反映配合精度，配合种类反映配合性质。

例 7-2 已知某配合的基本尺寸为 $\phi 60$ mm，孔的公差 $T_{\mathrm{h}} = 30$ μm，轴的下偏差 ei = +11 μm，配合公差 $T_{\mathrm{f}} = 49$ μm，最大间隙 $X_{\max} = +19$ μm，求：

（1）孔的上、下极限偏差；

（2）轴的上极限偏差及公差；

（3）画出该配合的尺寸公差带图，并判断配合种类。

解　（1）由 $X_{max} = ES - ei$ 得

$$ES = X_{max} + ei = [+19 + (+11)]\mu m = +30(\mu m)$$

$$EI = ES - T_h = (+30 - 30)\mu m = 0$$

（2）由 $T_f = T_h + T_s$ 得

$$T_s = T_f - T_h = (49 - 30)\mu m = 19\,(\mu m)$$

$$es = ei + T_s = (+11 + 19)\mu m = +30\,(\mu m)$$

（3）根据计算结果画出该配合的尺寸公差带图，如图 7-8 所示。因为孔、轴的公差带相互交叠，所以此配合的种类为过渡配合。

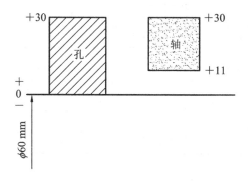

图 7-8　公差带图（偏差单位：μm）

7.2　尺寸公差与配合的国家标准

为了实现互换性生产，公差与配合必须标准化。公差与配合的国家标准是一项用于机械产品尺寸精度设计的基础标准。配合是由孔和轴公差带之间的关系决定的，而孔和轴的公差带又是由大小和位置决定的，其大小和位置分别由标准公差和基本偏差决定。国标中规定了标准公差系列和基本偏差系列。

7.2.1　标准公差系列

1. 标准公差等级

公差等级是确定尺寸精确程度的等级。国家标准将公差等级分为 20 级，分别为：IT01、IT0、IT1、…、IT18（IT，International Tolerance，国际标准公差）。常用的公差等级为 IT5～IT13。从 IT01 到 IT18，等级依次增大，加工精度依次降低，相应的标准公差值依次增大。

2. 标准公差值

标准公差数值是按照计算公式计算得到的，公式在此不再叙述。公差值的大小由公差等级和基本尺寸共同决定。对于基本尺寸小于等于 500 mm，公差数值见表 7-1。

表 7-1 标准公差数值表（GB/T 1800.2—2009）

公称尺寸 /mm		公　差　等　级																	
		IT1	IT2	IT3	IT4	IT5	IT6	IT7	IT8	IT9	IT10	IT11	IT12	IT13	IT14	IT15	IT16	IT17	IT18
大于	至	μm											mm						
—	3	0.8	1.2	2	3	4	6	10	14	25	40	60	0.10	0.14	0.25	0.40	0.60	1.0	1.4
3~6		1	1.5	2.5	4	5	8	12	18	30	48	75	0.12	0.18	0.30	0.48	0.75	1.2	1.8
6~10		1	1.5	2.5	4	6	9	15	22	36	58	90	0.15	0.22	0.36	0.58	0.90	1.5	2.2
10~18		1.2	2	3	5	8	11	18	27	43	70	110	0.18	0.27	0.43	0.70	1.10	1.8	2.7
18~30		1.5	2.5	4	6	9	13	21	33	52	84	130	0.21	0.33	0.52	0.84	1.30	2.1	3.3
30~50		1.5	2.5	4	7	11	16	25	39	62	100	160	0.25	0.39	0.62	1.00	1.60	2.5	3.9
50~80		2	3	5	8	13	19	30	46	74	120	190	0.30	0.46	0.74	1.20	1.90	3.0	4.6
80~120		2.5	4	6	10	15	22	35	54	87	140	220	0.35	0.54	0.87	1.40	2.20	3.5	5.4
120~180		3.5	5	8	12	18	25	40	63	100	160	250	0.40	0.63	1.00	1.60	2.50	4.0	6.3
180~250		4.5	7	10	14	20	29	46	72	115	185	290	0.46	0.72	1.15	1.85	2.90	4.6	7.2
250~315		6	8	12	16	23	32	52	81	130	210	320	0.52	0.81	1.30	2.10	3.20	5.2	8.1
315~400		7	9	13	18	25	36	57	89	140	230	360	0.57	0.89	1.40	2.30	3.60	5.7	8.9
400~500		8	10	15	20	27	40	63	97	155	250	400	0.63	0.97	1.55	2.50	4.00	6.3	9.7

注：当公称尺寸小于或等于 1 mm 时，无 IT14~IT18。

从表 7-1 中可以看出，当公称尺寸一定时，公差等级越大，公差值就越大。当公差等级不变时，公差值随着公称尺寸的增大而增大。

7.2.2 基本偏差系列

1. 基本偏差

基本偏差用来确定公差带相对零线的位置，用靠近零线的那个极限偏差表示。当公差带位于零线以上时，基本偏差为下极限偏差；当公差带位于零线以下时，基本偏差为上极限偏差；当公差带相对零线对称时，基本偏差可以是上极限偏差也可以是下极限偏差，如图 7-9 所示。

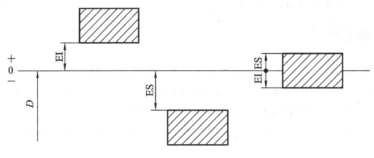

图 7-9 基本偏差

2. 基本偏差代号

国家标准已将基本偏差标准化，规定了孔、轴各有 28 种基本偏差，图 7-10 为基本偏差系列图。

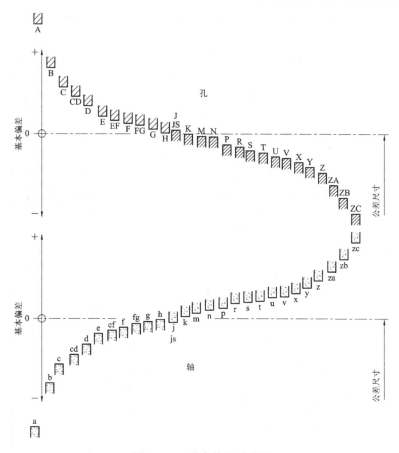

图 7 - 10 基本偏差系列图

基本偏差的代号用拉丁字母(按英文字母读音)表示,大写字母表示孔,小写字母表示轴。在 26 个英文字母中去掉易与其他学科的参数相混淆的 5 个字母 I、L、O、Q、W(i、l、o、q、w)外,国家标准规定采用 21 个字母,再加上 7 个双写字母 CD、EF、FG、JS、ZA、ZB、ZC(cd、ef、fg、js、za、zb、zc),共有 28 个基本偏差代号,构成孔或轴的基本偏差系列。图 7 - 10 反映了 28 种公差带相对于零线的位置。

3. 基本偏差代号特点

H 的基本偏差为 EI=0,公差带位于零线之上;h 的基本偏差为 es=0,公差带位于零线之下。JS(js)与零线完全对称,上极限偏差 ES(es)=+IT/2,下极限偏差 EI(ei)=-IT/2,上、下极限偏差均可作为基本偏差。

对于孔:A~H 的基本偏差为下极限偏差 EI,其绝对值依次减小;J~ZC 的基本偏差为上极限偏差 ES(J、JS 除外),其绝对值依次增大。

对于轴:a~h 的基本偏差为上极限偏差 es,其绝对值依次减小;j~zc 的基本偏差为下极限偏差 ei(j、js 除外),其绝对值依次增大。

由图 7 - 10 可知,公差带一端是封闭的,而另一端是开口的,开口端的长度取决于公差值的大小或公差等级的高低,这正体现了公差带包含标准公差和基本偏差两个因素。

4. 基本偏差数值

基本偏差数值是经过经验公式计算得到的,实际使用时可查表 7 - 2 和表 7 - 3。

表 7－2　公称尺寸 d≤500 mm 的轴的基本偏差（GB/T 1800.2—2009）

基本偏差/μm　　上极限偏差 es（a～h，所有标准公差等级）；下极限偏差 ei（m～zc，所有标准公差等级）

公称尺寸 /mm	a	b	c	cd	d	e	ef	f	fg	g	h	js	j (IT5~IT6)	j (IT7)	j (IT8)	k (IT4~IT7)	k (≤IT3,>IT7)	m	n	p	r	s	t	u	v	x	y	z	za	zb	zc
≤3	−270	−140	−60	−34	−20	−14	−10	−6	−4	−2	0	$\pm IT_n/2$	−2	−4	−6	0	0	+2	+4	+6	+10	+14	—	+18	—	+20	—	+26	+32	+40	+60
>3~6	−270	−140	−70	−46	−30	−20	−14	−10	−6	−4	0		−2	−4	—	+1	0	+4	+8	+12	+15	+19	—	+23	—	+28	—	+35	+42	+50	+80
>6~10	−280	−150	−80	−56	−40	−25	−18	−13	−8	−5	0		−2	−5	—	+1	0	+6	+10	+15	+19	+23	—	+28	—	+34	—	+42	+52	+67	+97
>10~14	−290	−150	−95	—	−50	−32	—	−16	—	−6	0		−3	−6	—	+1	0	+7	+12	+18	+23	+28	—	+33	—	+40	—	+50	+64	+90	+130
>14~18	−290	−150	−95	—	−50	−32	—	−16	—	−6	0		−3	−6	—	+1	0	+7	+12	+18	+23	+28	—	+33	+39	+45	—	+60	+77	+108	+150
>18~24	−300	−160	−110	—	−65	−40	—	−20	—	−7	0		−4	−8	—	+2	0	+8	+15	+22	+28	+35	—	+41	+47	+54	+63	+73	+98	+136	+188
>24~30	−300	−160	−110	—	−65	−40	—	−20	—	−7	0		−4	−8	—	+2	0	+8	+15	+22	+28	+35	+41	+48	+55	+64	+75	+88	+118	+160	+218
>30~40	−310	−170	−120	—	−80	−50	—	−25	—	−9	0		−5	−10	—	+2	0	+9	+17	+26	+34	+43	+48	+60	+68	+80	+94	+112	+148	+200	+274
>40~50	−320	−180	−130	—	−80	−50	—	−25	—	−9	0		−5	−10	—	+2	0	+9	+17	+26	+34	+43	+54	+70	+81	+97	+114	+136	+180	+242	+325
>50~65	−340	−190	−140	—	−100	−60	—	−30	—	−10	0		−7	−12	—	+2	0	+11	+20	+32	+41	+53	+66	+87	+102	+122	+144	+172	+226	+300	+405
>65~80	−360	−200	−150	—	−100	−60	—	−30	—	−10	0		−7	−12	—	+2	0	+11	+20	+32	+43	+59	+75	+102	+120	+146	+174	+210	+274	+360	+480
>80~100	−380	−220	−170	—	−120	−72	—	−36	—	−12	0		−9	−15	—	+3	0	+13	+23	+37	+51	+71	+91	+124	+146	+178	+214	+258	+335	+445	+585
>100~120	−410	−240	−180	—	−120	−72	—	−36	—	−12	0		−9	−15	—	+3	0	+13	+23	+37	+54	+79	+104	+144	+172	+210	+254	+310	+400	+525	+690
>120~140	−460	−260	−200	—	−145	−85	—	−43	—	−14	0		−11	−18	—	+3	0	+15	+27	+43	+63	+92	+122	+170	+202	+248	+300	+365	+470	+620	+800
>140~160	−520	−280	−210	—	−145	−85	—	−43	—	−14	0		−11	−18	—	+3	0	+15	+27	+43	+65	+100	+134	+190	+228	+280	+340	+415	+535	+700	+900
>160~180	−580	−310	−230	—	−145	−85	—	−43	—	−14	0		−11	−18	—	+3	0	+15	+27	+43	+68	+108	+146	+210	+252	+310	+380	+465	+600	+780	+1000
>180~200	−660	−340	−240	—	−170	−100	—	−50	—	−15	0		−13	−21	—	+4	0	+17	+31	+50	+77	+122	+166	+236	+284	+350	+425	+520	+670	+880	+1150
>200~225	−740	−380	−260	—	−170	−100	—	−50	—	−15	0		−13	−21	—	+4	0	+17	+31	+50	+80	+130	+180	+258	+310	+385	+470	+575	+740	+960	+1250
>225~250	−820	−420	−280	—	−170	−100	—	−50	—	−15	0		−13	−21	—	+4	0	+17	+31	+50	+84	+140	+196	+284	+340	+425	+520	+640	+820	+1050	+1350
>250~280	−920	−480	−300	—	−190	−110	—	−56	—	−17	0		−16	−26	—	+4	0	+20	+34	+56	+94	+158	+218	+315	+385	+475	+580	+710	+920	+1200	+1550
>280~315	−1050	−540	−330	—	−190	−110	—	−56	—	−17	0		−16	−26	—	+4	0	+20	+34	+56	+98	+170	+240	+350	+425	+525	+650	+790	+1000	+1300	+1700
>315~355	−1200	−600	−360	—	−210	−125	—	−62	—	−18	0		−18	−28	—	+4	0	+21	+37	+62	+108	+190	+268	+390	+475	+590	+730	+900	+1150	+1500	+1900
>355~400	−1350	−680	−400	—	−210	−125	—	−62	—	−18	0		−18	−28	—	+4	0	+21	+37	+62	+114	+208	+294	+435	+530	+660	+820	+1000	+1300	+1650	+2100
>400~450	−1500	−760	−440	—	−230	−135	—	−68	—	−20	0		−20	−32	—	+5	0	+23	+40	+68	+126	+232	+330	+490	+595	+740	+920	+1100	+1450	+1850	+2400
>450~500	−1650	−840	−480	—	−230	−135	—	−68	—	−20	0		−20	−32	—	+5	0	+23	+40	+68	+132	+252	+360	+540	+660	+820	+1000	+1250	+1600	+2100	+2600

js 列：偏差等于 $\pm IT_n/2$，式中 IT_n 是 IT 值数。

注：① 当公称尺寸小于或等于 1 mm 时，基本偏差 a 和 b 均不采用。

② 公差带 js7～js11，若 IT 值数是奇数，则取偏差为 $\pm\dfrac{IT(n-1)}{2}$。

表 7 - 3 公称尺寸 D≤500 mm 的孔的基本偏差（GB/T 1800.1—2009）

基本偏差/μm

下极限偏差 EI（所有标准公差等级） — 上极限偏差 ES

JS 栏：偏差 = ±IT_n/2，式中 IT_n 是 IT 值数。
P~ZC（≤IT7）栏：在大于 IT7 级的相应数值上增加一个 Δ 值。

公称尺寸/mm	A	B	C	CD	D	E	EF	F	FG	G	H	JS	J IT6	J IT7	J IT8	K ≤IT8	K >IT8	M ≤IT8	M >IT8	N ≤IT8	N >IT8	P	R	S	T	U	V	X	Y	Z	ZA	ZB	ZC	Δ IT3	IT4	IT5	IT6	IT7	IT8
≤3	+270	+140	+60	+34	+20	+14	+10	+6	+4	+2	0	$\pm IT_n/2$	+2	+4	+6	0	0	−2	−2	−4	−4	−6	−10	−14	—	−18	—	−20	—	−26	−32	−40	−60	0	0	0	0	0	0
>3~6	+270	+140	+70	+46	+30	+20	+14	+10	+6	+4	0	$\pm IT_n/2$	+5	+6	+10	−1+Δ	−1	−4+Δ	−4	−8+Δ	0	−12	−15	−19	—	−23	—	−28	—	−35	−42	−50	−80	1	1.5	1	3	4	6
>6~10	+280	+150	+80	+56	+40	+25	+18	+13	+8	+5	0	$\pm IT_n/2$	+5	+8	+12	−1+Δ	−1	−6+Δ	−6	−10+Δ	0	−15	−19	−23	—	−28	—	−34	—	−42	−52	−67	−97	1	1.5	2	3	6	7
>10~14	+290	+150	+95	—	+50	+32	—	+16	—	+6	0	$\pm IT_n/2$	+6	+10	+15	−1+Δ	−1	−7+Δ	−7	−12+Δ	0	−18	−23	−28	—	−33	—	−40	—	−50	−64	−90	−130	1	2	3	3	7	9
>14~18	+290	+150	+95	—	+50	+32	—	+16	—	+6	0	$\pm IT_n/2$	+6	+10	+15	−1+Δ	−1	−7+Δ	−7	−12+Δ	0	−18	−23	−28	—	−33	—	−45	—	−60	−77	−108	−150	1	2	3	3	7	9
>18~24	+300	+160	+110	—	+65	+40	—	+20	—	+7	0	$\pm IT_n/2$	+8	+12	+20	−2+Δ	−2	−8+Δ	−8	−15+Δ	0	−22	−28	−35	—	−41	−39	−54	−63	−73	−98	−136	−188	1.5	2	3	4	8	12
>24~30	+300	+160	+110	—	+65	+40	—	+20	—	+7	0	$\pm IT_n/2$	+8	+12	+20	−2+Δ	−2	−8+Δ	−8	−15+Δ	0	−22	−28	−35	−41	−48	−47	−64	−75	−88	−118	−160	−218	1.5	2	3	4	8	12
>30~40	+310	+170	+120	—	+80	+50	—	+25	—	+9	0	$\pm IT_n/2$	+10	+14	+24	−2+Δ	−2	−9+Δ	−9	−17+Δ	0	−26	−34	−43	−48	−60	−55	−80	−94	−112	−148	−200	−274	1.5	3	4	5	9	14
>40~50	+320	+180	+130	—	+80	+50	—	+25	—	+9	0	$\pm IT_n/2$	+10	+14	+24	−2+Δ	−2	−9+Δ	−9	−17+Δ	0	−26	−34	−43	−54	−70	−68	−97	−114	−136	−180	−242	−325	1.5	3	4	5	9	14
>50~65	+340	+190	+140	—	+100	+60	—	+30	—	+10	0	$\pm IT_n/2$	+13	+18	+28	−2+Δ	−2	−11+Δ	−11	−20+Δ	0	−32	−41	−53	−66	−87	−81	−122	−144	−172	−226	−300	−400	2	3	5	6	11	16
>65~80	+360	+200	+150	—	+100	+60	—	+30	—	+10	0	$\pm IT_n/2$	+13	+18	+28	−2+Δ	−2	−11+Δ	−11	−20+Δ	0	−32	−43	−59	−75	−102	−102	−146	−174	−210	−274	−360	−480	2	3	5	6	11	16
>80~100	+380	+220	+170	—	+120	+72	—	+36	—	+12	0	$\pm IT_n/2$	+16	+22	+34	−3+Δ	−3	−13+Δ	−13	−23+Δ	0	−37	−51	−71	−91	−124	−120	−178	−214	−258	−335	−445	−585	2	4	5	7	13	19
>100~120	+410	+240	+180	—	+120	+72	—	+36	—	+12	0	$\pm IT_n/2$	+16	+22	+34	−3+Δ	−3	−13+Δ	−13	−23+Δ	0	−37	−54	−79	−104	−144	−146	−210	−254	−310	−400	−525	−690	2	4	5	7	13	19
>120~140	+460	+260	+200	—	+145	+85	—	+43	—	+14	0	$\pm IT_n/2$	+18	+26	+41	−3+Δ	−3	−15+Δ	−15	−27+Δ	0	−43	−63	−92	−122	−170	−172	−248	−300	−365	−470	−620	−800	3	4	6	7	15	23
>140~160	+520	+280	+210	—	+145	+85	—	+43	—	+14	0	$\pm IT_n/2$	+18	+26	+41	−3+Δ	−3	−15+Δ	−15	−27+Δ	0	−43	−65	−100	−134	−190	−202	−280	−340	−415	−535	−700	−900	3	4	6	7	15	23
>160~180	+580	+310	+230	—	+145	+85	—	+43	—	+14	0	$\pm IT_n/2$	+18	+26	+41	−3+Δ	−3	−15+Δ	−15	−27+Δ	0	−43	−68	−108	−146	−210	−228	−310	−380	−465	−600	−780	−1000	3	4	6	7	15	23
>180~200	+660	+340	+240	—	+170	+100	—	+50	—	+15	0	$\pm IT_n/2$	+22	+30	+47	−4+Δ	−4	−17+Δ	−17	−31+Δ	0	−50	−77	−122	−166	−236	−252	−350	−425	−520	−670	−880	−1150	3	4	6	9	17	26
>200~225	+740	+380	+260	—	+170	+100	—	+50	—	+15	0	$\pm IT_n/2$	+22	+30	+47	−4+Δ	−4	−17+Δ	−17	−31+Δ	0	−50	−80	−130	−180	−258	−284	−385	−470	−575	−740	−960	−1250	3	4	6	9	17	26
>225~250	+820	+420	+280	—	+170	+100	—	+50	—	+15	0	$\pm IT_n/2$	+22	+30	+47	−4+Δ	−4	−17+Δ	−17	−31+Δ	0	−50	−84	−140	−196	−284	−310	−425	−520	−640	−820	−1050	−1350	3	4	6	9	17	26
>250~280	+920	+480	+300	—	+190	+110	—	+56	—	+17	0	$\pm IT_n/2$	+25	+36	+55	−4+Δ	−4	−20+Δ	−20	−34+Δ	0	−56	−94	−158	−218	−315	−340	−475	−580	−710	−920	−1200	−1550	4	4	7	9	20	29
>280~315	+1050	+540	+330	—	+190	+110	—	+56	—	+17	0	$\pm IT_n/2$	+25	+36	+55	−4+Δ	−4	−20+Δ	−20	−34+Δ	0	−56	−98	−170	−240	−350	−385	−525	−650	−790	−1000	−1300	−1700	4	4	7	9	20	29
>315~355	+1200	+600	+360	—	+210	+125	—	+62	—	+18	0	$\pm IT_n/2$	+29	+39	+60	−4+Δ	−4	−21+Δ	−21	−37+Δ	0	−62	−108	−190	−268	−390	−425	−590	−730	−900	−1150	−1500	−1900	4	5	7	11	21	32
>355~400	+1350	+680	+400	—	+210	+125	—	+62	—	+18	0	$\pm IT_n/2$	+29	+39	+60	−4+Δ	−4	−21+Δ	−21	−37+Δ	0	−62	−114	−208	−294	−435	−475	−660	−820	−1000	−1300	−1650	−2100	4	5	7	11	21	32
>400~450	+1500	+760	+440	—	+230	+135	—	+68	—	+20	0	$\pm IT_n/2$	+33	+43	+66	−5+Δ	−5	−23+Δ	−23	−40+Δ	0	−68	−126	−232	−330	−490	−530	−740	−920	−1100	−1450	−1850	−2400	5	5	7	13	23	34
>450~500	+1650	+840	+480	—	+230	+135	—	+68	—	+20	0	$\pm IT_n/2$	+33	+43	+66	−5+Δ	−5	−23+Δ	−23	−40+Δ	0	−68	−132	−252	−360	−540	−595	−820	−1000	−1250	−1600	−2100	−2600	5	5	7	13	23	34

注：
① 当公称尺寸小于或等于 1 mm 时，各级 A 和 B 及大于 IT8 的 N 均不采用。公差带 JS7~JS11，若 IT_n 值数是奇数，则取偏差为 $\pm\dfrac{IT(n-1)}{2}$。

② 当标准公差小于或等于 IT8 级的 K、M、N 及小于或等于 IT7 级的 P~ZC 的基本偏差时，从表的右侧选取 Δ 值。例如，18~30 mm 段的 P7，Δ = 8 μm，因此 ES = −22 + 8 = −14 μm；18~30 mm 段的 S6，Δ = 4 μm，ES = −35 + 4 = −31 μm。

③ 250~315 mm 段的 M6，ES = −9 μm（代替 −11 μm）。

从表 7-2 中可以看到，代号为 h 的轴的基本偏差为上极限偏差，它总是等于零，称为基准轴；从表 7-3 中可以看到，代号为 H 的孔的基本偏差为下极限偏差，它总是等于零，称为基准孔。

例 7-3 查轴的基本偏差数值表和标准公差数值表，确定轴 $\phi55f8$ 的上极限偏差、下极限偏差。

解 先查轴的基本偏差数值（见表 7-2），确定轴的基本偏差数值。

公称尺寸 $\phi55$ mm 处于 $50\sim65$ mm 尺寸段内，基本偏差为上极限偏差，f 的数值为 $-30\ \mu m$，于是 $es=-30\ \mu m$。

查标准公差数值（见表 7-1），确定轴的下极限偏差。公称尺寸处于 $50\sim80$ mm 尺寸分段内，IT8＝46 μm。由于 $T_s=es-ei$，故

$$ei=es-T_s=-30-46=-76\ (\mu m)$$

由此可得 $\phi55f8=\phi55^{-0.030}_{-0.076}$。

7.2.3 常用和优先选用的公差带

GB/T 1800.1—2009 规定了 20 个公差等级和 28 种基本偏差，如将任一基本偏差与任一标准公差组合，其孔公差带有 $20\times27+3$（J6、J7、J8）＝543 个，而轴公差带有 $20\times27+4$（j5、j6、j7、j8）＝544 个。这么多的公差带都使用显然是不经济的，因为它必然导致定值刀具和量具规格繁多。为此，国标规定了一般、常用和优先轴用公差带共 116 种，如图 7-11 所示。图中方框内的 59 种为常用公差带，圆圈内的 13 种为优先公差带。

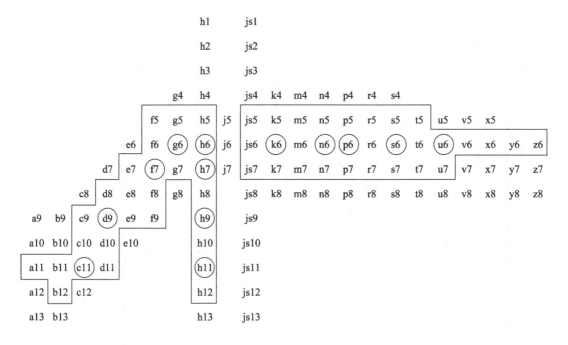

图 7-11 一般、常用和优先轴用公差带

国标中规定了一般、常用和优先孔用公差带共 105 种，如图 7-12 所示。图中方框内的 43 种为常用公差带，圆圈内的 13 种为优先公差带。

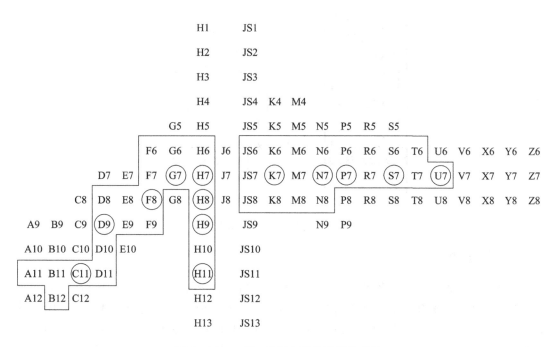

图 7-12　一般、常用和优先孔用公差带

7.2.4　尺寸公差和配合的标注

1. 零件图的标注

在零件图上标注尺寸公差和配合时，可以标注出公差带代号，即公差带的两要素，即基本偏差代号（位置要素）与公差等级数字（大小要素），也可标注两极限偏差值，或者同时注出公差代号和两极限偏差。标注时，要用同一字号的字体（即两个符号等高）。如图 7-13 所示的尺寸标注为 $\phi 20g6$、$\phi 20_{-0.020}^{-0.007}$ 或 $\phi 20g6\left(_{-0.020}^{-0.007}\right)$。

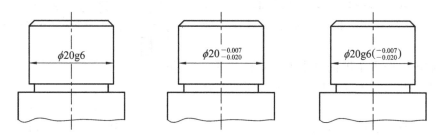

图 7-13　尺寸公差带的标注法

2. 装配图的标注

在装配图上标注尺寸公差和配合的方法为在公称尺寸后标注配合代号。配合代号用分式表示，分子表示孔的公差带代号，分母表示轴的公差带代号，即标注孔、轴的基本偏差代号及公差等级，也可标注上、下极限偏差数值。图 7-14 表示孔、轴配合，其配合标注的表示方法可选用下列示例之一：

$$\phi 18\,\frac{\text{H7}}{\text{p6}}, \quad \phi 14\,\frac{\text{F8}}{\text{h7}}, \quad \phi 50\,{}_{\substack{+0.20\\-0.50}}^{\substack{+0.25\\0}}$$

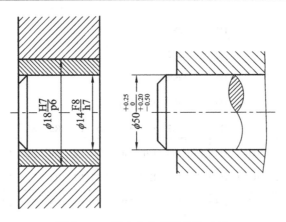

图 7-14 配合公差带的标注方法

7.2.5 基准制

在互换性生产中，需要各种不同性质的配合，当配合公差确定后，可通过改变孔和轴的公差带位置，使配合获得多种组合形式。为了简化孔、轴公差的组合形式，只要固定其中一个公差带，变更另一个（无需将孔、轴公差带同时变动），便可得到满足不同使用要求的配合。因此，国标对孔、轴公差带之间的相互位置关系，规定了两种基准制，即基孔制和基轴制。基准制配合统一了孔（轴）公差带的评判标准，从而减少了定值刀具、量具的规格、数量，获得了最大的经济效益。

1. 基孔制

基孔制是指基本偏差为一定的孔的公差带与不同基本偏差的轴的公差带所形成的各种配合的一种制度，如图 7-15 所示。

基孔制中的孔称为基准孔，用 H 表示。基准孔的基本偏差为下极限偏差 EI，且数值为 0，即 EI＝0，上极限偏差为正值，公差带偏置在零线上侧。

基孔制配合中由于轴的基本偏差不同，使它们的公差带和基准孔公差带形成以下不同的配合情况：

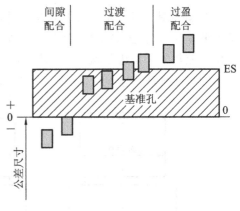

图 7-15 基孔制

(1) (A～H)/h 为间隙配合。

(2) (JS～M)/h 为过渡配合。

(3) (N、P)/h 为过渡或过盈配合。

(4) (R～ZC)/h 为过盈配合。

2. 基轴制

基轴制是指基本偏差为一定的轴的公差带与不同基本偏差的孔的公差带所形成的各种配合的一种制度，如图 7-16 所示。

基轴制中的轴称为基准轴，用 h 表示。基准轴的基本偏差为上极限偏差 es，且数值为 0，即 es＝0，下极限偏差为负值，公差带偏置在零线下侧。

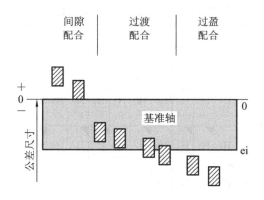

图 7 - 16 基轴制

基轴制配合中由于孔的基本偏差不同,形成以下不同的配合:

(1) H/(a~h)为间隙配合。

(2) H/(js~m)为过渡配合。

(3) H/(n、p)为过渡或过盈配合。

(4) H/(r~zc)为过盈配合。

7.2.6 孔、轴配合公差带

表 7 - 4 中基轴制有 47 种常用配合,13 种优先配合。表 7 - 5 中基孔制有 59 种常用配合,13 种优先配合。选择公差带时,应优先选用优先配合公差带,其次选用常用配合公差带。

表 7 - 4 基轴制优先、常用配合

基准轴	孔																				
	A	B	C	D	E	F	G	H	JS	K	M	N	P	R	S	T	U	V	X	Y	Z
	间隙配合								过渡配合				过盈配合								
h5						$\frac{F6}{h5}$	$\frac{G6}{h5}$	$\frac{H6}{h5}$	$\frac{JS6}{h5}$	$\frac{K6}{h5}$	$\frac{M6}{h5}$	$\frac{N6}{h5}$	$\frac{P6}{h5}$	$\frac{R6}{h5}$	$\frac{S6}{h5}$	$\frac{T6}{h5}$					
h6						$\frac{F7}{h6}$	$\frac{G7}{h6}$	$\frac{H7}{h6}$	$\frac{JS7}{h6}$	$\frac{K7}{h6}$	$\frac{M7}{h6}$	$\frac{N7}{h6}$	$\frac{P7}{h6}$	$\frac{R7}{h6}$	$\frac{S7}{h6}$	$\frac{T7}{h6}$	$\frac{U7}{h6}$				
h7					$\frac{E8}{h7}$	$\frac{F8}{h7}$		$\frac{H8}{h7}$	$\frac{JS8}{h7}$	$\frac{K8}{h7}$	$\frac{M8}{h7}$	$\frac{N8}{h7}$									
h8				$\frac{D8}{h8}$	$\frac{E8}{h8}$	$\frac{F8}{h8}$		$\frac{H8}{h8}$													
h9				$\frac{D9}{h9}$	$\frac{E9}{h9}$	$\frac{F9}{h9}$		$\frac{H9}{h9}$													
h10				$\frac{D10}{h10}$				$\frac{H10}{h10}$													
h11	$\frac{A11}{h11}$	$\frac{B11}{h11}$	$\frac{C11}{h11}$	$\frac{D11}{h11}$				$\frac{H11}{h11}$													
h12		$\frac{B12}{h12}$						$\frac{H12}{h12}$													

注:标注 ◣ 的配合为优先配合。

表 7-5 基孔制优先、常用配合

基准孔	a	b	c	d	e	f	g	h	js	k	m	n	p	r	s	t	u	v	x	y	z
				间隙配合					过渡配合			过盈配合									
H6						$\frac{H6}{f5}$	$\frac{H6}{g5}$	$\frac{H6}{h5}$	$\frac{H6}{js5}$	$\frac{H6}{k5}$	$\frac{H6}{m5}$	$\frac{H6}{n5}$	$\frac{H6}{p5}$	$\frac{H6}{r5}$	$\frac{H6}{s5}$	$\frac{H6}{t5}$					
H7						$\frac{H7}{f6}$	$\frac{H7}{g6}$	$\frac{H7}{h6}$	$\frac{H7}{js6}$	$\frac{H7}{k6}$	$\frac{H7}{m6}$	$\frac{H7}{n6}$	$\frac{H7}{p6}$	$\frac{H7}{r6}$	$\frac{H7}{s6}$	$\frac{H7}{t6}$	$\frac{H7}{u6}$	$\frac{H7}{v6}$	$\frac{H7}{x6}$	$\frac{H7}{y6}$	$\frac{H7}{z6}$
H8					$\frac{H8}{e7}$	$\frac{H8}{f7}$	$\frac{H8}{g7}$	$\frac{H8}{h7}$	$\frac{H8}{js7}$	$\frac{H8}{k7}$	$\frac{H8}{m7}$	$\frac{H8}{n7}$	$\frac{H8}{p7}$	$\frac{H8}{r7}$	$\frac{H8}{s7}$	$\frac{H8}{t7}$	$\frac{H8}{u7}$				
				$\frac{H8}{d8}$	$\frac{H8}{e8}$	$\frac{H8}{f8}$		$\frac{H8}{h8}$													
H9			$\frac{H9}{c9}$	$\frac{H9}{d9}$	$\frac{H9}{e9}$	$\frac{H9}{f9}$		$\frac{H9}{h9}$													
H10			$\frac{H10}{c10}$	$\frac{H10}{d10}$				$\frac{H10}{h10}$													
h11	$\frac{H11}{a11}$	$\frac{H11}{b11}$	$\frac{H11}{c11}$	$\frac{H11}{d11}$				$\frac{H11}{h11}$													
H12		$\frac{H12}{b12}$						$\frac{H12}{h12}$													

注：① $\frac{H6}{n5}$、$\frac{H7}{p6}$ 在基本尺寸小于等于 3 mm 和 $\frac{H8}{r7}$ 在基本尺寸小于等于 100 mm 时，为过渡配合。

② 标注▼的配合为优先配合。

7.3 常用轴、孔类零件的检测

7.3.1 常用轴类零件检测量具

1. 游标卡尺

游标卡尺是一种常用的量具，具有结构简单、使用方便、精度中等、测量的尺寸范围大等特点，可以用它来测量零件的外径、内径、长度、宽度、厚度、深度、孔距等，应用范围很广。

1) 游标卡尺的结构

测量范围为 0～125 mm 或 0～150 mm 的游标卡尺，制成带有刀口形的上（内测）、下（外测）量爪和带有深度尺的形式，如图 7-17 所示。

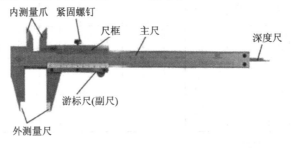

图 7-17 游标卡尺结构

　　游标卡尺读数时效率不高，为了改进游标卡尺的读数，近年来出现了带测微表的游标卡尺，如图 7 - 18 所示。

图 7 - 18　带测微表的游标卡尺

　　带测微表的游标卡尺读数准确，提高了测量精度，还有带电子数显装置的游标卡尺，如图 7 - 19 所示，这种游标卡尺在零件表面上量得尺寸时，就直接以数字显示出来，使用极为方便。

图 7 - 19　带电子数显装置的游标卡尺

　　2）游标卡尺的读数原理和读数方法

　　（1）读数原理。游标卡尺的读数部分由尺身与游标组成。游标卡尺的读数原理是利用主尺刻线间距与游标刻线间距差 $i = 1 - (n-1)/n$ 实现的，通常尺身刻线间距为 1 mm，尺身刻线（$n-1$）格的长度等于游标刻线 n 格的长度。常用的 n 为 10、20、50 三种，相应的游标刻线间距分别为 0. 90 mm、0.95 mm、0.98 mm 三种。尺身刻线间距与游标刻线间距之差，即 i 为游标读数值（游标卡尺的分度值），此时 i 分别为 0.10 mm、0.05 mm 和 0.02 mm。

　　（2）读数方法。用游标卡尺测量的最终读数为"整毫米数"+"毫米以下部分"。

　　① 整毫米数。整毫米数部分从主尺上读出，看游标尺的零刻线在主尺的哪个整毫米刻线的右边，读出以毫米为单位的整毫米数部分。

　　② 毫米以下部分。看游标尺的第几条刻线与主尺的某条刻线对齐，毫米以下部分的读数就是该游标卡尺准确度的几倍。

　　一般游标卡尺最多只能测十几厘米的长度，读数时先弄清所使用游标卡尺的准确度，读数时不必估读，读数先以毫米为单位，再化为所需单位。

　　3）游标卡尺的测量精度

　　游标卡尺是一种中等精度的量具，它只适用于中等精度尺寸的测量和检验。用游标卡尺来测量锻、铸件毛坯或精度要求很高的尺寸，都是不合理的。用游标卡尺测量锻、铸件容易损坏量具，测量精度要求很高的尺寸其测量精度达不到要求，因为量具都有一定的示值误差。

　　游标卡尺的示值误差就是游标卡尺本身的制造精度，不论使用得怎样正确，游标卡尺本身就可能产生这些误差。例如，用分度值为 0.02 mm 游标卡尺（示值误差为 ±0.02 mm）

测量 $\phi 50$ mm 的轴时，若游标卡尺上的读数为 50.00 mm，则实际可能是 $\phi 50.02$ mm，也可能是 $\phi 49.98$ mm。这不是游标卡尺使用方法上的问题，而是它本身制造精度所允许产生的误差。

若某轴的尺寸是 IT5 级精度的 $\phi 50_{-0.011}^{\ 0}$，则轴的制造公差为 0.011 mm，而游标卡尺本身就有着 ±0.02 mm 的示值误差，选用这样的量具去测量，显然是无法保证轴径的精度要求的。

4）游标卡尺的使用方法

量具使用得是否合理，不但影响量具本身的精度，而且直接影响零件尺寸的测量精度，处理不当的话甚至可能发生质量事故。因此，必须重视量具的正确使用，对测量技术精益求精，务必获得正确的测量结果，确保产品质量。

使用游标卡尺测量零件尺寸时，必须注意以下几点：

（1）测量前应把游标卡尺擦拭干净，检查游标卡尺的两个测量面和测量刃口是否平直无损，把两个量爪紧密贴合时，应无明显的间隙，同时游标和主尺的零位刻线要相互对准。

（2）移动尺框时，活动要自如，不应有过松或过紧现象，更不能有晃动现象。用紧固螺钉固定尺框时，卡尺的读数不应有所改变。移动尺框时不要忘记松开紧固螺钉，亦不宜过松以免紧固螺钉掉落。

（3）为了获得正确的测量结果，可以多测量几次，即在零件的同一截面上的不同方向进行测量。对于较长零件，应当在全长的各个部位进行测量，务必获得一个比较正确的测量结果。

2. 外径千分尺

1）外径千分尺结构

外径千分尺主要由尺架、微分筒、固定套筒、测力装置（棘轮）、固定测砧、硬度合金测头（活动测砧）、测微螺杆、锁紧装置等组成，如图 7 - 20 所示。其结构设计符合阿贝原则；以丝杆螺距作为测量的基准量，丝杆和螺母的配合精密，间隙能调整；以固定套筒和微分筒作为示数装置，用刻度线进行读数；有保证一定测力的棘轮棘爪机构。用它测长度可以精确到 0.01 mm。外径千分尺的测量范围分 500 mm 以内和 500 mm 以上两种。500 mm 以内每 25 mm 一挡，常用的有 0~25 mm，25~50 mm，50~75 mm，…；500 mm 以上每 100 mm 一挡，常用的有 500~600 mm，600~700 mm，…。另外，现在还有数显千分尺，如图 7 - 21 所示。

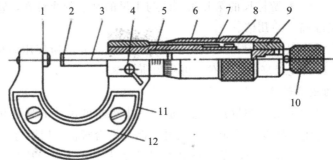

1—固定测砧；2—硬度合金测头(活动测砧)；3—测微螺杆；4—锁紧装置；
5—固定套筒；6—微分筒；7—刻线套筒 8—调节螺母；9—弹簧套筒；
10—测力装置(棘轮)；11—尺架；12—隔热板

图 7 - 20 千分尺结构

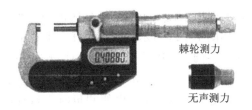

图 7-21 数显千分尺

2）千分尺读数原理

千分尺的读数原理是：通过螺旋传动，将被测尺寸转换成丝杆的轴向位移和微分筒的圆周位移，并以微分筒上的刻度对圆周位移进行计量，从而实现对螺距的放大细分。

千分尺的固定套筒上刻有轴向中线，作为微分筒读数的基准线。当微分筒两测砧靠合接触时，微分筒的零刻线应正好与固定套筒上的零刻线重合。在中线的上、下两侧，刻有两排刻线，每排刻线间距为 1 mm，上、下两排相互错开 0.5 mm。测微螺杆的螺距 $p=$ 0.5 mm，而微分套筒外圆周上刻有 50 等分的刻度。微分筒每转一周，测头就相对于主尺移动一个螺距 p，因此微分套筒上的刻度每转过一格，测量头就移动 0.5/50＝0.01 mm，故外径千分尺的分度值为 0.01 mm。

测量尺寸时，先以微分筒的端面为准线，从固定套筒管上读取 0.5 mm 整数倍的读数，再以固定套管上的水平中线作为读数准线，从微分筒可动刻度上读出小于 0.5 mm 的分度值（读数时应估读到最小刻度的十分之一，即 0.001 mm），两读数之和为被测尺寸的测得值，即物体长度＝固定刻度读数＋可动刻度读数。但要注意固定套筒上的读数是否"过5"，即过没过主尺的半格刻线。如图 7-22(a)所示读数为 14＋0.10＝14.10 mm，而如图 7-22 (b)所示读数为 15.5＋0.281＝15.781 mm。使用千分尺时，先要检查其零位是否校准。校准好的千分尺，当测微螺杆与测砧接触后，可动刻度上的零线与固定刻度上的水平横线应该是对齐的。

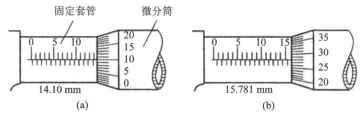

图 7-22 千分尺读数示例

3）千分尺读数注意事项

测量前，先松开锁紧装置，清除油污，特别是测砧与测微螺杆间接触面要清洗干净，并校对其零位；在读取测量数值时，要特别留心半毫米读数的读取；不允许测量毛坯或表面粗糙的工件，以及正在旋转或发热的工件，以免损伤测量面或得不到正确读数。

为了适应不同形状和尺寸的工件的测量，千分尺的外形和结构还有其他形式，如内径千分尺、深度千分尺、杠杆千分尺、螺纹千分尺、齿轮公法线千分尺等多种。

7.3.2 常用孔类零件检测量具——内径百分表

百分表是一种精度较高的比较量具，它只能测出相对数值，不能测出绝对数值，主要用于测量形状和位置误差，也可用于机床上安装工件时的精密找正。百分表的读数准确度为 0.01 mm。百分表的结构如图 7-23 所示。当测量杆向上或向下移动 1 mm 时，通过内部齿轮传动系统带动大指针转一圈，小指针（转数指示针）转一格。百分表的刻度盘在圆周上有 100 个等分格，各格的读数值为 0.01 mm。小指针每格读数为 1 mm。测量时指针读数的变动量即为尺寸变化量。刻度盘可以转动，以便测量时大指针对准零刻线。其测量范围（即测量杆的最大移动量）有 0～3 mm、0～5 mm、0～10 mm 三种。

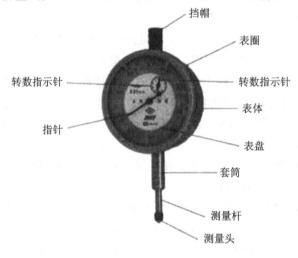

图 7-23　百分表的结构

　　内径百分表是广泛应用于机械加工行业测量内孔尺寸的较高精度的量具。内径百分表的结构如图 7-24 所示，内径百分表的测头部分如图 7-25 所示，活动测头的移动量很小，它的测量范围是由更换或调整可换测头的长度达到的。因此，每个内径百分表都附有成套的可换测头。国产内径百分表的精确度为 0.01 mm，测量范围（单位：mm）有 10～18、18～35、35～50、50～100、100～160、160～250、250～450。

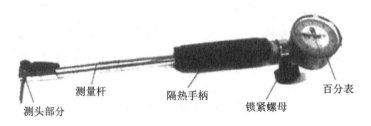

图 7-24　内径百分表的结构

图 7-25　内径百分表的测头部分

用内径百分表测量孔径的步骤如下：

1）预调整

（1）将百分表装入测量杆内，预压缩 1 mm 左右（百分表的小指针指在 1 的附近）后锁紧。

（2）根据被测零件公称尺寸选择适当的可换测头装入测量杆的头部，用专用扳手扳紧锁紧螺母。此时应特别注意，可换测头与活动测头之间的长度须大于被测尺寸 0.8～1 mm，以便测量时活动测头能在公称尺寸的正、负一定范围内自由运动。

2）对零位

因内径百分表是使用相对测量法测量的器具，故在使用前必须用其他量具根据被测件的公称尺寸校对内径百分表的零位。

用外径千分尺校对内径百分表零位的方法：按被测零件的公称尺寸选择适当测量范围的外径千分尺，将外径千分尺的数值设置成被测零件的基本尺寸值，内径百分表的两测头分别放在外径千分尺两测砧之间来校对零位。

3）测量

手握内径百分表的隔热手柄，先将内径百分表的活动测头和定位护桥轻轻压入被测孔径中，然后再将可换测头放入。当测头部分达到指定的测量部位时，将表微微在轴向截面内摆动，读出指示表最小读数，即为该测量点孔径的实际偏差。

本 章 小 结

（1）互换性指相同规格的零部件，在装配或更换时，不经挑选、调整或附加加工，就能进行装配，并且满足预定要求的性能。

（2）孔主要是指工件的圆柱形内尺寸要素，也包括非圆柱形内尺寸要素（由二平行平面或切面形成的包容面）。

轴主要是指工件的圆柱形外尺寸要素，也包括非圆柱形外尺寸要素（由二平行平面或切面形成的被包容面）。

（3）有关尺寸与偏差的术语和定义包括：尺寸、公称尺寸、实际尺寸、极限尺寸、尺寸偏差、尺寸公差；尺寸偏差和公差的计算公式。

有关配合的术语和定义包括：配合、基准制、间隙配合、过盈配合、过渡配合、配合公差；配合种类的判断和配合公差的计算公式。

（4）公差与配合的国家标准包括：标准公差系列、基本偏差系列；常用公差带及配合、一般公差带及配合、优先选用的公差带及配合；标准公差、基本偏差的查表方法。

（5）游标卡尺、外径千分尺、内径百分表的结构和读数方法。

习　　题

7.1　什么是公称尺寸、极限尺寸和实际尺寸？它们之间有何区别和联系？

7.2　什么是公差？什么是偏差？公差和偏差有何区别与联系？

7.3 偏差与公差的正负符号如何规定?

7.4 配合的概念是什么? 如何分类? 试举出实例说明三种配合类型。

7.5 三种配合类型的极限盈隙如何计算? 与极限松紧程度有何关系?

7.6 什么是配合公差? 与尺寸公差的关系是什么?

7.7 什么是基准制? 国标规定几种基准制?

7.8 (1)轴公称尺寸为 $\phi50$,上极限尺寸为 $\phi50.008$,下极限尺寸为 $\phi49.992$,试计算极限偏差和公差,并画出公差带图。

(2) 孔为 $\phi60^{+0.030}_{0}$,轴为 $\phi60^{-0.025}_{-0.050}$,求孔和轴的极限尺寸、极限偏差,画出公差带图并判断配合类型。

7.9 根据表 7-6 中的数据,填写该表空格处的内容。

表 7-6 题 7.9 表

基本尺寸/mm	孔			轴			X_{max} 或 Y_{min}	X_{min} 或 Y_{max}	平均间隔或平均过盈	配合公差 T_f	配合性质
	ES	EI	T_h	es	ei	T_s					
$\phi18$		0			0.010			−0.012	+0.0025		
$\phi30$		0			0.021		+0.094		+0.067		
$\phi80$			0.046	+0.011				−0.011	+0.027		

7.10 使用标准公差和基本偏差数值表,查出下列公差带的上、下极限偏差:

(1) $\phi36k7$;   (2) $\phi42JS7$;   (3) $\phi55P7$;   (4) $\phi120v7$

7.11 说明下列配合代号所表示的配合制、公差等级和配合类型,并计算其极限间隙或极限过盈,画出其公差带图。

(1) $\phi40\dfrac{H7}{f6}$;   (2) $\phi80\dfrac{S9}{h9}$;   (3) $\phi100\dfrac{G7}{h6}$;   (4) $\phi25\dfrac{P7}{h6}$

第 8 章　几何公差及检测

(一) 教学目标

·知识目标:

(1) 掌握几何公差项目名称及对应符号;

(2) 掌握几何公差代号和基准符号的标注方法;

(3) 理解各几何公差项目的含义及公差带形状;

(4) 掌握各几何公差的检测方法。

·能力目标:

(1) 能够正确读出图纸上几何公差符号的含义;

(2) 能够在图纸上正确标出几何公差;

(3) 能够根据零件图纸的几何公差要求,选择合适的计量器具进行几何公差检测。

(二) 教学内容

(1) 几何公差的符号及代号;

(2) 几何公差代号和基准符号的标注方法;

(3) 各几何公差的公差带;

(4) 不同几何公差项目的检测。

(三) 教学要点

(1) 几何公差项目;

(2) 几何公差的标注;

(3) 各几何公差带的形状;

(4) 各几何公差的检测方法。

8.1　几何公差概述

8.1.1　几何误差概述

加工后的零件不仅有尺寸误差,而且构成零件几何特征的点、线、面的实际形状或相互位置,与理想几何体规定的形状和相互位置还不可避免的存在差异。这种形状上的差异就是形状误差,而相互位置的差异就是位置误差,统称为几何误差。

如图 8-1(a)所示的阶梯轴零件图,加工后可能产生如图 8-1(b)所示的误差,主要误差有: ϕd_1 轴的圆柱面不圆,并出现倾斜(即圆柱度误差); ϕd_1 轴轴线与 ϕd_2 轴的右端面不垂直(即垂直度误差)。

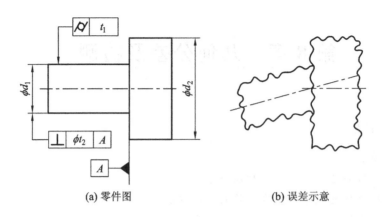

(a) 零件图　　　　　　　　(b) 误差示意

图 8-1　阶梯轴

几何误差对零件使用性能的影响如下：

（1）影响零件的功能要求。机床导轨应为直线，否则会影响运动精度；变速箱中齿轮轴线应平行，否则接触不良降低承载能力；机床导轨表面的直线度和平面度会影响机床刀架的运动精度。

（2）影响零件的配合性质。在有相对运动的间隙配合中，由于形状误差会使间隙大小沿结合面分布不均，造成局部磨损加剧，降低运动精度，缩短使用寿命；在过盈配合中，会影响连接强度。例如，圆柱结合的间隙配合中，圆柱表面的形状误差会加快相对转动的磨损，降低寿命和运动精度。

（3）影响零件的互换性。轴、孔结合几何误差太大会影响装配。例如，轴承盖上螺钉孔的位置不正确，用螺钉紧固机座时会影响其自由装配。

8.1.2　零件几何要素及其分类

任何零件都是由点、线、面组合而成的，这些构成零件几何特征的点、线、面统称为几何要素，如图 8-2 所示。

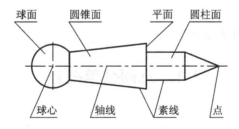

图 8-2　零件的几何要素

几何要素的分类有以下几种：

1. 按存在的状态分类

（1）理想要素。理想要素是设计时给定的图纸上的要素。

（2）实际要素。实际要素是加工后实际零件上的几何要素，在测量时由测得的要素代替。

2. 按所处地位分类

（1）被测要素。被测要素给出几何公差要求的要素。

（2）基准要素。基准要素用来确定被测要素方向、位置的要素，即作为参照物的要素。

3. 按结构特征分类

（1）组成要素（轮廓要素）。组成要素是构成零件轮廓的点、线、面的要素。

（2）导出要素（中心要素）。导出要素由一个或几个组成要素得到的中心点、中心线或中心面。

4. 按功能关系分类

（1）单一要素。单一要素是只有形状要求的要素，即与其他要素无关的几何要素。

（2）关联要素。关联要素是只有位置要求的要素，与参考要素（基准要素）相关联，必须满足相互的位置关系。

8.1.3　几何公差特征项目及符号

几何（形位）公差的几何特征、符号见表 8-1。

表 8-1　几何公差的几何特征、符号（GB/T 1182—2008）

公差类型	几何特性	符　号	基　准
形状公差	直线度	—	无
	平面度	▱	无
	圆度	○	无
	圆柱度	⌖	无
	线轮廓度	⌒	无
	面轮廓度	⌓	无
方向公差	平行度	//	有
	垂直度	⊥	有
	倾斜度	∠	有
	线轮廓度	⌒	有
	面轮廓度	⌓	有
位置公差	位置度	⊕	有或无
	同心度（用于中心点）	◎	有
	同轴度（用于轴线）	◎	有
	对称度	═	有
	线轮廓度	⌒	有
	面轮廓度	⌓	有
跳动公差	圆跳动	↗	有
	全跳动	⌰	有

8.2 几何公差的标注方法

按几何(形位)公差国家标准的规定，在图样上标注几何(形位)公差时，一般采用代号标注，无法采用代号标注时，允许在技术条件中用文字加以说明。几何公差项目的符号、框格、指引线、公差数值、基准符号以及其他有关符号构成了几何公差的代号。

8.2.1 几何公差框格与指引线

几何(形位)公差框格由 2～5 格组成，形状公差框格一般为两格，方向公差、位置公差、跳动公差的框格为 2～5 格，示例如图 8-3 所示。第 1 格填写几何(形位)公差项目符号；第 2 格填写公差值和有关符号；第 3、4、5 格填写代表基准的字母和有关符号。

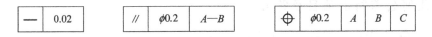

图 8-3 几何公差框格

公差框格中填写的公差值必须以 mm 为单位，当公差带形状为圆或圆柱和球形时，应分别在公差值前面加注"ϕ"和"$S\phi$"。

标注时，指引线可由公差框格的一端引出，并与框格端线垂直，为了制图方便，也允许从框格的侧边引出，如图 8-4 所示。

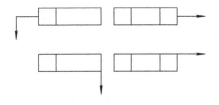

图 8-4 指引线与公差框格

指引线箭头指向被测要素，箭头的方向是公差带宽度方向或直径方向，如图 8-5 所示。指引线可以曲折，但一般不超过两次。

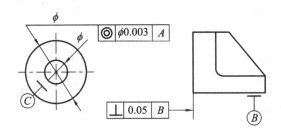

图 8-5 指引线箭头方向

8.2.2　被测要素

当被测要素为组成要素(轮廓要素)时，公差框格指引线箭头应指在轮廓线或其延长线上，并应与尺寸线明显地错开；当被测要素为导出要素(中心要素)时，指引线箭头应与该要素的尺寸线对齐或直接标注在轴线上，如图 8-6 所示。

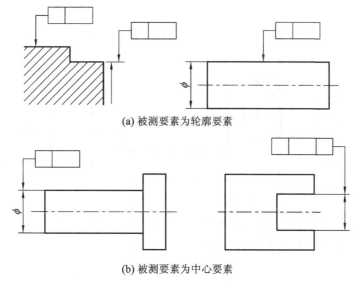

(a) 被测要素为轮廓要素

(b) 被测要素为中心要素

图 8-6　指引线箭头指向被测要素位置

8.2.3　基准要素

对关联位置要素的公差必须注明基准，基准符号如图 8-7 所示。基准符号由字母、圆圈、粗短横线和细连线组成。圆圈内字母与公差框格中的基准字母对应。基准在公差框格中的顺序是固定的，框格第 3 格填写第一基准代号，之后依次填写第二、第三基准代号。当两个要素组成公共基准时，用横线隔开两个大写字母，并将其标在第 3 格内，如图 8-3 所示。

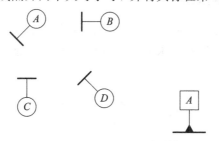

图 8-7　基准符号结构

代表基准的字母采用大写拉丁字母，为避免混淆，标准规定不采用 E、I、J、M、O、P、L、R、F 等字母，且无论基准符号在图样上的方向如何，圆圈内的字母要水平书写，如图 8-7 所示。图中方框与字母的组合代号为 ISO 1101 标准中的基准符号。

与被测要素的公差框格指引线位置同理，当基准要素为轮廓要素时，基准符号应在轮廓线或其延长线上，并应与尺寸线明显地错开，如图 8-8 所示；当基准要素为中心要素时，基准符号一定要与该要素的尺寸线对齐，如图 8-9 所示。

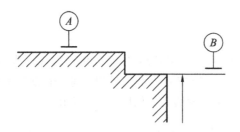

图 8-8 基准要素为轮廓要素时的标注

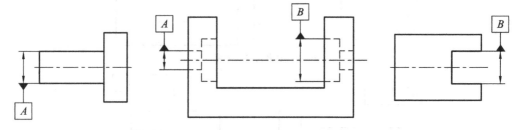

图 8-9 基准要素为中心要素时的标注

当基准要素或被测要素为视图上的局部表面时,可将基准符号(公差框格)标注在带圆点的参考线上,圆点标于基准面(被测面)上,如图 8-10 所示。

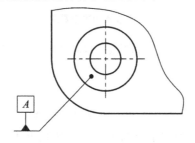

图 8-10 局部表面基准标注

8.2.4 几何公差的简化标注

在不影响读图或引起误解的前提下,可采用简化标注方法。

(1) 当同一要素有多个公差要求时,可将框格画在一起,并共用一根指引线,如图 8-11 所示。

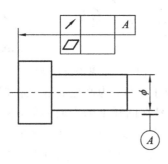

图 8-11 多个公差要求作用同一要素的简化标注

（2）一个公差框格可以用于具有相同几何特征和公差值的若干个分离要素，如图 8－12 所示。

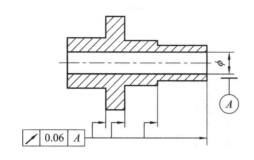

图 8－12　多个要素同一公差要求的简化标注

（3）当结构尺寸相同的几个要素有相同的几何公差要求时，可只对其中的一个要素标注出，并在框格上方标明。如 8 个要素，则注明"8×"或"8 槽"等，如图 8－13 所示。

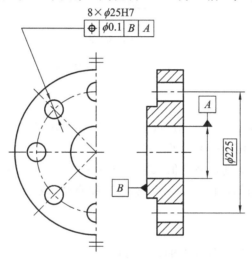

图 8－13　相同要素同一公差要求的简化标注

8.3　几 何 公 差 带

几何公差带是限制被测实际要素变动的区域，该区域大小是由几何公差值确定的。只要被测实际要素被包含在公差带内，就表明被测要素合格，符合设计要求。几何公差带体现了被测要素的设计要求，也是加工和检验的根据。尺寸公差带是由代表上、下极限偏差的两条直线所限定的区域，没有形状、位置的要求。几何公差带控制的不是两点之间的距离，而是点（平面、空间）、线（素线、轴线、曲线）、面（平面、曲面）、圆（平面、空间、整体圆柱）等区域，所以它不仅有大小，而且还具有形状、方向、位置共四个要素的要求。

8.3.1　形状

几何公差带的形状随被测实际要素的结构特征、所处的空间以及要求控制方向的差异而有所不同，几何公差带的形状有如图 8－14 所示的几种。

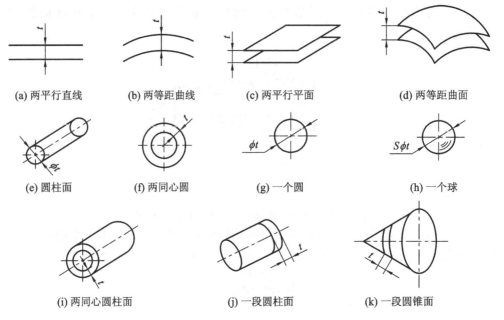

图 8-14　几何公差带的形状

8.3.2　大小

几何公差带的大小以公差带的宽度或直径(即图样上几何公差框格内给出的公差值)表示,公差值均以 mm 为单位,它表示了形位精度要求的高低。

若公差值以宽度表示,则在公差值数字 t 前不加符号。若公差带为一个圆、圆柱或一个球,则在公差值数字 t 前加注 ϕ 或 $S\phi$(即公差值以直径表示)。

8.3.3　方向

几何公差带的方向是指几何误差的检测方向。

方向公差带、位置公差带、跳动公差带的方向,理论上就是图样上公差框格指引线箭头所指示的方向。形状公差带的方向除了与公差框格指引线箭头所指示的方向有关外,还与被测要素的实际状态有关。图 8-15 中平面度公差带和平行度公差带的指引线方向都是一样的,但是公差带的方向却不一定相同。

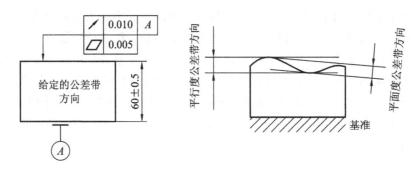

图 8-15　几何公差带的方向

8.3.4　位置

几何公差带的位置分为两种情况，即浮动和固定。若几何公差带的位置可以随被测要素的变动而变动，没有对其他要素保持一定几何关系的要求，则称公差带的位置是浮动的；若几何公差带的位置必须和基准保持一定的几何关系，不随被测要素的变动而变动，则称公差带的位置是固定的。

判断几何公差带是固定还是浮动的方法是：若公差带与基准之间由理论正确尺寸定位，则公差带位置固定；若由尺寸公差定位，则公差带位置在尺寸公差带内浮动。

一般来说，形状公差带的方向和位置是浮动的；方向公差带的方向是固定的，而位置是浮动的；位置（位置度除外）公差带和跳动公差带的方向和位置都是固定的。

请读者自己查找一下各几何公差项目的公差带情况。

8.4　几何误差的检测

8.4.1　检测原则

常用的几何误差检测原则有五种，见表 8 - 2。

表 8 - 2　常用的检测原则

编号	检测原则名称	示　　例	说　　明
1	与理想要素比较原则	模拟理想要素	将被测实际要素与其理想要素相比较，量值由直接法或间接法获得，理想要素用模拟法获得
2	测量坐标值原则		测量被测实际要素的坐标值（如直角坐标值、极坐标值、圆柱面坐标值），并经过数据处理获得几何误差值
3	测量特征参数原则	测量截面	测量被测实际要素上具有代表性的参数（即特征参数）来表示几何误差值

续表

编号	检测原则名称	示 例	说 明
4	测量跳动原则	*测量截面*	被测实际要素绕基准轴线回转过程中，沿给定方向测量其对某参考点或线的变动量，变动量是指指示器最大与最小读数之差
5	控制实效边界原则	*量规*	检验被测实际要素是否超过实效边界，以判断合格与否

8.4.2 检测方法

考虑到在实际生产中检测的方便性和实用性，国家标准进一步规定，除跳动公差外的其余项目的几何误差值，均可按其最小区域确定，不限测量方法。因此，在实际测量中，应将五条检测原则作为理论依据，根据零件的具体情况选择恰当合理的检测方法。

1. 直线度误差检测

（1）光隙法。光隙法适用于经磨削后较短平面上的直线度误差测量（给定方向上），使用器具：刀口尺和塞尺。

如图 8-16 所示，刀口尺的刃口体现理想直线，测量时，将刃口与被测直线相接触，用肉眼观察透光量的情况，最大光隙即为直线度误差。当光隙较小时，误差值按标准光隙估读，一般光隙在 0.5～0.8 mm 时呈蓝色，在 1.25～1.7 mm 时呈红色，大于 2.5 mm 时呈白色。当光隙较大时，误差值用塞尺测量。

(a) 刀口尺   (b) 塞尺

图 8-16 刀口尺和塞尺

（2）指示表法。指示表法适用于轴套类零件轴线直线度的测量（任意方向上），使用器具：顶尖架、平板、带支架的指示表（百分表或千分表）等。

如图 8-17 所示，测量时将被测轴装夹在平行于平板的两顶尖之间，并将装在支架上的两个相对指示表的测量头调整在铅垂轴截面内，沿最高、最低两条素线测量，同时分别记录两指示表的读数值 M_1 和 M_2，各测点读数差之半 $\dfrac{M_1-M_2}{2}$ 值中的最大值即为该截面内轴线的直线度误差。转动轴按上述方法测量若干个截面，取其中最大值作为零件轴线的直线度误差。

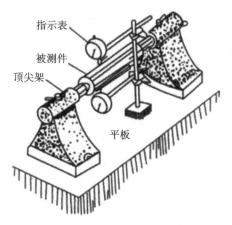

图 8 - 17　轴线直线度测量

（3）节距法。节距法适用于计量相对较长零件表面直线度的测量。

2. 平面度误差检测

平面度误差检测使用器具：平板、支撑、带支架的指示表等。

测量平面度误差时将被测平面支撑在平板（作为测量基准）上，用指示表测量被测平面上具有代表性的测点的数值，如图 8 - 18 所示，再用适当的方法评定出平面度误差值，如理想平面法（对角线法）、最小区域法等。

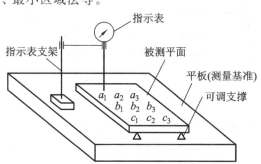

图 8 - 18　用指示表测量平面度误差

3. 圆度、圆柱度误差检测

圆度、圆柱度误差的检测方法分为两类：一类是用专用测量仪进行测量，如圆度仪、坐标测量仪等；另一类是用通用量具进行测量。

1）圆度误差检测

（1）圆度仪测量法。圆度仪测量法是以"与理想要素比较原则"为依据的测量方法。如图 8 - 19 所示，实测时先调零（为理想圆半径），然后回转轴带动测头沿被测表面回转一圈，测头的径向位移由传感器转变为电信号，由放大器放大推动记录仪描绘出实际轮廓线，同时显示测得数值。应用最小区域法取最大值与最小值之差，即为该截面内的圆度误差值。用上述方法测量若干截面，取其中最大值为零件圆度误差值。

图 8 - 19　圆度仪测量圆度误差

（2）通用量具测量法。用通用量具测量圆度，实际上是选用直径作为特征参数，通过测量被测零件正截面内直径的变化来近似评定圆度误差。通用量具测量圆度的方法可分为两点法和三点法两种。

两点法：用游标卡尺、千分尺（与零件形成两点接触）测量零件正截面内不同方向的实际直径值，最大差值的一半就是该截面内的圆度误差值。

三点法：如图 8 - 20 所示，将零件放置在 V 形铁上，指示器测头置于铅垂轴截面内（与零件形成三点接触），并固定轴向位置。将零件回转一周，指示器显示的最大差值的一半就是该截面内的圆度误差值。

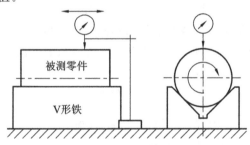

图 8 - 20　三点法测量圆度

2）圆柱度误差检测

（1）圆度仪法测量圆柱度误差，是在测量圆度的基础上，同时将测头沿被测轴的轴向作均匀、精确的移动，取测得数据中的最大差值，即为该轴的圆柱度误差。

（2）两点法和三点法是沿圆柱轴向取若干位置重复圆度的测量，取测得值中最大差值的一半，即为该轴的圆柱度误差。

4. 平行度误差检测

平行度误差检测使用器具：平板、带支架的指示表、可胀式心轴、V 形架等。

（1）面对面平行度误差检测。如图 8 - 21（a）所示，将被测零件放置在平板（模拟基准）上，使指示表测头在被测表面上多点位移动，指示表最大值与最小值之差即为零件上表面相对于底面的平行度误差，即 $f = |M_{max} - M_{min}|$。

（2）线对面平行度误差检测。如图 8 - 21（b）所示，将被测零件（长度为 L_1）放置在平板上，被测轴线由可胀式心轴模拟，将指示表测头置于铅垂轴截面内测量距离为 L_2 的两位置处，测得读数分别为 M_1 和 M_2，则轴线相对于底面的平行度误差为

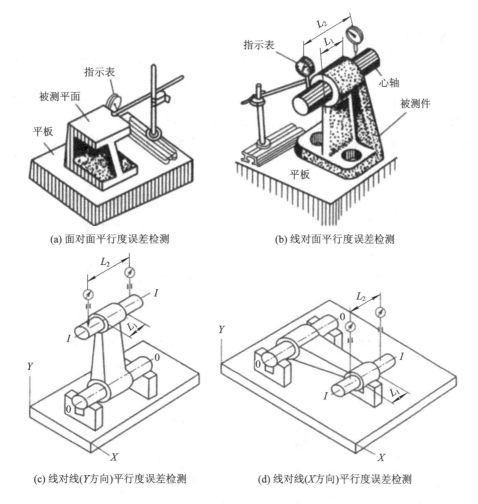

图 8 - 21　平行度误差检测

$$f = |M_1 - M_2| \frac{L_1}{L_2}$$

(3) 线对线平行度误差检测。根据检测方向可分为以下三种：

① 要求一个方向。将被测零件按如图 8-21(c)所示方法放置，被测轴线 $I-I$（长度为 L_1）和基准轴线 $0-0$ 均由可胀式心轴模拟，将指示表测头置于被测心轴铅垂轴截面内测量距离为 L_2 的两位置处，测得读数分别为 M_1 和 M_2，则被测轴线 $I-I$ 相对于基准轴线 $0-0$ 在 Y 方向的平行度误差为

$$f_Y = |M_1 - M_2| \frac{L_1}{L_2}$$

② 要求互相垂直两个方向。首先测量出 f_Y 后，再按如图 8-21(d)所示方法放置零件进行 X 方向测量，得

$$f_X = |M_1 - M_2| \frac{L_1}{L_2}$$

③ 要求任意方向。按上述方法分别测出 f_X 和 f_Y 后，计算得

$$f = \sqrt{f_X^2 + f_Y^2}$$

5. 垂直度误差检测

垂直度误差检测使用器具：平板、精密直角尺、塞尺、转台、直角座、带支架的指示表、可胀式心轴等。

（1）面对面垂直度误差检测。如图 8-22(a)所示，将被测零件放置在平板（模拟基准）上，将精密直角尺短边置于平板上，长边（模拟理想平面）靠在被测平面上。用塞尺测量直角尺长边与被测平面之间最大间隙，其数值即为被测平面相对于底面的垂直度误差。

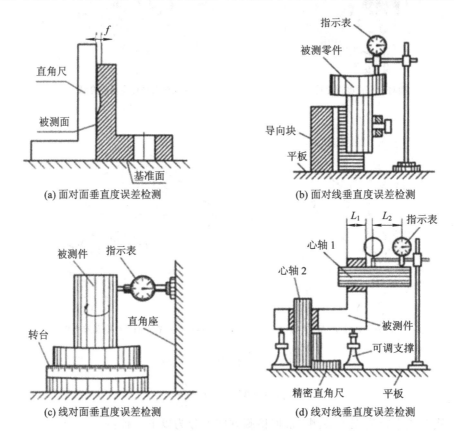

(a) 面对面垂直度误差检测

(b) 面对线垂直度误差检测

(c) 线对面垂直度误差检测

(d) 线对线垂直度误差检测

图 8-22 垂直度误差检测

（2）面对线垂直度误差检测。如图 8-22(b)所示，将被测零件放置在导向块内，基准轴线由导向块模拟。用指示表测量被测零件上表面，其最大值与最小值之差即为零件表面相对于基准轴线的垂直度误差。

（3）线对面垂直度误差检测。如图 8-22(c)所示，将被测零件放置在转台（其底面模拟基准平面）上，并使被测零件轴线与转台轴线同轴。使转台旋转，同时测头沿零件轴向移动，读数最大差值的一半即为被测零件轴线相对于底面的垂直度误差，即

$$f = \frac{1}{2}(M_{max} - M_{min})$$

（4）线对线垂直度误差检测。如图 8-22(d)所示，被测水平孔（长度为 L_1）与基准竖直孔轴线分别由可胀式心轴 1 和心轴 2 模拟。调整基准心轴 2 使其与平板垂直，将测头置于

被测心轴铅垂轴切面内测量距离为 L_2 的两位置处，测得读数分别为 M_1 和 M_2，则水平孔相对于竖直孔轴线的垂直度误差为

$$f = \left| M_1 - M_2 \right| \frac{L_1}{L_2}$$

6. 倾斜度误差检测

倾斜度误差检测使用器具：平板、定角座、带支架的指示表等。

如图 8-23 所示，将被测零件放置在定角座（其底面模拟基准平面）上，指示表读数的最大值与最小值之差即为被测斜面相对于底面的倾斜度误差，即

$$f = \left| M_{max} - M_{min} \right|$$

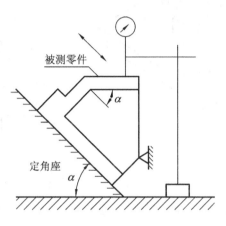

图 8-23 倾斜度误差检测

7. 对称度误差检测

对称度误差检测使用器具：平板、带支架的指示表等。

如图 8-24 所示，将零件放置在平板上，测量①槽面上各测点的高度，然后翻转零件，测量②槽面上各对应点的高度，各对应两测点数值的最大差值即为槽两侧面相对于零件中心平面的对称度误差。

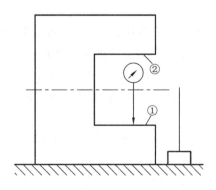

图 8-24 对称度误差检测

8. 同轴度误差检测

同轴度误差检测使用器具：心轴、V 形铁、顶尖座、带支架的指示表等。

1) 阶梯轴零件

如图 8 - 25(a)所示,将阶梯轴零件的两端(作为公共基准)放置在两个等高的 V 形铁上,将装在支架上的两个相对指示表的测头调整在零件中间被测部分的铅垂轴截面内,并沿轴向移动,两指示表读数差的最大值为该截面内中间阶梯轴部分相对于两端部分的同轴度误差,即

$$f = |M_1 - M_2|$$

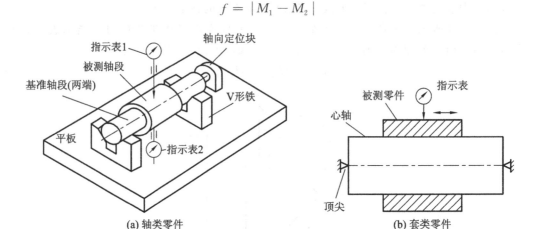

图 8 - 25　同轴度误差检测

转动零件测量若干个轴截面,两指示表读数差的最大值为中间阶梯轴部分相对于两端部分的同轴度误差。

2) 套类零件

如图 8 - 25(b)所示,将套类零件通过可胀式心轴装在两同轴顶尖(中心线体现基准轴线)之间,将指示表的测头调整在零件铅垂轴截面内。测量时,零件连续旋转,同时指示表沿轴向移动,指示表的最大与最小读数之差即为轴套孔轴线相对于基准轴线的同轴度误差。

9. 跳动误差检测

跳动误差检测使用器具:平板、V 形铁、定位套、带支架的指示表等。

跳动公差测量的对象仅是轴套类零件,基准是零件轴线。

(1) 测量径向跳动。如图 8 - 26(a)所示,将被测轴装在两同轴顶尖(中心线体现基准轴线)之间,将指示表的测头调整在零件铅垂轴截面内。当被测轴回转一周时,指示表的最大与最小读数之差,即是径向圆跳动误差。

零件连续旋转,同时指示表沿轴向匀速移动,指示表的最大与最小读数之差,即是径向全跳动误差。

(2) 测量端面跳动。如图 8 - 26(b)所示,将被测轴放置在 V 形铁上,左端用顶尖顶住,指示表测头(平行于轴线)放置在右端面距圆心为 R 处。当被测轴回转一周时,指示表的最大与最小读数之差,即是距圆心为 R 处的端面圆跳动误差。

零件连续旋转,同时指示表沿半径线向圆心匀速移动,指示表的最大与最小读数之差,即是端面全跳动误差。

（3）测量斜向圆跳动。如图 8-26(c)所示，将被测锥轴放置在定位套中，下端用顶尖顶住，指示表测头（垂直于素线）放置在圆锥面上。当被测轴回转一周时，指示表的最大与最小读数之差，即是圆锥面的斜向圆跳动误差。

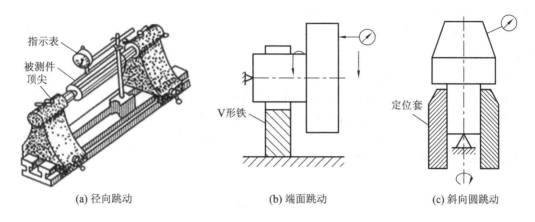

（a）径向跳动　　　　　　　　　（b）端面跳动　　　　　　　　（c）斜向圆跳动

图 8-26　跳动误差检测

注意：由于跳动误差检测的经济实用性，故在实际生产中常用来代替一些难度大的检测项目。如用径向全跳动代替圆柱度、同轴度的测量，端面全跳动代替端面相对于轴线垂直度的测量等。

本 章 小 结

（1）形状公差和位置公差（几何公差）在机械制造中的作用。规定出合理的形状公差和位置公差，用以限制形状误差和位置误差，保证零件的使用性能。

（2）几何公差的符号及代号。

① 几何公差项目的符号主要有以下几种：

形状公差：直线度、平面度、圆度、圆柱度、线轮廓度和面轮廓度。

方向公差：平行度、垂直度、倾斜度、线轮廓度和面轮廓度。

位置公差：位置度、对称度、同轴度、同心度、线轮廓度和面轮廓度。

跳动公差：圆跳动和全跳动。

② 几何公差的代号。国标规定几何公差在图样中应采用代号标注。代号由公差项目符号、框格、指引线、公差数值、基准符号和其他有关符号组成。几何公差框格用细线绘制，可画两格或多格，要水平或铅垂放置，框格的高度是图样中尺寸数字高度的二倍，框格长度根据需要而定。框格中的数字、字母和符号与图样中的数字同高。框格内由左至右或由下至上填写的内容为：第一格为几何公差项目符号；第二格为几何公差值及其有关符号，以后各格为基准代号的字母及有关符号。

③ 基准符号。标注位置公差的基准要用基准符号。基准符号由粗短横线、圆圈、细连线和字母组成。圆圈直径与框格高度相同，圆圈内填写基准的字母符号。无论基准符号在图样上的方向如何，圆圈内的字母均应水平书写。圆圈和连线用细实线绘制，连线必须与基准要素垂直。

（3）几何公差的标注方法如下：

① 当被测要素为组成要素（轮廓要素）时，公差框格指引线箭头应指在轮廓线或其延长线上，并应与尺寸线明显地错开；当被测要素为导出要素（中心要素）时，指引线箭头应与该要素的尺寸线对齐或直接标注在轴线上。

② 当基准要素为轮廓要素时，基准符号应在轮廓线或其延长线上，并应与尺寸线明显地错开；当基准要素为中心要素时，基准符号一定要与该要素的尺寸线对齐。

（4）几何公差带。几何公差带是限制被测实际要素变动的区域，该区域大小是由几何公差值确定的。只要被测实际要素被包含在公差带内，就表明被测要素合格，符合设计要求。几何公差带不仅有大小，还有形状、方向和位置，共四个要素要求。

（5）几何误差项目的检测方法：以五条几何误差检测原则为理论依据，各个项目的检测方法不同，误差值的计算也各不相同。

习　题

8.1　填空：

（1）国家标准中，几何公差的项目共有_____项。

（2）跳动公差分为_____和_____两种。

（3）位置公差分为位置度、同轴度和_____。

（4）方向公差带相对于基准的方向是固定的，在此基础上_____是浮动的。

（5）几何误差是_____的控制对象。

（6）几何误差是被测实际要素相对于_____变动量。

（7）位置公差带可同时限制被测要素的_____、方向和_____。

（8）端面全跳动公差带控制端面对基准轴线的_____误差，同时它也控制了端面的_____误差。

（9）几何公差的基准代号中的字母一定要_____书写。

8.2　改正图 8 - 27 中标注错误，不允许改变几何公差项目符号。

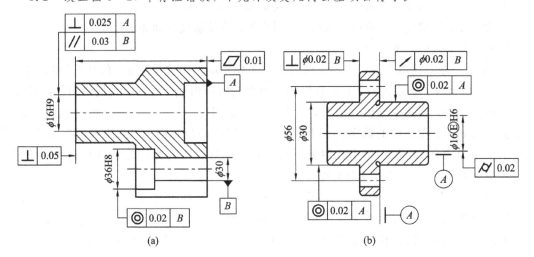

(a)　　　　　　　　　(b)

图 8 - 27　改错题

8.3　将下列精度要求标注在图 8-28 上：

(1) 内孔尺寸为 ϕ30H7。

(2) 圆锥面圆度公差为 0.01 mm，母线的直线度公差为 0.01 mm。

(3) 圆锥面对内孔轴线的斜向圆跳动公差为 0.02 mm。

(4) 内孔轴线对右端面的垂直度公差为 0.01 mm。

(5) 左端面对右端面的平行度公差为 0.02 mm。

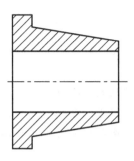

图 8-28　题 8.3 图

8.4　将下列精度要求标注在图 8-29 上：

(1) 大端圆柱面公称尺寸为 50 mm，极限上偏差为 0，极限下偏差为 —0.025 mm。

(2) 小端圆柱面轴线对大端圆柱面轴线的同轴度公差为 0.03 mm。

(3) 大端圆柱右端面对大端圆柱轴线的垂直度公差为 0.02 mm。

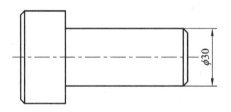

图 8-29　题 8.4 图

第9章　表面粗糙度及其测量

(一) 教学目标

·知识目标：

(1) 掌握表面粗糙度的定义、评定参数、标注等知识；

(2) 掌握查阅国家相关标准的方法；

(3) 掌握表面粗糙度测量仪器的结构、测量原理、使用方法及粗糙度样板的使用方法；

(4) 能正确测量零件表面粗糙度误差，会分析测量结果并进行合格性判断；

(5) 培养安全操作与协作意识，养成自觉清理工作环境的习惯。

·能力目标：

(1) 能够掌握表面粗糙度标注的方法；

(2) 具备使用各种表面粗糙度测量仪器的能力；

(3) 具备根据加工工艺选择表面粗糙度的能力。

(二) 教学内容

(1) 表面粗糙度的基本术语；

(2) 表面粗糙度的评定参数；

(3) 表面粗糙度的图形符号；

(4) 表面粗糙度代号及其标注；

(5) 表面粗糙度的测量；

(6) 表面粗糙度的选择。

(三) 教学要点

(1) 表面粗糙度基本术语及评定参数；

(2) 表面粗糙度的图形符号及其标注；

(3) 表面粗糙度的测量及选择。

　　零件经过机械加工，总是存在宏观和微观的几何误差。微观几何形状特性，即微小的峰谷高低程度及其间距状况称为表面粗糙度。表面粗糙度值越小，表面越光滑。表面粗糙度参数值的大小对零件的使用性能和寿命有直接影响。

　　表面粗糙度对零件的耐磨性、配合性质、疲劳强度、耐蚀性、接触刚度等性能和寿命都有较大的影响，对于加工完成的零件，只有同时满足尺寸精度、几何精度、表面粗糙度的要求，才能保证零件几何参数的互换性。对间隙配合来说，相对运动的表面因粗糙不平而迅速磨损，从而使间隙增大；对过盈配合来说，由于装配时将微观凸峰挤平，减小了实际有效过盈，从而降低了连接强度；对于过渡配合来说，表面粗糙度也会使配合变松。此外，表面粗糙度对密封性、产品外观及表面反射能力等有明显的影响。因此，表面粗糙度是评定产品质量的重要指标。在保证零件尺寸、形状和位置精度的同时，也要对表面粗糙度提出相应的要求。

9.1 表面粗糙度评定参数

9.1.1 基本术语

1. 轮廓滤波器

轮廓滤波器是把轮廓分成长波和短波成分的滤波器。在测量表面粗糙度、波纹度和原始轮廓的仪器中，使用三种滤波器，分别是 λ_s、λ_c 和 λ_f 滤波器，如图 9-1 所示。它们的传输特性相同，截止波长不同。λ_s 是确定存在于表面上的粗糙度与比它更短的波的成分之间相交界限的滤波器；λ_c 是确定粗糙度与波纹度成分之间相交界限的滤波器；λ_f 是确定存在于表面上的波纹度与比它更长的波的成分之间相交界限的滤波器。

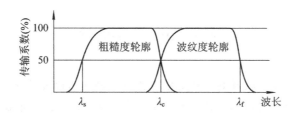

图 9-1 轮廓滤波器

2. 表面轮廓

表面轮廓是指定平面与实际表面相交所得的轮廓，如图 9-2 所示。表面轮廓有原始轮廓（P 轮廓）、粗糙度轮廓（R 轮廓）、波纹度轮廓（W 轮廓）三种。

原始轮廓是通过轮廓滤波器 λ_s 之后的总轮廓。粗糙度轮廓是对原始轮廓采用 λ_c 轮廓滤波器抑制长波成分以后形成的轮廓，是经过人为修正的轮廓，粗糙度轮廓是评定粗糙度轮廓参数的基础。

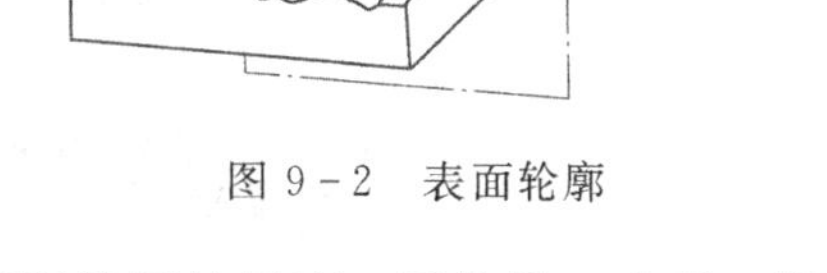

图 9-2 表面轮廓

3. 取样长度 l_r

取样长度是指在 X 轴方向上判别被评定轮廓不规则特征的长度，用代号 l_r 表示。规定和选择这段长度是为了限制和减弱表面波纹度对表面粗糙度测量结果的影响。

通常采用一直角坐标体系来确定取样长度，其轴线形成一右旋笛卡儿坐标系，X 轴与中线方向一致，Y 轴也处于实际表面上，而 Z 轴则在从材料到周围介质的外延方向上。

取样长度在数值上同轮廓滤波器 λ_c 的截止波长相等。若取样长度过长，则表面粗糙度的测得值会把表面波纹度的成分包括进去；若取样长度过短，则测量时没有足够的峰和谷，不能反映表面粗糙度的实际情况。表面越粗糙，取样长度应越大，一个取样长度至少包含五个以上的轮廓峰和谷。国标规定的取样长度见表 9-1。

表 9－1 取样长度 l_r 的数值（GB/T 1031－2009）

l_r/mm	0.08	0.25	0.8	2.5	8	25

4. 评定长度 l_n

由于被测表面各处的粗糙度不可能均匀一致，若只取一个取样长度来评定该表面的粗糙程度，一般是不够客观的，通常需要取几个取样长度来评定，所以规定评定长度。评定长度是指用于评定被评定轮廓的 X 轴方向上的长度，它一般取 5 个取样长度。若被测表面均匀性好，则评定长度可小于 5 倍的取样长度；若均匀性差，则评定长度可大于 5 倍的取样长度。取样长度和评定长度关系如图 9－3 所示。

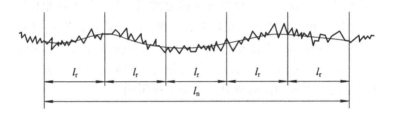

图 9－3 取样长度和评定长度

5. 中线

中线是具有几何轮廓形状并划分轮廓的基准线。表面粗糙度轮廓中线是用轮廓滤波器 λ_c 抑制了长波轮廓成分相对应的中线。中线的几何形状与工件表面几何轮廓的走向一致。中线是计算各种评定参数数值的基础，表面粗糙度轮廓中线包括下面两种：

（1）轮廓最小二乘中线。轮廓的最小二乘中线是指具有几何轮廓形状并划分轮廓的基准线。在取样长度内，使轮廓上各点到该基准线的距离的平方和为最小，如图 9－4 所示，即

$$\sum_{i=1}^{n} y_i^2 = \min$$

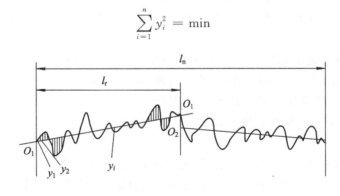

图 9－4 轮廓的最小二乘中线

（2）轮廓算术平均中线。轮廓算术平均中线是指具有几何轮廓形状，在一个取样长度范围内，划分实际轮廓为上、下两部分，且使上部分的面积之和与下部分的面积之和相等的基准线，如图 9－5 所示。最小二乘中线符合最小二乘原则，从理论上讲是理想的基准线，但在轮廓图形上确定最小二乘中线的位置比较困难，而算术平均中线与最小二乘中线

的差别很小，故通常用算术平均中线来代替最小二乘中线。

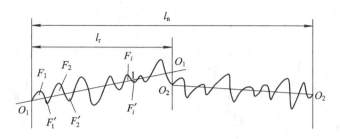

图 9 - 5　轮廓的算术平均中线

9.1.2　评定参数

为了完善地评定实际轮廓，GB/T 3505—2009 用表面微观几何形状幅度、间距、曲线和相关参数等特征，规定了相应的评定参数。

1. 轮廓的幅度参数

（1）评定轮廓的算术平均偏差 Ra：在一个取样长度内，纵坐标值 $Z(x)$ 绝对值的算术平均值，如图 9 - 6 所示，即

$$Ra = \frac{1}{l_r} \int_0^{l_r} |Z(x)| \, dx$$

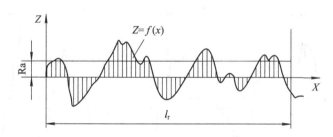

图 9 - 6　轮廓算术平均偏差

纵坐标 $Z(x)$ 是指被评定轮廓在任一位置距 X 轴的高度。若纵坐标位于 X 轴下方，则该高度被视作负值，反之则为正值。

若测得的 Ra 值越大，则表面越粗糙。Ra 参数能充分反映表面微观几何形状的特性，一般用电动轮廓仪进行测量，而当表面过于粗糙或太不光滑时不宜用轮廓仪测量，所以这个参数的使用受到一定的限制。

（2）轮廓最大高度 Rz：在一个取样长度内，最大轮廓峰高和最大轮廓谷深之和，如图 9 - 7 所示，即

$$Rz = Z_p + Z_v$$

式中，Z_p 和 Z_v 均取负值。

$$Rz = |Z_{pmax}| + |Z_{vmax}|$$

式中：Z_{pmax} 表示最大轮廓峰高；Z_{vmax} 表示最大轮廓谷深（取心值）。

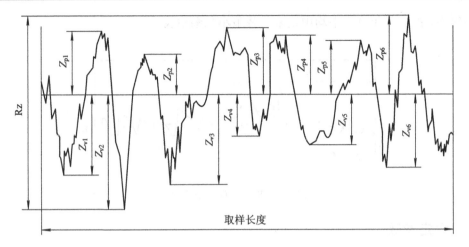

图 9 - 7　轮廓最大高度

2. 间距参数

轮廓单元的平均宽度 Rsm：在一个取样长度内轮廓单元宽度 X_s 的平均值，如图 9 - 8 所示，即

$$\mathrm{Rsm} = \frac{1}{m} \sum_{i=1}^{m} X_{si}$$

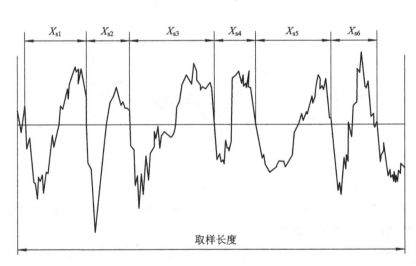

图 9 - 8　轮廓单元的平均宽度

3. 曲线和相关参数

(1) 轮廓支承长度率 Rmr(c)：在给定水平截面高度 c 上，轮廓的实体材料长度 $l(c)$ 与评定长度的比率，即

$$\mathrm{Rmr}(c) = \frac{l(c)}{l_n} \times 100\%$$

Rmr(c)对应于不同的 c 值，c 值可用微米或 c 值与 Rz 值的百分比表示。

Rmr(c)是评定轮廓的曲线和相关参数，当 c 值一定时，Rmr(c)值越大，支承能力和耐磨性越好。

（2）轮廓的实体材料长度 $l(c)$：指在评定长度内，一平行于 X 轴的直线从峰顶线向下移一水平截面高度 c 时，与轮廓相截所得的各段截线长度之和，如图 9-9(a) 所示，即

$$l(c) = b_1 + b_2 + \cdots + b_i + \cdots + b_n = \sum_{i=1}^{n} b_i$$

轮廓支承长度率是随着水平截面高度 c 的大小而变化的，其关系曲线称为支承长度率曲线，支承长度率曲线对于反映表面耐磨性具有显著的功效，即从中可以明显看出支承长度的变化趋势，且比较直观，如图 9-9(b) 所示。

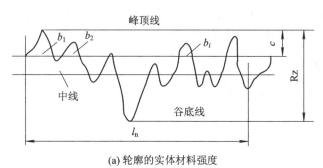

(a) 轮廓的实体材料强度　　　　　　　　　(b) 轮廓的支承长度率曲线

图 9-9　支承长度率曲线

4. 表面粗糙度参数的数值

表面粗糙度参数值已经标准化，设计时应从国家标准 GB/T 1031—2009《产品几何技术规范（GPS）表面结构　轮廓法　表面粗糙度参数及其数值》规定的参数值系列中选取。选取时应优先采用基本系列表中的数值，见表 9-2～表 9-4。

表 9-2　第一系列评定轮廓的算术平均偏差 Ra 的数值　　　　　　（单位：μm）

（摘自 GB/T 1031—2009）

Ra	0.012	0.2	3.2	50
	0.025	0.4	6.3	100
	0.05	0.8	12.5	
	0.1	1.6	25	

表 9-3　第一系列轮廓最大高度 Rz 的数值　　　　　　（单位：μm）

（摘自 GB/T 1031—2009）

Rz	0.025	0.4	6.3	100	1600
	0.05	0.8	12.5	200	
	0.1	1.6	25	400	
	0.2	3.2	50	800	

表 9-4　第一系列轮廓单元的平均宽度 Rsm 的数值　　　　　　（单位：mm）

（摘自 GB/T 1031—2009）

Rsm	0.006	0.1	1.6
	0.0125	0.2	3.2
	0.025	0.4	6.3
	0.05	0.8	12.5

9.2 表面粗糙度的标注

GB/T 131—2006 对表面粗糙度符号、代号及标注都做了规定。图样上标注的表面粗糙度符号、代号是该表面完工后的要求。

9.2.1 表面粗糙度符号

（1）基本图形符号：对表面粗糙度有要求的图形符号，如图 9 - 10(a)所示。基本图形符号仅用于简化代号标注，没有补充说明时不能单独使用。

(a) 基本图形符号　　(b) 扩展图形符号　　(c) 扩展图形符号

图 9 - 10　基本图形符号和扩展图形符号

（2）扩展图形符号：对表面粗糙度有指定要求的图形符号。在基本图形符号上加一短横，如图 9 - 10(b)所示，表示指定表面是用去除材料的方法获得的表面，如车、磨、刨、铣等机械加工。在基本图形符号上加一圆圈，如图 9 - 10(c)所示，表示指定表面是用不去除材料的方法获得的，如铸、锻、冲压变性、热轧、冷轧、粉末冶金等。

（3）完整图形符号：对基本图形符号或扩展图形符号扩充后的图形符号。当要求标注表面粗糙度特征的补充信息时，在基本图形符号或扩展图形符号的长边上加一横线，如图 9 - 11 所示。

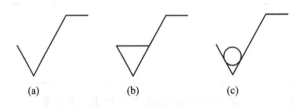

(a)　　　　　　(b)　　　　　　(c)

图 9 - 11　完整图形符号

当在图样某个视图上构成封闭轮廓的各表面有相同的表面粗糙度要求时，应在完整图形符号上加以圆圈，标注在图样中工件的封闭轮廓线上，如图 9 - 12 所示。

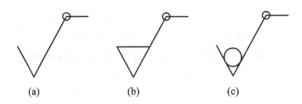

(a)　　　　　　(b)　　　　　　(c)

图 9 - 12　封闭轮廓相同表面粗糙度要求时的符号

表面粗糙度的图形符号及含义见表 9 - 5。

表 9 – 5　表面粗糙度符号及含义

分　类	图　形　符　号	含　　义
基本图形符号		未指定工艺方法的表面,当通过一个注释解释时可单独使用
扩展图形符号	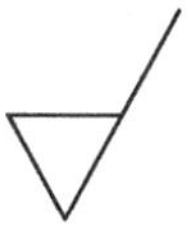	用去除材料方法获得的表面,仅当其含义是"被加工表面"时可单独使用
		不去除材料的表面,也可用于表示保持上道工序形成的表面,不管这种状况是通过去除材料或不去除材料形成的
完整图形符号	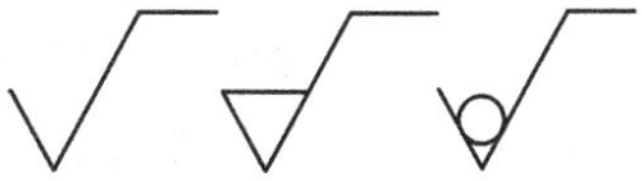	在上述三种符号的长边上加一横线,用于标注表面粗糙度特征的补充信息
工件轮廓各表面的图形符号	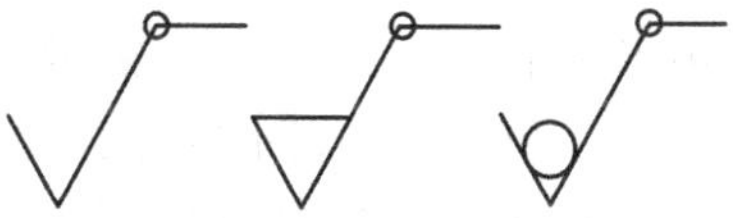	在完整图形符号上加一圆圈,表示对视图上构成封闭轮廓的各表面有相同的表面粗糙度要求

9.2.2　表面粗糙度代号及其标注

为了明确表面粗糙度要求,除了标注表面粗糙度参数和数值外,必要时应标注补充要求,补充要求包括传输带、取样长度、加工工艺、表面纹理及方向、加工余量等。有关表面粗糙度补充要求的各项规定应标注在符号中相应的位置,如图 9 – 13 所示。

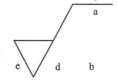

（1）位置 a：注写表面粗糙度的单一要求,单一要求包括表面粗糙度参数代号、极限值、传输带或取样长度等。

图 9 – 13　表面粗糙度代号及其标注

（2）位置 b：注写第二个表面粗糙度要求,注写方法同位置 a,如果要注写第三个或更多个表面粗糙度要求,图形符号应在垂直方向扩大,以空出足够的空间。

（3）位置 c：注写加工方法、表面处理、涂层或其他加工工艺要求等。

（4）位置 d：注写表面纹理方向。

（5）位置 e：注写加工余量。

1. 极限值判断规则的标注

极限值判断规则的标注有两种：16％规则和最大规则。

16％规则是指当参数的规定值为上限值时,如果所选参数在同一评定长度上的全部实测值中,大于图样或技术产品文件中规定值的个数不超过实测值总数的 16％,则该表面合格;当参数的规定值为下限值时,如果所选参数在同一评定长度上的全部实测值中,小于图样或技术文件中规定值的个数不超过实测值总数的 16％，则该表面合格。

最大规则是指检验时，在被检表面的全部区域内测得的参数值一个也不应超过图样或技术产品文件中的规定值。16％规则是所有表面粗糙度要求标注的默认规则，一般不标注代号，如图 9-14(a)所示。如果最大规则应用于表面粗糙度要求，在参数代号后应加上"max"，如图 9-14(b)所示。

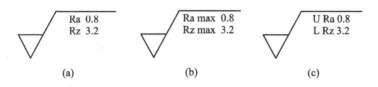

图 9-14　极限值的标注

16％规则和最大规则都是单向极限，单向极限默认的是参数的上限值。当需要标注参数的单向下限值时，应在参数代号前加 L，如 L Ra 0.8。在完整图形符号中表示双向极限时，上限值在上方用 U 表示，下限值在下方用 L 表示，如图 9-14(c)所示。如果是同一个参数具有双向极限要求，在不致引起歧义的情况下，可以不加 U、L。

2. 传输带和取样长度的标注

传输带是两个定义的滤波器之间的波长范围。这意味着传输带就是评定时的波长范围。粗糙度轮廓传输带的截止波长值代号是 λ_s 和 λ_c。λ_c 表示取样长度。默认的传输带定义的截止波长值是 $\lambda_c = 0.8$ mm 和 $\lambda_s = 0.0025$ mm。传输带标注包含滤波器截止波长，短波滤波器在前，长波滤波器在后，用连字号"-"隔开，并标注在参数代号的前面，用斜线"/"与参数代号隔开，如图 9-15(a)所示。在某些情况下，传输带中只标注两个滤波器中的一个。如果只标注一个滤波器，应该保留连字号"-"来区分是短波滤波器还是长波滤波器，如图 9-15(b)所示。

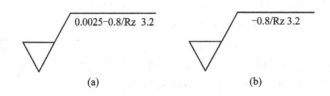

图 9-15　传输带标注

评定长度是在评定表面粗糙度要求时所必须的一段长度。有些参数是基于取样长度定义的，有些参数是基于评定长度定义的。当参数基于取样长度定义时，在评定长度内取样长度的个数是非常重要的，粗糙度参数默认的评定长度是由 5 个取样长度构成的。当采用默认的评定长度时，代号上不标注，否则在参数代号后面注上取样长度的个数，如图 9-14(a)、(b)所示 Rz 3.2 表示粗糙度最大高度 3.2 μm，评定长度包含一个取样长度。

3. 表面粗糙度其他项目的标注

标注的参数代号、参数值和传输带只作为表面粗糙度要求，有时不一定能完全准确地表示表面功能。加工工艺在很大程度上决定了轮廓曲线的特征，因此一般应注明加工工艺、表面镀覆、表面纹理等，如图 9-16 所示。

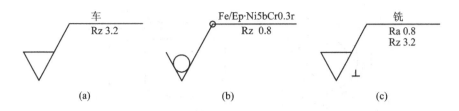

图 9 - 16　其他项目标注

表面纹理及其方向可用图 9 - 17 中规定的符号进行标注。

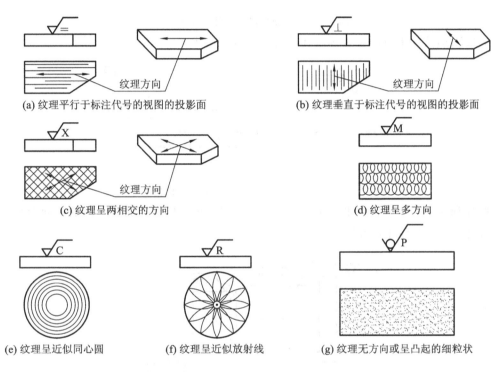

(a) 纹理平行于标注代号的视图的投影面

(b) 纹理垂直于标注代号的视图的投影面

(c) 纹理呈两相交的方向

(d) 纹理呈多方向

(e) 纹理呈近似同心圆

(f) 纹理呈近似放射线

(g) 纹理无方向或呈凸起的细粒状

图 9 - 17　加工纹理方向的符号及其标注图例

4. 表面粗糙度在图样上的标注

在图样上标注表面粗糙度时，注写和读取方向与尺寸的注写和读取方向一致，一般标注在轮廓线或其延长线上，其符号从材料外指向并接触表面，有时也可用带箭头的指引线引出标出，如图 9 - 18 和 9 - 19 所示。

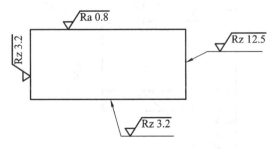

图 9 - 18　表面粗糙度标注在图样上

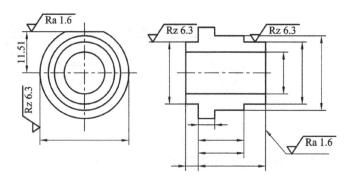

图 9-19 表面粗糙度标注在延长线上

表面粗糙度要求有时也可标注在几何公差框格的上方，如图 9-20 所示。

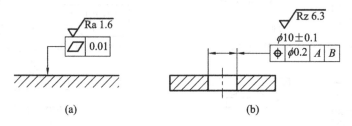

图 9-20 表面粗糙度标注在几何公差框格上方

圆柱和棱柱的表面粗糙度要求只标注一次。如果每个棱柱表面有不同的表面粗糙度要求，则应分别单独标注，如图 9-21 所示。

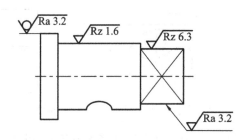

图 9-21 表面粗糙度在圆柱和棱柱表面标注

由几种不同的工艺方法获得的同一表面，当需要明确每种工艺方法的表面粗糙度要求时，可按如图 9-22 所示的方法标注。

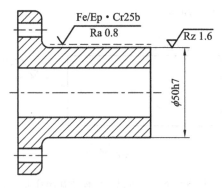

图 9-22 同时给出镀覆前后的表面粗糙度要求的标注

5. 表面粗糙度简化标注

如果在工件的大多数表面有相同的粗糙度要求，可简化标注。此时将不同的表面粗糙度要求直接标注在图形上，相同的表面粗糙度要求统一标注在图样的标题栏附近，并在其后面用圆括号给出无任何其他标注的基本符号，如图 9-23(a)所示，或者在圆括号内给出不同的表面粗糙度要求，如图 9-23(b)所示。

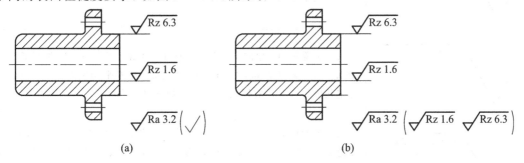

图 9-23　表面粗糙度简化标注

当多个表面具有共同的表面粗糙度要求或图纸空间有限时，可用带字母的完整图形符号以等式的形式在图形或标题栏附近进行简化标注，如图 9-24 所示；或者只用表面粗糙度基本图形符号和扩展图形符号以等式的形式给出对多个表面共同的表面粗糙度要求，如图 9-25 所示。

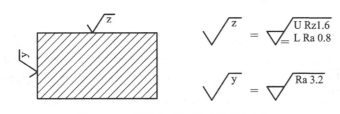

图 9-24　图纸空间有限时的简化标注

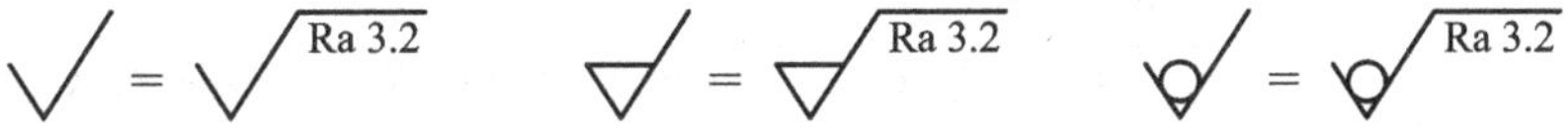

图 9-25　表面粗糙度简化标注

常见表面粗糙度代号及含义见表 9-6。

表 9-6　常见表面粗糙度代号及含义

代　号	含义/解释
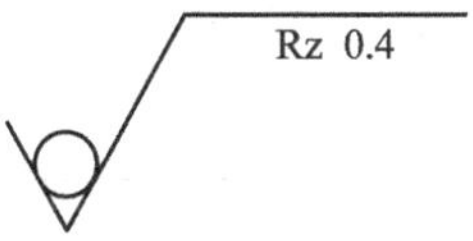 ◯／ Rz 0.4	表示不允许去除材料，单向上限值，默认传输带，R 轮廓，轮廓最大高度为 0.4 μm，默认评定长度，"16%规则"（默认）
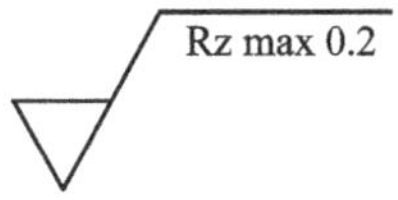 ／ Rz max 0.2	表示去除材料，单向上限值，默认传输带，R 轮廓，轮廓最大高度为 0.2 μm，默认评定长度，"最大规则"

代　号	含义/解释
0.008-0.8/Ra 3.2	表示去除材料，单向上限值，传输带为 $0.008\sim0.8$ mm，R 轮廓，算术平均偏差为 3.2 μm，默认评定长度，"16%规则"（默认）
-0.8/Ra3 3.2	表示去除材料，单向上限值，传输带：根据 GB/T 6062，取样长度为 0.8 mm（默认为 0.0025 mm），R 轮廓，算术平均偏差为 3.2 μm，评定长度包含 3 个取样长度，"16%规则"（默认）
U Ra max 3.2 L Ra 0.8	表示不允许去除材料，双向极限值，两极限值均使用默认传输带，R 轮廓。上限值：算术平均偏差为 3.2 μm，默认评定长度，"最大规则"；下限值：算术平均偏差为 0.8 μm，默认评定长度，"16%规则"（默认）
Cu/Ep·Ni5bCr0.3r Rz 0.8	表示不允许去除材料，单向上限值，默认传输带，R 轮廓，轮廓最大高度为 0.8 μm，默认评定长度，"16%规则"（默认），表面处理：黄铜、镀镍/铬，表面要求对封闭轮廓的所有表面有效
Fe/Ep·Ni10bCr0.3r -0.8/Ra 1.6 U-2.5/Rz 12.5 L-2.5/Rz 3.2	表示去除材料，一个单向上限值和一个双向极限值。单向上限值：传输带 λ_c 为 0.8 mm（λ_s 根据 GB/T 6062 确定），R 轮廓，算术平均偏差为 1.6 μm，默认评定长度，"16%规则"。双向极限值：传输带 λ_c 均为 2.5 mm（λ_s 根据 GB/T 6062 确定），R 轮廓，轮廓最大高度上限值为 12.5 μm，下限值为 3.2 μm，默认评定长度，"16%规则"（默认）。表面处理：钢件，镀镍/铬
磨 Ra 1.6 -2.5/Rz max 6.3 ⊥	表示去除材料，两个单向上限值。Ra 1.6 表示默认传输带，R 轮廓，算术平均偏差为 1.6 μm，默认评定长度，"16%规则"；Rz max 6.3 表示传输带 λ_c 为 2.5 mm，R 轮廓，轮廓最大高度为 6.3 μm，默认评定长度，"最大规则"。表面纹理垂直于视图投影面，加工方法为磨削
铣 0.008-4/Ra 50 0.008-4/Ra 6.3 C	表示去除材料，双向极限值，传输带均为 $0.008\sim4$ mm，R 轮廓，默认评定长度，"16%规则"（默认），上限值对应的算术平均偏差为 50 μm，下限值对应的算术平均偏差为 6.3 μm。表面纹理呈近视同心圆且圆心与表面中心相关，加工方法为铣

9.3　表面粗糙度的测量

表面粗糙度的测量方法主要有比较法、针描法、光切法和干涉法。

1. 比较法

比较法就是将被测零件表面与有一定评定参数的表面粗糙度标准样板，通过视觉、触觉或其他方法进行比较后，对被检表面的粗糙度作出评定的方法。使用时，样板的材料、表面形状、加工方法、加工纹理方向等应尽可能与被测表面一致，否则会产生较大的误差。

用比较法评定表面粗糙度虽然不能精确地得出被检表面的粗糙度数值，但由于器具简单、使用方便，且能满足一般的生产要求，故常用于生产现场，缺点是精度较低，只能做定性分析，表面粗糙度样板如图 9 - 26 所示。

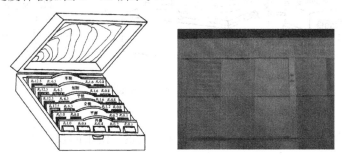

图 9 - 26　表面粗糙度样板

2. 针描法

电动轮廓仪是按针描法评定表面粗糙度的一种典型仪器，该仪器可直接显示 Ra 值，适宜测量 Ra 为 0.025～6.3 μm。测量时，仪器的金刚石触针针尖与被测表面相接触，当触针以一定速度沿着被测表面移动时，微观不平的痕迹使触针做垂直于轮廓方向的上下运动，该微量移动通过传感器转化成电信号，再经过滤波器，将表面轮廓上属于形状误差和波纹度的成分滤去，留下只属于表面粗糙度的轮廓曲线信号，经放大器、计算器直接指示 Ra 值，也可经放大器驱动记录装置，画出被测的轮廓图形，如图 9 - 27 所示。

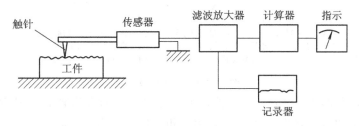

图 9 - 27　针描法测量原理框图

针描法具有性能稳定、测量迅速、数字显示、放大倍数高、使用方便等优点，因此在计量室和生产现场都获得了广泛应用。

3. 光切法

光切法是利用"光切原理"来测量零件表面的粗糙度，使用的仪器是光切显微镜（又称双管显微镜），如图 9 - 28 所示。该仪器适宜于测量用车、铣、刨等加工方法所加工的金属零件的表面或外圆表面。光切法一般用于测量表面粗糙度的 Rz 参数，Rz 参数测量范围为0.8～80 μm。

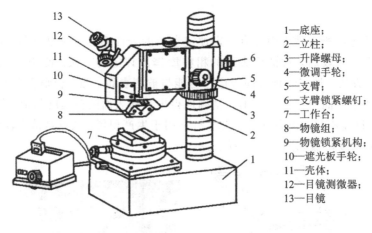

| 1—底座； |
| 2—立柱； |
| 3—升降螺母； |
| 4—微调手轮； |
| 5—支臂； |
| 6—支臂锁紧螺钉； |
| 7—工作台； |
| 8—物镜组； |
| 9—物镜锁紧机构； |
| 10—遮光板手轮； |
| 11—壳体； |
| 12—目镜测微器； |
| 13—目镜 |

图 9 - 28 光切显微镜

4. 干涉法

干涉法是利用光波干涉原理来测量表面粗糙度的，使用的仪器叫做干涉显微镜，如图 9 - 29 所示。

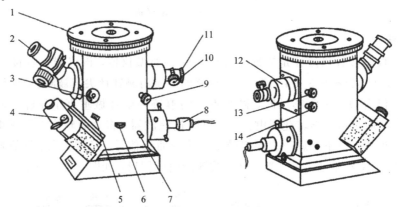

1—工作台；2—目镜；3—照相与测量选择手轮；4—照相机；5—照相机锁紧螺钉；
6—孔径光阑手轮；7—光源选择手轮；8—光源；9—宽度调节手轮；10—调焦手轮；
11—光程调节手轮；12—物镜套筒；13—遮光板调节手轮；14—方向调节手轮

图 9 - 29 干涉显微镜

通常干涉显微镜用于测量 Rz 参数，并可测到较小的参数值，一般 Rz 测量范围为 $0.025 \sim 0.8 \ \mu m$，测量误差为 ±5%，测量表面粗糙度要求高的表面。

在实际测量中，常常遇到某些既不能使用仪器直接测量，也不便于使用样板对比的表面，如深孔、盲孔、凹槽、内螺纹等。评定这些表面的粗糙度时，常采用印模法。印模法是利用一些无流动性和弹性的塑料材料，贴合在被测表面上，将被测表面的轮廓复制成模，然后测量印模，从而间接来评定被测表面的粗糙度。

9.4 表面粗糙度的选择

表面粗糙度的选择主要包括评定参数的选择和参数值的选择。

1. 评定参数的选择

评定参数的选择应考虑零件使用功能的要求、检测的方便性及仪器设备条件等因素。

国家标准规定，轮廓的幅度参数(如 Ra 和 Rz)是必须标注的参数，而其他参数(如 Rsm、Rmr)是附加参数。一般情况下，选用 Ra 和 Rz 就可以满足要求。只有对一些重要表面有特殊要求时，如有涂镀性、抗腐蚀性、密封性要求时，就需要加选 Rsm 来控制间距的细密度；对表面的支承刚度和耐磨性有较高要求时，需加选 Rmr 控制表面的形状特征。

在幅度参数中，Ra 最常用。因为它能较完整、全面地表达零件表面的微观几何特征。国家标准推荐，在常用数值范围(Ra 为 0.025～6.3 μm)内，应优先选用 Ra 参数，在常用数值范围内用电动轮廓仪能方便地测出 Ra 的实际值。Rz 直观易测，用双管显微镜、干涉显微镜等可测得，但 Rz 反映轮廓情况不如 Ra 全面，往往用在小零件(测量长度很小)或表面不允许有较深的加工痕迹(防止应力过于集中)的零件。

2. 参数值的选择

表面粗糙度参数值的选择原则是：在满足功能要求的前提下，尽量选择较大的表面粗糙度参数值(除 Rmr 外)，以减小加工困难，降低生产成本。

表面粗糙度参数值的选择通常采用类比法，具体选择时应注意以下几点：

(1) 同一零件上工作表面比非工作表面粗糙度参数值小。

(2) 摩擦表面比非摩擦表面、滚动摩擦表面比滑动摩擦表面的粗糙度参数值小。

(3) 承受交变载荷的表面及易引起应力集中的部分(如圆角、沟槽等)，粗糙度数值应小些。

(4) 要求配合稳定可靠时，粗糙度参数值应小些。小间隙配合表面，受重载作用的过盈配合表面，其粗糙度参数值要小。

(5) 表面粗糙度与尺寸公差、形状公差应协调。通常若尺寸公差和形状公差小，则表面粗糙度参数值也要小，同一尺寸公差的轴比孔的粗糙度参数值要小。设表面形状公差为 t，尺寸公差为 T，它们之间通常按照以下关系来设计：

IT5～IT7	$t\approx0.6T$	Ra$\leqslant0.05T$	Rz$\leqslant0.2T$
IT8～IT9	$t\approx0.4T$	Ra$\leqslant0.025T$	Rz$\leqslant0.1T$
IT10～IT12	$t\approx0.25T$	Ra$\leqslant0.012T$	Rz$\leqslant0.05T$
>IT12	$t<0.25T$	Ra$\leqslant0.15T$	Rz$\leqslant0.6T$

表面粗糙度的参数值和尺寸公差、几何公差之间并不存在确定的函数关系，如机器、仪器上的手轮、手柄、外壳等部位，其尺寸精度和形状精度要求并不高，但表面粗糙度参数值要求却较小。

(6) 对于密封性、防腐性要求高的表面或外形美观的表面，其表面粗糙度参数值都应小些。

(7) 凡有关标准已对表面粗糙度要求作出规定的(如轴承、量规、齿轮等)，应按标准规定选取表面粗糙度参数值。

表 9-7 列出了孔和轴的表面粗糙度参数推荐值，表 9-8 列出了表面粗糙度的表面特征、经济加工方法及应用举例，供类比时参考。

表 9 - 7 轴和孔的表面粗糙度参数推荐值

应 用 场 合			Ra/μm		
示　例	公差等级	表面	基本尺寸/mm		
			≤50	>50～500	
经常装拆零件的配合表面（如挂轮、滚刀等）	IT5	轴	≤0.2	≤0.4	
		孔	≤0.4	≤0.8	
	IT6	轴	≤0.4	≤0.8	
		孔	≤0.8	≤1.6	
	IT7	轴	≤0.8	≤1.6	
		孔			
	IT8	轴	≤0.8	≤1.6	
		孔	≤1.6	≤3.2	
示　例	公差等级	表面	基本尺寸/mm		
			≤50	>50～120	>120～150
过盈配合的配合表面（1）用压力机装配；（2）用热孔法装配	IT5	轴	≤0.2	≤0.4	≤0.4
		孔	≤0.4	≤0.8	≤0.8
	IT6	轴	≤0.4	≤0.8	≤1.6
	IT7	孔	≤0.8	≤1.6	≤1.6
	IT8	轴	≤0.8	≤1.6	≤3.2
		孔	≤1.6	≤3.2	≤3.2
	IT9	轴	≤1.6	≤3.2	≤3.2
		孔	≤3.2	≤3.2	≤3.2
示　例	公差等级	表面	基本尺寸/mm		
			≤50	>50～120	>120～500
滑动轴承的配合表面	IT6～IT9	轴	≤0.8		
		孔	≤1.6		
	IT10～IT12	轴	≤3.2		
		孔	≤3.2		

	公差等级	表面	径向跳动/μm					
精密定心零件的配合表面			2.5	4	6	10	16	25
	IT5～IT8	轴	≤0.05	≤0.1	≤0.1	≤0.2	≤0.4	≤0.8
		孔	≤0.1	≤0.2	≤0.2	≤0.4	≤0.8	≤1.6

表 9 - 8　表面粗糙度的表面特征、经济加工方法及应用举例

表面微观特征		Ra/μm	加工方法	应　用　举　例
粗糙平面	微见加工刀痕	≤20	粗车、粗刨、粗铣、钻、毛锉、锯断	半成品粗加工的表面，非配合的加工表面，如轴端面、倒角、钻孔、齿轮带轮侧面、键槽底面、垫圈接触面等
半光表面	微见加工痕迹	≤10	车、刨、铣、镗、钻、粗铰	轴上不安装轴承、齿轮处的非配合表面，紧固件的自由装配表面，轴和孔的退刀槽等
	微见加工痕迹	≤5	车、刨、铣、镗、磨、拉、粗刮、滚压	半精加工表面，箱体、支架、盖面、套筒等和其他零件结合而无配合要求的表面，需要发蓝的表面等
	看不清加工痕迹	≤2.5	车、刨、铣、镗、磨、拉、刮、滚压、铣齿	接近于精加工的表面，箱体上安装轴承的镗孔表面，齿轮的工作面
光表面	可辨加工痕迹方向	≤1.25	车、镗、磨、拉、刮、精铰、磨齿、滚压	圆柱销、圆锥销，与滚动轴承配合的表面，普通车床导轨面，内、外花键定心表面等
	微辨加工痕迹方向	≤0.63	精铰、精镗、磨、刮、滚压	要求配合形状稳定的配合表面，工作时受交变应力的重要零件，较高精度的车床导轨面
	不可辨加工痕迹方向	≤0.32	精磨、珩磨、研磨	精密机床主轴锥孔、顶尖圆锥面，发动机曲轴、凸轮轴工作表面，高精度齿轮齿面
极光表面	暗光泽面	≤0.16	精磨、研磨、普通抛光	精密机床主轴颈表面，一般量规工作表面，气缸套内表面，活塞销表面等
	亮光泽面	≤0.08	超精磨、镜面磨削、精抛光	精密机床主轴颈表面，滚动轴承的滚珠，高压油泵中柱塞孔和柱塞配合的表面
	镜状光泽面	≤0.04		
	镜面	≤0.01	镜面磨削、超精研	高精度量仪、量块的工作表面，光学仪器中的金属镜面

本 章 小 结

　　本章主要学习了解表面粗糙度的实质及对零件使用性能的影响；表面粗糙度评定参数的含义和应用场合；表面粗糙度的标注及选用方法；表面粗糙度测量仪器的结构、测量原理及如何进行合格性判断；表面粗糙度评定参数的选择和参数值的选择。

　　由于表面粗糙度对零件使用性能有很大影响，是几何精度设计必须考虑的问题，因此本章的知识对于加工、检测有非常重要的意义。

习 题

9.1 表面粗糙度的含义是什么? 它对零件工作性能有什么影响?

9.2 国家标准规定的表面粗糙度评定参数有哪些?

9.3 表面粗糙度与尺寸公差和几何公差之间有何关系?

9.4 常用的表面粗糙度的测量方法有哪几种? 各适用于什么场合?

9.5 评定表面粗糙度时,为什么要规定取样长度? 有了取样长度,为什么还要规定评定长度?

9.6 判断下列每对配合使用性能相同时,哪一个表面粗糙度要求高? 为什么?

(1) $\phi60H7/f6$ 与 $60H7/h6$;

(2) $\phi30h7$ 与 $\phi90h7$;

(3) $\phi30H7/e6$ 与 $\phi30H7/r6$;

(4) $\phi40g6$ 与 $\phi40G6$。

第四篇

金属切削加工基础

第 10 章 金属切削原理与刀具基础

（一）教学目标

·**知识目标：**

（1）掌握切削运动和切削表面分类及作用；

（2）掌握切削用量三要素及切削层参数的含义；

（3）掌握常用刀具分类方式及使用方法；

（4）掌握刀具切削部分的组成，了解刀具几何角度的定义、功用及选择方式，了解刀具材料具备的性能及选用；

（5）掌握金属切削的基本规律及应用。

·**能力目标：**

（1）具备在普通车床上进行基本的切削加工工作的能力；

（2）具备合理选择切削速度、进给量、背吃刀量的能力；

（3）具备利用车刀、孔加工刀具、铣刀、拉刀、螺纹刀具、齿轮刀具进行简单机械加工的能力；

（4）能够辨别刀具切削部分的组成，具备正确磨刀的能力；

（5）具备正确选择刀具前角 $\gamma_{\circ}$、后角 $\alpha_{\circ}$、主偏角 κ_r、副偏角 κ_r'、刃倾角 λ_s 的能力；

（6）具备合理控制和使用切削瘤的能力；

（7）具备正确处理及使用切削力影响因素的能力；

（8）具备合理控制切削温度的能力；

（9）具备正确应用金属切削基本规律的能力。

（二）教学内容

（1）切削运动与切削要素；

（2）刀具分类，车刀、孔加工刀具、铣刀、拉刀、螺纹刀具、齿轮刀具的构造及加工特点；

（3）刀具切削部分的组成，刀具工作角度的功用及选择方法；

（4）刀具材料具备的性能及刀具的选用；

（5）金属切削的基本规律及应用。

（三）教学要点

（1）切削运动与切削要素；

（2）车刀、孔加工刀具、铣刀、拉刀、螺纹刀具、齿轮刀具的构造及加工特点；

（3）刀具切削部分的组成，刀具工作角度的功用及选择；

（4）金属切削的基本规律及应用。

10.1　切削运动与切削要素

10.1.1　切削运动

金属切削过程是指刀具在机床的驱动下，使工件上多余金属形成切屑的过程。在此过程中，始终存在着刀具切削工件和工件材料抵抗切削的矛盾，从而产生切削变形、切削力、切削热、刀具磨损以及加工质量变化等一系列现象。因此，研究这些现象，揭示其内在的机理，探索和掌握金属切削过程的基本规律，对保证加工质量，提高切削效率，降低生产成本具有十分重要的意义。

1. 切削运动

切削加工时，刀具与工件的相对运动称为切削运动。按切削运动在切削过程中所起的作用，可分为主运动和进给运动。

（1）主运动。主运动是直接切除工件上的切削层，以形成工件新表面的基本运动。主运动通常是切削运动中速度最高、消耗功率最多的运动。主运动的形式可以是旋转运动或直线运动，但每种切削加工方法中主运动通常只有一个。主运动的速度以 v_c 表示，称为切削速度。

（2）进给运动。进给运动是指不断地把切削层投入切削从而加工出完整表面所需的运动，其运动速度和消耗的功率都比主运动要小。进给运动可能不止一个，其形式可以是直线运动、旋转运动和它们的组合。另外，进给运动可以是连续运动，也可以是间歇运动。进给运动的速度用进给量 f 或进给速度 v_f 表示。

切削加工的主运动与进给运动往往是同时进行的，因此刀具切削刃上某一点与工件的相对运动应是上述两个运动的合成，其大小和方向用合成速度向量 v_e 表示，$v_e = v_f + v_c$，如图 10-1 所示。

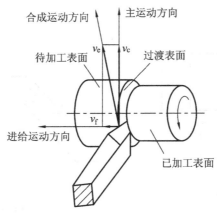

图 10-1　切削运动与加工表面

主运动和进给运动是实现切削加工的基本运动，可以由刀具来完成，也可以由工件来完成，还可以由刀具和工件共同来完成。同时，主运动和进给运动可以是直线运动（平动），也可以是旋转运动（转动），还可以是平动和转动的复合运动。正是由于上述不同运动形式和不同运动执行元件的多种组合，产生了不同的切削加工方法。

常用机床的切削运动见表 10 - 1。

表 10 - 1　常用机床的切削运动

序号	机床名称	主运动	进给运动
1	卧式车床	工件旋转运动	车刀纵向、横向、斜向直线移动
2	钻床	钻头旋转运动	钻头轴向移动
3	卧式铣床、立式铣床	铣刀旋转运动	工件纵向、横向直线移动(有时也做垂直方向移动)
4	牛头刨床	刨刀往复移动	工件横向间歇移动或刨刀垂直、斜向间歇移动
5	龙门刨床	工件往复移动	刨刀横向、垂向、斜向间歇移动
6	外圆磨床	砂轮高速旋转	工件转动,同时工件往复移动,砂轮横向移动
7	内圆磨床	砂轮高速旋转	工件转动,同时工件往复移动,砂轮横向移动
8	平面磨床	砂轮高速旋转	工件往复移动,砂轮横向、垂向移动

2. 切削表面

在切削过程中,工件上出现以下三个不断变化着的表面:

(1) 待加工表面:即将被切除切削层的表面;

(2) 已加工表面:已经切去切屑形成的新表面;

(3) 加工表面(过渡表面):工件上正在被切削的表面。

10.1.2　切削要素

切削要素主要指控制切削过程的切削用量和在切削过程中由加工余量变成切屑的切削层参数,如图 10 - 2 所示。

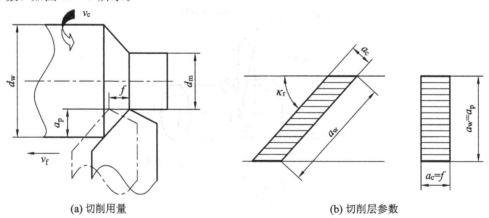

(a) 切削用量　　　　　　　　　　(b) 切削层参数

图 10 - 2　切削用量与切削层参数

1. 切削用量

切削用量是切削时各运动参数的总称,包括切削速度 v_c、进给量 f(或进给速度 v_f)和背吃刀量(切削深度)a_p,又称为切削用量三要素,它们是调整机床运动的依据。

（1）切削速度 v_c：单位时间内刀具切削刃上选定点相对于工件沿主运动方向的移动距离，单位为 m/s。计算时常用最大切削速度代表刀具的切削速度。

若主运动为旋转运动，则切削速度为

$$v_c = \frac{\pi \cdot d_w \cdot n}{1000} \qquad (10-1)$$

式中：d_w 为工件待加工表面直径，mm；n 为工件转速，转/s。

若主运动为往复运动（如刨削），则切削速度为

$$v_c = \frac{2 \cdot l \cdot n_r}{1000} \qquad (10-2)$$

式中：n_r 为主运动每秒钟的往复次数，次/s；l 为往复运动的行程长度，mm。

（2）进给量 f：在主运动每转一转或每一行程时，刀具在进给方向上相对工件的位移量，单位为 mm/转（车削、镗削等）或 mm/行程（刨削、磨削等）。

进给量还可以用进给速度 v_f（mm/s）或多刃刀具的每齿进给量 f_z（mm/个）表示。一般为

$$v_f = n \cdot f = n \cdot z \cdot f_z \qquad (10-3)$$

式中：n 为主运动的转速，转/s；z 为刀具齿数，个/转。

（3）背吃刀量（切削深度）a_p：待加工表面与已加工表面之间的垂直距离，mm。

车削外圆时，有

$$a_p = \frac{d_w - d_m}{2} \qquad (10-4)$$

钻孔时，有

$$a_p = \frac{d_m}{2} \qquad (10-5)$$

式中：d_w 为工件待加工表面的直径，mm；d_m 为工件已加工表面的直径，mm。

2. 切削层参数

切削层是指切削过程中，工件上正被刀具切削刃切削的一层金属，即相邻两个加工表面之间的金属层，如图 10-2 所示。切削层的大小反映了切削刃所承载荷的大小，直接影响加工质量、生产率、刀具磨损等。

（1）切削厚度 a_c：垂直于加工表面测量的切削层尺寸（mm），即相邻两加工表面之间的距离，它反映了切削刃单位长度上的切削负荷。车削外圆时，有

$$a_c = f \cdot \sin\kappa_r \qquad (10-6)$$

式中，κ_r 为刀具切削刃与工件轴线之间的夹角。

（2）切削宽度 a_w：沿加工表面测量的切削层尺寸（mm），它反映了切削刃参加切削的工作长度。当车刀主切削刃为直线车削外圆时，有

$$a_w = \frac{a_p}{\sin\kappa_r} \qquad (10-7)$$

（3）切削面积 A_c：切削层在切削层尺寸平面内的实际横截面积（mm²）。车削外圆时，有

$$A_c = a_c \cdot a_w = f \cdot \sin\kappa_r \frac{a_p}{\sin\kappa_r} = f \cdot a_p \qquad (10-8)$$

10.2　刀具基础知识

10.2.1　刀具分类

（1）切刀类：包括车刀、刨刀、插刀、镗刀、成形车刀、自动机床和半自动机床用的切刀以及一些专用切刀，一般多为只有一条主切削刃的单刃刀具。

（2）孔加工刀具：在实体材料上加工出孔或对原有孔扩大孔径（包括提高原有孔的精度和减小表面粗糙度值）的一种刀具，如麻花钻、扩孔钻、锪孔钻、深孔钻、铰刀、镗刀等。

（3）拉刀类：在工件上拉削出各种内、外几何表面的刀具，生产率高，用于大批量生产，刀具成本高。

（4）铣刀类：一种应用非常广泛的在圆柱或端面具有多齿、多刃的刀具，它可以用来加工平面、各种沟槽、螺旋表面、成形表面等。

（5）螺纹刀具：指加工内、外螺纹表面用的刀具，常用的有丝锥、板牙、螺纹切头、螺纹液压工具以及螺纹车刀等。

（6）齿轮刀具：用于加工齿轮、链轮、花键等齿形的一类刀具，如齿轮滚刀、插齿刀、剃齿刀、花键滚刀等。

（7）磨具类：用于表面精加工和超精加工的刀具，如砂轮、砂带、抛光轮等。

（8）组合刀具、自动线刀具：根据组合机床和自动线特殊要求设计的专用刀具，可以同时或依次加工若干个表面。

（9）数控机床刀具：刀具配置根据零件的工艺要求而定，有预调装置、快速换刀装置和尺寸补偿系统。

（10）特种加工刀具：如水果刀等。

10.2.2　常用刀具简介

1. 车刀

车刀是金属切削加工中应用最广泛的一种刀具。它可以用来加工外圆、内孔、端面、螺纹及各种内、外回转体成形表面，也可用于切断和切槽等，因此车刀类型很多，形状、结构、尺寸各异，图 10-3 中列出了几种常用车刀类型。车刀的结构形式主要有整体式、焊接式、机夹重磨式和机夹可转位式等。

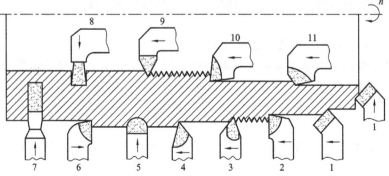

1—45°弯头车刀；2—90°外圆车刀；3—外螺纹车刀；4—75°外圆车刀；5—成形车刀；
6—90°外圆车刀；7—切断刀；8—内孔切槽刀；9—内螺纹车刀；10—盲孔镗刀；11—通孔镗刀

图 10-3　常用车刀类型

整体式车刀通常是用合金工具钢或高速钢制造的同材质车刀，在易切削加工材料及形状复杂的两表面加工中采用。焊接式车刀是在碳钢刀体上按刀具几何角度，焊接硬质合金刀片，并经刃磨后使用的车刀，如图 10-4 所示。焊接式车刀结构简单，刚性好，适应性强。

机夹式车刀又分为机夹重磨式车刀和机夹可转位式车刀，如图 10-5 所示。机夹重磨式车刀是用机械的方法将刀片夹固在刀体上的车刀，刀片磨损后，可卸下重磨，然后再安装使用。

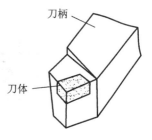

图 10-4　焊接式车刀

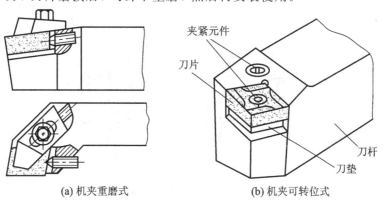

(a) 机夹重磨式　　　　　　　　(b) 机夹可转位式

图 10-5　机夹式车刀

机夹可转位式车刀是将预先加工好的有一定几何角度的多角刀片，用机械的方法装夹在特制的刀体上的车刀，由于刀具的几何角度是由刀片的制造形状及其在刀体槽中的安装位置来确定的，故不需要刃磨。

2. 孔加工刀具

孔加工刀具按其用途一般分为两大类：一类是在实心材料上进行孔加工的刀具，如麻花钻、中心钻、深孔钻等；另一类是对已有孔进行再加工的刀具，如扩孔钻、铰刀、镗刀等。

1）麻花钻

麻花钻是一种形状较复杂的双刃钻孔或扩孔的标准刀具。麻花钻的材料大多为高速钢，也有硬质合金麻花钻。

标准麻花钻的结构如图 10-6 所示。其带螺旋槽的刀体前端为切削部分，承担主要切削工作；后端为导向部分，起引导钻头的作用，也是切削部分的后备部分；刀柄有直柄和锥柄两种，起连接机床的作用。麻花钻的工作部分有两个对称的刃瓣，通过中间钻心连接在一起，中间形成横刃，两条对称的螺旋槽用于容屑和排屑；导向部分磨有两条棱边，也叫刃带，其作用是减小与加工孔壁的摩擦，棱边直径上磨出 0.03～0.12/100 的倒锥，从而形成副偏角 κ_r'。

通常，麻花钻的两个刃瓣可以看成两把对称的车刀。螺旋槽的螺旋面为前刀面，与工件加工表面（孔底）相对的端部两曲面为主后刀面，与工件的已加工表面（孔壁）相对的两条棱边为副后刀面，螺旋槽与主后刀面的两条交线为主切削刃，棱边与螺旋槽的两条交线为副切削刃。麻花钻的横刃为两个后刀面在钻心的交线。

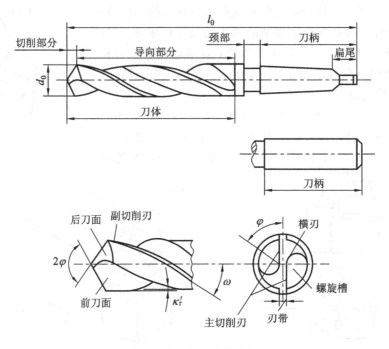

图 10 - 6　麻花钻的结构

　　麻花钻的主要几何参数有：螺旋角 β、顶角 2φ（主偏角 $\kappa_r \approx \varphi$）、横刃斜角 ψ、直径、横刃长度等。前角变化大是麻花钻的重要特点。通常，前角从外缘处的大约 $+30°$ 逐渐减小到钻心处的大约 $-30°$，横刃前角约为 $-60°$。加之麻花钻切削刃长、螺旋槽排屑不畅、横刃部分切削条件差等结构问题，使麻花钻的切削能力受到很大影响，生产中为了提高钻孔精度和效率，常将标准麻花钻按特定形式进行刃磨，形成了所谓的"群钻"，如图 10 - 7 所示。群钻的基本特征为：三尖七刃锐当先，月牙弧槽分两边，一侧外刃开屑槽，横刃磨得低窄尖。

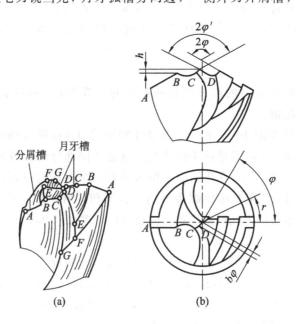

图 10 - 7　中型标准群钻

2）中心钻

中心钻用于中心孔加工，如图 10-8 所示，在结构上与麻花钻类似，排屑槽一般为直槽，有三种形式，分别为：中心钻、无护锥 60°复合中心钻及带护锥 60°复合中心钻。钻孔之前，钻中心孔的主要作用是有利于钻头导向，防止钻孔偏斜。

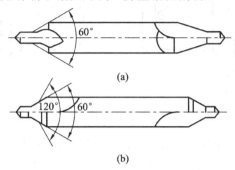

图 10-8　中心钻

3）深孔钻

深孔钻是进行深孔加工的刀具。深孔刀具的关键技术是要有较好的冷却润滑、合理的排屑结构以及导向措施。典型的深孔刀具有如图 10-9 所示的外排屑深孔钻（枪钻）、如图 10-10 所示的错齿内排屑深孔钻（BTA 深孔钻）以及如图 10-11 所示的双管喷吸钻，另外还有深孔套料钻等多种形式。

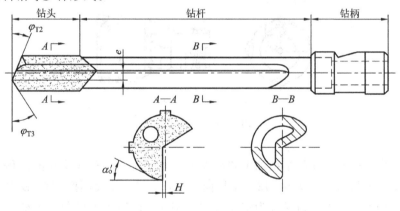

图 10-9　外排屑深孔钻（枪钻）

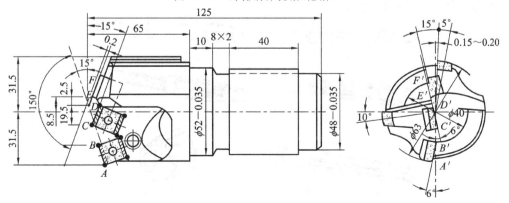

图 10-10　错齿内排屑深孔钻（BTA 深孔钻）

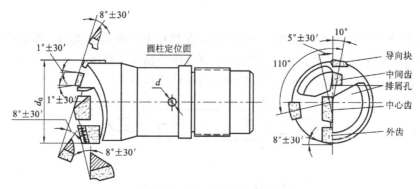

图 10 - 11 双管喷吸钻

4）扩孔钻

扩孔钻是对已有孔进一步加工，以扩大孔径或提高孔的加工质量的刀具，如图 10 - 12 所示。扩孔钻的刀齿比较多，一般有 3～4 个，故导向性好，切削平稳，由于扩孔余量较小，容屑槽较浅，刀体强度和刚性较好。常见扩孔钻的结构形式有高速钢整体式、镶齿套式和镶硬质合金可转位式，当然也可以用麻花钻等代用刀具进行扩孔加工。

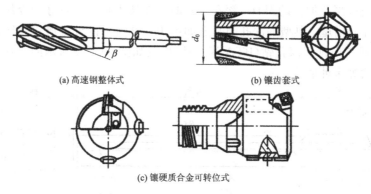

(a) 高速钢整体式　　　　　(b) 镶齿套式

(c) 镶硬质合金可转位式

图 10 - 12 扩孔钻

5）铰刀

铰刀用于中、小尺寸孔的半精加工和精加工，也可用于磨孔或研孔前的预加工，如图 10 - 13 所示。铰刀齿数一般为 6～12 个，导向性好，芯部直径大，刚性好。铰刀分为手用铰刀和机用铰刀两类，手用铰刀又分为整体式和可调式，机用铰刀可分为带柄式和套式。加工锥孔用的铰刀称为锥度铰刀。

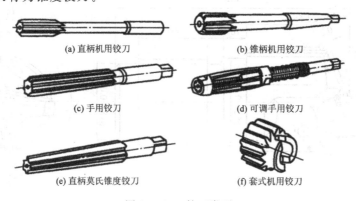

(a) 直柄机用铰刀　　　　　(b) 锥柄机用铰刀

(c) 手用铰刀　　　　　(d) 可调手用铰刀

(e) 直柄莫氏锥度铰刀　　　　　(f) 套式机用铰刀

图 10 - 13 铰刀类型

铰刀的基本结构如图 10-14 所示。它由柄部、颈部和工作部分组成，工作部分包括切削部分和校准部分。切削部分用于切除加工余量；校准部分起导向、校准与修光作用。

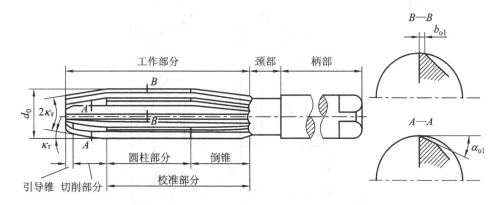

图 10-14　铰刀的基本结构

6）镗刀

镗刀多用于箱体孔的粗、精加工，一般分为单刃镗刀和多刃镗刀两大类。如图 10-15 所示的是单刃镗刀，它具有结构简单、制造方便、通用性好等优点，不足之处是调节较费时，调节精度不易控制。

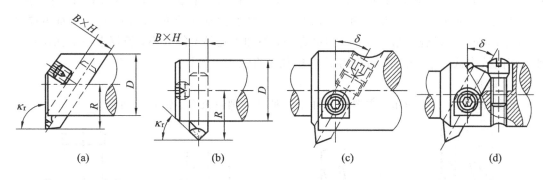

图 10-15　单刃镗刀

如图 10-16 所示的是在坐标镗床和数控机床上使用的一种微调镗刀，它具有调节尺寸容易、调节精度高等优点，主要用于孔的精加工。如图 10-17 所示的是可调节硬质合金的浮动镗刀，浮动镗刀直径为 20～330 mm，其调节量为 2～30 mm。

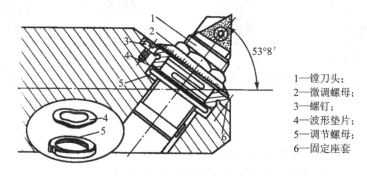

1—镗刀头；
2—微调螺母；
3—螺钉；
4—波形垫片；
5—调节螺母；
6—固定座套

图 10-16　微调镗刀

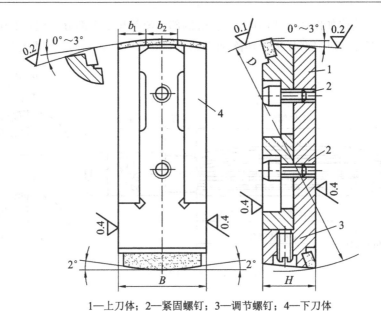

1—上刀体；2—紧固螺钉；3—调节螺钉；4—下刀体

图 10-17 可调节硬质合金的浮动镗刀

镗孔时，将浮动镗刀装入镗杆的矩形孔中，无须夹紧，通过作用在两侧切削刃上的切削力自动定心，因此它能自动补偿由于安装误差和机床主轴偏差而造成的加工误差。浮动镗刀无法纠正孔的直线性误差和位置误差，故要求预加工孔的直线性好，表面粗糙度 $Ra \leqslant 3.2$ mm。浮动镗刀结构简单，刃磨方便，但加工孔径不能太小，镗杆上矩形孔制造困难，切削效率低，适于单件、小批生产中精加工直径较大的孔。

7）锪钻

锪钻如图 10-18 所示，主要用于加工各种埋头螺钉沉孔、锥孔及凸台等。

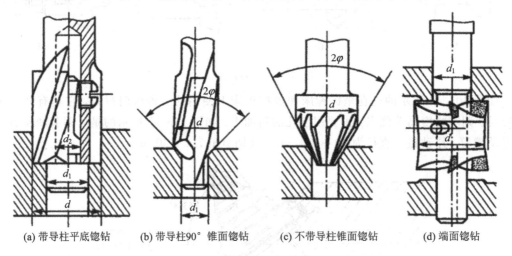

(a) 带导柱平底锪钻　(b) 带导柱90°锥面锪钻　(c) 不带导柱锥面锪钻　(d) 端面锪钻

图 10-18 锪钻

3. 铣刀

铣刀是刀齿分布在圆周表面或端面上的多刃回转刀具，其种类很多，一般按用途可分为：加工平面用铣刀，如圆柱平面铣刀、端面铣刀等，如图 10-19(a)、(b)所示；加工沟槽

用铣刀，如立铣刀、两面刃铣刀或三面刃铣刀、锯片铣刀、"T"形槽铣刀和角度铣刀，如图
10 - 19(c)、(d)、(e)、(f)、(g)、(h)所示；加工成形面铣刀，如凸半圆铣刀和凹半圆铣刀，如
图 10 - 19(i)、(j)所示；加工其他复杂形面用铣刀，如图 10 - 19(k)、(l)、(m)、(n)所示。

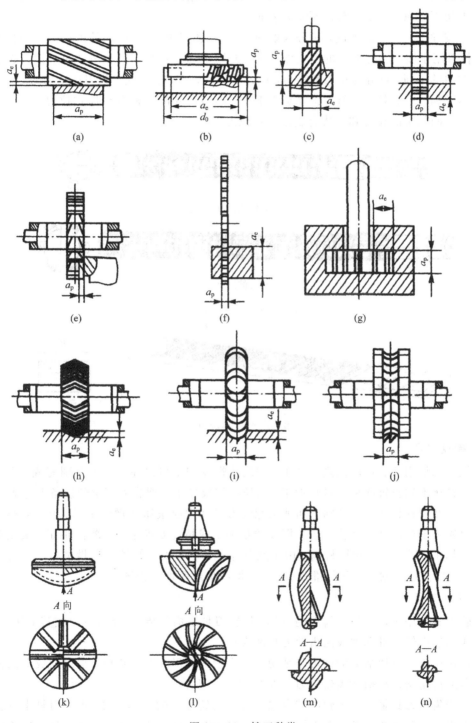

图 10 - 19　铣刀种类

4. 拉刀

拉刀是一种高生产率、高精度的多齿刀具，广泛用于大批量生产中。拉削时，拉刀做等速直线运动，由于拉刀的后一个(或一组)刀齿高出前一个(或一组)刀齿，所以能够依次从工件上切下金属层，从而获得所需的表面。

拉刀按加工工件表面不同，可分为如图 10-20 和图 10-21 所示的内拉刀和外拉刀两类，内拉刀用于加工各种形状的内表面，外拉刀用于加工各种形状的外表面。拉刀按工作时受力方向的不同，可分为拉刀和推刀，拉刀受拉力，推刀受压力。拉刀按结构的不同，可分为整体式和组合式拉刀，前者主要是用于中、小型尺寸的高速钢整体式拉刀，后者是用于大尺寸表面加工的拉刀和硬质合金组合式拉刀。

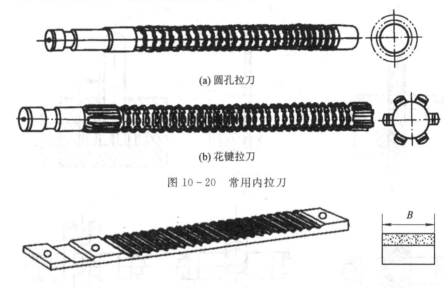

(a) 圆孔拉刀

(b) 花键拉刀

图 10-20 常用内拉刀

图 10-21 外拉刀

5. 螺纹刀具

螺纹可用切削法和滚压法进行加工。切削法螺纹加工可以在车床上车削完成，也可手动或在三钻床上用丝锥或板牙进行加工；滚压法螺纹加工需要在专用滚丝设备上完成。

图 10-22 和图 10-23 分别为切削法螺纹刀具和螺纹滚压法螺纹工具。其中，螺纹梳刀和螺纹铣刀的生产效率较高，适于螺纹的粗加工或精度要求不高的螺纹加工。滚压螺纹属于无屑加工，适于滚压塑性材料，由于其效率高、精度高、螺纹力学性能好、工具寿命长，因此已广泛用于制作螺纹标准件、丝锥、螺纹量规等加工领域。

6. 齿轮刀具

齿轮刀具是用于切削齿轮齿形的刀具。齿轮刀具结构复杂，种类繁多，按其工作原理，可分为成形法齿轮刀具和展成法齿轮刀具两大类。

成形法齿轮刀具切削刃的廓形与被切齿轮齿槽的廓形相同或相似。常用的成形法齿轮刀具有盘形齿轮铣刀和指状齿轮铣刀，如图 10-24 所示。

展成法齿轮刀具是利用齿轮的啮合原理进行齿轮加工的刀具。加工时，刀具本身就相当于一个齿轮，它与被切齿轮做无侧隙啮合，工件齿形由刀具切削刃在展成过程中逐渐切削包络而成，常用的有插齿刀、齿轮滚刀、剃齿刀等。

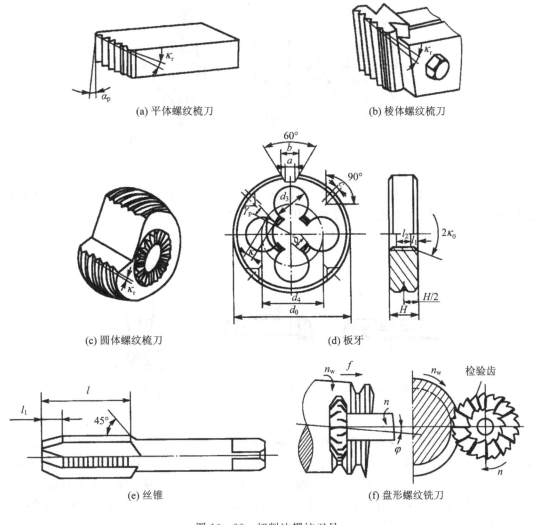

(a) 平体螺纹梳刀　　　　(b) 棱体螺纹梳刀

(c) 圆体螺纹梳刀　　　　(d) 板牙

(e) 丝锥　　　　(f) 盘形螺纹铣刀

图 10 - 22　切削法螺纹刀具

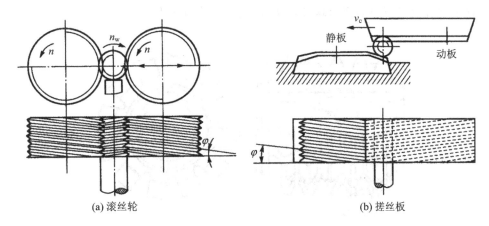

(a) 滚丝轮　　　　(b) 搓丝板

图 10 - 23　滚压法螺纹工具

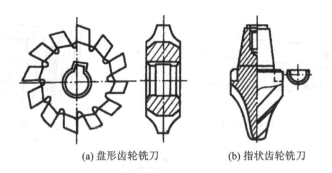

(a) 盘形齿轮铣刀　　　(b) 指状齿轮铣刀

图 10-24　成形法齿轮刀具

插齿刀可以加工直齿轮、斜齿轮、内齿轮、塔形齿轮、人字齿轮和齿条等,是一种应用很广泛的齿轮刀具。标准直齿插齿刀按其结构分为盘形直齿插齿刀、碗形直齿插齿刀和锥柄直齿插齿刀三种,如图 10-25 所示。

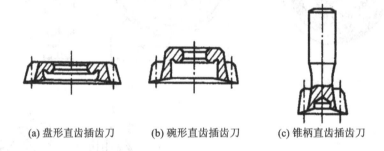

(a) 盘形直齿插齿刀　　　(b) 碗形直齿插齿刀　　　(c) 锥柄直齿插齿刀

图 10-25　插齿刀

齿轮滚刀是加工直齿轮和螺旋圆柱齿轮时常用的一种刀具,如图 10-26 所示。它的加工范围很广,模数为 0.1~40 mm 的齿轮均可使用齿轮滚刀加工。基本蜗杆齿轮滚刀相当于一个齿数很少,螺旋角很大,而且轮齿很长的斜齿圆柱齿轮。为了使这个蜗杆能起到切削的作用,需要在其上开出几个容屑槽(直槽或螺旋槽),形成很多较短的刀齿,由此产生前刀面和切削刃,每个刀齿有两个侧刃和一个顶刃。滚刀的切削刃必须保持在蜗杆的螺旋面上,这个蜗杆就是滚刀的产形蜗杆,也称为滚刀的基本蜗杆。

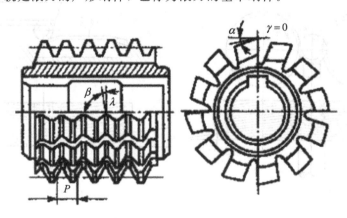

图 10-26　齿轮滚刀

选用插齿刀和齿轮滚刀时，应注意以下几点：

（1）刀具基本参数（模数、齿形角、齿顶高系数等）应与被加工齿轮相同；

（2）刀具精度等级应与被加工齿轮要求的精度等级相当；

（3）刀具旋向应尽可能与被加工齿轮的旋向相同，滚切直齿轮时，一般用左旋齿刀。

剃齿刀是在类似斜齿轮的齿面上开出许多微型槽，以形成切削刃，加工中在轴向分速度的作用下对被加工的齿进行精加工，如图 10 - 27 所示。

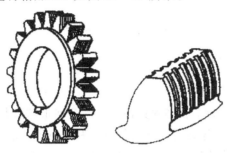

图 10 - 27　剃齿刀

10.2.3　刀具切削部分的组成

金属切削刀具的种类虽然很多，但它们切削部分的几何形状与参数却很相似，因此无论刀具结构如何复杂，它们的切削部分总是可以近似地以外圆车刀的切削部分为基本形态。

国际标准化组织（ISO）在确定金属切削刀具的工作部分几何形状的一般术语时，以车刀切削刃为基础，其他刀具如刨刀、钻头、铣刀等，都可以看成车刀的演变和组合。

车刀切削部分的构造要素可概括为"一尖两刃三面"，如图 10 - 28 所示，其定义和说明如下：

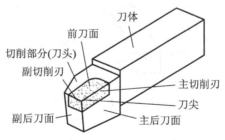

图 10 - 28　车刀的组成

（1）前刀面 A_γ。前刀面是刀具上与切屑接触并使切屑流出的表面。

（2）主后刀面 A_a。主后刀面是刀具上与工件加工表面接触并相互作用的表面。

（3）副后刀面 A_a'。副后刀面是刀具上与工件已加工表面接触并相互作用的表面。

（4）切削刃。切削刃是前刀面与后刀面之间的交线，有主切削刃与副切削刃之分。主切削刃是前刀面与主后刀面的交线，它完成主要的切削工作；副切削刃是前刀面与副后刀面的交线，它配合主切削刃完成切削工作，并最终形成已加工表面。

（5）刀尖。刀尖指主切削刃与副切削刃连接处的那一小部分切削刃，它可以是主、副切削刃的实际交点，也可以是圆弧或直线，通常称为过渡刃，如图 10 - 29 所示。

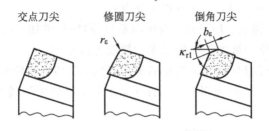

图 10 - 29　刀尖形状

10.2.4　刀具的几何角度

1. 刀具角度坐标系及坐标平面

刀具要从工件上切下金属，就必须具备一定的几何形状和切削角度，也正是由于这些角度才决定了刀具切削部分各表面的空间位置。为了确定切削部分各刀面在空间的位置，首先要建立坐标平面，以这些坐标平面为基准，建立坐标系，这些坐标平面称为基准坐标平面。由基面 P_r、切削平面 P_s、正交平面 P_o 组成的坐标系称为正交平面参考系(假设主运动方向垂直于车刀刀杆底面，进给运动方向平行于车刀刀杆底面)，如图 10 - 30 所示。

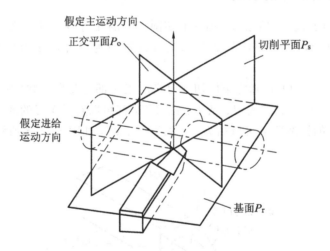

图 10 - 30　外圆车刀的正交平面参考系

(1) 基面 P_r：通过切削刃上的某一选定点，垂直于切削速度方向的平面。若基面相切于外圆，则 P_r 平行于刀杆底面。进给运动方向在 P_r 内。

(2) 切削平面 P_s：通过切削刃上的某一选定点，相切于主切削刃且垂直于基面的平面。若 P_s 垂直于刀杆底面，则 P_s 垂直于 P_r。

(3) 正交平面 P_o：通过切削刃上的某一选定点，同时垂直于基面 P_r 和切削平面 P_s 的平面。

2. 刀具静止角度

1) 在正交平面 P_o 内定义的角度

(1) 前角 γ_o：正交平面内刀具前刀面与基面之间的夹角。前角又可分为正前角、零前角和负前角。当前面与切削平面夹角小于 90°时，前角为正；当大于 90°时，前角为负。

（2）后角 α_o：正交平面内刀具主后刀面与切削平面之间的夹角。当后刀面与基面间的夹角小于 90°时，后角为正值；当大于 90°时，后角为负值。

2）在基面 P_r 内定义的角度

（1）主偏角 κ_r：基面内主切削平面与假定工作平面之间的夹角。

（2）副偏角 κ_r'：基面内副切削平面与假定工作平面之间的夹角。

3）在切削平面 P_s 内定义的角度

刃倾角 λ_s：切削平面内主切削刃与基面之间的夹角。刃倾角有正值、负值和零值之分。其他的刀具静态角度还有副前角 γ_o'、副后角 α_o'。

刀具角度的标注如图 10-31 和图 10-32 所示。

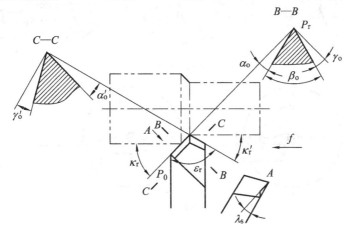

图 10-31　外圆车刀的基本几何角度

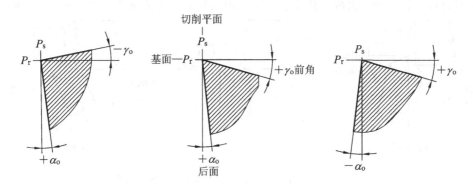

图 10-32　前角和后角

3. 刀具的工作角度

在切削加工过程中，由于刀具安装位置的变化以及进给运动的影响，使得参考平面坐标系的位置发生变化，导致刀具角度发生变化。按照实际切削工作中的参考平面坐标系所确定的角度，称为刀具的工作角度。

1）刀具的安装要求

刀具的工作角度是刀具在工作时的实际切削角度，受到切削运动和刀具安装的影响。因此，车刀的工作角度并不等于其标注角度。实际生产中要求车端面、车圆锥面、车螺纹、成形车削、粗车孔、切断空心工件时，刀尖应与机床主轴中心线等高安装；粗车一般外圆、精车孔，安装刀具时刀尖应等高或稍高于机床主轴中心线。车刀装得太高，后角减小，刀后面与工件加剧摩擦；装得太低，前角减少，切削不顺利，会使刀尖崩碎。刀尖的高低，可根据尾座顶尖高低或试切端面来调整。

图 10-33(a)为刀具安装高低对刀具工作角度的影响。当车刀的刀尖高于工件中心时，工作前角 γ_o 增大，而工作后角 α_o 减小；当刀尖低于工件中心时，角度的变化情况正好相反。图 10-33(b)为车端面时的情况，此时无法切平端面且极易打刀。

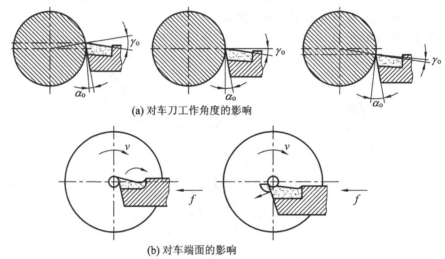

(a) 对车刀工作角度的影响

(b) 对车端面的影响

图 10-33 车刀刀尖不对准中心的后果

车刀刀杆偏斜会使车刀的工作主偏角 κ_r、副偏角 κ_r' 增大或减小，如图 10-34 所示。

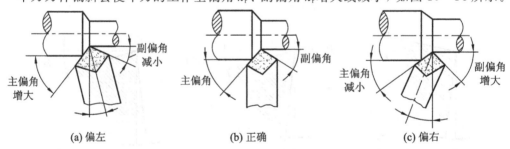

(a) 偏左　　　　　　　(b) 正确　　　　　　　(c) 偏右

图 10-34 车刀刀杆偏斜对工作主偏角、副偏角的影响

2) 刀具角度的功用

切削加工中刀具角度的变化会直接影响刀具寿命、工件质量、加工生产率、加工成本以及加工安全等。为了正确地选择刀具角度，必须对刀具角度的功用有全面的了解。

(1) 前角 γ_o 的功用。前角的功用是减小切削变形、降低切削力和提高刀刃强度(尤其是硬质合金刀具)。一般在增大前角(车刀锋利)时，可以减小切削变形，使切削力降低，切削起来很轻快；但是前角取得过大，会使刀尖变得非常薄弱，粗加工时刀刃容易被撞坏，甚至会造成车刀扎入工件表面的严重后果。相反，当前角取得过小，又会增加切削变形，使切削用量减小；对于细长工件和刚度不足的机床常常会引起振动。选择前角的主要因素是工件材料、车刀材料、机床刚性、加工要求等。

（2）后角 $\alpha_。$ 的功用。后角的作用是减少刀具后面与工件切削表面、已加工表面间的摩擦，使刀具在切削过程中降低阻力。后角直接影响刀具的强度和传热，因此也影响刀具寿命。

（3）主偏角 κ_r 的功用。车刀常用的主偏角有 $45°$、$60°$、$75°$ 和 $90°$。主偏角是很重要的角度，其大小影响切削力的分配，改变切削厚度与宽度，直接影响工件表面质量和刀具寿命。减小主偏角，刀刃参加切削的长度增加，刀刃的散热面积加大，散热情况好，刀尖角增大，相应提高了车刀的强度，对提高刀具寿命比较有利。

（4）副偏角 κ_r' 的功用。副偏角的功用是减少刀具与已加工表面之间的摩擦，降低工件的表面粗糙度。当副偏角增大时，副切削刃上摩擦减少不明显，而车削后的残留面积急剧增大，使工件表面质量恶化，所以，在不引起振动的情况下，尽量取小值。

（5）刃倾角 λ_s 的功用。刃倾角可控制切屑的流出方向。精加工时为了防止切屑划伤已加工表面，刃倾角常取正值或零；粗加工时为了增加刀头强度，常取负值。刃倾角在刀具受冲击时的状态如图 10 - 35 所示。

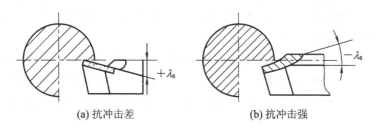

(a) 抗冲击差　　　　　　　　(b) 抗冲击强

图 10 - 35　刃倾角在刀具受冲击时状态

10.2.5　刀具材料

在切削过程中，由于存在着弹性变形、塑性变形及摩擦等现象，将会产生进给力、切削热、冲击和振动，因此刀具是在较高温度、较大压力、剧烈摩擦，有时还承受冲击和振动的条件下工作的。所以，要完成对机械零件的切削加工，应该选用合适的刀具材料。

1. 刀具材料性能

刀具材料应该具备以下几种性能：

（1）高硬度。刀具材料的硬度必须高于被切削工件的硬度，才能切除工件上多余的金属。常温下，刀具材料的硬度必须在 60 HRC 以上。目前室温下常用刀具材料的硬度为：高速钢的硬度在 66 HRC 以上，硬质合金的硬度为 74～83 HRC，人造金刚石的硬度可达 10000 HV。

（2）高耐磨性。刀具在切削时承受剧烈摩擦，因此刀具材料应具有较强的耐磨性。一般而言，刀具材料硬度越高，耐磨性就越好，刀具寿命就越高。

（3）足够的强度和韧性。刀具在切削加工时要承受切削力、冲击和振动，所以应具有足够的强度和韧性。一般强度用抗弯强度表示，韧性用冲击值表示。

（4）高热硬度。热硬性是指材料在高温下仍能保持原硬度的性能，用高温硬度表示，它是衡量刀具材料性能的重要指标。刀具材料的热硬性越好，允许切削加工时的切削速度越高，有利于改善加工质量、提高生产率和延长刀具寿命。

(5) 良好的工艺性和经济性。工艺性是指刀具材料本身适合切削加工、锻造、焊接、热处理等的工艺性能。若刀具材料有良好的工艺性，则便于刀具制造。经济性是指刀具材料的资源丰富、价格较低，这样能保证在切削加工过程中降低零件的制造成本。

2. 常用的刀具材料

常用的刀具材料有碳素工具钢、高速钢、硬质合金、陶瓷、金刚石、立方氮化硼等，目前用得最多的为高速钢和硬质合金。

1) 碳素工具钢和合金工具钢

碳素工具钢常用的牌号为 T8A、T10A、T12A，主要用于制作手动工具，如钢锉、锯条、錾子等，其刃磨性能较好。

合金工具钢常用的牌号为 9SiCr、CrWMn 等，主要用于制作低速成形刀具，如丝锥、板牙、铰刀等，其刃磨性能较好，热处理变形情况比碳素工具钢好。

2) 高速钢

高速钢俗称锋钢、白钢，按用途可分为综合性普通高速钢和特种用途高速钢两类。

W18Cr4V、W6Mo5Cr4V2 和 W9Mo3Cr4V 为较常用的高速钢，这三个钢号的产量占目前国内生产和使用钢量的 95% 以上。

普通高速钢广泛用于制造各种普通刀具（如钻头、丝锥、锯条）和精密刀具（如滚刀、插齿刀、拉刀），被切削材料一般硬度小于等于 300 HBW。普通高速钢也可用于制造形状复杂的工具，如钻头、成形刀具、拉刀、齿轮刀具等，还可用于加工有色金属、铸铁、碳钢、合金钢等材料。

高性能高速钢是在普通高速钢中再增加一些碳元素、钒元素及添加钴、铝等元素冶炼而成的，如 W12Cr4V4Mo 的寿命为普通高速钢的 1.5～3 倍。高性能高速钢适用于加工不锈钢、耐热钢、钛合金及高强度钢等难加工材料。

高性能高速钢中的粉末冶金高速钢，其强度和韧性分别是熔炼高速钢的 2 倍和 2.5～3 倍，它的磨削加工性能好，物理力学性能高，各向同性，淬火变形小，耐磨性能提高 20%～30%，质量稳定可靠，寿命较高。因此，它可切削各种难加工材料，适用于制造各种精密刀具和形状复杂的刀具。

3. 硬切削材料

《切削加工用硬切削材料的分类和用途　大组和用途小组的分类代号》（GB/T 2075—2007）规定，切削加工用硬切削材料有硬质合金、陶瓷、金刚石和氮化硼。

(1) 硬质合金。硬质合金是用粉末冶金的方法制成的，它由硬度和熔点很高的金属碳化物（WC、TiC 等）微粉和黏结剂（Co、Ni、Mo 等），经高压成形，并在 1500℃ 的高温下烧结而成。

硬质合金可按材料组分为 HW、HF、HT、HC 四种代号。HW 是主要含碳化钨（WC）的未涂层的硬质合金，粒度大于等于 1 μm；HF 是主要含碳化钨（WC）的未涂层的硬质合金，粒度小于 1 μm；HT 是主要含碳化钛（TiC）或氮化钛（TiN）或者两者都有的未涂层的硬质合金；HC 是上述硬质合金进行了涂层处理的硬质合金。

(2) 陶瓷。陶瓷是以人造的化合物为原料，在高压下成形并在高温下烧结而成的，按材料组可分为 CA、CM、CN、CR、CC 五类。CA 是主要含氧化铝（Al_2O_3）的陶瓷；CM 是主要以氧化铝(Al_2O_3)为基体,但含有非氧化物成分的混合陶瓷;CN 是主要含有氮化硅(Si_3N_4)的氮化物陶瓷;CR 是主要含有氧化铝(Al_2O_3)的增强陶瓷;CC 是指上述陶瓷进行了涂层处理的陶瓷。

(3) 金刚石。金刚石分为聚晶金刚石 DP 和单晶金刚石 DM。

(4) 氮化硼。氮化硼分为 BL、BH、BC 三类。BL 是含少量立方氮化硼的立方晶体氮化硼;BH 是含大量立方氮化硼的立方晶体氮化硼;BC 是 BL、BH 进行了涂层处理的氮化硼。

由于不同的制造商采用不同的生产方法生产具有不同特性的硬切削材料,使得目前对硬切削材料牌号进行标准化是不可行的。因此,GB/T 2075—2007 提出硬切削材料按用途进行分类,并只限于一个由用途大组和用途小组构成的分类方法。

硬切削材料根据被加工工件材料划分成六个用途大组,每个用途大组用一个大写字母和一种识别颜色来表示;每个用途大组都被分成若干用途小组,每个用途小组用其所属大组的标识字母和一个分类数字号来表示,切削材料制造商依据材料牌号相应的耐磨性和韧性,按照适当的顺序,排列其牌号与用途小组的对应关系。

10.3　切削过程的基本规律及应用

10.3.1　金属切削的基本规律

金属切削过程是通过切削运动,刀具从工件上切下多余金属层,形成切屑和已加工表面的过程。在这个过程中产生一系列现象,如切削变形、切削力、切削热和切削温度、刀具磨损等。学习这些规律,讨论这些现象,对于合理选择金属切削条件,分析解决切削加工中质量、效率等问题具有重要意义。

1. 切削变形与积屑瘤

1) 切削变形

金属切削变形本质上是工件切削层材料受到刀具前面的挤压作用后,产生弹性变形、塑性变形和剪切滑移,使切削层金属与母体材料分离变为切屑的过程,如图 10-36 所示。

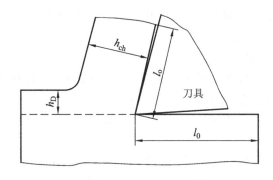

图 10-36　切削层金属的变形

根据剪切滑移后形成切屑的外形不同,将切屑分为以下四种类型:

(1) 带状切屑。如图 10-37(a)所示,切削层经塑性变形后被刀具切离,外形呈带状,底面光滑，背面无明显裂纹，呈微小锯齿形（或毛茸状），并沿刀具前刀面流出。这是最常见的一种切屑，一般加工塑性金属材料，当切削厚度较小，切削速度较高，刀具前角较大时，会得到此类切屑。

（2）节状切屑又叫挤裂切屑。如图 10-37（b）所示，切屑底面较光滑，背面局部裂开成节状。切削层在塑性变形过程中，由于第一变形区较宽，在剪切滑移过程中滑移变形较大，剪切面上局部位置的剪应力 τ 达到材料的强度极限而产生局部断裂，使切屑外表面开裂形成锯齿状而内表面产生裂纹。大多在低速度，大进给，切削厚度较大，刀具前角较小时，产生此类切屑。

（3）粒状切屑又叫单元切屑。如图 10-37（c）所示，切屑沿厚度断裂为均匀的颗粒状。当剪切面上的剪应力 τ 超过材料的强度极限时，产生了剪切破坏，并使切屑沿厚度方向完全断裂，形成均匀的相似粒状切屑。在挤裂切屑产生的前提下，当进一步降低切削速度，增大进给量，减小前角时，产生此类切屑。

（4）崩碎切屑。如图 10-37（d）所示，切削脆性金属（如铸铁、青铜）时，切削层几乎不经过塑性变形就产生脆性崩裂，从而使切屑呈不规则的细粒状。一般在工件材料硬度大、脆性高，进给量大的条件下，易产生此类切屑。

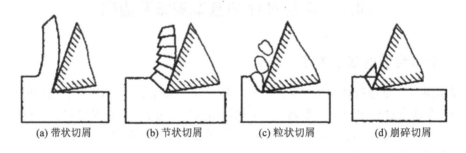

| (a) 带状切屑 | (b) 节状切屑 | (c) 粒状切屑 | (d) 崩碎切屑 |

图 10-37　切屑的基本形态

以上是四种典型的切屑，但实际加工获得的切屑，其形状多种多样，有板条形、螺旋管形、发条形及缠绕形带状切屑，也有长度、大小和形状不同的碎状切屑。但无论哪一种，其实质都是上述四种的变异体。实践表明，形成带状切屑时，切削过程平稳，切削力波动较小，加工表面粗糙度较小；形成挤裂切屑、单元切屑时，切削力变化较大，加工表面粗糙度也增大；形成崩碎切屑时，切削力虽小，但具有较大的冲击振动，切屑在加工表面上不规则崩落，加工后表面较粗糙。

影响切削变形的因素如下：

（1）工件材料。工件材料强度和硬度越大，变形系数越小，即切削变形越小。这是由于工件材料强度和硬度越大，切屑与前刀面的摩擦越小，切屑越易排出。

（2）刀具几何参数。刀具几何参数中影响最大的是前角，刀具前角越大，剪切角越大，变形系数就越小。

（3）切削用量。在无积屑瘤的切削速度范围内，若切削速度越大，则切削变形越小。这有两方面的原因：一方面是因为切削速度较高时，切削变形不充分，导致切削变形减小；另一方面是因为随着切削速度的提高，切削温度升高，使刀与屑接触面上的摩擦减小，从而使切削变形减小。

（4）切削厚度。在无积屑瘤的切削速度范围内，若切削厚度越大，则切削变形越小。这是由于切削厚度增大时，刀与屑接触面上的摩擦减小。

2）积屑瘤

（1）积屑瘤的成因。

在切削速度不高而又能形成连续性切屑的情况下，当加工一般钢料或其他塑性材料时，常在前刀面切削处黏有剖面呈三角状的硬块，这部分冷焊在前刀面的金属称为积屑瘤，其硬度通常是工件材料硬度的 2～3 倍，能够代替切削刃进行切削。

在刀与屑接触长度区间内，由于黏结作用，使切屑底层与前刀面接触的金属被黏结在前刀面上，也就是常说的"冷焊"现象，而切屑从其上面流过。在被黏结金属与切屑之间又形成内摩擦，产生加工硬化，在适当的温度与压力情况下，又有一层金属被阻滞在已黏结的金属层上面，与其黏结成一体并逐渐增大，最终形成了积屑瘤。

形成积屑瘤的条件主要取决于切削温度。在切削温度很低时，切屑与前刀面呈点接触，摩擦系数很小，故不易形成黏结；在温度很高时，接触面间切屑底层金属呈微熔状态，起润滑作用，摩擦系数也较小，积屑瘤同样不易形成。在中温区，如切削中碳钢的温度为 300～380℃时，切屑底层材料软化，黏结严重，摩擦系数最大，产生的积屑瘤高度达到最大值，但到 500℃ 以上时趋于消失。

（2）积屑瘤对切削过程的影响。

积屑瘤的存在，使实际前角增大，从而使切削力减小，这对切削过程起积极作用。积屑瘤越高，实际前角越大。

积屑瘤的存在，使切削厚度增大。由于积屑瘤的产生、成长和脱落过程频繁并具有随机性，引起切削厚度动态变化，因而容易引起切削振动。

积屑瘤的存在，使加工表面粗糙度增大。积屑瘤的稳定性差、容易破裂，一部分黏附于切屑底部而排出，一部分残留在加工表面上，使得加工表面粗糙度变差，因此在精加工时应避免或减小积屑瘤。

积屑瘤的存在，影响刀具寿命。积屑瘤黏附在前刀面上，在相对稳定情况下，可代替刀刃切削，有减小刀具磨损，提高刀具寿命的作用，但在不稳定情况下，可加剧刀具磨损。

（3）抑制或消除积屑瘤的措施。

采用低速或高速切削，由于切削速度是通过切削温度影响积屑瘤的，以切削 45 号钢为例，当 $v_c < 3$ m/min 或 $v_c \geqslant 60$ m/min 时，摩擦系数都较小，故不易形成积屑瘤；采用高润滑性的切削液，使刀、屑间的摩擦和黏结减小；适当减小进给量，增大刀具前角；适当提高工件材料的硬度；提高刀具刃磨质量；合理调节各切削参数间的关系，以防止形成中温区。

2. 切削力

1）切削力的来源及分解

切削加工时，工件材料抵抗刀具切削所产生的阻力称为切削力。它与刀具作用在工件上的力大小相等、方向相反。切削力是一个大小和方向都不易测量的空间力，为了便于分析和计算，通常将总切削力 F 分解为三个互相垂直的分力，即主切削力 F_c、背向力 F_p、进给力 F_f，如图 10-38 所示。

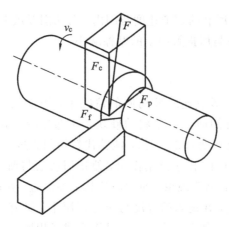

图 10 - 38　切削力分解

切削力不仅使切削层金属产生变形、消耗了功、产生了切削热，还使刀具磨损变钝，影响已加工表面质量和生产效率。同时，切削力也是机床电动机功率选择、机床主运动和进给运动机构设计的主要依据。切削力的大小，可以作为衡量工件和刀具材料的切削加工性指标之一。

2）影响切削力的因素

（1）工件材料对切削力的影响。

工件材料的机械物理性能、加工硬化程度、化学成分、热处理状态及切削前的加工状态，都对切削力的大小有直接影响。一般，若工件材料的强度、硬度、冲击韧度、塑性和加工硬化程度越大，则切削力越大。

（2）切削用量对切削力的影响。

进给量和背吃刀量增加，使切削力增加，但影响程度不同。当背吃刀量增加一倍时，切削厚度不变，而切削宽度则增大一倍，切削刃上的切削负荷也随之增大一倍，即切削变形抗力和刀具前面上的摩擦力成倍增加，从而导致切削力也成倍增加；当进给量增大一倍时，切削宽度不变，只是切削厚度增大一倍，平均变形减小，切削力增加 75％ 左右。

（3）切削速度对切削力的影响。

加工塑性金属时，切削速度 v_c 对切削力的影响规律与对切削变形影响规律一致，主要是积屑瘤与摩擦作用的影响。

在低中速范围 5～20 m/min 内，随着速度的提高，积屑瘤高度增加，切削变形减小，故主切削力 F_c 逐渐减小；在 20 m/min 左右的速度时，F_c 减至最小值；随着速度的进一步提高，积屑瘤消失，切削变形增大，故 F_c 逐渐增大。在高速范围 $v_c > 35$ m/min 内，切削温度随速度增加而升高，切削变形变得更加容易，引起切削力 F_c 逐渐减小而后达到稳定。一般当切削速度超过 90 m/min 时，切削力将无明显变化。

因此，在实际生产中，如果刀具材料和机床性能许可，采用高速切削，既能提高生产效率，又能减小切削力。在切削脆性材料时，因塑性变形很小，刀、屑间的摩擦也很小，所以切削速度对切削力无明显的影响。

（4）刀具几何参数对切削力的影响。

前角的影响。加工塑性材料时，前角增大，切削变形减小，切削力减小，但三个分力 F_c、F_p 和 F_f 减小的程度不同。加工脆性材料时，由于切削变形很小，所以前角对切削力的影响不显著。

主偏角的影响。主偏角 κ_r 对切削力 F_c 的影响较小，影响程度不超过 10%。当主偏角 κ_r 为 60°~75° 时，切削力 F_c 最小，而主偏角 κ_r 对背向力 F_p 和进给力 F_f 的影响较大；当 κ_r 增大时，F_f 增大而 F_p 减小。

刀尖圆弧半径的影响。刀尖圆弧半径 r_ε 增大，使切削刃曲线部分的长度和切削宽度增大，但切削厚度减小，各点的主偏角 κ_r 减小，所以 r_ε 增大相当于 κ_r 减小时对切削力的影响。

刃倾角的影响。由实验可知，刃倾角 λ_s 对切削力 F_c 的影响很小，但对背向力 F_p、进给力 F_f 影响较显著，当 λ_s 增大时，F_f 增大而 F_p 减小。

（5）刀具磨损、刀具材料及切削液对切削力的影响。

刀具磨损后，相当于刀具后角减小，甚至为 0° 后角，刀具锋利程度降低，造成切削变形难度增加，后刀面与工件的摩擦加剧，使切削力增加，刀具磨损对 F_f 和 F_p 的影响最为显著。

刀具材料不是影响切削力的主要因素，但由于不同刀具材料与工件材料间的摩擦系数不同，所以对切削力有一定的影响。一般按立方氮化硼、陶瓷、涂层、硬质合金、高速钢的顺序，切削力依次增大。目前，通过给刀具表面涂覆减摩效果良好的涂层材料，如 MoS_2、类石墨等，是减小摩擦和切削力的有效途径。

切削液具有润滑作用，可以有效减小刀具与切削表面间的摩擦，使切削力降低。切削液的润滑作用越好，切削力的降低越显著，在较低的切削速度下，切削液的润滑作用更为突出。

3. 切削热和切削温度

1) 切削热的产生和传出

切削热是切削过程中的重要物理现象之一。切削时所消耗的能量，除很小部分用以形成新表面和推进晶格扭曲变形形成潜藏能外，绝大部分转化为热能。大量的切削热引起切削温度升高，这将直接影响刀具磨损和使用寿命，限制切削速度的提高，从而导致工件、刀具和夹具产生热变形，降低零件的加工精度和表面质量。

切削热主要来源于切削层金属发生弹性、塑性变形所产生的热，切屑与前刀面、工件与后刀面间的摩擦热，通常这三个发热区与三个变形区相对应。当切削塑性材料时，切削热主要由剪切滑移区和前刀面摩擦形成；当切削脆性材料时，后刀面摩擦热所占的比例较大。

切削时所消耗的能量有 98%~99% 转换为切削热，对磨损量较小的刀具，后刀面与工件的摩擦较小，所以在计算切削热时，如果将后刀面的摩擦功所转化的热量忽略不计，则切削时主切削力所做的功为

$$P_c = F_c \cdot v \tag{10-9}$$

式中：P_c 为切削功率，也是每秒钟所产生的切削热，单位为 J/s。

切削区域的热量被切屑、工件、刀具及周围的介质传出。不同的加工方法，其切削热由各个部分传出的比例不同。工件材料的导热系数高，由切屑和工件传出去的热量较多，切削温度就较低，刀具寿命较长，但工件温升快，易引起工件热变形。工件材料的导热系数低，切削热不易从切屑和工件传导出去，切削区温度高，使刀具磨损加剧，如钛合金等难加工材料的导热性差，刀具磨损就非常大。

刀具材料的导热系数高，切削热易从刀具传导出去，降低了切削区温度，有利于刀具寿命的提高。另外，切屑与刀具接触时间的长短，也会影响刀具温度。外圆车削时，切屑形成后迅速脱离车刀而落入机床的容屑盘中，切屑热传给刀具不多。钻削或其他半封闭式容屑的加工，切屑形成后仍与刀具相接触，切屑热再次传给刀具和工件，致使切削温度升高。

周围介质对切削温度也有较大影响，如采用冷却性能好的切削液及高效的冷却方式能传出较多的切削热，从而降低刀具与工件的温度。

切削热由切屑、刀具、工件和周围介质传出的比例大致如下：

车削加工时，50%～86%由切屑带走，10%～40%由车刀传出，3%～9%传入工件，1%传入介质（空气），若切削速度越高或切削厚度越大，则切屑带走的热量越多。

钻削加工时，28%由切屑带走，14.5%传给刀具，52.5%传入工件，5%传给周围介质。

磨削加工时，有70%以上的热量瞬时进入工件，只有小部分通过切屑、砂轮、冷却液和大气带走。

2）影响切削温度的因素

切削区域温度的高低是产生热量的多少和散热的快慢两方面综合影响的结果。当产生热量越多而散热越少时，切削温度就高。切削时影响热量产生和传出的主要因素有：切削用量、工件材料、刀具几何参数、切削液等。

（1）切削用量对切削温度的影响。

通过实验获得切削温度与切削用量之间的关系为

$$\theta = C_\theta v_c^{z_\theta} f^{y_\theta} a_p^{x_\theta} \tag{10-10}$$

式中：θ 为实验测出的前刀面接触区平均温度，℃；C_θ 为切削温度系数；v_c 为切削速度，m/min；f 为进给量，mm/r；a_p 为背吃刀量，mm；z_θ、y_θ、x_θ 为相应的指数。

在切削用量三要素中，v_c 的指数最大，f 次之，a_p 最小，这说明在切削用量中，v_c 对 θ 影响最大，f 次之，a_p 最小。为了有效地控制切削温度，提高刀具寿命，在机床允许的条件下，选用较大的 a_p 和 f 比选用大的 v_c 更为有利。需要说明的是，目前在高效数控机床上选用高性能刀具材料及涂层刀具进行高速切削加工，由于速度快，大部分切削热来不及传入工件和刀具就被切屑带走，使工件和刀具的温度反而降低，有利于提高生产效率和加工表面质量。

（2）工件材料对切削温度的影响。

工件材料的硬度和强度越高，切削时所消耗的功越多，产生的切削热越多，切削温度就越高；工件材料导热系数的大小，直接影响切削热的传出。如不锈钢 1Cr18Ni9Ti 和高温合金 GH131，不仅导热系数小，而且在高温下仍有较高的强度和硬度，故切削温度高。灰铸铁等脆性材料切削时金属变形小，切屑呈崩碎状，与前刀面摩擦小，产生的切削热小，故切削温度一般比切削钢料时低。

（3）刀具几何参数对切削温度的影响。

在刀具几何参数中，对切削温度影响最明显的因素是 λ_o 和 κ_r，其次是刀尖圆弧半径 r_ε。前角增大，切削变形和摩擦产生的热量均较少，故切削温度降低，但前角过大，刀具热容量减小，散热条件变差，使切削温度升高。因此，在一定条件下有一个产生最低温度的最佳前角值。κ_r 减小使切削变形和摩擦增加，切削热增加，但 κ_r 减小后，因刀头体积和切削宽度都增加，有利于热量传出，从而使切削温度降低。增大刀尖圆弧半径 r_ε、选用负的 λ_s 和磨制负倒棱均能增大散热面积，降低切削温度。

（4）刀具磨损对切削温度的影响。

刀具磨损后切削刃变钝，使金属变形增加，同时刀具后刀面与工件的摩擦加剧。因此，刀具磨损后切削温度上升，后刀面磨损量越大，切削温度上升越迅速。

（5）切削液对切削温度的影响。

切削液对降低切削温度有明显效果。切削液对切削温度的影响，与切削液的导热性、比热容、流量、浇注方式及本身的温度有很大的关系。从导热性能来看，油类切削液不如乳化液，乳化液不如水基切削液。

3）切削温度对工件、刀具和切削加工过程的影响

切削温度高是刀具磨损的主要原因，同时也限制了生产率和加工精度的提高，使已加工表面产生残余应力及其他缺陷。

（1）对工件材料强度和切削力的影响。

切削时的温度虽然很高，但对工件材料的硬度及强度、剪切区的应力影响并不明显。一方面是由于在切削速度较高时，变形速度快，对增加材料强度的影响，足以抵消高的切削温度使材料强度降低的影响；另一方面切削温度是在切削变形过程中产生的，因此对剪切面上的剪切应变状态来不及产生很大影响，而只对切屑底层的抗剪强度产生影响。

工件材料预热至 $500\sim800℃$ 后进行切削加工，切削力下降很多，但在高速切削时，切削温度经常达到 $800\sim900℃$，切削力下降却不多。这也间接证明，切削温度对剪切区内工件材料强度影响不大，因此加热切削是难加工材料加工的一种有效的方法。

（2）对刀具材料的影响。

高速钢刀具材料的耐热性为 $600℃$ 左右，硬质合金刀具材料耐热性好，在高温 $800\sim1000℃$ 时强度反而更高，韧性更好，超过该温度刀具即失效。因此，适当提高切削温度，可防止硬质合金刀具崩刃，延长刀具寿命。实验表明，各类刀具材料在切削不同工件材料时，都有一个最佳切削温度范围，在最佳切削温度范围内，刀具寿命最高。

（3）对工件尺寸精度的影响。

车削外圆或内孔时，工件受热膨胀，冷却后直径尺寸变小；刀杆受热膨胀，切削时实际背吃刀量增加，使工件直径减小；切削温度升高，使工件伸长，由于装夹的原因，工件不能自由伸长而产生弯曲，加工后工件直径将发生变化。特别在精密和超精密加工时，切削温度的变化对工件尺寸精度的影响很大，因此控制切削温度，是保证加工精度的有效措施。

4. 刀具磨损与耐用度

1）刀具磨损形式

在刀具将多余的金属从毛坯上切削下来，使毛坯变成零件的过程中，刀具也不可避免地遭到损耗。当刀具的损耗积累到一定的程度时，会降低工件的加工精度，增大表面粗糙度，并增加切削力和切削温度，甚至产生振动，不能继续正常切削，即刀具失效，这时就要更换新的切削刃或换刀、磨刀。

切削加工时，刀具在切下切屑的同时，在高温高压下，受到工件和切屑的摩擦作用，使刀具材料逐渐被磨耗或出现破损，当损耗到一定程度时，需要重新刃磨或更换新刀，才能正常切削。一般刀具的损坏形式主要有磨损和破损两种类型，磨损是连续式逐步磨损，破损是崩刃、折断、剥落及裂纹等脆性或塑性破坏。刀具磨损或破损，会对加工质量、生产效率产生很大影响，同时引起切削力和切削温度升高，产生振动，甚至无法加工，另外也使刀具消耗增加，提高加工成本。因此，研究刀具磨损与破损规律对保证加工质量、提高生产效率、降低加工成本有重要的作用。刀具磨损主要有以下几种形式：

（1）前刀面磨损。切削塑性材料时，如果切削速度和切削厚度较大，切屑与前刀面完全是新鲜表面的相互作用与摩擦，化学活性高，加之高温高压作用及切削液难以进入等原因，在前刀面上经常会磨出一个月牙洼，如图 10 - 39(a)所示。月牙洼的位置发生在刀具前刀面上切削温度最高的地方，月牙洼和切削刃之间有一条小棱边。在磨损过程中，月牙洼的宽度、深度不断增大，当月牙洼扩展到使棱边很窄时，切削刃的强度大为削弱，极易导致崩刃。月牙洼磨损量以其最大深度 KT 表示，如图 10 - 39(b)所示。

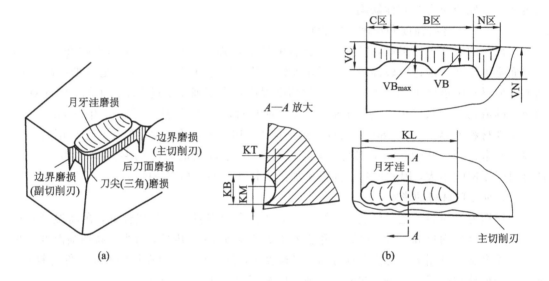

图 10 - 39　刀具磨损形态

（2）后刀面磨损。在后刀面与工件接触的很小一块面积上，由于大的接触压力而产生弹性和塑性变形，使后刀面被磨出宽窄不均的磨损带，如图 10 - 39(b)所示。

刀尖部分(C 区)：强度较低，散热条件差，磨损比较严重，其最大值为 VC。

主切削刃靠近工件待加工表面部分(N 区)：磨成较深的沟槽，磨损带宽度以 VN 表示。N 区磨损常被称为边界磨损，主要是由于工件在边界处的加工硬化层、硬质点和刀具在边界处的较大应力梯度和温度梯度造成的，如加工铸、锻件等外皮时容易发生边界磨损。

在后刀面磨损带的中间部位(B 区)：磨损比较均匀，其平均宽度以 VB 表示，而其最大宽度以 VB_{max} 表示。

实际生产中，较常见的是后刀面磨损，尤其发生在以低速和较小切削厚度进行塑性及脆性金属切削加工时。月牙洼磨损通常是在高速、大进给量($f > 0.5$ mm)条件下切削塑性金属时产生的，而以中等切削用量切削塑性金属时会使前刀面和后刀面同时磨损。

刀具破损是指在切削过程中刀具的磨损量尚未达到磨钝标准而突然无法正常使用的情况。破损通常有脆性破损和塑性破损两种。

① 脆性破损。在振动、冲击切削作用下，刀具尚未发生明显磨损（VB≤0.1 mm），但刀具切削部分却出现了微崩刃或刀尖崩碎、刀片或刀具折断、表层剥落、热裂纹等现象，使刀具不能继续工作，这种破损称为脆性破损。脆性破损常发生在硬质合金、陶瓷等硬度高、脆性大的刀具上。

② 塑性破损。切削加工时，刀具受到高温高压的作用，使刀具前刀面和后刀面的材料发生塑性变形，导致刀具丧失切削能力，这种破损称为塑性破损。刀具的塑性破损与刀具材料和工件材料的硬度比有关，硬度比越大，越不容易发生塑性破损。硬质合金刀具的高温硬度高，一般不容易发生塑性破损，而高速钢的耐热性较差，容易发生塑性破损。

2）刀具耐用度定义

刀具耐用度是指一把新刃磨的刀具从开始切削至达到磨钝标准为止所用的切削时间 T（min），这是确定换刀时间的重要依据。刀具耐用度有时也可用达到磨钝标准所加工零件的数量或切削路程表示。刀具耐用度是一个判断刀具磨损量是否已达到磨钝标准的间接控制量，比直接测量后刀面磨损量是否达到磨钝标准要简便。

刀具耐用度与刀具寿命有着不同的含义。刀具寿命表示一把新刀用到报废之前总的切削时间，其中包括多次刃磨。因此，刀具寿命等于刀具耐用度乘以重磨次数。

若磨钝标准相同，刀具耐用度大，则表示刀具磨损慢或切削温度低。因此，影响切削温度的因素，也就是影响刀具耐用度的因素。

（1）工件材料的影响。工件材料的强度、硬度越高，导热性越差，刀具磨损越快，刀具耐用度就会越低。

（2）切削用量的影响。切削用量 v_c、f、a_p 增加时，刀具磨损加剧，刀具耐用度降低。其中影响最大的是切削速度 v_c，其次是进给量 f，影响最小的是背吃刀量 a_p。在一定的切削速度范围内，刀具耐用度最高，提高或降低切削速度都会使刀具耐用度下降。这是因为开始时切削速度增大，切削温度随之增高，使工件和刀具材料的硬度都会降低，但是比较起来，工件材料硬度下降的幅度比刀具材料硬度下降更大，因此，刀具的磨粒磨损会随着温度的升高而下降。对硬质合金而言，温度升高使其冲击韧性略有提高，这也是刀具耐用度提高的另一个原因。但当切削速度超过某一值时（此时刀具耐用度最高），切削速度进一步提高，切削温度迅速升高，刀具材料硬度显著降低，磨粒磨损急剧增加，高速钢刀具将产生相变磨损，硬质合金刀具也将显著增加黏结磨损、扩散磨损和氧化磨损的程度，致使刀具耐用度下降。从上述分析可知，每种刀具材料都有一个最佳切削速度范围。

（3）刀具的影响。刀具材料的耐磨性、耐热性越好，耐用度就越高。

前角 γ_o 增大，能减少切削变形，减少切削力及功率的消耗，因而切削温度下降，刀具耐用度增加。但是如果前角过大，则楔角尾过小，刃口强度和散热条件就不好，反而使刀具耐用度变低。刀尖圆弧半径增大或主偏角减小，都会使刀刃的工作长度增加，使散热条件得到改善，从而降低切削温度，同时刀尖部分强度提高，使刀具耐用度提高。但是刀尖圆弧半径增大或主偏角减小，将会使背向切削力增大，对于硬质合金等脆性刀具材料而言，容易产生因振动引起的崩刃而使刀具耐用度降低。

3）刀具耐用度的合理数值

刀具耐用度也并不是越大越好。如果耐用度选择过大，则要选择较小的切削用量，结果使加工零件的切削时间大为增加，反而降低生产率，使加工成本提高。反之，如果耐用度选择过低，虽然可以采用较大的切削用量，但却因为刀具很快磨损而增加了刀具材料的消耗和换刀、磨刀、调刀等辅助时间，同样会使生产率降低和成本提高。因此，加工时要根据具体情况选择合适的刀具耐用度。

生产中一般根据最低加工成本的原则来确定耐用度，而在紧急时可根据最高生产率的原则来确定耐用度。刀具耐用度推荐的合理数值可在有关手册中查到。下列数据可供参考：

高速钢车刀	30～90 min
硬质合金焊接车刀	60 min
高速钢钻头	80～120 min
硬质合金铣刀	120～180 min
齿轮刀具	200～300 min
组合机床、自动机床及自动线刀具	240～480 min

可转位车刀的推广和应用，使换刀时间和刀具成本大大降低，从而可降低刀具的耐用度至 5～30 min，这就可以大大提高切削用量，进一步提高生产率。

10.3.2　金属切削基本规律的应用

1. 切屑的控制

生产中可通过改变加工条件，得到有利的切屑形状。在切削塑性金属时，提高切削速度，减小进给量，增大前角，可由单元切屑或挤裂切屑转化为带状切屑。在切削铸铁时，采用大前角和高速切削，也可形成长度较短的带状切屑。

所谓切屑控制，是指在切削过程中采用适当的工艺措施来控制切屑的卷曲、流出方向及有效折断，以形成便于处理和控制的屑形和大小。切屑控制的方法大致有：在前刀面上磨出断屑槽，使切屑经二次变形折断；使用压块式断屑器强迫切屑折断；合理选用切削用量及刀具角度，以形成所需的切屑形状；采用变进给切削或振动切削是强制断屑的有效工艺方法。

衡量切屑可控制性的主要标准如下：

(1) 不妨碍正常加工，即不缠绕在工件、刀具上，又不飞溅到机床运动部件中。

(2) 不影响操作者的安全。

(3) 易于清理、存放和搬运。

2. 工件材料的切削加工性

材料的切削加工性是指某种材料进行切削加工的难易程度。研究材料加工性的目的是为了改善材料切削加工性的途径。

1) 衡量切削加工性的指标

加工难易程度是相对而言的，不同的加工要求，评判难易的结果是不同的，一种材料对于某种加工要求可能是难加工的，对另一种加工要求可能是易加工的。这样，不同的加工要求就有不同的评定标准。

(1) 刀具耐用度指标。在相同的切削条件，一定刀具耐用度下，切削某种工件材料所

允许的切削速度 v_{cT} 与加工性能较好的正火状态 45 钢（v_{cT}）$_J$ 相比较，则相对切削加工性 K_r 为

$$K_r = \frac{v_{cT}}{(v_{cT})_J} \qquad (10-11)$$

一般取 $T=60$ min，对于难加工材料可用 $T=20$ min。凡 $K_r > 1$ 的材料，其加工性能较好，小于 1 的材料，其加工性能较差。常用的加工性等级分为 8 级，见表 10-2。

表 10-2　材料的相对加工性等级

加工性等级	名称及种类		K_r	代表性材料
1	很容易切削的材料	一般有色金属	>3	铜铅合金、铝铜合金、铝镁合金
2	易切削材料	易切削钢	2.5～3.0	退火 15Cr、自动机钢
3		较易切削钢	1.6～2.5	正火 30 钢
4	普通材料	一般钢及铸铁	1.0～1.6	45 钢、灰铸铁
5		稍难切削材料	0.65～1.0	调质 2Crl 3、85 钢、
6	难切削材料	较难切削材料	0.5～0.65	调质 4，5Cr、调质 65Mn
7		难切削材料	0.15～0.5	调质 50Cr、1Crl 8Ni9Ti、钛合金
8		很难切削材料	<0.15	某些钛合金、铸造镍基高温铸铁

（2）切削力、切削温度指标。在相同的切削条件下，凡是切削力大，切削温度高的材料难加工，即加工性能差，反之加工性能好。

（3）加工表面质量指标。精加工时，常以加工表面质量作为切削加工性指标。凡容易获得好的加工表面质量的材料，其切削加工性较好，反之较差。例如，低碳钢的加工性不如中碳钢，纯铝的加工性不如硬铝合金。

（4）断屑难易程度指标。凡切屑容易控制或容易断屑的材料，其加工性能较好，反之较差。在自动线和数控机床上常以此作为切削加工性指标。

2）工件材料的物理力学性能对切削加工性的影响

（1）硬度：材料的硬度越高，加工性越差。

（2）强度：材料的强度越高，加工性越差。

（3）塑性：在材料的硬度、强度大致相同时，塑性越大，加工性越差。

（4）韧性：材料的韧性越大，加工性越差。

（5）导热系数：材料的导热系数越大，加工性越好。

3）改善材料切削加工性的途径

当工件材料的切削加工性满足不了加工要求时，往往需要通过各种途径，针对难加工因素采取措施达到改善切削加工性的目的。

（1）采取适当的热处理。通过热处理可以改变材料的金相组织，改变材料的物理力学性能。例如，低碳钢采用正火处理或冷拔状态以降低其塑性，提高表面加工质量；高碳钢采用退火处理以降低硬度，减少刀具的磨损；马氏体不锈钢通过调质处理以降低塑性；热

轧状态的中碳钢通过正火处理使其组织和硬度均匀，中碳钢有时也要退火；铸铁件一般在切削前都要进行退火以降低表层硬度，消除应力。

（2）调整工件材料的化学成分。在大批量生产中，应通过调整工件材料的化学成分来改善切削加工性。例如，易切钢就是在钢中适当添加一些化学元素（S、Pb 等）以金属或非金属夹杂物状态分布，不与钢基体固溶，从而使得切削力小、容易断屑，且刀具耐用度高，加工表面质量好。

此外，还应针对工件材料难加工的因素，采取其他相应的对策。例如，选择或研制最合适的刀具材料，选择最佳的刀具几何参数，选择合理的切削用量，选择合适的切削液等。

3. 刀具几何角度的合理选择

刀具几何参数直接影响切削效率、刀具寿命、表面质量和加工成本，因此必须重视刀具几何参数的合理选择，以充分发挥刀具的切削性能

1）前角 γ_o 的选择

前角是刀具上重要的几何参数之一，前角的大小决定着刀刃的锋利程度。前角增大，可使切削变形减小，切削力、切削温度降低，还可抑制积屑瘤等现象的产生，提高表面加工质量。但是前角过大，使刀具楔角变小，刀头强度降低，散热条件变差，切削温度升高，刀具磨损加剧，刀具耐用度降低。前角 γ_o 一般在 $-5° \sim +25°$ 之间选取。

前角大小的选择总的原则是，在保证刀具耐用度满足要求的条件下，尽量取较大值，具体选择应根据以下几个方面考虑：

（1）根据刀具切削部分材料选：高速钢强度、韧性好，可选较大前角；硬质合金的强度、韧性较高速钢低，故前角较小；陶瓷刀具前角应更小。

（2）根据工件材料选：加工塑性金属材料前角较大，而加工脆性材料前角较小；材料的塑性越大，前角越大；材料的强度和硬度越高，前角越小，甚至取负值。

（3）根据加工要求选：粗加工和断续切削加工时选较小前角；精加工时前角应大些。

2）后角 α_o 的选择

后角的主要作用是减小刀具后刀面与工件表面之间的摩擦，所以后角不能太小。后角也不能太大，后角过大虽然能使刃口锋利，但会使刃口强度降低，从而降低刀具耐用度。后角 α_o 一般在 $-0° \sim +10°$ 之间选取。

后角大小选择总的原则是，在不产生较大摩擦条件下，尽量取较小后角，具体选择大小时，根据以下几个因素考虑：

（1）根据加工要求选：粗加工时，切削用量较大，刃口需要有较好的强度，后角应选小些；精加工时，切削用量较小，工件表面质量要求高，为了减小摩擦，使刃口锋利，后角应选得大些。

（2）根据加工工件材料选：加工塑性金属材料，后角适当选大值；加工脆性金属材料，后角适当减小；加工高强度、高硬度钢时，应取较小后角。

3）主偏角 κ_r 的选择

主偏角较小时，刀刃参加切削的长度长，刀尖角增大，提高了刀尖强度，改善了刀刃散热条件，对提高刀具耐用度有利。但主偏角太小，切削力的径向分力显著增大，工件容易发生振动，造成车刀损坏。

选择主偏角时应考虑：当工艺系统的刚度较好时，主偏角可取小值，如 $\kappa_r = 30° \sim 45°$；

当加工高强度、高硬度的工件时，可取 $\kappa_r = 10° \sim 30°$，以增加刀头的强度；当工艺系统的刚度较差或强力切削时，一般取 $\kappa_r = 60° \sim 75°$；当车削细长轴时，为减小径向分力，取 $\kappa_r = 90° \sim 93°$。选择主偏角时，还要视工件形状及加工条件而定，如车削阶梯轴时，可取 $\kappa_r = 90°$，当用同一把车刀车削外圆、端面和倒角时，可取 $\kappa_r = 45° \sim 60°$。主偏角影响切削厚度及切削宽度的比例，主偏角越大，切削厚度越大，切削宽度越小，越容易断屑。因此，当出现带状切屑时，可考虑增大主偏角。

4）副偏角 κ_r' 的选择

副偏角的大小主要影响已加工表面粗糙度，为了降低工件表面粗糙度，通常取较小的副偏角。当精车时，取 $\kappa_r' = 5° \sim 10°$；当粗车时，取 $\kappa_r' = 10° \sim 15°$；当工艺系统刚度较差或从工件中间切入时，可取 $\kappa_r' = 30° \sim 45°$；当精车时，可在副切削刃上磨出一段 $\kappa_r' = 0°$、长度为 $(1.2 \sim 1.5)f$（进给量）的修光刃，以降低加工表面粗糙度。

5）刃倾角 λ_s 的选择

刃倾角的主要作用是控制切屑流出方向，增加刀刃的锋利程度，增加刀刃参加工作的长度，使切削过程平稳以及保护刀尖。

在粗加工时宜选负刃倾角，以增加刀具的强度；在断续切削时，负刃倾角有保护刀尖的作用，如图 10－40 所示。负刃倾角刀具是远离刀尖的切削刃先与工件接触，刀尖不受到冲击起到保护刀尖的作用。当工件刚性较差时，不宜采用负刃倾角，因为负刃倾角将使吃刀抗力增加。在精加工时宜选用正刃倾角，可避免切屑流向已加工表面，保证已加工表面不被切屑碰伤。大刃倾角刀具可使排屑平面的实际前角增大，刃口圆弧半径减小，使刀刃锋利。因此在微量切削时，常常采用很大的刃倾角，如在精镗孔、精刨平面时，常采用 $\lambda_s = 30° \sim 75°$。

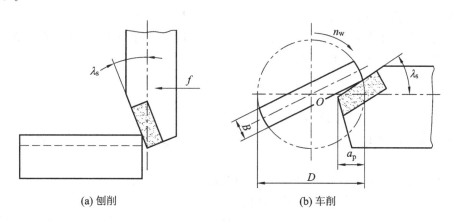

(a) 刨削　　　　　　　　　　(b) 车削

图 10－40　断续切削时的刃倾角

加工钢件或铸铁件时，粗车取刃倾角 $\lambda_s = -5° \sim 0°$，精车取 $\lambda_s = 0° \sim 5°$；有冲击负荷或断续切削取 $\lambda_s = -15° \sim -5°$。加工高强度钢、淬硬钢或强力切削时，为提高刀头强度取 $\lambda_s = -30° \sim -10°$；当工艺系统刚度较差时，一般不宜采用负刃倾角，以避免径向力的增加。

4. 切削用量的合理选择

正确地选择切削用量对提高生产率、保证加工质量有着很重要的作用。

1）粗加工切削用量的选择

粗加工时选择切削用量的原则是，在保证刀具一定耐用度的前提下，要尽可能提高在单位时间内的金属切除量。

车削时，单位时间内金属切除量（单位为 mm^3/s）为

$$Z_w = 1000 v_c f a_p \qquad (10-12)$$

由式（10-12）可见，提高切削用量三要素中任何一个，都能提高金属切除量，从而达到提高生产率降低成本的目的。但是三个因素中，影响刀具耐用度最大的是切削速度 v_c，其次是进给量 f，影响最小的则是背吃刀量 a_p。因此，在选择粗加工切削用量时，应优先采用大的背吃刀量 a_p，其次采用较大进给量 f，最后根据刀具耐用度的限定选一个合理的切削速度 v_c。这样的选择可在刀具耐用度 T 一定时使（v_c、f、a_p）三者的乘积最大，a_p 大还可减少走刀次数，达到减少切削时间，提高生产率的目的。

（1）背吃刀量 a_p 应根据加工余量 Z 和加工系统的刚性确定。在保留精加工或半精加工的加工余量的前提下，如果加工系统的刚性允许，应尽量把余量一次切掉，只有当加工余量 Z 太大时，才分两次或多次走刀切除。通常使第一次走刀取 $a_{p1}=(2/3\sim3/4)A$；第二次走刀取 $a_{p2}=(1/3\sim1/4)A$。

（2）粗车时的进给量主要根据工艺系统的刚性和强度来确定。当工艺系统刚性好时，取较大的进给量，反之应适当减小进给量。

（3）背吃刀量和进给量确定以后，则可在保证刀具耐用度的前提下，确定合理的切削速度。由刀具耐用度计算公式可计算切削速度（单位为 m/min）为

$$v_c = \frac{C_V}{T^m a_p^{x_V} f^{y_V}} k_V \qquad (10-13)$$

式中：系数 C_V，指数 m、x_V、y_V 及修正系数 k_V 可在切削手册中查出。

切削速度也常用查表来确定，根据加工条件，从切削手册中选取。实际的切削速度是通过机床的转速实现的，其计算式为

$$n_j = \frac{1000 v_c}{\pi d_w} \qquad (10-14)$$

2）精加工切削用量的选择

精加工或半精加工选择切削用量的原则是，在保证加工质量的前提下，兼顾必要的生产率。

（1）背吃刀量 a_p 是根据尺寸精度要求和切削用量来确定的。

（2）进给量 f 是根据工件表面粗糙度的要求来确定。

（3）切削速度 v_c 的确定应避开积屑瘤产生区。一般硬质合金车刀应采用高速切削，其切削速度一般为 80～100 m/min；高速钢车刀一般采用低速切削，其切削速度一般为 3～8 m/min。根据切削条件选取 $v_c=150$ r/min。

5. 切削液的合理选用

在切削加工中正确地选用切削液，对降低切削温度、减小刀具磨损、提高刀具耐用度、改善加工质量，都有很好的效果。

1）切削液的作用

（1）冷却作用。在切削过程中，切削液能带走大量的切削热，有效地降低切削温度，提

高刀具耐用度。在刀具材料的耐热性较差及工件材料导热系数较差的情况下，切削液的冷却作用显得更为重要。

切削液冷却性能的好坏，主要取决于它的导热系数、比热、汽化热、流量的大小。一般说来，水溶液冷却效果最好，乳化液其次，油类最差。

(2) 润滑作用。它是通过切削液渗透到刀具与切屑、工件表面之间形成润滑油膜，由干摩擦(摩擦系数大)变为边界润滑摩擦(摩擦系数较小)而实现的。所谓边界润滑摩擦，是既有干摩擦(金属凸峰间直接接触)，又有液体润滑摩擦(液体油膜将金属接触面隔离的摩擦为液体摩擦)。润滑性能的好坏主要取决于形成液体油膜的吸附能力和抗高温高压破裂的能力。作为一种性能优良的切削液，除了具有良好的冷却、润滑性能外，还应具有防锈作用、不污染环境、稳定性好、价格低廉等。

2) 切削液的种类和选用

(1) 水溶液：主要成分是水，并在水中加入一定的防锈剂。它的冷却性能好，润滑性能差，呈透明状，便于操作者观察，常在磨削中使用。

(2) 乳化液：将乳化油用水稀释而成。它呈乳白色，一般水占 $95\% \sim 98\%$，故冷却性能好，并有一定的润滑性能。若乳化油占的比例大些，则其润滑性能会有所提高。乳化液中常加入极压添加剂以提高油膜强度，起到良好的润滑作用。一般材料的粗加工常使用乳化液，难加工材料的切削常使用极压乳化液。

(3) 切削油：主要是矿物油(机油、煤油、柴油)，有时采用少量的动、植物油及它们的复合油。切削油的润滑性能好，但冷却性能差。为了提高切削油在高温高压下的润滑性能，在切削油中加入极压添加剂以形成极压切削油。一般材料的精加工，常使用切削油，难加工材料的精加工，常使用极压切削油。

本 章 小 结

(1) 切削加工时，刀具与工件的相对运动称为切削运动。按切削运动在切削过程中所起的作用，可分为主运动和进给运动。

(2) 在切削过程中，工件上出现三个不断变化着的表面，分别为待加工表面、已加工表面、加工表面(过渡表面)。

(3) 切削要素主要指控制切削过程的切削用量和在切削过程中由加工余量变成切屑的切削层参数。

切削用量是切削时各运动参数的总称，包括切削速度 v_c、进给量 f (或进给速度 v_f) 和背吃刀量(切削深度) a_p，又称为切削用量三要素，它们是调整机床运动的依据。

切削层是指切削过程中，工件上正被刀具切削刃切削的一层金属，即相邻两个加工表面之间的金属层，包括切削厚度 a_c、切削宽度 a_w、切削面积 A_c。切削层的大小反映了切削刃所承载荷的大小，直接影响加工质量、生产率、刀具磨损等。

(4) 车刀是金属切削加工中应用最广泛的一种刀具。它可以用来加工外圆、内孔、端面、螺纹及各种内、外回转体成形表面，也可用于切断和切槽等。

(5) 孔加工刀具按其用途一般分为两大类：一类是在实心材料上进行孔加工的刀具，如麻花钻、中心钻、深孔钻等；另一类是对已有孔进行再加工的刀具，如扩孔钻、铰刀、镗刀等。

(6) 铣刀是刀齿分布在圆周表面或端面上的多刃回转刀具。其种类很多，一般按用途可分为：加工平面用铣刀、加工沟槽用铣刀、加工成形面用铣刀、加工其他复杂形面用铣刀。

(7) 拉刀是一种高生产率、高精度的多齿刀具，广泛用于大批量生产中。

(8) 螺纹可用切削法和滚压法进行加工。切削法螺纹加工可以在车床上车削完成，也可手动或在三钻床上用丝锥或板牙进行加工；滚压法螺纹加工需要在专用滚丝设备上完成。

(9) 齿轮刀具是用于切削齿轮齿形的刀具。齿轮刀具结构复杂，种类繁多，按其工作原理，可分为成形法齿轮刀具和展成法齿轮刀具两大类。

(10) 车刀切削部分的构造要素可概括为"一尖两刃三面"，即前刀面 A_γ、主后刀面 A_α、副后刀面 A_α'、切削刃(有主切削刃与副切削刃之分)、刀尖。

(11) 按照实际切削工作中的参考平面坐标系所确定的角度，称为刀具的工作角度，包括前角 γ_o、后角 α_o、主偏角 κ_r、副偏角 κ_r'、刃倾角 λ_s。

(12) 切屑的类型：带状切屑、节状切屑、粒状切屑、崩碎切屑。

(13) 切削加工时，工件材料抵抗刀具切削所产生的阻力称为切削力。为了便于分析和计算，通常将总切削力 F 分解为三个互相垂直的分力，即主切削力 F_c、背向力 F_p、进给力 F_f。

(14) 切削热主要来源于切削层金属发生弹性、塑性变形所产生的热，切屑与前刀面、工件与后刀面间的摩擦热，通常这三个发热区与三个变形区相对应。

(15) 切削时影响热量产生和传散的主要因素有：切削用量、工件材料、刀具几何参数、切削液等。

(16) 刀具耐用度是指一把新刃磨的刀具从开始切削至达到磨钝标准为止所用的切削时间 $T(\min)$，这是确定换刀时间的重要依据。

(17) 所谓切屑控制，是指在切削过程中采用适当的工艺措施来控制切屑的卷曲、流出方向及有效折断，以形成便于处理和控制的屑形和大小。

(18) 刀具几何参数直接影响切削效率、刀具寿命、表面质量和加工成本，因此必须重视刀具几何参数的合理选择，以充分发挥刀具的切削性能。刀具几何参数的选择包括前角的选择、后角的选择、主偏角的选择、副偏角的选择、刃倾角的选择。

(19) 粗加工选择切削用量的原则是，在保证刀具一定耐用度的前提下，要尽可能提高在单位时间内的金属切除量；精加工或半精加工选择切削用量的原则是，在保证加工质量的前提下，兼顾必要的生产率。

(20) 在切削加工中正确地选用切削液，对降低切削温度、减小刀具磨损、提高刀具耐用、改善加工质量，都有很好的效果。切削液的作用有二：一是冷却作用，二是润滑作用。切削液的种类有：水溶液、乳化液、切削油，并正确选用这三类切削液。

习　　题

10.1　何谓切削用量三要素？各自的定义是什么？

10.2　何谓切削层参数？各自的定义是什么？

10.3　车刀切削部分的组成及定义？

10.4　在正交平面参考系即 P_r、P_s、P_o 中，车刀的角度是如何定义的？标注角度与工作角度有何不同？

10.5　刀具切削部分材料应具备的基本性能有哪些？简述常用刀具材料的性能特点及主要用途。

10.6　简要说明切屑形成过程。

10.7　如何表示切削变形程度？切削过程的三个变形区有何特点？

10.8　分析积屑瘤产生的原因及其对切削过程的影响。避免产生积屑瘤的措施有哪些？

10.9　影响切削变形有哪些因素？各因素如何影响切削变形？

10.10　切削类型有哪几种？各种类型的特征及形成条件是什么？

10.11　切削力是如何产生的？

10.12　车削时，为什么要将切削合力分解为三个相互垂直的分力来分析？试说明三个分力的作用。

10.13　影响切削力的因素有哪些？各因素对切削力影响规律如何？

10.14　切削热是如何产生和传出的？仅从切削热产生的多少能否说明切削温度的高低？

10.15　切削温度的含义是什么？它在刀具上如何分布？

10.16　影响切削温度的因素有哪些？分析说明切削用量三要素对切削温度的影响？

10.17　分析说明背吃刀量与进给量对切削力与切削温度的影响有何不同？如何运用这一规律指导生产实践？

10.18　试述刀具的正常磨损形式及刀具磨损的原因。刀具的正常磨损分为几个阶段？各阶段的特点是什么？

10.19　何谓刀具磨钝标准？制定刀具磨钝标准要考虑哪些因素？

10.20　什么是刀具寿命？刀具寿命与磨钝标准有何关系？磨钝标准确定后，刀具寿命是否就确定了？为什么？

10.21　影响刀具寿命的因素有哪些？分析说明切削用量三要素对刀具寿命的影响。

10.22　工件材料切削加工性的衡量指标有哪些？如何改善工件材料的切削加工性？

10.23　刀具前角、后角有什么功用？说明选择合理前角、后角的原则。

10.24　主偏角、副偏角有什么功用？说明选择合则主偏角、副偏角的原则。

10.25　刃倾角有什么功用？说明选择合理刃倾角的原则。

10.26　说明合理选择切削用量的原则。

10.27　如何合理确定背吃刀量、进给量和切削速度？

10.28　切削液有何功用？如何选用？

第 11 章　常见金属切削加工机床与加工方法

（一）教学目标

·**知识目标：**

（1）掌握常见金属切削机床型号的编制方法、基本构造及主要用途；

（2）熟悉常见车刀、铣刀、砂轮、钻头等切削刀具的种类和用途；

（3）掌握金属切削机床的加工特点及加工范围；

（4）了解其他金属切削机床的组成及加工方法。

·**能力目标：**

（1）根据金属切削机床的编制方法，掌握常见机床型号表示的含义；

（2）掌握车刀、铣刀、砂轮、钻头的安装与拆卸；

（3）能够独立使用车床、铣床、磨床、钻床加工简单零件。

（二）教学内容

（1）CA6140 型普通车床的组成及主要附件，车削加工的基本技能：钻中心孔、车外圆、车端面、车台阶、切槽和切断、车螺纹、用滚花刀滚花、车锥面、车特形面、盘绕弹簧等；

（2）万能升降台铣床的组成及主要附件，常见的铣削加工技能：铣削平面、斜面、台阶面、键槽、V 形块等；

（3）外圆磨床与平面磨床的组成及操作过程，砂轮的特性及常见磨削技能，能根据工件形状、材料、精度等方面的要求，合理地选择磨削方法与磨削磨具；

（4）台式钻床、立式钻床、摇臂钻床的结构，钻头的装夹，扩孔、铰孔和锪孔钻削加工技能。

（三）教学要点

（1）金属切削机床的分类及型号的编制方法；

（2）金属切削机床的加工范围及加工特点；

（3）车床、铣床、磨床及钻床的基本结构及主要附件的功用；

（4）车刀、铣刀、砂轮、钻头的种类、结构及安装、拆卸方法；

（5）常见金属切削加工的类型和方法。

11.1　车床及车削加工

在现代机械制造工业中，被制造的机器零件，特别是精密零件的最终形状、尺寸及表面粗糙度，主要是借助金属切削机床加工来获得的，因此机床是制造机器零件的主要设备。它所担负的工作量占机器总制造工作量的 $40\%\sim60\%$，它的先进程度直接影响到机械制造工业的产品质量和劳动生产率。

11.1.1 车削加工的概述

1. 车削加工特点及范围

1）车削工件的特点

在车床上，工件旋转，车刀在平面内做直线或曲线移动的切削称为车削。车削是以工件旋转为主运动、车刀纵向或横向移动为进给运动的一种切削加工方法，车外圆时各种运动的情况如图 11-1 所示。

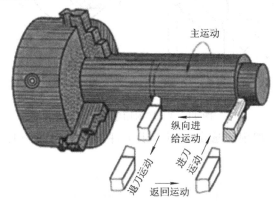

图 11-1　车削运动

2）车削加工的范围

凡具有回转体表面的工件，都可以在车床上用车削的方法进行加工。此外，车床还可以绕制弹簧。车削工件表面粗糙度 $Ra=1.6\sim3.2\ \mu m$。卧式车床的加工范围如图 11-2 所示。

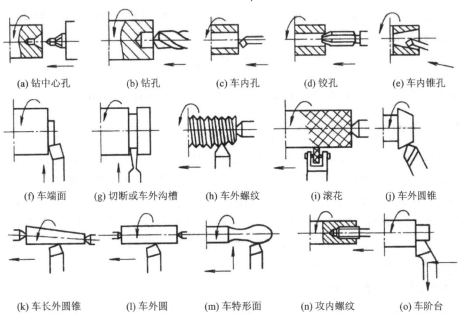

(a) 钻中心孔　　(b) 钻孔　　(c) 车内孔　　(d) 铰孔　　(e) 车内锥孔

(f) 车端面　　(g) 切断或车外沟槽　　(h) 车外螺纹　　(i) 滚花　　(j) 车外圆锥

(k) 车长外圆锥　　(l) 车外圆　　(m) 车特形面　　(n) 攻内螺纹　　(o) 车阶台

图 11-2　车削加工范围

2. 切削用量

在切削过程中的切削速度(v_c)、进给量(f)、背吃刀量(a_p)总称为切削用量。车削时的切削用量如图 11-3 所示，切削用量的合理选择对提高生产率和切削质量有着密切关系。

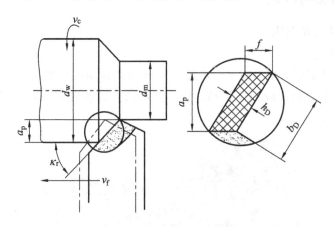

图 11-3　切削用量示意图

（1）切削速度(v_c)：切削刃选定点相对于工件的主运动的瞬时速度，单位为 m/s 或 m/min，可表示为

$$v_c = \frac{\pi D n}{1000} \ (\text{m/min}) = \frac{\pi D n}{1000 \times 60} \ (\text{m/s}) \tag{11-1}$$

式中：D 为工件待加工表面直径，mm；n 为工件每分钟的转速，r/min。

（2）进给量(f)：刀具在进给运动方向上相对工件的位移量，用工件每转的位移量来表达和度量，单位为 mm/r。

（3）背吃刀量(a_p)：在通过切削刃基点（中点）并垂直于工件平面的方向（平行于进给运动方向）上测量的吃刀量，即工件待加工表面与已加工表面间的垂直距离，单位为 mm。背吃刀量可表示为

$$a_p = \frac{D - d}{2} \ (\text{mm}) \tag{11-2}$$

式中：D 为工件待加工表面直径，mm；d 为工件已加工表面直径，mm。

11.1.2　车床的基本知识

普通车床经历了近两百年的历史，它能对轴、盘、环等多种类型工件进行多种工序加工，常用于加工工件的内外回转表面、端面和各种内外螺纹，采用相应的刀具和附件，还可进行钻孔、扩孔、攻丝、滚花等。由于车削加工具有较高的生产率、广泛的工艺范围以及可得到较高的加工精度等特点，所以车床在金属切削机床中占的比例最大，约占机床总数的 20%～35%，车床是应用最广泛的金属切削机床之一。下面以常见的 CA6140 型普通机床为例来分析车床的组成及加工特点。

1. 机床通用型号表示方法

机床的型号是用来表示机床的类别、特性、组系和主要参数的代号。按照 JB 1838－1985《金属切削机床　型号编制方法》的规定，机床型号由汉语拼音字母及阿拉伯数字组成，

其表示方法如图 11 - 4 所示。

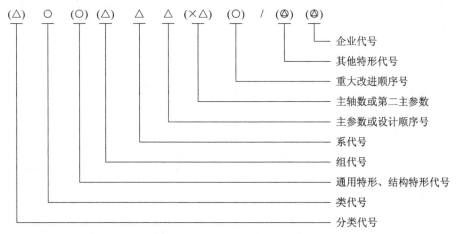

注：①有"（　）"的代号或数字，若无内容，则不表示，若有内容则不带括号；
　　②有"○"符号的为大写的汉语拼音字母；
　　③有"△"符号的为阿拉伯数字；
　　④有"◎"符号的为大写的汉语拼音字母或阿拉伯数字，或两者兼有之。

图 11 - 4　机床通用型号构成

例如 CA6140，C—类代号（车床类机床）；A—重大改进顺序号（第一次重大改进）；6—组代号（普通车床组）；1—机床型别代号（普通车床型）；40—主参数代号（机床可加工工件最大的回转直径的 1/10，即该车床可加工最大工件回转直径为 400 mm）。

2. 车床结构及各组成部分功用

CA6140 型车床结构如图 11 - 5 所示，其主要组成部件包括：主轴箱、交换齿轮箱、进给箱、光杠、丝杠、溜板箱、刀架、尾座、床身、冷却装置和床脚。

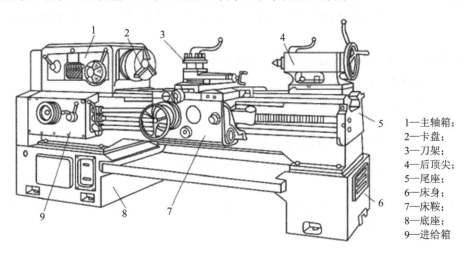

1—主轴箱；
2—卡盘；
3—刀架；
4—后顶尖；
5—尾座；
6—床身；
7—床鞍；
8—底座；
9—进给箱

图 11 - 5　CA6140 型卧式车床结构示意图

1）主轴箱

主轴箱又称床头箱，内装主轴、变速、换向等机构。它的主要任务是将主电机传来的旋转运动经过一系列的变速机构，使主轴得到所需的正反两种转向的不同转速，同时主轴箱分出部分动力将运动传给进给箱。

主轴箱的正面装有主轴变速操纵手柄(两个)和进给(换向、普通螺距与加大螺距)控制手柄。主轴前端可安装自定心卡盘、单动卡盘或花盘等夹具,用以装夹工件。

2)进给箱

进给箱又称走刀箱,箱内装有进给运动的变速机构,通过调整外部手柄的位置,可得到所需的各种不同的进给量或螺距(单线螺纹为螺距,多线螺纹为导程),通过光杠或丝杠将运动传至刀架以进行切削。

3)丝杠与光杠

丝杠与光杠用于连接进给箱与溜板箱,并把进给箱内的运动和动力传给溜板箱。光杠传动用于回转体表面的机动进给车削,丝杠传动用于螺纹车削,其变换可通过进给箱外部的光杠和丝杠变换手柄来控制。

4)溜板箱

溜板箱是车床进给运动的操纵箱。箱内装有进给运动的变向机构,箱外部有纵向或横向手动进给、机动进给及开合螺母等控制手柄。通过改变不同的手柄位置,可使刀架纵向或横向移动机动进给以车削回转体表面,或将丝杠传来的运动变换成车螺纹的走刀运动,或手动操作纵向、横向进给运动。

5)刀架和滑板

刀架和滑板用来夹持车刀使其做纵向、横向或斜向进给运动,由移置床鞍、横滑板、转盘、小滑板和方刀架组成。

(1)移置床鞍。它与溜板箱连接,可带动车刀沿车身导轨做纵向移动,到达预定位置后可予以紧固,横滑板在其上面可横向移动。

(2)横滑板。横滑板带动车刀沿移置床鞍上的导轨做横向移动,手动时,可转动横向进给手柄。

(3)转盘。转盘上面有刻度,与横滑板用螺栓连接,松开其螺母可在水平面内回转任意角度。

(4)小滑板。转动小滑板进给手柄可在转盘导轨面上做短距离移动,如果转盘回转成一定角度,车刀可做斜向运动。

(5)方刀架。方刀架用来装夹和转换车刀,它可同时装夹四把车刀。

6)尾座

尾座安装在床身导轨上,并沿此导轨纵向移动,以调整其工作位置。尾座主要用于安装后顶尖,以支撑较长工件,也可安装钻头、铰刀等进行孔加工。

7)床身

床身是车床的基础零件,用于连接各主要部件并保证在其相对位置,其导轨用来引导溜板箱和尾座的纵向移动。

8)冷却装置

冷却装置主要通过冷却水泵将水箱中的切削液加压后喷射到切削区域,降低切削温度,冲走切屑,润滑加工表面,以提高刀具使用寿命和工件的表面加工质量。

9)床腿

床腿支撑床身并与地基连接。

11.1.3　工件在车床上的装夹

在车床上装夹工件的基本要求是定位准确、夹紧可靠。定位准确就是工件在机床或夹具中必须有一个正确的位置，即车削的回转体表面中心应与车床主轴中心重合。夹紧可靠就是工件夹紧后能承受切削力，不改变定位并保证安全，且夹紧力适度以防工件变形，保证加工工件质量。车床上常用三爪自定心卡盘、四爪单动卡盘、花盘、顶尖、拨盘、鸡心夹头、心轴、中心架和跟刀架等附件装夹工件，在成批大量生产中还可以用专用夹具来装夹工件。

1. 卡盘

卡盘是应用最为广泛的卧式车床夹具。它靠背面法兰盘上的螺纹直接装在车床主轴上，用来夹持轴类、盘类、套类等工件。

1）三爪自定心卡盘

三爪自定心卡盘的结构如图 11-6 所示，它主要由外壳体、三个卡爪、三个小锥齿轮、一个大锥齿轮等零件组成。三爪自定心卡盘的卡爪可以装成正爪，实现由外向内夹紧；也可以装成反爪，实现由内向外夹紧，即撑夹（反夹）。正爪夹持工件时，工件直径不能太大，卡爪伸出卡盘外圆的长度不应超过卡爪长度的三分之一，以免发生事故。反爪可以夹持直径较大的工件。

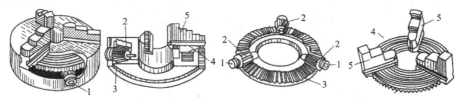

1—方孔；2—小锥齿轮；3—大锥齿轮；4—平面螺纹；5—卡爪

图 11-6　三爪自定心卡盘

三爪自定心卡盘的夹紧力较小，不能夹持形状不规则零件，但夹紧迅速方便，不需找正，具有较高的自动定心精度，特别适合于中小型工件的半精加工与精加工。

2）四爪单动卡盘

四爪单动卡盘外形如图 11-7 所示，在四爪卡盘端面对称分布着四个相同的卡爪，每一个卡爪均可单独动作，故称为四爪单动卡盘。用方扳手旋动某个卡爪侧面的螺杆，就可使该卡爪单独沿径向移动。

用四爪单动卡盘夹持工件，当工件直径较大且必须夹持外圆时，也可将卡爪全部反装，又因各卡爪均可单动，所以也可用于夹持形状不规则工件及偏心工件。

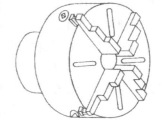

图 11-7　四爪单动卡盘

四爪单动卡盘的夹紧力较大，所以特别适合于粗加工及加工较大的工件，但利用卡爪的"单动"性质，对工件进行轴线找正，费时且找正精度不易控制。

2. 花盘

花盘适用于装夹不便于用三爪或四爪卡盘装夹的一些形状不规则的工件。花盘直接旋装在主轴上。

花盘装在主轴前端，它的盘面上有几条长短不同的通槽和 T 形槽，以便用螺栓、压板等将工件压紧在它的工作面上。它多用于装夹形状比较特别的且三爪和四爪卡盘无法装夹的工件，如对开轴承座、十字孔工件、双孔连杆、环首螺钉、齿轮油泵体等。在安装时，根据预先在工件上划好的基准线来进行找正，再将工件压紧。对于不规则的工件，应在花盘上装上适当的平衡块来保持平衡，以免因花盘重心与机床回转中心不重合而影响工件的加工精度，甚至导致意外事故发生。

用花盘安装工件有两种形式：一种是若被加工工件表面的回转轴线与其基准面垂直，则直接将工件安装在花盘的工作面上，如图 11-8(a)所示；另一种是若被加工工件表面的回转轴线与其基准面平行，则将工件安装在花盘的角铁上加工，如图 11-8(b)所示，工件在花盘上的定位要用划针盘等找正。

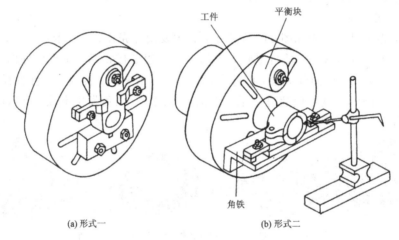

(a) 形式一　　　　　(b) 形式二

图 11-8　花盘安装工件方法

3. 顶尖、拨盘与鸡心夹头

1）顶尖

顶尖分前顶尖和后顶尖两种。顶尖的头部带有 60°锥形尖端，顶尖的作用是定位、支撑工件并承受切削力。

前顶尖装在主轴锥孔内随工件一起转动，与锥孔无相对运动，如图 11-9(a)所示。为了准确和方便，有时也可以将一段钢料直接夹在三爪自定心卡盘上车出锥角来代替前顶尖，如图 11-9(b)所示，但该顶尖从卡盘上卸下来后，再次使用时必须将锥面重车一刀，以保证顶尖锥面的轴线与车床主轴旋转轴线重合。

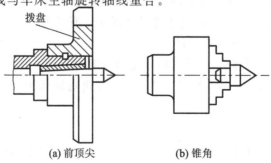

(a) 前顶尖　　　　　(b) 锥角

图 11-9　前顶尖

后顶尖插在车床尾座套筒内使用，分为死顶尖和活顶尖两种。常用的死顶尖有普通顶尖、镶硬质合金顶尖和反顶尖等，如图 11 - 10 所示。死顶尖的定心精度高、刚性好，缺点是工件和顶针发生滑动摩擦，发热较大，过热时会把中心孔或顶针"烧坏"，所以常用镶硬质合金的顶尖对工件中心孔进行研磨，以减小摩擦。死顶尖一般用于低速加工、精度要求较高的工件。支撑细小工件时可用反顶尖。

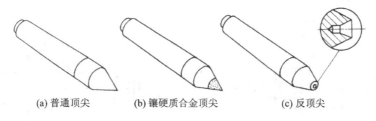

(a) 普通顶尖　　　(b) 镶硬质合金顶尖　　　(c) 反顶尖

图 11 - 10　死顶尖

活顶尖如图 11 - 11 所示，内部装有滚动轴承。活顶尖把顶尖与工件中心孔的滑动摩擦变成顶尖内部轴承的滚动摩擦，因此其转动较为灵活。由于顶尖与工件一起转动，避免了顶尖和工件中心孔的磨损，所以能承受较高转速下的加工，但支撑刚性较差，且存在一定的装配累积误差，且当滚动轴承磨损后，会使顶尖产生径向摆动。所以，活顶尖适宜加工工件精度要求不太高的场合。

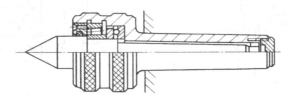

图 11 - 11　活顶尖

2）拨盘与鸡心夹头

前后顶尖均不能带动工件旋转，当工件用两顶尖装夹时，必须通过拨盘和鸡心夹头带动旋转。拨盘后端有内螺纹跟车床主轴配合，盘面形式有两种：一种是带有 U 形槽的拨盘，用来与弯尾鸡心夹头相配带动工件旋转，如图 11 - 12(a) 所示；另一种拨盘装有拨杆，用来与直尾鸡心夹头相配带动工件旋转，如图 11 - 12(b) 所示。鸡心夹头的一端与拨盘相配，另一端装有方头螺钉，用来固定工件。

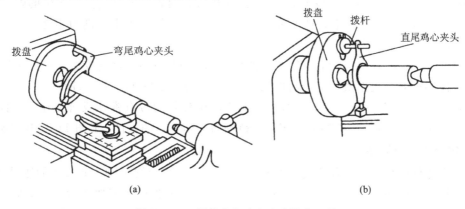

(a)　　　　　　　　　　　　　　(b)

图 11 - 12　用拨盘和鸡心夹头装夹工件

4. 心轴

当工件的形状复杂或内外圆表面的位置精度要求较高时，可采用心轴装夹工件进行加工，这有利于保证零件的外圆与内孔的同轴度及端面对孔的垂直度要求。

使用心轴装夹工件时，应首先将工件全部粗车，而后将内孔精车好(IT7～IT9)，以内孔为定位基准将工件安装在心轴上，最后将心轴安装在前后顶尖之间，如图11-13所示。

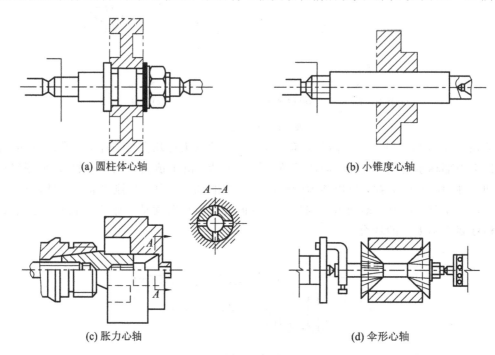

(a) 圆柱体心轴　　　　　　　　　　　　(b) 小锥度心轴

$A—A$

(c) 胀力心轴　　　　　　　　　　　　(d) 伞形心轴

图 11-13　用心轴安装工件方法

心轴是加工盘套类零件常用的夹具，按其定位表面的不同，可分为以下几种：

(1) 圆柱体心轴：适合于工件的长度尺寸小于孔径尺寸的情况。工件安装在带台阶的心轴上，一端与轴肩贴合，另一端采用螺母压紧。工件与心轴的配合采用 H7/h6，如图 11-13(a)所示。

(2) 小锥度心轴：适用于工件长度大于工件孔径尺寸的情况。这种心轴的锥度为 1/1000～1/5000，如图 11-13(b)所示。工件内孔与心轴表面依靠过盈所产生的弹性变形来夹紧工件。小锥度心轴的定心精度较高，多用于精车，但加工中切削力不能太大，以避免工件在心轴上产生滑动。

(3) 胀力心轴：这种心轴可实现快速装拆，适用于中小型工件的安装。它是通过调整锥形螺钉使心轴的一端作微量的径向扩张，将工件胀紧，如图 11-13(c)所示。

(4) 伞形心轴：适用于安装以毛坯孔为基准车削外圆的带有锥孔或阶梯孔的工件。该心轴装拆迅速、装夹牢固，能装夹一定尺寸范围内不同孔径的工件，如图 11-13(d)所示。

5. 中心架与跟刀架

当轴类零件的长度与直径之比较大($L/d>10$)时，即为细长轴。细长轴的刚性不足，为防止在切削力作用下细长轴发生弯曲变形，必须用中心架或跟刀架作为辅助支撑。较长的轴类零件在车端面、钻孔或车孔时，无法使用后顶尖，如果单独依靠卡盘安装，势必会因工件悬伸过长使安装刚性很差而产生弯曲变形，加工中产生振动，甚至无法加工，此时必须用中心架作为辅助支撑。使用中心架或跟刀架作为辅助支撑时，都要在工件的支撑部位预先车削出定位用的光滑圆柱面，并在工件与支撑爪的接触处加机油润滑。

中心架上有三个等分布置并能单独调节伸缩的支撑爪。使用时，用压板、螺钉将中心架固定在床身导轨上，且安装在工件中间，然后调节支撑爪。首先调整下面两个爪，将盖子盖好固定，然后调整上面一个爪。调整的目的是使工件轴线与主轴轴线重合，同时保证支撑爪与工件表面的接触松紧适当，如图 11 - 14(a)、(b)所示。

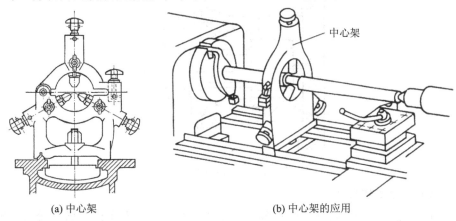

(a) 中心架　　　　　　　　　　(b) 中心架的应用

图 11 - 14　中心架及应用

跟刀架上一般有两个能单独调节伸缩的支撑爪，而另外一个支撑爪用车刀来代替。两支撑爪分别安装在工件的上面和车刀的对面，如图 11 - 15(a)所示。加工时，跟刀架的底座用螺钉固定在床鞍的侧面，跟刀架安装在工件头部，与车刀一起随床鞍做纵向移动。每次走刀前应先调整支撑爪的高度，使支撑爪与预先车削出用于定位的光滑圆柱面保持松紧适当的接触。配置了两个支撑爪的跟刀架，安装刚性差，加工精度低，不适宜做高速切削。另外还有一种具有三个支撑爪的跟刀架，如图 11 - 15(b)所示。它的安装刚性较好，加工精度较高，并适宜高速切削。

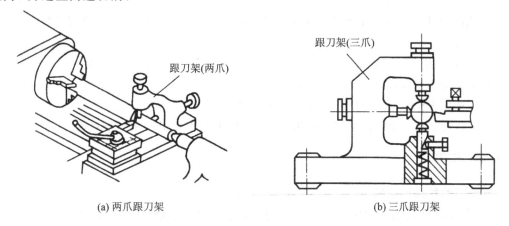

(a) 两爪跟刀架　　　　　　　　　(b) 三爪跟刀架

图 11 - 15　跟刀架的应用

使用中心架或跟刀架时，必须先调整尾座套筒轴线与主轴轴线的同轴度。中心架用于加工细长轴、阶梯轴、长轴端面、端部的孔，跟刀架则适合于车削不带台阶的细长轴。

6. 弹簧卡头

当工件外圆表面结构简单，而内孔表面较复杂时，可采用弹簧卡头实现工件的夹紧。用弹簧卡头装夹工件时，以工件的外圆表面为定位基准，旋转压紧螺母，在螺母端面的作用下，弹簧套筒往左移动向中心均匀收缩，使工件获得准确的定位和牢固的夹紧，如图 11-16 所示。

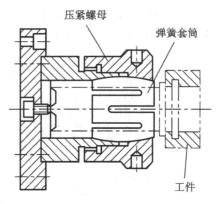

图 11-16　弹簧卡头

7. 车床的安全操作规程

（1）工作前按规定润滑机床，检查各手柄是否到位，并开慢车试运转五分钟，确认一切正常方能操作。

（2）卡盘夹头要上牢，开机时扳手不能留在卡盘或夹头上。

（3）工件和刀具装夹要牢固，刀杆不应伸出过长（镗孔除外）；转动小刀架要停车，防止刀具碰撞卡盘、工件或划破手。

（4）工件运转时，操作者不能正对工件站立，身不靠车床，脚不踏油盘。

（5）高速切削时，应使用断屑器和挡护屏。

（6）禁止高速反刹车，退车和停车要平稳。

（7）清除铁屑，应用刷子或专用钩。

（8）用锉刀打光工件，必须右手在前，左手在后；用砂布打光工件，要用"手夹"等工具，以防绞伤。

（9）一切在用的工具、量具、刃具应放于附近的安全位置，做到整齐有序。

（10）车床未停稳，禁止在车头上取工件或测量工件。

（11）车床工作时，禁止打开或卸下防护装置。

（12）临近下班，应清扫和擦试车床，并将尾座和溜板箱退到床身最右端。

11.1.4　车刀

1. 车刀的种类和结构

车刀是金属切削加工中使用最广泛的刀具，它可以用来加工各种内、外回转体表面，如外圆、内孔、端面、螺纹，也可用于切槽和切断等。车刀按结构可分为整体式、焊接式、机夹式、可转位式等。目前硬质合金焊接式和可转位式车刀应用最普遍；整体式结构一般仅用于高速钢车刀或尺寸较小的硬质合金刀具等；硬质合金机夹式车刀，尤其是可转位式车刀在自动车床、数控机床和自动线上应用较为普遍。

车刀按用途可分为外圆车刀、端面车刀、切断刀、成形车刀、螺纹车刀、车孔刀等，如图 11 - 17 所示。

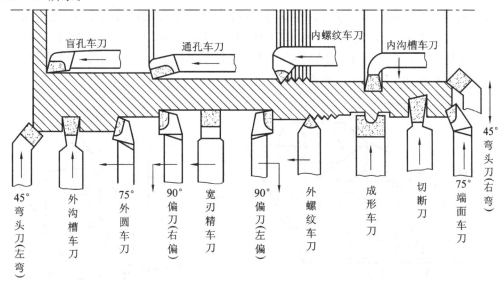

图 11 - 17 常用车刀及用途

2. 车刀的组成和几何角度

1）车刀的结构

金属切削刀具的种类很多，各种刀具的结构尽管有的相差很大，但它们切削部分的几何形状都大致相同。普通外圆车刀是最基本、最典型的切削刀具，故通常以外圆车刀为基础来定义刀具切削部分的组成和刀具的几何参数。如图 11 - 18 所示，车刀由刀头、刀体两部分组成。刀头用于切削，刀体用于装夹。刀具切削部分由三个面、两条切削刃和一个刀尖组成。

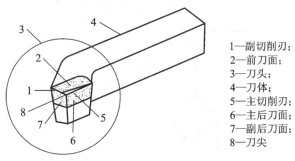

1—副切削刃；
2—前刀面；
3—刀头；
4—刀体；
5—主切削刃；
6—主后刀面；
7—副后刀面；
8—刀尖

图 11 - 18 车刀的组成

（1）前刀面：切削时，切屑流出所经过的表面。

（2）主后刀面：切削时，与工件加工表面相对的表面。

（3）副后刀面：切削时，与工件已加工表面相对的表面。

（4）主切削刃：前刀面与主后刀面的交线。它可以是直线或曲线，担负着主要的切削工作。

（5）副切削刃：前刀面与副后刀面的交线。一般只担负少量的切削工作。

（6）刀尖：主切削刃与副切削刃的相交部分。为了强化刀尖，常磨成圆弧形或一小段直线（称过渡刃）。

2）车刀的标注角度

为了确定车刀切削刃和其前后面在空间的位置，即确定车刀的几何角度，有必要建立三个互相垂直的坐标平面（辅助平面），即基面、切削平面和正交平面，如图 11 - 19 所示。车刀在静止状态下，基面是过工件轴线的水平面，切削平面是过主切削刃的铅垂面，正交平面是垂直于基面和切削平面的铅垂剖面。

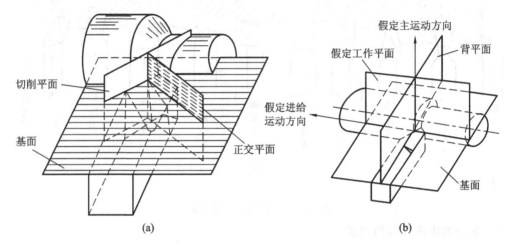

图 11 - 19　车刀的辅助平面

车刀切削部分在辅助平面中的位置，形成了车刀的几何角度。车刀的主要角度有前角 γ_o、后角 α_o、楔角 β_o、主偏角 κ_r、副偏角 κ_r'、刃倾角 λ_s，如图 11 - 20 所示。

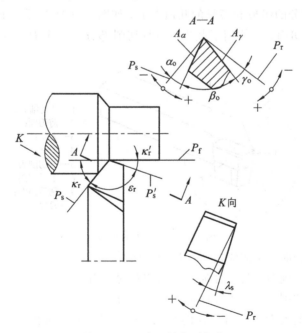

图 11 - 20　车刀的主要角度

（1）前角（λ_o）。前角是前刀面和基面间的夹角。前角的大小反映了刀具前面倾斜的程度，决定刀刃的强度和锋利程度，影响切削变形和切削力的大小。前角有正负之分，当前面在基面下方时为正值，反之为负值，如图 11 - 20 所示为正。前角大，刃口锋利，可减少切削变形和切削力，易切削，易排屑；前角过大，强度低，散热差，易崩刃。前角的大小主要根据工件材料、刀具材料和加工要求进行选择。

（2）后角（α_o）。后角是主后面与主切削平面间的夹角。后角的大小决定刀具后面与工件之间的摩擦及散热程度。后角过大，会降低车刀强度，且散热条件差，刀具寿命短；后角过小，摩擦严重，温度高，刀具寿命也短。

（3）楔角（β_o）。楔角是前面与主后面间的夹角，即 $\beta_o = 90° - (\gamma_o + \alpha_o)$。

（4）主偏角（κ_r）。主偏角是主切削刃在基面上的投影与假定进给运动方向间的夹角。主偏角的大小决定背向力与进给力的分配比例和刀头的散热条件。主偏角大，背向力小，散热差；主偏角小，进给力小，散热好。

（5）副偏角（κ_r'）。副偏角是副切削刃在基面上的投影与假定进给运动反方向之间的夹角。副偏角的大小决定切削刃与已加工表面之间的摩擦程度。较小的副偏角对已加工表面有修光作用。

（6）刃倾角（λ_s）。刃倾角是主切削刃与基面间的夹角。刃倾角主要影响排屑方向和刀尖强度。刃倾角有正值、负值和零度三种。

3. 车刀的安装

在车削加工前，必须正确安装好车刀，否则即便是车刀的各个角度刃磨得合理，但其工作角度发生了改变，也会直接影响到切削的顺利进行和工件的加工质量，所以车刀必须正确牢固地安装在刀架上，如图 11 - 21 所示。

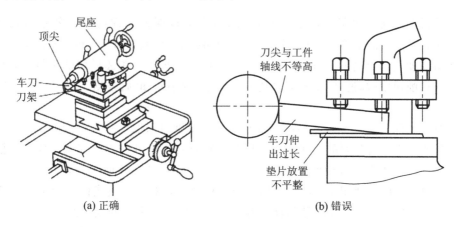

图 11 - 21　车刀的安装

安装车刀应注意下列几点：

（1）刀头不宜伸出太长，否则切削时容易产生振动，影响工件加工精度和表面粗糙度。一般刀头伸出长度不超过刀杆厚度的两倍，能看见刀尖车削即可。

（2）刀尖应与车床主轴中心线等高。若车刀装得太高，后角减小，则车刀的主后面会与工件产生强烈的摩擦；若装得太低，前角减少，则切削不顺利，会使刀尖崩碎。刀尖的高低，可根据尾座顶尖高低来调整。

（3）车刀底面的垫片要平整，并尽可能用厚垫片，以减少垫片数量。调整好刀尖高低后，至少要用两个螺钉交替将车刀拧紧。

11.1.5 车外圆、端面和台阶

1. 车外圆

将工件车削成圆柱形外表面的方法称为车外圆，车外圆的几种情况如图 11 - 22 所示。

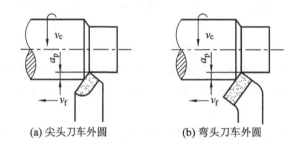
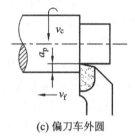

(a) 尖头刀车外圆　　　　　(b) 弯头刀车外圆　　　　　(c) 偏刀车外圆

图 11 - 22　外圆车削

车削方法一般采用粗车和精车两个步骤。

1）粗车

粗车的目的是尽快地切去工件上大部分加工余量，使工件接近最后的形状和尺寸。粗车要给精车留有适量的加工余量，其精度和表面粗糙度要求并不高，因此粗车的目的是提高生产率。为了保证刀具耐用及减少刃磨次数，粗车时，要先选用较大的背吃刀量，其次根据可能，适当加大进给量，最后选取合适的切削速度。粗车刀一般选用尖头刀或弯头刀。

2）精车

精车的目的是切去粗车给精车留下的加工余量，以保证零件的尺寸公差和表面粗糙度。精车后工件尺寸公差等级可达 IT7 级，表面粗糙度 Ra 可达 $1.6~\mu m$。对于尺寸公差等级和表面粗糙度要求更高的表面，精车后还需进行磨削加工。在选择切削用量时，首先应选取合适的切削速度（高速或低速），再选取进给量（较小），最后根据工件尺寸来确定背吃刀量。

精车时为了保证工件的尺寸精度和减小表面粗糙度可采取下列几点措施：

（1）合理地选择精车刀的几何角度及形状。如加大前角可使刃口锋利，减小副偏角和刀尖圆弧能使已加工表面残留面积减小，前后刀面及刀尖圆弧用油石磨光等。

（2）合理地选择切削用量。在加工钢等塑性材料时，采用高速或低速切削可防止出现积屑瘤。另外，采用较小的进给量和背吃刀量可减少已加工表面的残留面积。

（3）合理地使用切削液。如低速精车钢件时可采用乳化液润滑，低速精车铸铁时可采用煤油润滑等。

（4）采用试切法切削。试切法就是通过试切－测量－调整－再试切反复进行的方法使工件尺寸达到要求为止的加工方法。由于横向刀架丝杠及其螺母螺距与刻度盘的刻线均有一定的制造误差，仅按刻度盘定吃刀量难以保证精车的尺寸公差，因此需要通过试切来准确控制尺寸。此外，试切也可以防止进错刻度而造成废品。图 11 - 23 为车削外圆工件时的试切方法与步骤。

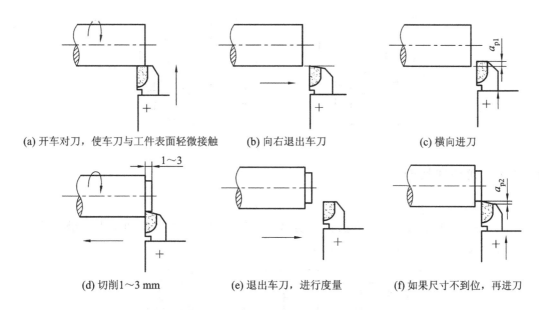

(a) 开车对刀，使车刀与工件表面轻微接触　　(b) 向右退出车刀　　(c) 横向进刀

(d) 切削1～3 mm　　(e) 退出车刀，进行度量　　(f) 如果尺寸不到位，再进刀

图 11 - 23　试切的方法与步骤

2. 车端面

对工件端面进行车削的方法称为车端面。车端面采用端面车刀，当工件旋转时，移动床鞍（或小滑板）控制吃刀量，横滑板横向走刀便可进行车削，图 11 - 24 为端面车削时的几种情况。

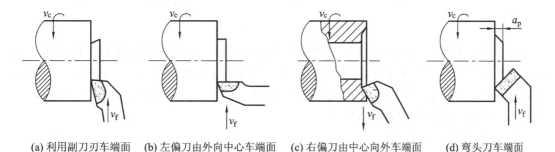

(a) 利用副刀刃车端面　　(b) 左偏刀由外向中心车端面　　(c) 右偏刀由中心向外车端面　　(d) 弯头刀车端面

图 11 - 24　车端面

车端面时应注意刀尖要对准工件中心，以免车出的端面留下小凸台。由于车削时被切部分直径不断变化，从而引起切削速度的变化，所以车大端面时要适当调整转速，以便车刀在靠近工件中心处的转速高些，靠近工件外圆处的转速低些。车削后的端面不平整是由于车刀磨损或吃刀量过大导致床鞍移动造成的，因此要及时刃磨车刀并将移置床鞍紧固在床身上。

3. 车台阶

车削台阶处外圆和端面的方法称为车台阶。车台阶常用主偏角 $\kappa_r \geqslant 90°$ 的偏刀车削，在车削外圆的同时车出台阶端面。台阶高度小于 5 mm 时可用一次走刀切出，高度大于 5 mm 的台阶可用分层法多次走刀后再横向切出，如图 11 - 25 所示。

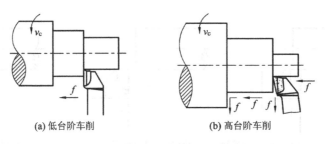

(a) 低台阶车削　　　　　　(b) 高台阶车削

图 11 - 25　车台阶

11.1.6　切槽和切断

1. 切槽

在工件表面上车削沟槽的方法称为切槽。用车削加工的方法所加工出的槽形状有外槽、内槽、端面槽等，如图 11 - 26 所示。

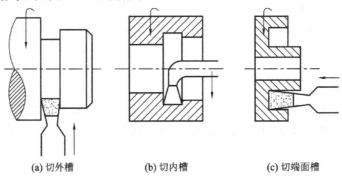

(a) 切外槽　　　　(b) 切内槽　　　　(c) 切端面槽

图 11 - 26　切槽

轴上的外槽和孔的内槽均属退刀槽。退刀槽的作用是车削螺纹或进行磨削时便于退刀，否则该工件将无法进行加工；同时，在轴上或孔内装配其他零件时，也便于确定其轴向位置。端面槽的主要作用是为了减轻重量，其中有些槽还可以卡上弹簧或装上垫圈等，其作用要根据零件的结构和使用要求而定。

1）切槽刀的角度及安装

轴上槽要用切槽刀进行车削，切槽刀的几何形状和角度如图 11 - 27 所示。安装时切槽刀，刀尖要对准工件轴线，主切削刃平行于工件轴线，两侧副偏角一定要对称相等（1°～2°），两侧刃后角也需对称（0.5°～1°），切不可一侧为负值，以防刮伤槽的端面或折断刀头。

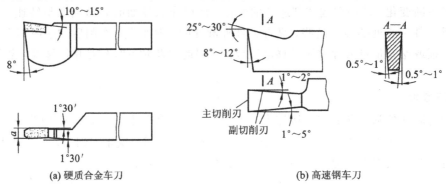

(a) 硬质合金车刀　　　　　　　　(b) 高速钢车刀

图 11 - 27　切槽刀

2）切槽的方法

切削宽度在 5 mm 以下的窄槽时，可采用主切削刃的宽度等于槽宽的切槽刀，在一次横向进给中切出。切削宽度在 5 mm 以上的宽槽时，一般采用先分段横向粗车，在最后一次横向切削后，再进行纵向精车的加工方法如图 11 - 28 所示。

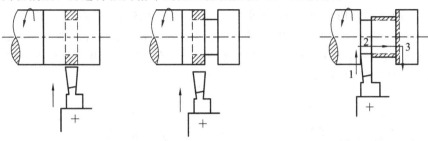

(a) 第一次横向送进　　　　(b) 第二次横向送进　　(c) 最后一次横向进给后再以纵向送进精车槽底

图 11 - 28 切宽槽的方法

3）切槽的尺寸测量

槽的宽度和深度测量采用卡钳和钢直尺配合测量，也可以用游标卡尺和千分尺测量。图 11 - 29 为测量外槽时的情况。

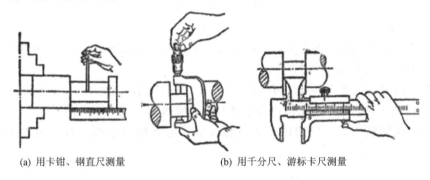

(a) 用卡钳、钢直尺测量　　　　　　(b) 用千分尺、游标卡尺测量

图 11 - 29　测量外槽

2. 切断

在切削加工中，若工件较长，则需按要求切断后再车削，或者在车削完成后需把工件从原材料上切割下来，这样的加工方法称为切断，如图 11 - 30 所示

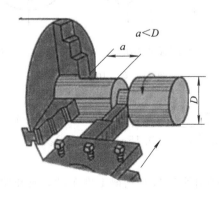

图 11 - 30　切断

1) 切断刀

切断刀与切槽刀几何形状相似,其不同点是刀头窄而长、容易折断,因此用切断刀也可以切槽,但不能用切槽刀来切断。

切断时,刀头伸进工件内部,散热条件差,排屑困难,易引起振动,如不注意刀头就会折断,因此必须合理地选择切断刀。切断刀的种类很多,按材料可分为高速钢和硬质合金两种;按结构又分为整体式、焊接式、机械固定式等几种。通常为了改善切削条件,常采用整体式高速钢切断刀进行切断。图 11-31 为弹性切断刀,在切断过程中,这种刀可以减少振动和冲击,提高切断的质量和生产率。

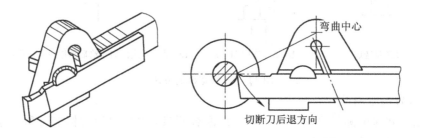

图 11-31　弹性切断刀

2) 切断方法

(1) 直进法切断工件。直进法是指在垂直于工件轴线的方向上进行切断,常用于切削铸铁等脆性材料,如图 11-32(a)所示。

(2) 左右借刀法切断工件。在切削系统(刀具、工件、车床)刚性不足的情况下,可采用左右借刀法切断工件,常用于切削钢等塑性材料,如图 11-32(b)所示。

(3) 反切法切断工件。反切法是指工件反转,用反切刀切断工件,如图 11-32(c)所示。

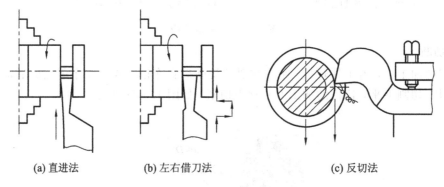

(a) 直进法　　　　(b) 左右借刀法　　　　　　(c) 反切法

图 11-32　切断方法

3) 切削用量

切削速度不宜过高或过低,一般 $v_c=40\sim60$ m/min(外圆处)。手动进给切断时,进给要均匀;机动进给切断时,进给量 $f=0.15\sim0.5$ mm/r。

4) 切断时注意事项

(1) 切断毛坯表面,最好用外圆车刀先把工件车圆,或开始时尽量减小走刀量,防止"扎刀"而损坏车刀。

（2）手动进刀时，摇动手柄应连续、均匀，避免因切断刀与工件表面摩擦，使工件表面产生冷硬现象而迅速磨损刀具，在即将切断时要放慢进给速度，以免突然切断而使刀头折断。

（3）用卡盘装夹工件时，切断位置尽可能靠近卡盘，防止引起振动；由一夹一顶装夹工件时，工件不完全切断，应取下工件后再敲断。

（4）切断过程中如需要停车，应先退刀再停车。

（5）切断刀刀尖必须与工件中心等高，否则切断处将剩有凸台，且刀头也容易损坏，如图 11－33 所示。

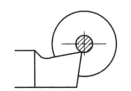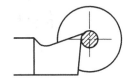

(a) 切断刀安装过低不易切削　　　(b) 切断刀安装过高刀具后面顶住工件，刀头易被压断

图 11－33　切断刀刀尖必须与工件中心等高

11.1.7　车螺纹

将工件表面车削成螺纹的方法称为车螺纹。螺纹是轴类零件外圆表面加工中常见的加工表面，加工螺纹的方法很多，如车螺纹、铣螺纹、套螺纹、滚压等。采用车削方法可加工各种不同类型的螺纹，如普通螺纹、梯形螺纹、锯齿形螺纹等，在加工时除采用的刀具形状不同外，其加工方法大致相同。现以普通螺纹加工为例进行介绍。

1. 螺纹车刀及其安装

（1）螺纹车刀的几何角度。安装螺纹车刀时，车刀的刀尖角等于螺纹牙形角 $\alpha_0 = 60°$，其前角 $\gamma_0 = 0°$ 才能保证工件螺纹的牙形角，否则牙形角将产生误差。只有粗加工或螺纹精度要求不高时，其前角可取 $\gamma_0 = 5° \sim 20°$。图 11－34 为螺纹车刀几何角度与用样板对刀方法。

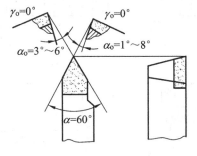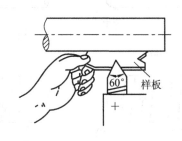

图 11－34　螺纹车刀几何角度与用样板对刀方法

（2）螺纹车刀的安装。安装螺纹车刀时，刀尖必须对准工件中心，并用样板对刀，如图 11－35 所示，以保证刀尖角的角平分线与工件的轴线垂直，这样车出的牙形角才不会偏斜。

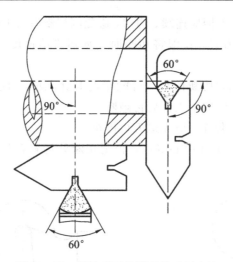

图 11 - 35　螺纹车刀的形状及对刀方法

2. 车螺纹的方法与步骤

以车削外螺纹为例来说明车螺纹的方法与步骤，如图 11 - 36 所示的车螺纹方法为正反车法，适用于加工各种螺纹，具体步骤如下：

（1）开车，使车刀与工件轻微接触，记下刻度盘读数，向右退出车刀；

（2）合上开合螺母，在工件表面上车出一条螺旋线，横向退出车刀，停车；

（3）开反车使刀具退到工件右端，停车，用钢尺检查螺距是否正确；

（4）利用刻度盘调整切深，开车切削；

（5）车刀行至终点时，应做好退刀停车准备，先快速退出车刀，然后停车，再开反车退回刀架；

（6）再次横向进刀，继续切削。其切削过程的路线如图 11 - 36 所示，步骤（1）～（6）分别对应图中的（a）～（f）。

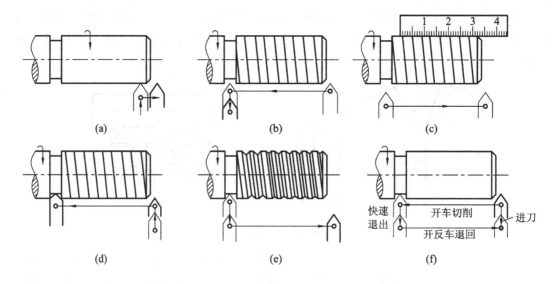

图 11 - 36　螺纹的车削方法与步骤

另一种方法是抬闸法，也就是利用开合螺母手柄的抬起或压下来车削螺纹。这种方法操作简单，但易乱扣，只适用于加工工件螺距是机床丝杠螺距整数倍的螺纹。这种方法与正反车法的主要不同之处在于车刀行至终点时，横向退刀后不用开反车纵向退刀，只要抬起开合螺母手柄使丝杠与螺母脱开，然后手动纵向退回，即可再吃刀车削。

车内螺纹的方法与车外螺纹基本相同，只是横向进给手柄的进退刀转向不同而已。对于直径较小的内、外螺纹可用丝锥或板牙攻出。

11.1.8　其他车削加工

1. 圆锥面的车削

在机床和工具中，有许多使用圆锥面配合的场合，如车床主轴锥孔与顶尖的配合，车床尾座锥孔与麻花钻锥柄的配合等。为了制造和使用方便，常用工具和刀具上的圆锥都已经标准化，即圆锥各部分尺寸都符合相关标准的规定，使用时只要代号相同即能互换。标准工具的圆锥已在国际上通用。常用的标准工具的圆锥有莫氏圆锥和米制圆锥两种。

1）莫氏圆锥

莫氏圆锥是机器制造业中应用最广泛的一种，分为 0～6 号七种，最小的是 0 号，最大的是 6 号。莫氏圆锥号码不同，圆锥的尺寸和圆锥半角都不同。莫氏圆锥的锥度见表 11-1。

表 11-1　莫氏圆锥的锥度

莫氏号	锥度 C	圆锥角 α	圆锥半角 $\alpha/2$
0	1：19.212	2°58′46″	1°29′23″
1	1：20.048	2°51′20″	1°25′40″
2	1：20.020	2°51′32″	1°25′46″
3	1：19.0922	2°52′25″	1°26′12″
4	1：19.254	2°52′24″	1°29′12″
5	1：19.002	3°0′45″	1°30′22″
6	1：19.180	2°59′4″	1°29′32″

2）米制圆锥

米制圆锥分 4 号、6 号、80 号、100 号、120 号、140 号、160 号、200 号八种，其中 140 号较少采用。它们的号码表示的是大端直径，锥度固定不变，即锥度 $C=1$：20。如 200 号米制圆锥的大端直径为 $\phi200$ mm，则小段直径为 $\phi10$ mm。

除了常用标准工具的圆锥外，还经常遇到各种专用标准圆锥，其锥度大小及应用举例见表 11-2。

表 11-2　专用标准圆锥的锥度及应用举例

锥度 C	圆锥角 α	圆锥半角 α/2	应用举例
1:4	14°15′	7°7′30″	车床主轴及轴头
1:5	11°25′16″	5°42′38″	易于拆卸的连接，砂轮主轴与砂轮法兰盘的结合，锥形摩擦离合器
1:7	8°10′16″	4°5′8″	管件的开关塞、阀等
1:12	4°46′19″	2°23′9″	部分滚动轴承内环锥孔
1:15	3°49′6″	1°54′23″	主轴与齿轮的配合部分
1:16	3°34′47″	1°54′24″	55°密封管螺纹
1:20	2°51′51″	1°25′56″	米制工具圆锥、锥形主轴颈
1:30	1°54′35″	0°57′23″	锥柄的铲刀和扩孔钻与柄的配合
1:50	1°8′45″	0°34′23″	圆锥定位销
7:24	16°35′39″	8°17′50″	铣床主轴孔
7:64	6°15′38″	3°7′49″	刨齿机工作台的心轴孔

3）圆锥面的车削方法

因圆锥面既有尺寸精度要求，又有角度要求，因此在车削加工中要同时保证尺寸精度和圆锥角度精度。一般首先保证圆锥角度精度，然后精车并控制其尺寸精度。车削圆锥面的主要方法有转动小刀架溜板角度法（见图 11-37(a)）、偏移尾座法（见图 11-37(b)）、仿形法、宽刃刀车削法等。

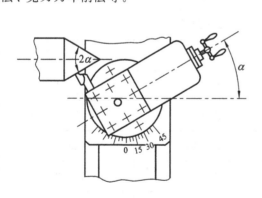
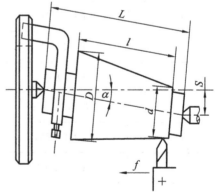

(a) 转动小刀架溜板角度法车锥面　　　　　　　　(b) 偏移尾座法车锥面

图 11-37　圆锥面车削方法

圆锥面的检测主要是指圆锥角度和尺寸精度的检测，一般的检测方法有使用样板、游标万能角度尺、正弦规和涂色法等，其中涂色法在生产现场应用较广。

涂色法是采用标准圆规套规（检测外圆锥）和标准圆锥塞规（检测内圆锥孔）检测时，为了表示工件圆锥面与标准圆锥量规之间的接触程度，在工件上涂抹显示剂，以看清检测结果的一种检测方法。

检测外圆锥的具体操作如下：

（1）在工件表面上沿圆锥素线方向薄而均匀地涂上三种显示剂（印红、红丹粉、全损耗系统用油的调和物等）。

（2）手握圆锥套规轻轻与工件接触后，稍加用力转动半圈。

（3）取下套规观察工件表面显示剂擦去的情况。若三条显示剂全长擦去痕迹均匀，则表面圆锥接触良好，锥度正确。若小端擦去，而大端未擦去，则说明圆锥角偏小；反之偏大。

检测内圆锥的角度，使用圆锥塞规，方法与外圆锥检测方法相同，只不过显示剂要涂抹在圆锥塞规上。

圆锥尺寸检测方法是观察标准圆锥量规端部的台阶面与工件圆锥端面之间的位置情况，判断工件的尺寸是否合格。如果工件端面正好在标准圆锥量规台阶的中间，则说明尺寸合格；若超过则为不合格。

2. 成形面的车削

有些回转体的表面不是直线，而是一些曲线，如手柄、手轮和圆球等，这类表面称为成形面。在加工成形面时，应根据工件的特点、精度及批量，采用相应的方法。

（1）双手控制法。两只手同时操作中滑板和小滑板，使圆弧刀具做平面运动，如图 11-38 所示。这种操作方法对操作者的技术要求较高，难度也大。

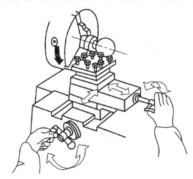

图 11-38　双手控制法加工成形面

（2）成形法。成形法就是利用成形刀具对工件进行加工的方法，切削刃的形状与工件成形表面轮廓相同的车刀称为成形车刀，或称为样板刀。数量较多、轴向尺寸较小的工件成形面，可以采用成形法加工，如图 11-39 所示。

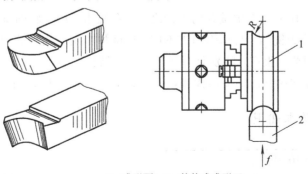

1—成形面；2—整体式成形刀

图 11-39　整体式成形刀加工成形面

（3）仿形法。仿形法是刀具按照仿形装置规定的轨迹运动实现对工件成形面加工的一种方法。仿形法车削成形面是一种加工质量好、生产效率高的先进车削方法，特别适合质量要求较高、批量较大的场合。

3. 滚花

用滚花刀将工件表面滚压出直线或网纹的方法称为滚花。

1）滚花表面的用途及加工方法

有些工具和零件的手握部分，为增加其摩擦力或便于使用或使之美观，通常将其表面在车床上滚压出各种不同的花纹，如千分尺的套管、铰杠扳手及螺纹量规等。这些花纹一般都是在车床上用滚花刀滚压而成的。

滚花的实质是用滚花刀对工件表面挤压，使其表面产生塑性变形而形成花纹，因此滚花后的外径比滚花前的外径增大 0.02～0.5 mm。滚花时切削速度要低些，一般还要充分供给切削液，以免研坏滚花刀和防止产生乱纹。

2）滚花刀的种类

滚花刀按花纹的式样分为直纹和网纹两种，其花纹的粗细决定于不同的滚花轮。滚花刀按滚花轮的数量又可分为单轮、双轮和三轮三种，如图 11-40 所示，其中最常用的是网纹式双轮滚花刀。

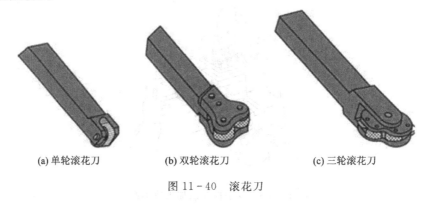

(a) 单轮滚花刀   (b) 双轮滚花刀   (c) 三轮滚花刀

图 11-40 滚花刀

11.2 铣床及铣削加工

铣削加工是金属切削加工中重要的工艺之一。在铣床上用旋转的铣刀切削工件上各种表面或沟槽的方法称为铣削。与车削加工不同，铣削加工主要面相非回转体类零件的切削加工。铣削加工适用范围很广，特别是对异形、复杂结构的零件表面的加工，铣削加工也可实现。铣削加工在这些方面的突出优势，是其他加工方法无法代替的。

11.2.1 铣床的基本知识

1. 铣削运动与铣削用量

铣削运动有主运动和进给运动，铣削用量有切削速度、进给量、背吃刀量和侧吃刀量，如图 11-41 所示。

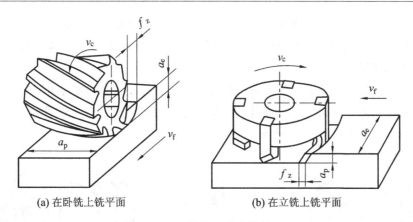

(a) 在卧铣上铣平面　　　　　　　　(b) 在立铣上铣平面

图 11-41　铣削运动及铣削用量

1) 主运动及切削速度(v_c)

铣刀的旋转运动是主运动。切削刃的选定点相对工件主运动的瞬时速度称为切削速度，可用下式计算：

$$v_c = \frac{\pi Dn}{1000} \text{ (m/min)} = \frac{\pi Dn}{1000 \times 60} \text{ (m/s)} \tag{11-3}$$

式中：D 为铣刀直径，单位为 mm；n 为铣刀每分钟转速，单位为 r/min。

2) 进给运动及进给量

铣刀在进给方向上相对于工件的位移量称为进给量，代号 f。它包含每齿进给量 f_z、每转进给量 f 和旋转速度 v_f。每齿进给量是铣刀每转过一个齿工件的位移量；每转进给量是铣刀每转一转工件的位移量；进给速度是指每分钟内铣刀相对于工件进给运动的瞬时速度。它们的关系为

$$v_f = fn = f_z zn \tag{11-4}$$

式中：z 为铣刀齿数；n 为主轴转速，r/min；v_f 为进给速度，mm/min；f 为每转进给量，mm/r；f_z 为每齿进给量，mm/z。

3) 背吃刀量(a_p)

背吃刀量是指平行于铣刀轴线测量的切削层尺寸，单位为 mm。周铣时背吃刀量是已加工表面宽度，端铣时是切削层深度。

4) 侧吃刀量(a_e)

侧吃刀量是指垂直于铣刀轴线测量的切削层尺寸，单位为 mm。周铣时侧吃刀量是切削层深度，端铣时是已加工表面宽度。

2. 铣削特点

铣削加工的工业特点有以下几点：

(1) 铣削在金属加工中的应用仅次于车削加工，主运动是铣刀的旋转运动，切削速度较高，除加工狭长平面外，其生产率、效率均高于其他加工方式。

(2) 铣刀的种类很多，铣床的功能强大，因此铣削的加工范围也很广，能完成多种表面的加工。

(3) 铣削时，由于铣刀是旋转的多齿刀具，刀齿能实现轮换切削，因而刀具的散热条件好，可以提高切削速度。

（4）由于铣刀刀齿的不断切入和切出，使切削力不断地变化，因此易产生冲击和振动。

（5）铣削加工的工件尺寸公差等级一般为IT7～IT9级，表面粗糙度 Ra＝1.6～12.5 μm。

3. 铣削加工范围

铣削主要用于加工平面，如水平面、垂直面、台阶面及各种沟槽表面和成形面等。另外，也可以利用万能分度头进行分度件的铣削加工，也可以对工件上的孔进行钻削或镗削加工。铣削加工范围如图 11－42 所示。

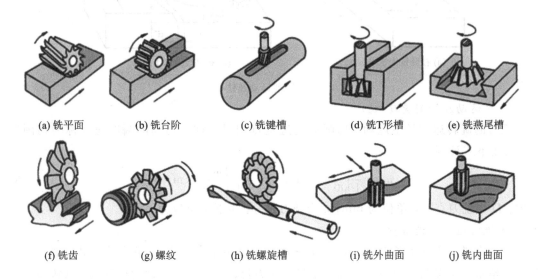

(a) 铣平面	(b) 铣台阶	(c) 铣键槽	(d) 铣T形槽	(e) 铣燕尾槽
(f) 铣齿	(g) 螺纹	(h) 铣螺旋槽	(i) 铣外曲面	(j) 铣内曲面

图 11－42　铣床上典型工作

11.2.2　常用铣床的基本结构

铣床的类型很多，包括卧式铣床、立式铣床、龙门铣床、工具铣床、键槽铣床等各种专业铣床。目前最常用的铣床有卧式升降台铣床和立式升降台铣床。近年来又出现了数控铣床，数控铣床可以满足多品种、小批量工件的生产。

铣床的型号和其他机床型号一样，按照 JB 1838－1985《金属切削机床　型号编制方法》的规定表示。例如 X6132 中，X 表示分类代号，铣床类机床；61 表示组系代号，即万能升降台铣床；32 表示主参数，工作台宽度的 1/10，即工作台宽度为 320 mm。

1. 卧式升降台铣床

卧式升降台铣床又分为普通升降台铣床、万能升降台铣床、万能回转头铣床。

1）卧式升降台铣床

卧式升降台铣床的主轴水平(卧式)安置。被加工的工件固定在工作台上，通过升降台和工作台等运动部件，可使工件得到横向、纵向和垂直的进给运动，而铣刀则做旋转的切削运动，如图 11－43 所示。卧式升降台铣床适用于铣削平面、沟槽、成形面等。

2）铣床各部分的名称及作用

（1）床身。床身是机床的主体，大部分部件都安装在床身上，如主轴、主轴变速机构等装在床身的内部。床身的前壁有燕尾形的垂直导轨，供升降台上下移动用。床身的顶上有燕尾形的水平导轨，供横梁前后移动用。在床身的后面装有主电动机，提高安装在床身内

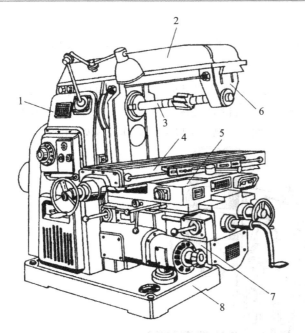

1—床身;
2—悬梁;
3—主轴;
4—工作台;
5—滑座;
6—刀杆支架;
7—升降台;
8—底座

图 11-43　万能升降台铣床外观图

部的变速机构，使主轴旋转。主轴转速的变换是由一个手柄和一个刻度盘来实现的，它们均装在床身的左上方，在变速时必须停车。在床身的左下方有电器柜。

（2）横梁。横梁可以借助齿轮、齿条前后移动，调整其伸出长度，并可由两套偏心螺栓来夹紧。在横梁上安装着支架，用来支撑刀杆的悬出端，以增强刀杆的刚性。

（3）升降台。它是工作台的支座，在升降台上安装着铣床的纵向工作台、横向工作台和转台。进给电动机和进给变速机构是一个独立部件，安装在升降台的左前侧，使升降台、纵向工作台和横向工作台移动。变换进给速度由一个蘑菇形手柄控制，允许在开车的情况下进行变速。升降台可以沿床身的垂直导轨移动。在升降台的下面有一根垂直丝杆，它不仅使升降台升降，并且支撑着升降台。横向工作台和升降台的机动操纵是靠装在升降台左侧的手柄来控制的，操纵手柄有两个，是联动的。手柄有五个位置：向上、向下、向前、向后及停止，五个位置是互锁的。

（4）纵向工作台。它用来安装工件或夹具，并带着工件做纵向进给运动。纵向工作台的上面有三条 T 形槽，用来安装压板螺栓（T 形螺栓）。这三条 T 形槽中一条精度较高，其余两条精度较低。工作台前侧面有一条小 T 形槽，用来安装行程挡铁。纵向工作台台面的宽度，是标志铣床大小的主要规格。

（5）横向工作台。它位于纵向工作台的下面，用以带动纵向工作台做前后移动。这样，有了纵向工作台、横向工作台和升降台，便可以使工件在三个互相垂直的坐标方向移动，以满足加工要求。

万能铣床在纵向工作台和横向工作台之间，还有一层转台，其唯一作用是能将纵向工作台在水平面内回转一个正、反不超过 45°的角度，以便铣削螺旋槽。有无转台是区分万能卧铣和一般卧铣的唯一标志。

（6）主轴。主轴用于安装或通过刀杆来安装铣刀，并带动铣刀旋转。主轴是一根空心轴，前端是锥度为 7:24 的圆锥孔，用于装铣刀或铣刀杆，并用长螺栓穿过主轴通孔从后面将其紧固。

（7）底座。底座是整个铣床的基础，承受铣床的全部重量，以及盛放切削液。

2．立式升降台铣床

立式升降台铣床是主轴垂直安置，并可在纵向的垂直面内回转 45°角。立式升降台铣床的升降台和进给系统等部分和卧式升降台铣床完全相同。立式升降台铣床应用很广，使用面铣刀和立铣刀可铣削平面、斜面、沟槽、角度面等，其外观如图 11 - 44 所示。

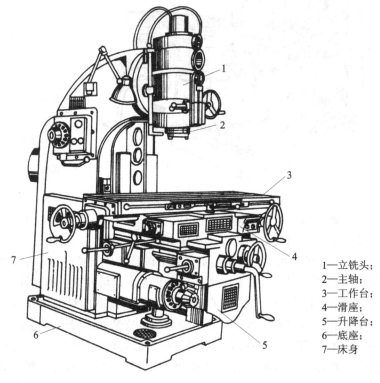

1—立铣头；
2—主轴；
3—工作台；
4—滑座；
5—升降台；
6—底座；
7—床身

图 11 - 44　立式升降台铣床外观图

3．铣床的主要附件

铣床的主要附件有平口钳、圆形工作台、万能立铣头、万能分度头、铣刀杆等。

1）平口钳

平口钳又称机用虎钳，是一种通用夹具，常用于安装小型工件，如图 11 - 45 所示。它是铣床、钻床的随机附件。将其固定在机床工作台上，用来夹持工件进行切削加工。

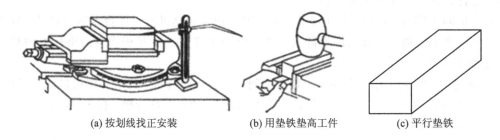

(a) 按划线找正安装　　　　(b) 用垫铁垫高工件　　　　(c) 平行垫铁

图 11 - 45　在平口钳中安装工件

（1）平口钳的结构。平口钳的装配结构是可拆卸的螺纹连接和销连接；活动钳身的直线运动是由螺旋运动转变的；工作表面是螺旋副、导轨副及间隙配合的轴和孔的摩擦面。

（2）平口钳的工作原理。用扳手转动丝杠，通过丝杠螺母带动活动钳身移动，形成对工件的加紧与松开。

（3）平口钳中装夹工件的注意事项如下：

① 使用时先把平口钳钳口找正并固定在工作台上，然后再安装工件。

② 工件的被加工面必须高出钳口，否则就要用平行垫铁垫高工件。

③ 为了能装夹得牢固，防止刨削时工件松动，必须把比较平整的平面贴紧在垫铁和钳口上。要使工件贴紧在垫铁上，应该一面夹紧，一面用手锤轻击工件的子面，光洁的平面要用铜棒进行敲击以防止敲伤光洁表面。

④ 为了不使钳口损坏和保持已加工表面，夹紧工件时在钳口处垫上铜片。

⑤ 用手挪动垫铁以检查夹紧程度，如有松动，说明工件与垫铁之间贴合不好，则应该松开平口钳重新夹紧。

⑥ 刚性不足的工件需要支实，以免夹紧力使工件变形。

2）圆形工作台

圆形工作台即回转工作台，如图 11-46(a)所示。它的内部有一副蜗轮蜗杆，手轮与蜗杆同轴连接，转动手轮，通过蜗轮蜗杆的传动使转台转动。转台周围有刻度用来观察和确定转台位置，手轮上的刻度盘也可读出转台的准确位置。图 11-46(b)为在回转工作台上铣圆弧槽的情况，即利用螺栓压板把工件压紧在转台上，铣刀旋转后，摇动手轮使转台带动工件进行圆周进给，铣削圆弧槽。

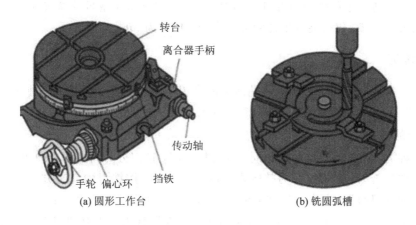

(a) 圆形工作台　　　　　　　　　　　(b) 铣圆弧槽

图 11-46　回转工作台

3）万能立铣头

在卧式铣床上装上万能立铣头，根据铣削的需要，可把立铣头主轴扳成任意角度，如图 11-47 所示。图 11-47(a)为万能立铣头外形图，其底座用螺钉固定在铣床的垂直导轨上。由于铣床主轴的运动是通过立铣头内部的两对锥齿轮传到立铣头主轴上的，且立铣头的壳体可绕铣床主轴轴线偏转任意角度如图 11-47(b)所示，又因为立铣头主轴的壳体还能在立铣头壳体上偏转任意角度如图 11-47(c)所示，因此立铣头主轴能在空间偏转成所需要的任意角度。

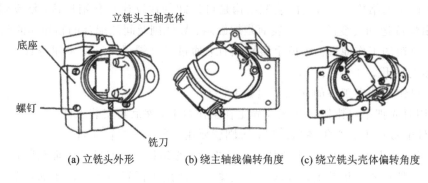

(a) 立铣头外形   (b) 绕主轴线偏转角度   (c) 绕立铣头壳体偏转角度

图 11-47 万能立铣头

4）万能分度头

铣六方和花键轴时，每铣过一个面或一个槽后，便需改变角度，再铣第二个面或槽，这种改变角度的工作称为分度。分度头是分度机构，是铣床的重要附件，主要用于加工刀具（如丝锥、铰刀、铣刀、麻花钻等）和零件（如齿轮、离合器、螺母、花键轴等）。万能分度头（见图 11-48）可使工件周期地绕其轴线转动角度（把工件分成等分或不等分）；铣螺旋槽或交错轴斜齿轮（旧称螺旋齿轮）时，它能使工件连续转动；还可使工件轴线相对于铣床工作台调整成所需的角度。

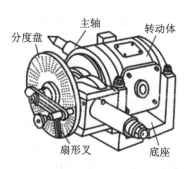

图 11-48 FW250 型万能分度头

万能分度头适用于单件小批量生产和维修工作。FW250 型号的意义是：F 代表分度头，W 代表万能，250 代表夹持工件的最大直径，单位为 mm。

11.2.3 铣刀

铣刀是刀齿分布在旋转表面上或端面上的多刃刀具，是用于铣削的一种加工刀具。铣刀的结构、形状比车刀复杂，因此铣刀多为标准刀具，由专业工具厂制造。

1. 铣刀的种类和用途

铣刀的种类很多，用途也各不相同。按材料不同，铣刀分为高速钢和硬质合金两大类；按刀齿与刀体是否为一体，又分为整体式和镶齿式两类；按铣刀的安装方式不同，分为带孔铣刀和带柄铣刀两类。另外，按铣刀的用途和形状又可分为如下几类：

（1）圆柱铣刀。如图 11-49(a)所示，由于它仅在圆柱表面上有切削刃，故用于卧式升降台铣床上加工平面。

（2）端铣刀。如图 11-49(b)所示，由于其刀齿分布在铣刀的端面和圆柱面上，故多用于立式升降台铣床上加工平面，也可用于卧式升降台铣床上加工平面。

（3）立铣刀。如图 11-49(g)所示，它是一种带柄铣刀，有直柄和锥柄两种，适于铣削端面、斜面、沟槽、台阶面等。

（4）键槽铣刀和 T 形槽铣刀。如图 11-49(c)、(h)、(k)所示，它们是专门加工键槽和 T 形槽的。

（5）三面刃铣刀和锯片铣刀。三面刃铣刀和锯片铣刀主要用于卧式升降台铣床上加工直角槽，如图 11 - 49(d)、(e)、(f)所示，也可加工台阶面和较窄的侧面等。锯片铣刀主要用于切断工件或铣削窄槽。

（6）角度铣刀。角度铣刀主要用于卧式升降台铣床上加工各种角度的沟槽。角度铣刀分为单角度铣刀和双角度铣刀，如图 11 - 49(i)、(j)所示，其中双角度铣刀又分为对称双角度铣刀和不对称双角度铣刀。

（7）成形铣刀。成形铣刀主要用于卧式升降台铣床上加工各种成形面，如图 11 - 49(l)所示。

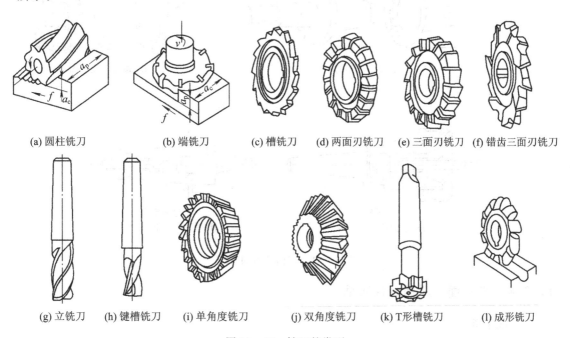

| (a) 圆柱铣刀 | (b) 端铣刀 | (c) 槽铣刀 | (d) 两面刃铣刀 | (e) 三面刃铣刀 | (f) 错齿三面刃铣刀 |

| (g) 立铣刀 | (h) 键槽铣刀 | (i) 单角度铣刀 | (j) 双角度铣刀 | (k) T形槽铣刀 | (l) 成形铣刀 |

图 11 - 49　铣刀的类型

2. 铣刀的安装

安装铣刀是将铣刀（或通过铣刀夹头、铣刀杆等）安装在铣床主轴上。铣刀安装方法正确与否，决定了铣刀的运转平稳性和铣刀的使用寿命，影响铣削质量（如铣削加工的尺寸、形位公差和表面粗糙度）。

1）带孔铣刀的安装

（1）带孔铣刀的圆柱铣刀或三面刃铣刀等盘形铣刀常用长刀杆安装，如图 11 - 50(a)所示。

（2）带孔铣刀中的端铣刀常用短刀杆安装，如图 11 - 50(b)所示。

2）带柄铣刀的安装

（1）直柄铣刀的安装。直径为 3～20 mm 的直柄铣刀装在主轴上专用的弹簧夹头中，如图 11 - 51(a)所示。安装时，收紧螺母，使弹簧套作径向收缩而将铣刀的柱柄夹紧。弹簧夹头有多种孔径，以适应不同尺寸的直柄铣刀。

（2）锥柄铣刀的安装。当铣刀锥柄尺寸与主轴端部锥孔相同时，可直接装入锥孔，并用拉杆拉紧。如果铣刀柄的锥度（一般为莫氏锥度 2～4 号）与主轴孔锥度不同，就要用过渡锥套进行安装，如图 11 - 51(b)所示。

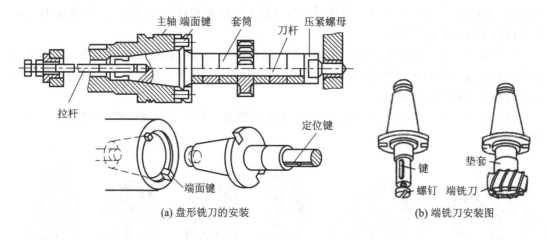

(a) 盘形铣刀的安装   (b) 端铣刀安装图

图 11-50 带孔铣刀的安装

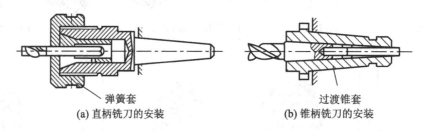

(a) 直柄铣刀的安装   (b) 锥柄铣刀的安装

图 11-51 带柄铣刀的安装

11.2.4 铣平面、斜面、台阶面

1. 铣平面

1) 用圆柱铣刀铣平面

在卧式升降台铣床上，利用圆柱铣刀的周边齿刀刃(切削刃)进行的铣削称为周边铣削，简称周铣削，如图 11-52 所示。

图 11-52 周边铣削

（1）顺铣与逆铣。

① 顺铣。在铣刀与工件已加工面的切点处，铣刀切削刃的旋转运动方向与工件进给方向相同的铣削称为顺铣，如图 11-53(a)所示。

② 逆铣。在铣刀与工件已加工面的切点处，铣刀切削刃的旋转运动方向与工件进给方向相反的铣削称为逆铣，如图 11-53(b)所示。

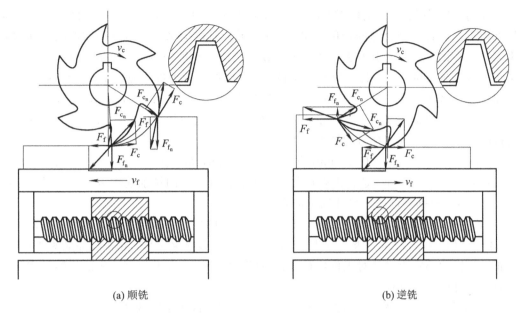

(a) 顺铣　　　　　　　　　　　　　　(b) 逆铣

图 11 - 53　顺铣与逆铣

　　顺铣时，刀齿切下的切屑由厚逐渐变薄，易切入工件。由于铣刀对工件的垂直分力向下压紧工件，所以切削时不易产生振动，铣削平稳。但另一方面，由于铣刀对工件的水平分力与工作台的进给方向一致且工作台丝杠与螺母之间有间隙，因此在水平分力的作用下，工作台会消除间隙而突然窜动，致使工作台出现爬行或产生啃刀现象，引起刀杆弯曲、刀头折断。

　　逆铣时，刀齿切下的切屑是由薄逐渐变厚的。由于刀齿的切削刀具有一定的圆角半径，所以刀齿接触工件后要滑行一段距离才能切入，因此刀具与工件摩擦严重，致使切削温度升高，工件已加工表面粗糙度增大。另外，铣刀对工件的垂直分力是向上的，也会促使工件产生抬高趋势，易产生振动而影响表面粗糙度。但另一方面，铣刀对工件的水平分力与工作台的进给方向相反，在水平分力的作用下，工作台丝杠与螺母间总是保持紧密接触而不会松动，故丝杠与螺母的间隙对铣削没有影响。

　　综上所述，从提高刀具耐用度、工件表面质量以及增加工件夹持的稳定性等观点出发，一般以采用顺铣法为宜。但需要注意的是，铣床必须具备丝杠与螺母的间隙调整机构，且间隙调整为零时才能采取顺铣。目前，除万能升降台铣床外，尚没有消除丝杠与螺母之间间隙的机构，所以在生产中仍多采用逆铣法。另外，当铣削带有黑皮的工件表面时，如对铸件或锻件表面进行粗加工，若用顺铣法，则刀齿首先接触黑皮将会加剧刀齿的磨损，所以应采用逆铣法。

　　(2) 铣削步骤。用圆柱铣刀铣削平面的步骤如下：

　　① 铣刀的选择与安装。由于螺旋齿铣刀铣平面时，排屑顺利，铣削平稳，所以常用螺旋齿圆柱铣刀铣平面。当工件表面粗糙度 Ra 值较小且加工余量不大时，选用细齿铣刀；当表面粗糙度 Ra 值较大且加工余量较大时，选用粗齿铣刀。铣刀的宽度要大于工件待加工表面的宽度，以保证一次进给就可铣完待加工表面。另外，应尽量选用小直径铣刀，以免产生振动而影响表面加工质量。

② 切削用量的选择。选择切削用量时，要根据工件材料、加工余量、工件宽度及表面粗糙度要求来综合选择合理的切削用量。一般来说，铣削应采用粗铣和精铣两次铣削的方法来完成工件的加工。由于粗铣时加工余量较大故选择每齿进给量，而精铣时加工余量较小常选择每转进给量，但不管是粗铣还是精铣，均应按每分钟进给速度来调整铣床。

粗铣时，侧吃刀量 $a_e = 2 \sim 8$ mm，每齿进给量 $f_z = 0.03 \sim 0.16$ mm/z，铣削速度 $v_c = 15 \sim 40$ m/min。根据毛坯的加工余量，选择的顺序是先选取较大的侧吃刀量 a_e，再选择较大的进给量 f_z，最后选取合适的铣削速度 v_c。

精铣时，铣削速度 $v_c \leqslant 10$ m/min 或 $v_c \geqslant 50$ m/min，每转进给量 $f = 0.1 \sim 1.5$ mm/r，侧吃刀量 $a_e = 0.2 \sim 1$ mm。选择的顺序是先选取较低或较高的铣削速度 v_c，再选择较小的进给量 f，最后根据零件图样尺寸确定侧吃刀量 a_e。

③ 工件的装夹方法。根据工件的形状、加工平面的部位以及尺寸公差和形位公差的要求，选择合理的装夹方法，一般常采用平口钳或螺栓压板装夹工件。用平口钳装夹工件时，要校正平口钳的固定钳口并对工件进行找正（见图 11-45），还要根据选定的铣削方式调整好铣刀与工件的相对位置。

④ 操作方法。根据选取的铣削速度 v_c，按下式调整铣床主轴的转速：

$$N = \frac{1000v_c}{\pi D} \ (\text{r/min}) \qquad (11-5)$$

根据选取的进给量，按下式来调整铣床的每分钟进给量：

$$v_f = fn = f_z zn \ (\text{mm/min}) \qquad (11-6)$$

侧吃刀量的调整要在铣刀旋转（主电动机启动）后进行，即先使铣刀轻微接触工件表面，记住此时升降手柄的刻度值，再将铣刀退离工件，转动升降手柄升高工作台并调整好侧吃刀量，最后固定升降手柄和横向进给手柄并调整纵向工作台机动停止挡铁，即可试切铣削。

2）用端铣刀铣平面

在卧式和立式升降台铣床上用铣刀端面齿刃进行的铣削称为端面铣削，简称端铣，如图 11-54 所示。

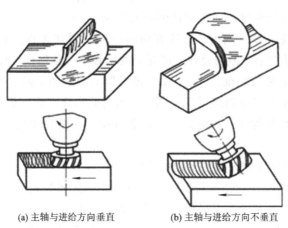

(a) 主轴与进给方向垂直　　　　(b) 主轴与进给方向不垂直

图 11-54　端面铣削

由于端铣刀多采用硬质合金刀头，又因为端铣刀的刀杆短、强度高、刚性好以及铣削中的振动小,因此采用端铣刀可以提高高速强力铣削平面,其生产效率高于周铣。目前在实际生产中,端铣已被广泛采用。

用端铣刀铣平面的方法与步骤,基本上与圆柱铣刀铣平面的方法和步骤相同,其铣削用量的选择、工件的装夹、操作方法等均可参照圆柱铣刀铣平面的方法进行。

2. 铣斜面

工件上的斜面常用下面几种方法进行铣削:

(1) 利用斜垫铁铣斜面。如图 11-55(a)所示,在工件的基准面下垫一块斜垫铁,则铣出的工件平面就会与基准面倾斜一定角度,如果改变斜垫铁的角度,则可加工出不同角度的工件斜面。

(2) 利用分度头铣斜面。如图 11-55(b)所示,用万能分度头将工件转到所需位置即可铣出斜面。

(3) 利用万能立铣刀铣斜面。由于万能立铣头能方便地改变轴的空间位置,因此可通过转动立铣头使刀具相对工件倾斜一个角度即可铣出斜面,如图 11-55(c)所示。

(4) 利用角度铣刀铣斜面。如图 11-55(d)所示,对于较小或较窄的斜面,一般用角度铣刀直接铣出斜面,铣削时应选择合适的角度铣刀来铣削相应的斜面。

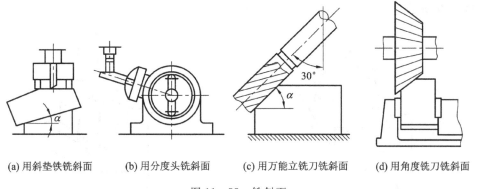

(a) 用斜垫铁铣斜面　　(b) 用分度头铣斜面　　(c) 用万能立铣刀铣斜面　　(d) 用角度铣刀铣斜面

图 11-55　铣斜面

3. 铣台阶面

零件上的台阶,根据其结构尺寸大小不同,通常可在卧式铣床上用三面刃铣刀或在立式铣床上用端铣刀或立铣刀铣削。

(1) 用一把三面刃铣刀铣台阶。三面刃铣刀的圆柱面切削刃在铣削时起主要的切削作用,而两个侧面切削刃是起修光作用的,如图 11-56 所示。

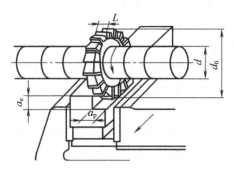

图 11-56　用一把三面刃铣刀铣台阶

（2）用组合铣削法铣台阶。在成批生产中，台阶大都是采用两把三面刃铣刀组合铣削法来加工的，如图 11-57 所示，这不仅可提高生产率，而且操作简单，并能保证工件质量。用三面刃铣刀组合法铣削时，两把三面刃铣刀必须规格一致，直径相同（必要时两铣刀应一起装夹，同时刃磨外圆）。

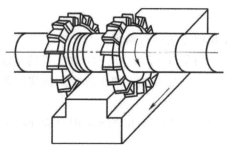

图 11-57　用组合铣削法铣台阶

（3）用端铣刀铣台阶。对于宽度较宽而深度较浅的台阶，常采用端铣刀在立式铣床上加工，如图 11-58 所示。

（4）用立铣刀铣台阶。对于深度较深台阶或多阶台阶，可用立铣刀在立式铣床上加工，如图 11-59 所示。

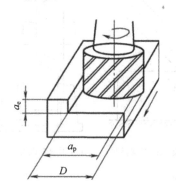

图 11-58　用端铣刀铣台阶

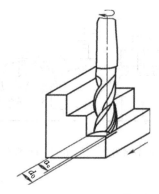

图 11-59　用立铣刀铣台阶

11.2.5　铣沟槽

在铣床上利用不同的铣刀可以加工直角槽、V 形槽、T 形槽、燕尾槽、轴上的键槽和成形面等，这里着重介绍轴上键槽和 V 形槽的铣削方法。

1. 铣键槽

轴上的键槽有开口式和封闭式两种。铣键槽时，工件的装夹方法很多，一般常用平口钳或专用抱钳、V 形槽、分度头等装夹工件，但不论哪一种装夹方法，都必须使工件的轴线与工作台的进给方向一致并与工作台面平行。

1）铣开口式键槽

如图 11-60 所示，使用三面刃铣刀铣削。由于铣刀的振摆会使槽宽扩大，所以铣刀的宽度应稍小于键槽的宽度。对于宽度要求较严的键槽，可以进行试铣，以便确定铣刀合适的宽度。

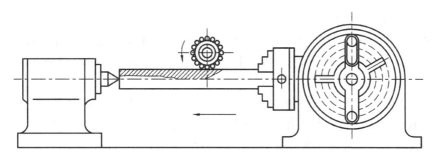

图 11-60　铣开口式键槽

　　铣刀和工件装好后，要进行仔细地对刀，也就是使工件的轴线与铣刀的中心平面对准，以保证所铣键槽的对称性。随后进行铣削键槽深度的调整，调好后才可加工。当键槽较深时，需分多次走刀进行铣削。

　　2）铣封闭式键槽

　　如图 11-61 所示，通常使用键槽铣刀，也可以使用立铣刀铣削。用键槽铣刀铣封闭式键槽时，可用如图 11-61(a)所示的抱钳装夹工件，也可用 V 形架装夹工件。铣削封闭式键槽的长度是由工作台纵向进给手轮上的刻度来控制的，深度由工作台升降进给手柄的刻度来控制，宽度则由铣刀的直径来控制。铣封闭式键槽的操作过程如图 11-61(b)所示，即先将工件垂直进给移向铣刀，采用一定的吃刀量将工件纵向进给切至键槽的全长，再垂直进给吃刀，最后反向纵向进给，经多次反复直到完成键槽的加工。

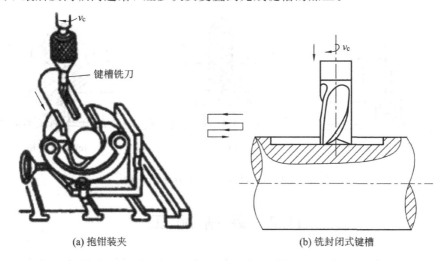

(a) 抱钳装夹　　　　　　　　　　　　(b) 铣封闭式键槽

图 11-61　铣封闭式键槽

　　用立铣刀铣键槽时，由于铣刀的端面齿是垂直的故吃刀困难，所以应先在封闭式键槽的一段圆弧处用相同半径的钻头钻一个孔，然后再用立铣刀铣削。

　　2. 铣 V 形槽

　　1）V 形槽的主要技术要求

　　(1) V 形槽的中间平面应垂直于工件的基准面。

　　(2) 工件的两侧面应对称于 V 形槽中间平面。

　　(3) V 形槽窄槽的两侧面应对称于 V 形槽中间平面，窄槽的槽底面应略超出 V 形槽两侧面的延长交线。

2）V形槽的铣削方法

（1）倾斜立铣头铣V形槽。槽角大于或等于90°、尺寸较大的V形槽，可在立式铣床上调转立铣头用立铣刀或端铣刀铣削，此时相当于加工两个对称的斜面，如图11-62所示。

（2）倾斜工件铣V形槽。槽角大于或等于90°、精度要求不高的V形槽，可以按划线找正V形槽的一侧面，使之与工作台台面平行后夹紧工件，铣完一侧槽面后，重新找正另一侧槽面并夹紧工件，进行铣削，如图11-63所示。

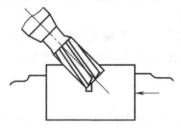 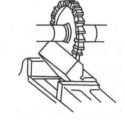

图11-62　倾斜立铣头铣V形槽　　　　　图11-63　倾斜工件铣V形槽

（3）用角度铣刀铣V形槽。槽角小于或等于90°的V形槽，一般都采用与其角度相同的对称双角度铣刀加工；若无合适的双角度铣刀，则可用两把切削刃相反、规格相同的单角度铣刀组合起来铣削，如图11-64所示。

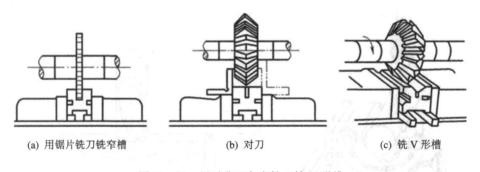

(a) 用锯片铣刀铣窄槽　　　　　　(b) 对刀　　　　　　(c) 铣V形槽

图11-64　用对称双角度铣刀铣V形槽

11.3　磨削加工

在机械制造业中，磨削是最常用的加工方法之一。磨削可加工外圆、内孔、平面、螺纹、齿轮、花键、导轨、成形面等各种表面。其加工精度可达IT5～IT6级，表面粗糙度一般可达 $Ra=0.08~\mu m$。磨削加工尤其适合于加工难以切削的超硬材料（如淬火钢）。磨削的用途非常广泛。

11.3.1　磨削加工的概述

用磨具以较高线速度对工件表面进行加工的方法称为磨削加工，它是对机械零件进行精加工的主要方法之一。磨削加工的机床称为磨床，磨床的工具是磨具（主要是砂轮）。通常把使用砂轮进行加工的机床称为磨床，用油石或磨料进行加工的机床称为精磨机床。

磨削加工可以获得较高的精度和小的表面粗糙度，所以在轴承磨削中应用广泛。

1. 磨削运动与磨削用量

磨削外圆时的磨削运动和磨削用量，如图 11 - 65 所示。

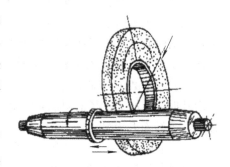

（1）主运动及磨削速度（v_c）。砂轮的旋转运动是主运动，砂轮外圆相对于工件的瞬时速度称为磨削速度，可用表示为

$$v_c = \frac{\pi d n}{1000 \times 60} \text{ (m/s)} \qquad (11 - 7)$$

式中：d 为砂轮直径，单位为 mm；n 为砂轮每分钟转速，单位为 r/min。

图 11 - 65　磨削外圆时的磨削运动及磨削用量

（2）圆周进给运动及进给速度（v_w）。工件的旋转运动是圆周的进给运动，工件外圆处相对于砂轮的瞬时速度称为圆周进给速度，可表示为

$$v_w = \frac{\pi d_w n_w}{1000 \times 60} \text{ (m/s)} \qquad (11 - 8)$$

式中：d_w 为工件磨削直径，单位为 mm；n_w 为工件每分钟转速，单位为 r/min。

（3）纵向进给运动及纵向进给量（$f_纵$）。工作台带动工件所做的直线往复运动是纵向进给运动，工件每转一转时砂轮在纵向进给运动方向上相对于工件的位移称为纵向进给量，用 $f_纵$ 表示，单位为 mm/r。

（4）横向进给运动及横向进给量（$f_横$）。砂轮沿工件径向的移动是横向进给运动，工作台每往复行程（或单行程）一次砂轮相对工件径向上的移动距离称为横向进给量，用 $f_横$ 表示，其单位是 mm/行程。横向进给量实际上是砂轮每次切入工件的深度即背吃刀量，也可用 a_p 表示，单位为 mm（即每次磨削切入以毫米计的深度）。

2. 磨削加工的特点及加工范围

1）磨削加工的特点

磨削加工与其他切削加工（车削、铣削、刨削）相比较，具有以下特点：

（1）工艺范围较广泛。在不同类型的磨床上，可分别完成内、外圆柱面，内、外圆锥面，平面，螺纹，花键，齿轮，蜗轮，蜗杆以及如叶片榫槽等特殊、复杂的成形表面的加工。

（2）可进行各种材料的磨削。无论是黑色金属、有色金属，甚至非金属材料均可进行磨削加工。尤其高硬度材料，磨削加工是经常采用的切削加工方法。

（3）可获得很高的加工精度和很小的表面粗糙度。磨削内、外圆的尺寸精度分别为IT6～IT7 和 IT6 级，表面粗糙度分别为 $0.2\sim0.8\ \mu\text{m}$ 和 $0.2\sim0.4\ \mu\text{m}$；磨削平面的尺寸精度为 IT6～IT7 级，表面粗糙度为 $0.2\sim0.4\ \mu\text{m}$。所以对高精度零件，磨削加工几乎成了最终加工必不可少的手段。

（4）通常磨削只适用于半精加工和精加工，但近年来，由于高速磨削和强力磨削逐渐得到推广，磨削已用于粗加工。

2）磨削加工的应用范围

（1）外圆磨床的加工范围。外圆磨床主要用于磨削各种轴类及套类零件的外圆柱面、

外圆锥面及台阶端面。在磨外圆锥面时，应将工作台转过半锥角。

万能外圆磨床除可完成外圆磨床的工作外，还可加工的工作面有：将工件及主轴箱转过半锥角，用纵向进给磨外圆锥面；将工件及主轴箱转过90°磨端面；将砂轮架转过半锥角，利用横向进给磨母线长度短于砂轮宽度的外圆锥面；将砂轮架转过半锥角，用砂轮的斜向进给磨母线长度大于砂轮宽度的外圆面；利用内圆磨具附件磨内圆锥或圆柱孔。

（2）内圆磨床的加工范围。内圆磨床主要用于各类圆柱孔、圆锥孔及端面的磨削。在磨内孔时，受加工孔径的限制，砂轮直径较小，为保证磨削线速度，所以砂轮转速很高，每分钟几千转至几万转。

（3）平面磨床的加工范围。平面磨床主要用于各种工件上平面的磨削。

常见的磨削加工类型如图11-66所示。

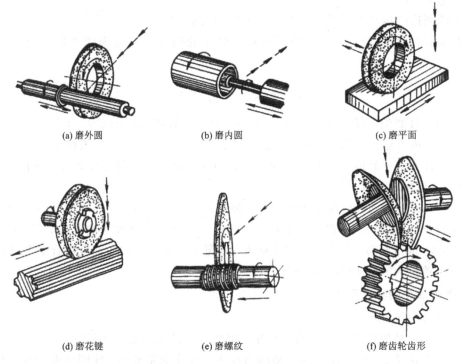

(a) 磨外圆　　　　　　　　(b) 磨内圆　　　　　　　　(c) 磨平面

(d) 磨花键　　　　　　　　(e) 磨螺纹　　　　　　　　(f) 磨齿轮齿形

图11-66　常见的磨削加工类型

11.3.2　磨床

磨床是用磨料、磨具（砂轮、砂带、油石和研磨料）为工具进行切削加工的机床。磨床广泛用于零件的精加工，尤其是淬硬钢件、高硬度特殊材料及非金属材料（如陶瓷）的精加工。

磨床种类很多，其主要类型有：外圆磨床、内圆磨床、平面磨床、工具磨床、刀具磨床和刃具磨床，及各种专门化磨床，如曲轴磨床、凸轮磨床、齿轮磨床、螺纹磨床等。此外，还有珩磨机、研磨机和超精加工机床等。

1. 外圆磨床

外圆磨床又分为普通外圆磨床和万能外圆磨床。普通外圆磨床可以磨削外圆柱面、端面及外圆锥面，万能外圆磨床还可以磨削内圆柱面、内圆锥面。

下面以 M1432A 万能外圆磨床为例来进行介绍，M1432A 型万能外圆磨床主要用于磨削圆柱形或圆锥形的外圆，尺寸精度为 IT6～IT7 级，工件在卡盘上装夹的圆度允许公差为 0.005 mm，在顶尖支撑的圆度允许公差为 0.003 mm，表面粗糙度为 Ra＝0.05～1.25 μm。这种机床通用性较好，但生产效率较低，适合工具车间、维修车间和单件小批生产车间。

1）外圆磨床的型号

根据 JB 1838－1985 规定，M1432A 的型号含义为：M 表示磨床类型；14 表示万能外圆磨床；32 表示最大磨削直径的 1/10，即最大磨削直径为 320 mm；A 表示第一次重大改进。

2）外圆磨床的组成部分及作用

外圆磨床主要由床身、工作台、头架、尾座、砂轮架、内圆磨头及砂轮等部分组成，如图 11 - 67 所示。

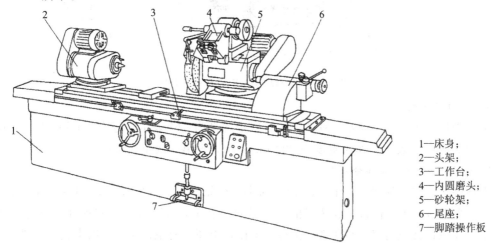

1—床身；
2—头架；
3—工作台；
4—内圆磨头；
5—砂轮架；
6—尾座；
7—脚踏操作板

图 11 - 67　M1432A 外圆磨床外观图

万能外圆磨床的头架内装有主轴，可用顶尖或卡盘夹持工件并带动其旋转。万能外圆磨床的头架上面装有电动机，动力经头架左侧带传动使主轴转动，如改变 V 带的连接位置，则可使主轴获得六种不同的转速。

砂轮装在砂轮架的主轴上，由单独的电动机经 V 带直接带动旋转。砂轮架可沿床身后部的横向导轨前后移动，其移动的方法有自动周期进给、快速引进或退出、手动三种，其中前两种是靠液压传动实现的。

工作台有两层，下工作台可在床身导轨上做纵向往复运动，上工作台相对下工作台在水平面内能偏转一定的角度以便磨削圆锥面。另外，工作台上还装有头架和尾座。

万能外圆磨床和普通外圆磨床的主要区别是：万能外圆磨床的头架和砂轮架下面都装有转盘，该转盘能绕垂直轴线偏转较大的角度，另外还增加了内圆磨头等附件，因此万能外圆磨床可以磨削内圆柱面和锥面较大的内圆锥面。

由于磨床的液压传动具有无级变速、传动平稳、操作简单、安全可靠等优点，所以在磨削过程中，如果因操作失误，使磨削力突然增大，则液压传动的压力也会突然增大，当超过安全阀调定的压力时，安全阀会自动开启使油泵卸荷，油泵排出的油经过安全阀直接流回油箱，这时工作台便会自动停止运动。

2. 平面磨床

平面磨床分为立轴式和卧轴式两类，立轴式平面磨床用砂轮的端面进行磨削，卧轴式平面磨床用砂轮的圆周面进行磨削，图 11-68 为 M7120A 卧轴矩台式平面磨床外观图。

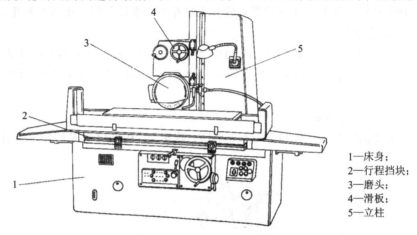

1—床身；
2—行程挡块；
3—磨头；
4—滑板；
5—立柱

图 11-68　M7120A 平面磨床外观图

1）平面磨床的型号

根据 JB 1838-1985 规定，M7120A 的型号含义为：M 表示磨床类型；71 表示卧轴矩台式平面磨床；20 表示工作台宽度为 200 mm；A 表示第一次重大改进。

2）平面磨床的组成部分及作用

平面磨床主要由床身、工作台、磨头、立柱、砂轮修整器等部分组成，外形如图 11-68 所示。该磨床的矩形工作台装在床身的水平纵向导轨上，由液压传动实现其往复运动，也可用手轮操纵以便进行必要的调整。另外，工作台上还装有电磁吸盘，用来装夹工件。

砂轮装在磨头上，由电动机直接驱动旋转。磨头沿滑板的水平导轨可做进给运动，该运动可由液压传动驱动或由手轮操作。滑板可沿立柱的垂直导轨移动，以调整磨头的高低位置及完成垂直进给运动，这一运动通过转动手轮来实现。

3. 磨床的操作过程

1）M1432A 万能外圆磨床的操作

M1432A 万能外圆磨床外观，如图 11-67 所示。

（1）停车练习，具体操作如下：

① 手动工作台纵向往复运动。顺时针转动纵向进给手轮，工作台向右运动，反之工作台向左运动。手轮每转一周，工作台移动 6 mm。

② 手动砂轮架横向进给运动。顺时针转动砂轮架横向进给手轮，砂轮架带动砂轮移向工件，反之砂轮架向后退远离工件。当粗细进给选择拉杆刀推进时为粗进给，即手轮每转过一周时砂轮架移动 2 mm，每转过一小格时砂轮移动 0.01 mm；当拉杆刀拔出时为细进给，即手轮每转过一周时砂轮架移动 0.5 mm，每转过一小格时砂轮移动 0.0025 mm。同时，为了补偿砂轮的磨损，可将砂轮磨损补偿旋钮拔出，并顺时针转动，此时手轮不动，然后将磨损补偿旋钮推入，再转动手轮，使其零程撞块碰到砂轮架横向进给定位块为止，即可得到一定量的高程进给（横向进给补偿量）。

（2）开车练习，具体操作如下：

① 砂轮的转动和停止。按下砂轮电动机启动按钮，砂轮旋转；按下砂轮电动机停止按钮，砂轮停止转动。

② 头架主轴的转动和停止。使头架电动机旋钮处于慢转位置时，头架主轴慢转；使其处于快转位置时，头架主轴快转；使其处于停止位置时，头架主轴停止转动。

③ 工作台的转动和停止。按下油泵启动按钮，油泵启动并向液压系统供油。转动工作台液压传动开停手柄使其处于开位置时，工作台纵向移动。当工作台向右移动终了时，挡块碰撞工作台换向杠杆，使工作台换向向左移动。当工作台向左移动终了时，挡块碰撞工作台换向杠杆，使工作台换向向右移动。这样往复，就实现了工作台的往复运动。调整工作台换向挡块（左）与工作台换向挡块（右）的位置就调整了工作台的行程长度，转动旋钮可改变工作台的运行速度，转动旋钮可改变工作台行至右或左端时的停留时间。

④ 横向工作台快退和快进。转动砂轮架快速进退手柄，可压紧行程开关使油泵启动，同时也换向阀芯的位置，使砂轮架获得横向快速移动工件或快速退离工件。

⑤ 尾座顶尖的运动。脚踩脚踏板时，接通其液压传动系统，使尾座顶尖缩进；脚松开脚踏板时，断开其液压传动系统使尾座顶尖伸出。

2）M7210A 平面磨床的操作

M7210A 平面磨床的外观，如图 11 - 68 所示。

（1）停车练习，具体操作如下：

① 手动工作台往复移动。顺时针转动工作台移动手轮，工作台右移，反之工作台左移。手轮每转一周，工作台移动 6 mm。

② 手动砂轮架（磨头）横向进给运动。顺时针转动磨头横向进给手轮，磨头移向操作者，反之远离操作者。

③ 砂轮架（磨头）的垂直升降。顺时针转动磨头垂直进给手轮，砂轮移向工作台，反之砂轮向上移动。手轮每转过一小格时，垂直移动量为 0.005 mm；每转过一周时，垂直移动量为 1 mm。

（2）开车练习，具体操作如下：

① 砂轮的转动和停止。按下砂轮启动按钮，砂轮旋转；按下砂轮停止按钮，砂轮停止运动。

② 工作台的往复运动。按下液压启动泵启动按钮，油泵工作。顺时针转动工作台往复进给速度控制手柄，工作台往复移动。调整换向挡块（两个）间的位置，可调整往复行程长度。挡块碰撞工作台往复运动手柄时，工作台可换向。逆时针转动手柄，工作台由快动到停止移动。

③ 磨头的横向进给运动。该移动有"连续"和"间歇"两种情况：当手柄在"连续"位置时，转动手柄可调整连续进给的速度；当手柄在"间歇"位置时，转动手柄可调整间歇进给的速度。

3）磨床操作要点

磨床操作过程中应注意以下两点：

（1）对于机床上的按钮、手柄等操作件，在没有弄清楚其作用之前，不要乱动，以免发生事故。

（2）发生事故后要立即关闭总停按钮。

11.3.3　砂轮

砂轮是磨削的切削工具，它是由许多细小而坚硬的磨粒用结合剂黏结而成的多孔体。

1. 砂轮的特性

砂轮的特性对工件的加工精度、表面粗糙度和生产率影响很大，砂轮的特性包括磨料、粒度、结合剂、硬度、组织、形状和尺寸等方面。

1）磨料

磨料是制造砂轮的主要原料，直接担负着磨削工作，是砂轮上的"刀头"。因此，磨料必须锋利，并具有高的硬度及良好的耐热性能和一定的韧性。按 GB/T 2476—1994《普通磨料 代号》的规定，磨料分为两大类，即刚玉类和碳化物类。

（1）刚玉类。它的主要成分是 Al_2O_3，与碳化物类相比，刚玉类磨料硬度稍低，韧性好（即磨粒不易破碎），与结合剂结合能力较强。所以，用这种磨料制成的砂轮易被磨钝且自锐性差，不宜磨削硬质合金类高硬度材料，以及铸铁、黄铜、铝等高脆性或极高韧性材料，宜于磨削各种钢料及高速钢。

（2）碳化物类。它的硬度比刚玉类高，磨料锋利，导热性好，适用于磨削特硬材料以及高脆性或极高韧性的材料。其代号有：C 表示黑碳化硅，GC 表示绿碳化硅等。

2）粒度

粒度指磨料颗粒的大小。其大小决定了工件的表面粗糙度和生产率。GB 2477—1983《磨料粒度及其组成》规定磨料粒度按颗粒大小分为 41 个号：4#、5#、6#、7#、8#、…、180#、220#、240#、W63、W50、…、W1.0、W0.5。

4#～240# 磨料粒度组成用筛分法测定，粒度号数越大，表示磨粒尺寸越小；W63～W0.5 称为微粉，W 后的数字表示微粉尺寸（单位为 μm），用显微镜分析法测定。

3）结合剂

结合剂的作用是将磨料颗粒结合成具有一定形状的砂轮。根据 GB/T 2484—2006《固结磨具一般要求》规定，结合剂有陶瓷结合剂（V）、树脂结合剂（B）、橡胶结合剂（R）、菱苦土结合剂（Mg）四种。其中陶瓷结合剂具有很多优点，如耐热、耐水、耐油、耐普通酸碱等，故应用较多，其主要缺点是性质较脆，经不起冲击。

4）硬度

磨具的硬度是指在外力作用下，磨粒脱落的难易程度。磨粒不易脱落的磨具，其硬度高，反之硬度就低。磨具硬度对磨削性能影响很大：太软，磨粒尚未变钝便脱落，使磨具形状难以保持且损耗很快；太硬，磨粒钝化后不易脱落，磨具的自锐性减弱，产生大量的磨削热，造成工件烧伤或变形。实际生产中选择砂轮及其他磨具硬度的规则为：GB/T 2484—2006 将砂轮硬度分为超软、软、中软、中、中硬、硬、超硬等七大级，每一大级又细分为几个小级，各有相应代号表示。

5）组织

磨具的组织是指磨粒、结合剂、气孔三者间的体积关系，磨具的组织号是按磨粒在磨具中占有的体积百分数（即磨粒率）表示的。若磨具组织疏松，则容屑空间大，空气及冷却润滑液也容易进入磨削区，能改善切削条件，但组织疏松会使磨削表面粗糙度提高，磨具外形也不易保持。所以，必须根据具体情况选择相应的组织。

6）形状、尺寸及其选择

砂轮的形状、尺寸主要由磨床型号和工件形状决定。按照标准 GB/T 2484－2006 的规定，国产砂轮分为平形系砂轮、筒形系砂轮、杯形系砂轮、碟形系砂轮以及专用加工系砂轮等。表 11－3 为常见几种砂轮的形状、代号和用途。

表 11－3　常用砂轮形状、代号和用途

砂轮种类	代　号	简　　图	主　要　用　途
平形砂轮	P	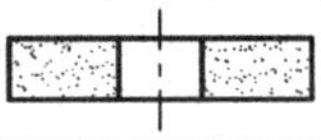	磨外圆、内圆，无心磨，刃磨刀具等
双斜边砂轮	OSX	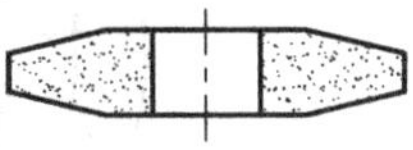	磨齿轮及螺纹
双面凹砂轮	PSA	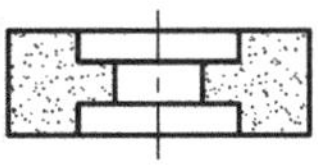	磨外圆，刃磨刀具，无心磨
切断砂轮 （薄片砂轮）	PB	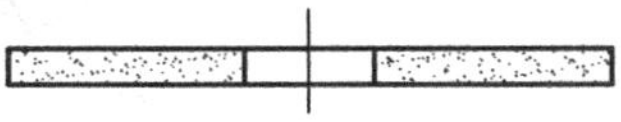	切断及切槽
筒形砂轮	N	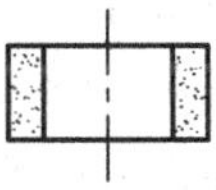	端磨平面
杯形砂轮	B	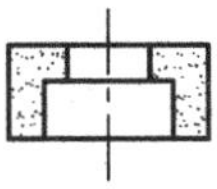	磨平面、内圆，刃磨刀具
碗形砂轮	BW	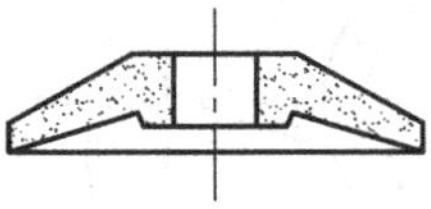	刃磨刀具，磨导轨
碟形砂轮	D	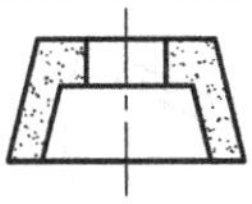	磨齿轮，刃磨铣刀、拉刀、铰刀

7）砂轮代号

为使用方便和防止用错砂轮，在砂轮的非工作表面印有砂轮代号。砂轮代号按形状、尺寸、磨料、粒度、组织、结合剂、线速度的顺序书写。

在磨削过程中砂轮的磨粒在摩擦、挤压作用下，它的棱角逐渐磨圆变钝，或者在磨韧性材料时，磨屑常常嵌塞在砂轮表面的孔隙中，使砂轮表面堵塞，最后使砂轮丧失切削能力。这时，砂轮与工件之间会产生打滑现象，并可能引起振动和出现噪音，使磨削效率下降，表面粗糙度变差。同时，由于磨削力及磨削热的增加，会引起工件变形和影响磨削精度，严重时还会使磨削表面出现烧伤和细小裂纹。

2. 砂轮的检查、安装、平衡和修整

因砂轮在高速运转情况下工作，所以安装前要通过外观检查和敲击的响声来检查砂轮是否有裂纹，以防止高速旋转时砂轮破裂。安装砂轮时，将砂轮松紧合适地套在砂轮主轴上，在砂轮和法兰盘之间垫以 $1\sim2$ mm 厚的弹性垫圈（皮革或耐油橡胶制成），如图 11-69 所示。

为使砂轮平稳地工作，一般直径大于 125 mm 的砂轮都要进行平衡。平衡时将砂轮装在心轴上，再放在平衡架轨道上。如果不平衡，较重的部分总是转在下面。这时可移动法兰盘端面环形槽内的平衡块进行平衡，直到砂轮可以在轨道上任意位置都能静止为止，表明砂轮各部分重量均衡，平衡良好。这种方法称为静平衡，如图 11-70 所示。

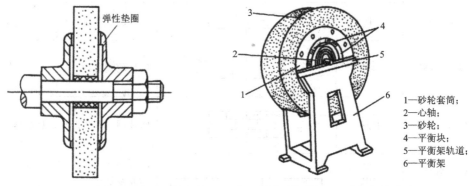

图 11-69　砂轮的安装　　　　　图 11-70　砂轮的静平衡

1—砂轮套筒；
2—心轴；
3—砂轮；
4—平衡块；
5—平衡架轨道；
6—平衡架

砂轮工作一定时间后，磨粒逐渐变钝，砂轮表面空隙堵塞，砂轮几何形状磨损严重，这时需要对砂轮进行修整，使已磨钝的磨粒脱落，恢复砂轮的切削力和外形精度。砂轮常用金刚石笔进行修整，修整时要用大量的冷却液，以避免金刚石笔因温度剧升而破裂，如图 11-71 所示。

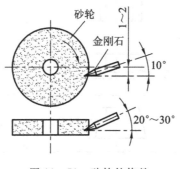

图 11-71　砂轮的修整

11.3.4　磨平面

1. 工件的装夹方法

在平面磨床上，采用电磁吸盘工作台吸住工件。当电磁吸盘工作台线圈中通过直流电时，芯体被磁化，磁力线由芯体经过盖板—工件—盖板—吸盘体而闭合，工件被吸住。绝磁层由铅、铜或巴氏合金等非磁性材料制成，它的作用是使绝大部分磁力线通过工件再回到吸盘体，以保证工件被牢固地吸在工作台上。

当磨削键、垫圈、薄壁套等尺寸小的零件时，由于工件与工作台接触面积小，吸力弱，容易被磨削力弹出造成事故。所以，装夹这类工件时，需在工件四周或左右两端用挡铁围住，以防工件移动。

2. 磨平面的方法

磨削平面时一般是以一个平面为定位基准，磨削另一个平面。若这两个平面都要求磨削并要求平行，则可互为基准反复磨削。

常用磨削平面的方法有两种，即周磨法和端磨法，如图 11 - 72 所示。

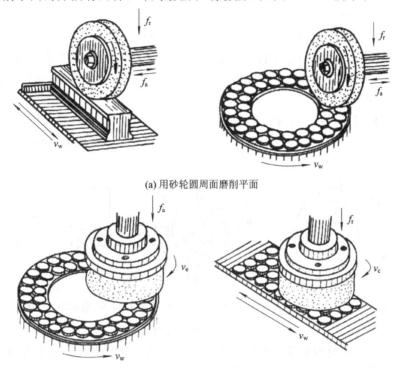

(a) 用砂轮圆周面磨削平面

(b) 用砂轮端面磨削平面

图 11 - 72　磨平面的方法

（1）周磨法。如图 11 - 72(a)所示，用砂轮圆周面磨削工件。周磨法中砂轮与工件的接触面积小，排屑和冷却条件好，工件发热变形小，且砂轮圆周表面磨削均匀，所以能获得较高的加工质量。但另一方面，该磨削方法的生产率较低，仅适用于精磨。

（2）端磨法。如图 11 - 72(b)所示，用砂轮端面磨削工件。端磨法的特点与周磨法相反，其磨削生产率高但磨削的精度低，适用于粗磨。

3. 切削液

切削液的主要作用是：降低磨削区的温度，起冷却作用；减少砂轮与工件之间的摩擦，起润滑作用；冲走脱落的沙粒和磨屑，防止砂轮堵塞。切削液的使用对磨削质量有重要影响。

（1）苏打水。苏打水由 1% 的无水碳酸钠（$NaCO_3$）、0.25% 的亚硝酸钠（Na_2CO_2）及水组成，它具有良好的冷却性能、防腐性能、洗涤条件，而且对人体无害，成本低，是应用最广泛的一种切削液。

（2）乳化液。乳化液为油酸含量 0.5%、硫化蓖麻油含量 1.5%、锭子油含量 8% 以及含 1% 碳酸钠的水溶液，它具有良好的冷却性能、润滑性能及防腐性能。

苏打水的冷却性能高于乳化液，并且配置方便、成本低，常用于高速粗磨。乳化液不但具有冷却性能，而且具有良好的润滑性能，常用于精磨。

11.3.5　磨外圆、内圆及圆锥面

1. 磨外圆

1）工件的装夹方法

在外圆磨床上磨削外圆表面常用的装夹方法有三种。

（1）顶尖装夹。用两顶尖把工件支撑起来。磨床上使用的顶尖都是不随工件转动的，这样可以提高定位精度，避免了由于顶尖转动而带来的误差。后顶尖是靠弹簧推力顶紧工件的，可以自动控制松紧程度。

磨削前，要修研工件的中心孔，以提高定位精度。一般是用四棱硬质合金顶尖在车床上修研，研亮即可。当定位精度较高时，可选用油石顶尖或铸铁顶尖进行修研。两顶尖安装工件方法如图 11 - 73 所示。

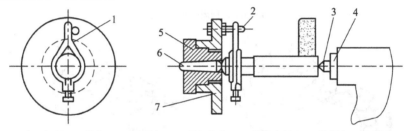

1—鸡心夹头；2—拨杆；3—后顶尖；4—尾架套筒；5—头架主轴；6—前顶尖；7—拨盘

图 11 - 73　两顶尖安装工件示意图

（2）卡盘装夹。磨削短工件的外圆时用三爪或四爪卡盘装夹，装夹方法与车床基本相同。用四爪卡盘装夹工件时，要用百分表找正。

（3）心轴装夹。盘套类空心工件常以内孔定位进行磨削，装夹方法与车床基本相同，但磨削用的心轴精度要求更高些。

2）磨削方法

在外圆磨床上，磨削外圆的常用方法有纵磨法和横磨法。

（1）纵磨法。磨削外圆时，工件转动并随工作台纵向往复移动，每次纵向行程终了时（或双行程终了时），砂轮做一次横向进给（磨削深度），如图 11 - 74 所示。当工件磨到最后尺寸时，可做几次无横向进给的光磨行程，直到火花消失为止。

纵磨法的磨削精度高，表面粗糙度 Ra 值小，适应性好，广泛应用于单件小批和大批大量生产中。

（2）横磨法。磨削外圆时，工件不做纵向进给运动，砂轮以缓慢的速度连续或断续的向工件做横向进给运动，直至磨去全部余量为止，如图 11 - 75 所示。

横磨法的径向力大，工件易产生弯曲变形；砂轮与工件的接触面积大，产生的热量多，工件易产生烧伤现象；生产效率高。所以，横磨法适用于大批大量生产中精度要求低，刚性好的零件外圆表面的磨削。

对于阶梯轴类零件，外圆表面磨到尺寸后，还要磨削轴肩端面，只要用手摇动纵向移动手柄，使工件的轴肩端面靠近砂轮，磨平即可。

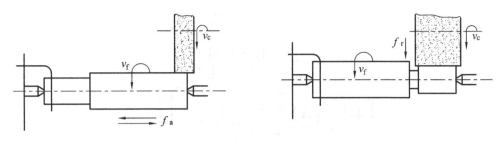

图 11-74　纵磨法　　　　　　　　　　　图 11-75　横磨法

2. 磨内圆

1) 工件的装夹方法

磨内圆时，一般以工件的外圆和端面作为定位基准，通常用三爪或四爪卡盘装夹工件，以用四爪卡盘通过找正装夹工件用得最多，如图 11-76 所示。

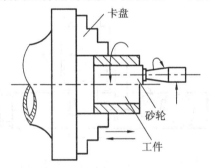

图 11-76　卡盘装夹工件

2) 磨削方法

磨削内圆通常是在内圆磨床或万能外圆磨床上进行的。磨削时砂轮的旋转为主运动；进给运动为：工件旋转做圆周进给，工件或砂轮纵向往复移动和横向进给运动。内圆磨削工艺范围主要是通孔、盲孔及孔口端面，如图 11-77 所示。

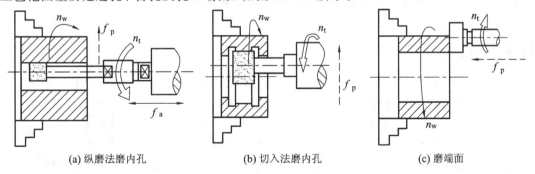

(a) 纵磨法磨内孔　　　　　　　(b) 切入法磨内孔　　　　　　　(c) 磨端面

图 11-77　内圆磨削工艺范围

3. 磨圆锥面

1) 转动工作台法

将上工作台相对下工作台旋转一个工件圆锥半角 $\alpha/2$，下工作台在机床导轨上做往复运动进行圆锥面磨削。这种方法既可以磨削外圆锥，又可以磨削内圆锥面，但只适用于磨削锥度较小、锥面较长的工件，图 11-78 为用转动工作台法磨削外圆锥面时的情况。

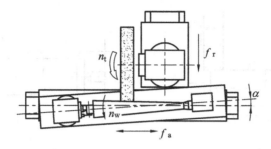

图 11-78　转动工作台法磨外圆锥面

2）转动头架法

将头架相对于工作台旋转一个工件圆锥半角 $\alpha/2$，工作台在机床导轨上做往复运动进行圆锥面磨削。这种方法可以磨削内、外圆锥面，但只适用于磨削锥度较大、锥面较短的工件，图 11-79 为用转动头架法磨削内圆锥面时的情况。

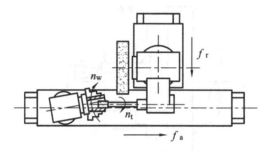

图 11-79　转动头架法磨内圆锥面

11.4　钻　削　加　工

各种零件上的孔加工，除去一部分是在车床、镗床、铣床等机床上完成外，很大一部分是由钳工利用各种钻床和钻孔工具完成的。钻削加工的主要类型有钻孔、扩孔、锪孔、铰孔等。

11.4.1　钻孔

用钻头在实心工件上加工孔的方法称为钻孔，钻孔精度一般为 IT12 级，表面粗糙度 Ra 值为 12.5～50 μm。

一般情况下，孔加工刀具（钻头）应同时完成主运动和轴向进给运动，如图 11-80 所示。主运动，即刀具绕轴线的旋转运动（切削运动）；进给运动，即刀具沿着轴线方向对着工件的直线运动。

1. 钻床

常用的钻床有台式钻床、立式钻床、摇臂钻床三种，手电钻也是常用的钻孔工具。

1）台式钻床

台式钻床简称台钻，是一种放在工作台上使用的小型

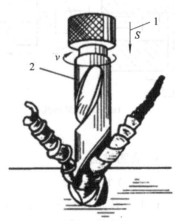

1—主运动；2—进给运动

图 11-80　钻孔时钻头的运动

钻床，如图 11-81 所示。台钻重量轻、移动方便、转速高（最低转速为 400 r/min），适于加工小型零件上直径小于等于 13 mm 的小孔，其主轴进给是手动的。

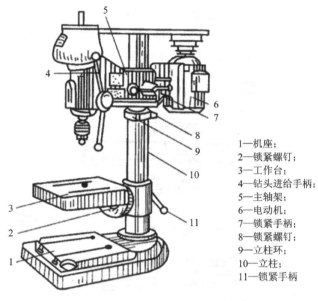

1—机座；
2—锁紧螺钉；
3—工作台；
4—钻头进给手柄；
5—主轴架；
6—电动机；
7—锁紧手柄；
8—锁紧螺钉；
9—立柱环；
10—立柱；
11—锁紧手柄

图 11-81　台式钻床

2）立式钻床

立式钻床简称立钻，如图 11-82 所示，其规格是用最大钻孔直径表示的，常用的立钻规格有 25 mm、35 mm、40 mm、50 mm 等几种。立钻与台钻相比，功率较大，因而允许采用较高的切削用量，其生产效率高，加工精度也较高。立钻主轴的转速和走刀量变化范围大，而且可以自动走刀，因此可适应不同的刀具进行钻孔、扩孔、锪孔、铰孔、攻螺纹等多种工序。立钻适用于单件、小批量生产中的中、小型零件的加工。

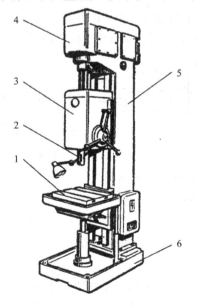

1—工作台；
2—主轴；
3—进给箱；
4—主轴变速箱；
5—立柱；
6—机座

图 11-82　立式钻床

3）摇臂钻床

摇臂钻床机构完善，如图 11-83 所示，它有一个能绕立柱旋转的摇臂，摇臂带动主轴箱可沿立柱垂直运动，同时主轴箱还能在摇臂上做横向移动。由于结构上的这些特点，摇臂钻床操作时能很方便地调整刀具位置以对准被加工孔的中心，而无需移动工件进行加工。此外，主轴转速范围和进给量范围很大，因此适用于笨重、大工件及多孔工件的加工。

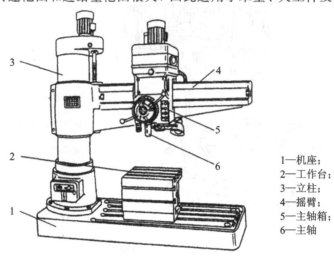

1—机座；
2—工作台；
3—立柱；
4—摇臂；
5—主轴箱；
6—主轴

图 11-83　摇臂钻床

4）手电钻

手电钻主要用于钻直径为 12 mm 以下的孔，其常用于不便使用钻床钻孔的场合。手电钻的电源有 220 V 和 380 V 两种。由于手电钻携带方便、操作简单、使用灵活，所以其应用比较广泛。

2. 钻头

钻头是钻孔时所用的刀具，用高速钢制造，其工作部分经热处理淬硬至 62～65 HRC，麻花钻的结构如图 11-84 所示。钻头由柄部、颈部及工作部分组成。

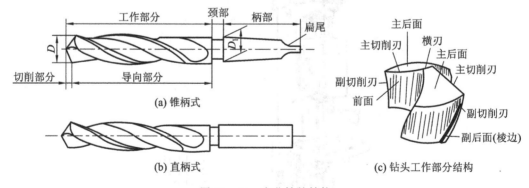

(a) 锥柄式

(b) 直柄式

(c) 钻头工作部分结构

图 11-84　麻花钻的结构

1）柄部

柄部是钻头的夹持部分，起传递动力的作用，有直柄和锥柄两种。直柄传递扭矩力较小，一般用于直径小于 12 mm 的钻头；锥柄可传递较大扭矩，用于直径大于 12 mm 的钻头。锥柄顶部是扁尾，起传递扭矩作用。

2）颈部

颈部是在制造钻头时起砂轮磨削退刀作用的，钻头直径、材料、厂标一般也刻在颈部。

3）工作部分

工作部分包括导向部分和切削部分。

导向部分有两条狭长的、螺旋形的、高出齿背约 0.5～1 mm 的棱边（刃带），其直径前大后小，略有倒锥角，这可以减少钻头与孔壁间的摩擦，而两条对称的螺旋槽，可用来排除切屑并输送切削液，同时整个导向部分也是切削部分的后备部分。切削部分有三条切削刃：前刀面和后刀面相交形成两条主切削刃，担负了主要切削作用；两后刀面相交形成的两条棱（副切削刃），起修光孔壁的作用；修磨横刃是为了减小钻削轴向力和挤刮现象并提高钻头的定心能力和切削稳定性。

切削部分的几何角度主要有前角 γ、后角 α、顶角 2φ、螺旋角 ω 和横刃斜角 φ，其中顶角是两个主切削刃之间的夹角，一般取 $118° \pm 2°$。

3. 钻孔用的夹具

钻孔用的夹具主要包括钻头夹具和工件夹具两种。

1）钻头夹具

常用的钻头夹具有钻夹头和钻套，如图 11 - 85 所示。

（1）钻夹头适用于装夹直柄钻头，其柄部都是圆锥面可以与钻床主轴内锥孔配合安装，而在其头部的三个卡爪有同时张开或合拢的功能，这使钻头的装夹与拆卸都很方便。

（2）钻套又称为过渡套筒，用于装夹锥柄钻头。由于锥柄钻头柄部的锥度与钻床主轴内锥孔的锥度不一致，为使其配合安装，故把钻套作为锥体过渡

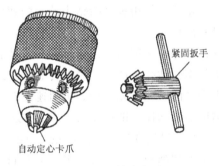

紧固扳手

自动定心卡爪

图 11 - 85　钻头夹具

件。钻套的一端为锥孔可内钻锥柄，其另一端的外锥面接钻床主轴的内锥孔。钻套依其内外锥度的不同分为 5 个型号（1～5），例如 2 号钻套其内锥孔为 2 号莫氏锥度，外锥面为 3 号莫氏锥度。使用钻套时可根据钻头锥柄和钻床主轴内锥孔锥度来选用。

2）工件夹具

加工工件时，应根据钻孔直径和工件形状来合理使用工件夹具。装夹工件要牢固可靠，但又不能将工件夹得过紧而损伤工件，或使工件变形影响钻孔质量。常用的工件夹具有手虎钳、机床用平口虎钳、V 形架、压板等。

对于薄壁工件常用手虎钳夹持，如图 11 - 86（a）所示；机床用平口虎钳用于中小型平整工件的夹持，如图 11 - 86（b）所示；对于轴或套筒类工件可用 V 形架夹持，如图 11 - 86（c）所示，并和压板配合使用；对不适于用虎钳夹紧的工件或要钻大直径孔的工件，可用压板、螺栓直接固定在钻床工作台上，如图 11 - 86（d）所示。在成批和大量生产中广泛用钻模夹具，这种方法可提高生产率。例如应用钻模钻孔时，可免去划线工作，提高生产率，钻孔精度可提高一级，表面粗糙度也有所减少。

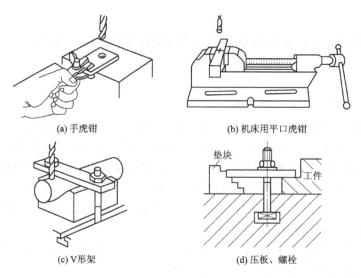

(a) 手虎钳　　　　　　　　　(b) 机床用平口虎钳

(c) V形架　　　　　　　　　(d) 压板、螺栓

图 11-86　工件夹持方法

4. 钻孔操作

1) 切削用量的选择

钻孔切削用量是指钻头的切削速度、进给量和切削深度的总称。切削用量愈大，单位时间内切除金属愈多，生产效率愈高。由于切削用量受钻床功率、钻头强度及耐用度、工件精度等许多因素的限制不能任意提高，因此合理选择切削用量就显得十分重要，它将直接关系到钻孔生产率、钻孔质量和钻头的寿命。通过分析可知，切削速度和进给量对钻孔生产率的影响是相同的；切削速度对钻头耐用度的影响比进给量大；进给量对钻孔表面粗糙度的影响比切削速度大。综上所述可知，钻孔时选择切削用量的基本原则是：在允许的范围内，尽量选较大的进给量，当进给量受到孔表面粗糙度和钻头刚度的限制时，再考虑较大的切削速度。在钻孔实践中人们已积累了大量的有关选择切削用量的经验，并通过科学总结制成了切削用量表，在钻孔时可参考使用。

2) 钻孔操作方法

钻孔操作方法的正确与否，将直接影响钻孔的质量和操作安全。

按划线位置钻孔工件上的孔径圆和检查圆均需打上样冲眼作为加工界线，中心眼应打大些。钻孔时先用钻头在孔的中心锪一小窝（约占孔径的 1/4），检查小窝与所划圆是否同心，若稍偏离，则可用样冲将中心冲大矫正或移动工件借正，若偏离较多，则可用窄錾在偏斜相反方向凿几条槽再钻，便可逐渐将偏斜部分矫正过来，如图 11-87 所示。

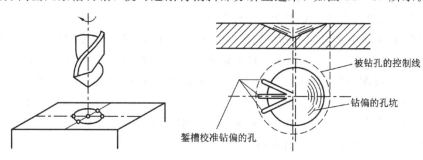

图 11-87　钻偏时的纠正方法

（1）钻通孔。在孔将被钻透时，进给量要小，可将自动进给变为手动进给，以避免钻头在钻穿的瞬间抖动，出现"啃刀"现象，影响加工质量，损坏钻头，甚至发生事故。

（2）钻盲孔。钻盲孔时，要注意掌握钻孔深度，以免将孔钻深出现质量事故。控制钻孔深度的方法有：调整好钻床上深度标尺挡块、安置控制长度量具或用粉笔做标记。

（3）钻深孔。当孔深度超过孔径 3 倍时，即为深孔。钻深孔时要经常退出钻头及时排屑和冷却，否则容易造成切削堵塞或使钻头切削部分过热导致磨损甚至折断，影响孔的加工质量。

（4）钻大孔。直径（D）超过 30 mm 的孔应分两次钻，即第一次用 0.5D～0.7D 钻头先钻，然后再用所需直径的钻头将孔扩大到所要求的直径。分两次钻削，既有利于钻头的使用（负荷分担），又有利于提高钻孔质量。

（5）钻削时的冷却润滑。钻削钢件时，为降低表面粗糙度一般使用机油作切削液，但为提高生产率则更多地使用乳化液作切削液；钻削铝件时，多用乳化液、煤油作为切削液；钻削铸铁件则用煤油作为切削液。

3）钻孔质量问题及原因

由于钻头刃磨的不好、切削用量选择不当、切削液使用不当、工件装夹不善等原因，会使钻出的孔径偏大、孔壁粗糙、孔的轴线有偏移或歪斜，甚至使钻头折断。

5．提高钻削精度的方法

在钻削生产中，常采用如下措施来提高钻削精度：

（1）预钻锥形定心孔，用 $2\varphi=90°～100°$ 的小顶角大直径麻花钻钻定心孔，使以后使用标准麻花钻钻孔时定心作用好，减小了因横刃挤压引起的钻孔开始时的引偏现象。

（2）用钻套为钻头导向，减小了钻孔开始时的引偏现象，特别是在斜面或曲面上钻孔，效果格外明显。

（3）两主切削刃刃磨对称，减小了因主切削刃不对称引起的径向力，从而减小了引偏。

（4）在钻头上修磨分屑槽，将宽屑分割成几条窄屑，以利于排屑。

（5）刃磨横刃，将横刃磨短以及在主切削刃上磨出凹圆弧，增大了横刃附近主切削刃上各点的前角，减小了横刃的不利影响。

（6）合理使用切削液并注意排屑。

11.4.2　扩孔、铰孔和锪孔

1．扩孔

扩孔利用扩孔钻对已有的孔进行加工以扩大孔径，并提高孔的精度和降低表面粗糙度。扩孔的精度可达 IT9～IT10，表面粗糙度 Ra 值为 3.2～6.3 μm。扩孔可作为要求不高的孔的最终加工，也可作为精加工（如铰孔）前的预加工，扩孔加工余量为 0.4～0.5 mm。

一般用麻花钻作扩孔钻，在扩孔精度要求较高或生产批量较大时，还可采用专用扩孔钻扩孔。扩孔钻和麻花钻相似，所不同的是它有 3～4 条切削刃，但无横刃，其顶端是平的，螺旋槽较浅，故钻芯粗实、刚性好、不易变形、导向性好，由于扩孔钻切削平稳，因此可提高扩孔后孔的加工质量，图 11-88 为扩孔钻结构。

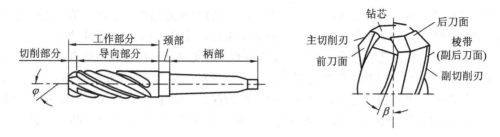

图 11-88　扩孔钻

扩孔钻与麻花钻相比有以下特点：

（1）刀齿数较多，有 3～4 个，导向性好，切削平稳。

（2）加工余量较小，背吃刀量较小，$a_p = \dfrac{d_m - d_w}{2}$（mm），容屑槽可做得窄些，故钻芯较粗，钻头刚度较大，可采用较大的进给量和切削速度。

（3）无横刃，切削条件好，可以纠正钻孔时形成的位置误差。

（4）扩孔直径 10 mm$<d_m<$80 mm。

2. 铰孔

铰孔是用铰刀对孔进行精加工的方法。铰孔是用铰刀从工件壁上切除微量金属层，以提高其尺寸精度和表面质量的加工方法，铰孔时的加工精度可高达 IT6～IT7，铰孔的表面粗糙度 Ra 值为 0.4～0.8 μm。

铰刀是多刃切削刀具，有 6～12 个切削刃，铰孔时其导向性好。由于刀齿的齿槽很浅，铰刀的横截面大，因此铰刀的刚性好。铰刀按使用方法分为手用和机用两种，按所铰孔的形状分为圆柱形和圆锥形两种，如图 11-89 所示。

铰孔因余量很小，而且切削刃的前角 $\gamma=0°$，所以铰削实际上是修刮过程。特别是手工铰孔时，由于切削速度很低，不会受到切削热和振动的影响，故铰孔是对孔进行精加工的一种方法。铰孔时铰刀不能倒转，否则切屑会卡在孔壁与切削刃之间，从而使孔壁划伤或切削刃崩溃。切削时如采用切削液，孔壁表面粗糙度将更小。

钳工常遇到的锥销孔铰削，一般采用相应孔径的圆锥手用铰刀进行。

铰孔具有以下特点：

（1）铰刀刀齿多、刚度好、导向作用好、纠正误差能力强。

（2）铰削余量小，加工变形小。

（3）有校准部分，可修光孔壁。

（4）便于加工小孔和深孔，铰孔直径 1 mm$<d_m<$80 mm。

（5）精度较高，铰孔的加工精度可达 IT6～IT8，表面粗糙度 Ra 值为 0.4～1.6 μm。

（6）加工适应性差，不适宜加工阶梯孔、短孔和断续表面的孔，只能进行未淬火零件的精加工。

3. 锪孔

锪孔是用锪钻对工件上已有孔进行孔口表面的加工，其目的是为保证孔端面与孔中心线的垂直度，以便使与孔连接的零件位置正确，连接可靠。常用的锪孔工具有柱形锪钻（锪柱孔）、锥形锪钻（锪锥孔）和端面锪钻（锪端面）三种。

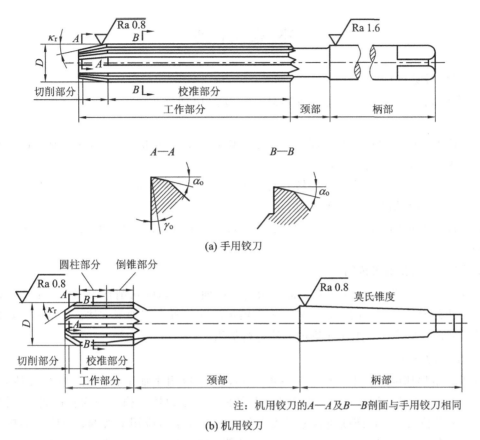

图 11-89　铰刀

圆柱形埋头锪钻的端刃起切削作用，如图 11-90(a)所示，其周刃作为副切削刃起修光作用。为保证原有孔与埋头孔同心，将锪钻前端带有的导柱与已有孔配合使用以起到定心作用。导柱和锪钻本体可以制成整体，也可以分开制造然后装配成一体。

锥形锪孔用来锪圆锥形沉头孔，如图 11-90(b)所示。锪钻顶角有 60°、75°、90°和 120°四种，其中以顶角为 90°的锪钻应用最为广泛。

端面锪钻用来锪与孔垂直的孔口端面，如图 11-90(c)所示。

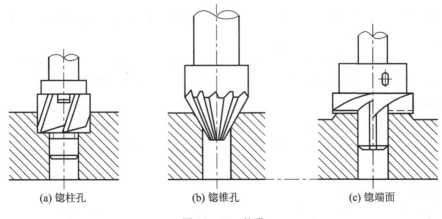

图 11-90　锪孔

本 章 小 结

1. 切削用量

切削用量是切削时各运动参数的总称，包括切削速度、进给量和背吃刀量（切削深度）。

（1）切削速度 v_c 是指刀具切削刃上选定点相对于工件待加工表面在主运动方向上切削用量的瞬时速度，单位为 m/min。

（2）进给量 f 是指在主运动每转一转或每一行程时（或单位时间内），刀具与工件之间沿进给运动方向的相对位移，单位为 mm/s。

（3）背吃刀量（切削深度）a_p 是指待加工表面与已加工表面之间的垂直距离，单位为 mm。

2. 车削特点及加工范围

在车床上，工件旋转，车刀在平面内做直线或曲线移动的切削称为车削。车削是以工件旋转为主运动、车刀纵向或横向移动为进给运动的一种切削加工方法。凡具有回转体表面的工件，都可以在车床上用车削的方法进行加工。

3. 车刀的种类和用途

车刀是金属切削加工中使用最广泛的刀具，它可以用来加工各种内、外回转体表面，如外圆、内孔、端面、螺纹，也可用于切槽和切断等。车刀按结构可分为整体式、焊接式、机夹式、可转位式等。目前硬质合金焊接式和可转位式车刀应用最普遍；整体式结构一般仅用于高速钢车刀或尺寸较小的硬质合金刀具等；硬质合金机夹式车刀，尤其是可转位式车刀在自动车床、数控机床和自动线上应用较为普遍。

4. 铣削特点

铣削加工的工业特点有以下几点：

（1）铣削在金属加工中的应用仅次于车削加工，主运动是铣刀的旋转运动，切削速度较高，除加工狭长平面外，其生产率、效率均高于其他加工方式。

（2）铣刀的种类很多，铣床的功能强大，因此铣削的加工范围也很广，能完成多种表面的加工。

（3）铣削时，由于铣刀是旋转的多齿刀具，刀齿能实现轮换切削，因而刀具的散热条件好，可以提高切削速度。

（4）由于铣刀刀齿的不断切入和切出，使切削力不断地变化，因此易产生冲击和振动。

（5）铣削加工的工件尺寸公差等级一般为 IT7～IT9 级，表面粗糙度 Ra＝1.6～12.5 μm。

5. 铣削加工范围

铣削主要用于加工平面，如水平面、垂直面、台阶面及各种沟槽表面和成形面等。另外，也可以利用万能分度头进行分度件的铣削加工，也可以对工件上的孔进行钻削或镗削加工。

6. 铣刀的种类和用途

铣刀的种类很多，用途也各不相同。按材料不同，铣刀分为高速钢和硬质合金两大类；

按刀齿与刀体是否为一体，又分为整体式和镶齿式两类；按铣刀的安装方式不同，分为带孔铣刀和带柄铣刀两类。

7. 磨削特点

磨削加工与其他切削加工(车削、铣削、刨削)相比较，具有以下特点：

(1) 工艺范围较广泛。在不同类型的磨床上，可分别完成内、外圆柱面，内、外圆锥面，平面，螺纹，花键，齿轮，蜗轮，蜗杆以及如叶片榫槽等特殊、复杂的成形表面的加工。

(2) 可进行各种材料的磨削。无论是黑色金属、有色金属，甚至非金属材料均可进行磨削加工。尤其高硬度材料，磨削加工是经常采用的切削加工方法。

(3) 可获得很高的加工精度和很小的表面粗糙度。磨削内、外圆的尺寸精度分别为 IT6～IT7 和 IT6 级，表面粗糙度分别为 $0.2\sim0.8\ \mu m$ 和 $0.2\sim0.4\ \mu m$；磨削平面的尺寸精度为 IT6～IT7 级，表面粗糙度为 $0.2\sim0.4\ \mu m$。所以对高精度零件，磨削加工几乎成了最终加工必不可少的手段。

(4) 通常磨削只适用于半精加工和精加工，但近年来，由于高速磨削和强力磨削逐渐得到推广，磨削已用于粗加工。

8. 磨削加工的应用范围

(1) 外圆磨床的加工范围。外圆磨床主要用于磨削各种轴类及套类零件的外圆柱面、外圆锥面及台阶端面。在磨外圆锥面时，应将工作台转过半锥角。

万能外圆磨床除可完成外圆磨床的工作外，还可加工的工作面有：将工件及主轴箱转过半锥角，用纵向进给磨外圆锥面；将工件及主轴箱转过 $90°$ 磨端面；将砂轮架转过半锥角，利用横向进给磨母线长度短于砂轮宽度的外圆锥面；将砂轮架转过半锥角，用砂轮的斜向进给磨母线长度大于砂轮宽度的外圆面；利用内圆磨具附件磨内圆锥或圆柱孔。

(2) 内圆磨床的加工范围。内圆磨床主要用于各类圆柱孔、圆锥孔及端面的磨削。在磨内孔时，受加工孔径的限制，砂轮直径较小，为保证磨削线速度，所以砂轮转速很高，每分钟几千转至几万转。

(3) 平面磨床的加工范围。平面磨床主要用于各种工件上平面的磨削。

9. 砂轮的特性

砂轮的特性对工件的加工精度、表面粗糙度和生产率影响很大，砂轮的特性包括磨料、粒度、结合剂、硬度、组织、形状和尺寸等方面。

1) 磨料

磨料是制造砂轮的主要原料，直接担负着磨削工作，是砂轮上的"刀头"。因此，磨料必须锋利，并具有高的硬度及良好的耐热性能和一定的韧性。按 GB/T 2476—1994《普通磨料 代号》的规定，磨料分两为大类，即刚玉类和碳化物类。

(1) 刚玉类磨料的主要成分是 Al_2O_3，与碳化物类相比，刚玉类磨料硬度稍低，韧性好(即磨粒不易破碎)，与结合剂结合能力较强。所以，用这种磨料制成的砂轮易被磨钝且自锐性差，不宜磨削硬质合金类高硬度材料以及铸铁、黄铜、铝等高脆性或极高韧性材料，宜于磨削各种钢料及高速钢。

(2) 碳化物类磨料的硬度比刚玉类高，磨料锋利，导热性好，适用于磨削特硬材料以及高脆性或极高韧性的材料。其代号有：C 表示黑碳化硅，GC 表示绿碳化硅等。

2）粒度

粒度指磨料颗粒的大小。其大小决定了工件的表面粗糙度和生产率。GB/T 2477—1983《磨料粒度及其组成》规定磨料粒度按颗粒大小分为 41 个号：4♯、5♯、6♯、7♯、8♯、…、180♯、220♯、240♯、W63、W50、…、W1.0、W0.5。

4♯～240♯ 磨料粒度组成用筛分法测定，粒度号数越大，表示磨粒尺寸越小；W63～W0.5 称为微粉，W 后的数字表示微粉尺寸（单位为 μm），用显微镜分析法测定。

3）结合剂

结合剂的作用是将磨料颗粒结合成具有一定形状的砂轮。根据 GB/T 2484—2006《固结磨具一般要求》规定，结合剂有陶瓷结合剂（V）、树脂结合剂（B）、橡胶结合剂（R）、菱苦土结合剂（Mg）四种。其中陶瓷结合剂具有很多优点，如耐热、耐水、耐油、耐普通酸碱等，故应用较多，其主要缺点是性质较脆，经不起冲击。

4）硬度

磨具的硬度是指在外力作用下，磨粒脱落的难易程度。磨粒不易脱落的磨具，其硬度高，反之硬度就低。磨具硬度对磨削性能影响很大：太软，磨粒尚未变钝便脱落，使磨具形状难以保持且损耗很快；太硬，磨粒钝化后不易脱落，磨具的自锐性减弱，产生大量的磨削热，造成工件烧伤或变形。实际生产中选择砂轮及其他磨具硬度的规则为：GB/T 2484—2006 将砂轮硬度分为超软、软、中软、中、中硬、硬、超硬等七大级，每一大级又细分为几个小级，各有相应代号表示。

5）组织

磨具的组织是指磨粒、结合剂、气孔三者间的体积关系，磨具的组织号是按磨粒在磨具中占有的体积百分数（即磨粒率）表示的。若磨具组织疏松，则容屑空间大，空气及冷却润滑液也容易进入磨削区，能改善切削条件，但组织疏松会使磨削表面粗糙度提高，磨具外形也不易保持。所以，必须根据具体情况选择相应的组织。

6）形状、尺寸及其选择

砂轮的形状、尺寸主要由磨床型号和工件形状决定。按照标准 GB/T 2484—2006 的规定，国产砂轮分为平形系砂轮、筒形系砂轮、杯形系砂轮、碟形系砂轮以及专用加工系砂轮等。

7）砂轮代号

为使用方便和防止用错砂轮，在砂轮的非工作表面印有砂轮代号。砂轮代号按形状、尺寸、磨料、粒度、组织、结合剂、线速度的顺序书写。

习　题

11.1　车床由哪些主要部分组成？各部分的主要作用是什么？

11.2　车床上主要有哪些运动？其含义是什么？

11.3　车床切削用量要素有几个？它的定义、单位、计算公式是什么？

11.4　车削直径为 50 mm 的轴类工件外圆，要求一次车削进到 46 mm，若选用切削速度为 80 m/min，求背吃刀量和主轴转速各是多少？

11.5　如何定义及标注车刀的主偏角、副偏角、刀尖角、前角、后角、刃倾角？

11.6　车床的主要附件有哪些？如何使用？各有什么特点？

11.7　卧式铣床由哪些主要部分组成？各部分的主要作用是什么？

11.8　比较说明周铣和端铣、顺铣和逆铣的优缺点。

11.9　简述常用铣刀的种类和特点。

11.10　M1432A 万能外圆磨床具有哪些运动？磨削外圆锥面有哪几种方法？

11.11　简述磨削加工的特点和提高表面质量的措施。

11.12　简述砂轮的特性。

11.13　试述钻床的种类和加工范围。

11.14　钻削加工中切削用量如何选择？

11.15　简述提高钻削加工精度的方法。

第12章　其他金属切削加工机床与加工方法

（一）教学目标

·知识目标：

（1）掌握成形法、展成法加工齿轮的原理、方法及特点；

（2）掌握滚齿加工原理及特点；

（3）掌握插齿加工原理及特点；

（4）掌握剃齿、珩齿、磨齿的加工原理、特点及应用；

（5）掌握镗削、拉削、刨削的加工特点，了解镗床、拉床、刨床的工作过程；

（6）了解特种加工方法的分类及应用。

·能力目标：

（1）具备利用滚齿机进行简单滚齿加工的能力；

（2）具备利用插齿机进行简单插齿加工的能力；

（3）具备根据齿面精加工方法进行简单剃齿、珩齿、磨齿加工的能力；

（4）具备利用镗床、拉床、刨床进行简单工件加工的能力。

（二）教学内容

（1）齿形的加工方法及齿形的加工原理；

（2）滚齿加工、插齿加工的原理及特点；

（3）齿面精加工方法：剃齿、珩齿、磨齿；

（4）镗削加工特点，了解镗床工作过程；

（5）拉削加工特点，了解拉床工作过程；

（6）刨削加工特点，了解刨床工作过程；

（7）电火花加工、激光加工、超声波加工、电子束加工、电解加工、离子束加工、水射流加工。

（三）教学要点

（1）滚齿加工、插齿加工的原理及特点；

（2）齿面精加工方法：剃齿、珩齿、磨齿；

（3）镗削加工特点，了解镗床工作过程；

（4）拉削加工特点，了解拉床工作过程；

（5）刨削加工特点，了解刨床工作过程。

12.1 齿 轮 加 工

12.1.1 齿形加工的概述

齿形加工指的是具有各种齿形形状的零件的加工。

在机械产品中,齿形零件主要有:各种内外圆柱齿轮、圆锥齿轮、蜗轮、蜗杆、圆弧齿、渐开线齿轮以及各种齿形的花键、链轮等。其中以渐开线齿轮的应用最为广泛。

1. 齿轮的结构特点

尽管由于齿轮在机器中的功用不同而设计成不同的形状和尺寸,但它们都可以分为齿圈和轮体两个部分组成。在齿圈上切出直齿、斜齿等齿面,而在轮体上有孔或带有轴。

轮体的结构形状直接影响齿轮结构工艺的制订,因此齿轮的分类可根据齿轮轮体的结构形状来划分。常见的圆柱齿轮可分为:盘类齿轮、套类齿轮、内齿轮、轴类齿轮、扇形齿轮、齿条。其中盘类齿轮应用最为广泛。

一个圆柱齿轮可以有一个或多个齿圈。通常单齿圈齿轮的工艺性最好。

2. 对传动齿轮的精度要求

齿轮传动装置包括齿轮副、轴、箱体等零件,其中齿轮的加工质量和安装精度直接影响着传动装置的传动质量。根据齿轮的使用条件,对传动齿轮提出如下要求:

(1) 传动的准确性。主动轮转过有关角度时,从动轮应按给定的速比转过相应的角度。要求齿轮在一转中,转角误差的最大值超过的限度,即为一转转角精度或第 I 公差组。

(2) 工作的平稳性。要求齿轮传动平稳、无冲击、振动和噪音小,这就需要限制齿轮传动瞬时传动比的变化,即为一齿转角精度或第 II 公差组。

(3) 载荷的均匀性。齿轮载荷由齿面承受,两齿轮啮合时,接触面积的大小对齿轮的使用寿命影响很大,由接触精度来衡量,即第 III 公差组。

(4) 齿侧间隙的合理性。一对相互啮合的齿轮,其非工作表面必须留有一定的间隙,即为齿侧间隙,其作用是储存润滑油,补偿热变形。应当根据齿轮副的工作条件,来确定合理的侧隙。

3. 齿形的加工方法

齿形的加工方法可分为无切削加工和切削加工两类。

(1) 无切削加工。无切削加工主要有铸造、热轧、冷挤和注塑的方法。这些加工方法具有生产率高、材料消耗少、成本低等优点。

(2) 切削加工。对于有较高传动精度要求的齿轮来说,切削加工仍是目前主要的加工方法。通常齿轮要经过齿面的切削加工和齿面的磨削加工来获取所需的齿轮精度,切削加工效率高,也有较高的加工精度,属于粗加工和半精加工,磨削属于精加工。根据加工装备的不同,齿轮的切削加工有铣齿、滚齿、插齿、刨齿、磨齿、剃齿、珩齿等多种方法。

4. 齿形的加工原理

按齿轮轮廓的成形原理不同,齿轮的切削加工可分为成形法和展成法两种。

1) 成形法

成形法是利用与被加工齿轮的齿槽形状一致的刀具,在齿坯上加工出齿面的方法。成形铣削一般在普通铣床上进行，如图 12 - 1 所示。铣削时工件安装在分度头上，铣刀旋转对工件进行切削加工，工作台做直线进给运动，加工完一个齿槽，分度头将工件转动一个齿，再加工另外一个齿槽，依次加工出所有齿槽。当加工模数大于 8 mm 的齿轮时，采用指状铣刀进行加工。铣削斜齿轮时必须在万能铣床上进行，铣削时工作台偏转一个角度，使其等于齿轮的螺旋角 β，工件在随工作台进给的同时，由分度头带动做附加旋转运动以形成螺旋齿槽。

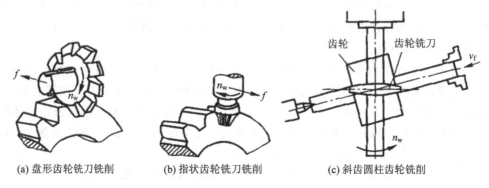

(a) 盘形齿轮铣刀铣削　　　(b) 指状齿轮铣刀铣削　　　(c) 斜齿圆柱齿轮铣削

图 12 - 1　圆柱齿轮的铣削加工

成形法加工齿轮的特点如下：

（1）用成形法加工齿轮的方法主要有：铣削、拉削、插削及磨削等，其中最常见的方法是在普通铣床上用成形铣刀铣削齿面。

（2）成形法铣削齿轮所用刀具有盘形齿轮铣刀和指状铣刀。盘形齿轮铣刀用于加工中小模数 $m < 8$ mm 的直齿、斜齿圆柱齿轮；指状铣刀用于加工大模数 $m = 8 \sim 40$ mm 的直齿、斜齿圆柱齿轮，特别是人字齿轮。

（3）采用成形法加工齿轮时，齿轮的轮廓形状精度由齿轮铣刀的刀刃形状来保证，因而刀具的刃形必须符合齿轮的齿形。标准渐开线齿轮的轮廓形状是由该齿轮的模数和齿数决定的。

（4）要加工出准确的齿形，就必须要求同一模数的每一种齿数都要一把相应齿形的刀具，这将需要刀具的数量非常庞大。在实际生产中，为了减少刀具的数量，同一模数的齿轮铣刀按其所加工的齿数通常分为 8 组（精确的分为 15 组），每一组只用一把铣刀，见表12 - 1。因为每种刀号的齿轮铣刀的刀齿形状都是按加工齿数范围中最小齿数进行齿形设计的，所以在加工其他齿数的齿轮时，会有一定的齿形误差产生。标准齿轮铣刀的模数、压力角和加工的齿数范围都标记在齿轮的端面上。

表 12 - 1　盘形铣刀刀号

刀号	1	2	3	4	5	6	7	8
加工齿数范围	12～13	14～16	17～20	21～25	26～34	35～54	55～134	135 以上

（5）可以在普通铣床上加工齿轮，加工精度一般较低，为 IT9～IT12 级，表面粗糙度值为 $3.2 \sim 6.3 \ \mu m$，生产效率不高，一般用于单件小批量生产。

（6）在加工斜齿圆柱齿轮且精度要求不高时，可以借用加工直齿圆柱齿轮的铣刀，但齿数应按照斜齿圆柱齿轮法向截面内的当量齿数 Z_d 来选择，当量齿数表达式为

$$Z_d = \frac{Z}{\cos^3 \beta} \tag{12-1}$$

式中：Z 为斜齿圆柱齿轮的齿数；β 为斜齿圆柱齿轮的螺旋角。

2）展成法

展成法是利用一对齿轮或齿轮和齿条啮合的原理进行加工的，如图 12-2 所示。刀具相当于一个与被加工齿轮具有相同模数的特殊齿形的齿轮。加工时刀具和工件按照一对齿轮或齿轮和齿条的啮合传动关系做相对运动，刀具齿形的运动轨迹逐步包络出工件的齿形。同一模数的刀具可以在不同的展成运动关系下，加工出不同的工件齿形。

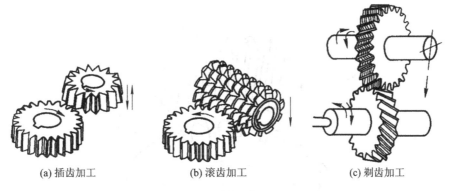

(a) 插齿加工　　　　　(b) 滚齿加工　　　　　(c) 剃齿加工

图 12-2　展成法加工原理

展成法加工齿轮的特点如下：

(1) 用展成法加工齿轮的方法主要有：滚齿、插齿、剃齿和磨齿。

(2) 同一把刀具可加工出同一模数而齿数不同的各种齿轮。

(3) 刀具的齿形可以和工件的齿形不同，如可用齿条式刀具来加工渐开线齿轮等。

(4) 展成法加工齿轮时能连续分度，具有较高的精度和生产率。

12.1.2　滚齿加工

1. 滚齿加工原理

滚齿加工是按展成法的原理来加工齿轮的。滚齿加工过程实质上是一对交错轴螺旋齿轮传动的过程，如图 12-3 所示。在这种啮合的齿轮传动副中，其中一个斜齿圆柱齿轮的直径较小，齿数较少（通常只有一个），螺旋角很大（接近 $90°$），因而它就演变成一个蜗杆（称为滚刀的基本蜗杆），再将蜗杆开容屑槽、磨前后刀面、做出切削刃，就成为一把齿轮滚刀。

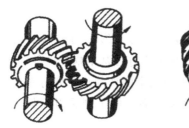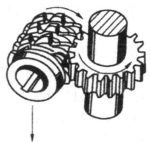

图 12-3　滚齿加工原理

滚齿加工过程如图 12-4 所示，齿轮滚刀在旋转过程中，其螺旋线的法向剖面内的刀齿，相当于一根齿条，当滚刀连续转动时就相当于一根无限长的齿条沿着刀具轴向连续移动。根据啮合原理，其移动速度与被切齿轮在啮合点的线速度相等。由此可知，滚刀的转速与被加工齿轮的转速必须符合如下关系：

$$\frac{n_刀}{n_工} = \frac{Z_工}{k} \tag{12-2}$$

式中：$n_刀$、$n_工$ 分别为滚刀和工件的转速，单位为 r/min；$Z_工$ 为工件的齿数，k 为滚刀的头数。

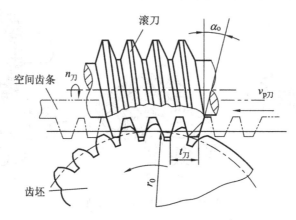

图 12-4　滚齿加工过程

显然，在滚齿加工过程时，滚刀的旋转运动和工件的旋转运动之间是一个具有严格传动关系要求的内联系传动链，这一传动链是形成渐开线齿形的传动链，称为展成运动传动链。其中滚刀的旋转运动是滚齿加工的主运动，工件的旋转运动是圆周进给运动。除此之外，还有切出全齿高所需的径向进给运动和切出齿长的垂直进给运动。

滚齿加工的适应性好，解决了成形法铣刀过多的问题和误差问题，精度比铣齿高；滚齿加工连续分度、连续加工无空行程，加工生产率高；由于滚刀的结构限制，存在容屑和排屑问题，加工齿面的表面粗糙度不高。

滚齿加工主要用于加工直齿、斜齿圆柱齿轮以及蜗轮，不能加工内齿轮和多联齿轮。

2. 齿轮滚刀

在齿面的加工中，齿轮滚刀的应用非常广泛，可以用来加工外啮合的直齿轮、斜齿轮、标准及变位齿轮。齿轮滚刀加工齿轮的范围大，模数为 0.1～40 mm 的齿轮均可用齿轮滚刀加工，用一把滚刀可以加工同一模数任意齿数的齿轮。

1）滚刀的基本结构

从齿轮的结构原理可知，齿轮滚刀是一个蜗杆形刀具，为了形成切削刃的前角和后角，在蜗杆上开出容屑槽，并经铲背形成滚刀。滚刀的顶刃正好在基本蜗杆的外圆表面上，顶刃的后刀面要经过铲背加工，以得到顶刃后角；滚刀的两个侧切削刃正好分布在基本蜗杆的螺旋面上，两个侧刃后刀面也要铲齿加工，得到侧后刀面，两个侧后刀面都包含在基本蜗杆的表面之内。

　　滚刀的结构分为整体式、镶齿式等类型，如图 12-5 所示。中小模数 $m=1\sim10$ mm 滚刀做成整体式结构，大模数 $m>10$ mm 滚刀为了节约材料和便于热处理，一般做成镶齿式结构。滚切齿轮时，滚刀安装在刀架体的心轴上，以内孔定位，并用螺母压紧滚刀的两端面。

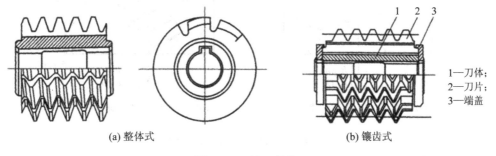

1—刀体；
2—刀片；
3—端盖

(a) 整体式　　　　　　　　　　　　　(b) 镶齿式

图 12-5　滚刀结构

2）滚刀的精度

　　按照 GB/T 6084—2001，滚刀按精密程度分为 AAA 级、AA 级、A 级、B 级、C 级。滚刀的精度等级与被加工齿轮精度等级的关系见表 12-2。

表 12-2　滚刀的精度等级与被加工齿轮精度等级的关系

滚刀精度等级	AAA 级	AA 级	A 级	B 级	C 级
可加工齿轮精度等级	6	7~8	8~9	9	10

3）滚刀的安装

　　在加工直齿和斜齿圆柱齿轮时，为保证加工出的齿形的正确性，应使滚刀的螺旋线方向与被加工齿轮的齿面线方向一致。因此，需将滚刀的轴线与被加工齿轮的端面安装成一定的角度，称为安装角 δ。

　　(1) 在加工直齿圆柱齿轮时，如图 12-6 所示，滚刀的安装角 δ 等于滚刀的螺旋升角 γ。滚刀的旋转方向不同，转角的方向也不同。

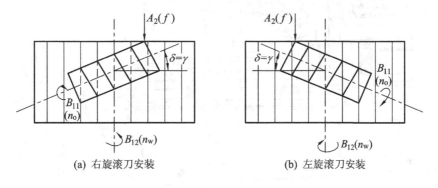

(a) 右旋滚刀安装　　　　　　　　　(b) 左旋滚刀安装

图 12-6　滚切直齿圆柱齿轮时滚刀的安装角

　　(2) 在加工斜齿圆柱齿轮时，如图 12-7 所示，安装角 δ 由工件螺旋角 β 和滚刀的螺旋升角 γ 决定。当二者旋向相同（即二者都是右旋，或都是左旋）时，安装角 δ 等于工件螺旋角 β 与滚刀的螺旋升角 γ 之差（$\delta=\beta-\gamma$）；反之为二者之和（$\delta=\beta+\gamma$）。

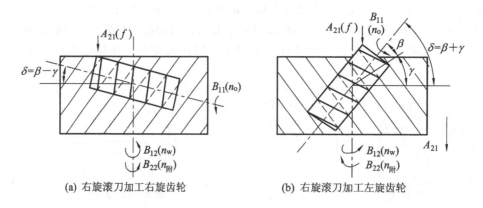

(a) 右旋滚刀加工右旋齿轮　　　　(b) 右旋滚刀加工左旋齿轮

图 12 - 7　滚切斜齿圆柱齿轮时滚刀的安装角

3. 滚齿机床

1）Y3150E 滚齿机

Y3150E 滚齿机是一种通用的滚齿机，主要用于加工直齿和斜齿圆柱齿轮，也可以采用径向切入法加工蜗轮。它可以加工工件的最大直径为 500 mm，最大模数为 8 mm。

图 12 - 8 为 Y3150E 滚齿机的外形图。立柱 2 固定在床身 1 上，刀架溜板 3 可沿立柱导轨上下移动。刀架体安装在刀架溜板 3 上，可绕自己的水平轴线转位。滚刀安装在刀杆 4 上做旋转运动。工件安装在工作台 9 的心轴 7 上，随工作台一起转动。后立柱 8 和工作台 9 一起装在床鞍 10 上，可沿机床水平导轨移动，用于调整工件的径向位置或做径向进给运动。

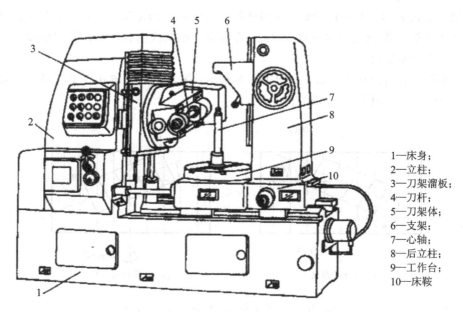

1—床身；
2—立柱；
3—刀架溜板；
4—刀杆；
5—刀架体；
6—支架；
7—心轴；
8—后立柱；
9—工作台；
10—床鞍

图 12 - 8　Y3150E 滚齿机

2）数控滚齿机

普通滚齿机传动系统非常复杂，传动链多且传动精度要求高，这给普通滚齿机的设计、计算和调整带来了很大困难。随着数控技术的不断发展，数控滚齿机克服了普通滚齿机传动系统复杂的缺点，实现了高度自动化和柔性化控制，大大简化了普通滚齿机的机械传动。

图 12-9 为一台七坐标立式数控滚齿机基本组成外观图。径向滑座又称立柱 1，可沿 v_r 方向径向移动；垂直滑座 2 可沿 v_v 方向垂直移动；滚刀架 3 可按 Q 方向转动；切向滑座 4 可沿 v_t 方向切向移动；工作台 5 可沿 n_w 方向转动；外支架 6 可沿 v_v' 方向垂直升降；n_c 为滚刀回转方向。这种数控滚齿机的冷却系统、液压系统及自动排屑机构全部设置于机外，工作区域全封闭，并设有油污自动排除装置，保持清洁的加工环境，控制系统设空调，保证其性能的稳定。

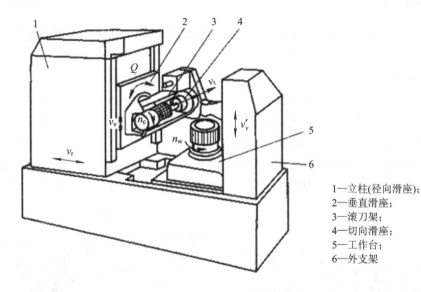

1—立柱(径向滑座)；
2—垂直滑座；
3—滚刀架；
4—切向滑座；
5—工作台；
6—外支架

图 12-9　数控滚齿机外形图

数控滚齿机的传动原理具有以下特点：

（1）传动系统的各个运动部分均由各自的伺服电动机独立驱动，每一运动的传动链实现了最短的传动路线，为提高传动精度提供了有利条件。数控滚齿机的加工精度可达 IT4～IT6 级。此外，可设置传感器监测，自动补偿中心距和刀具直径的变化，保持了加工尺寸精度的稳定性。

（2）数控滚齿机的各个传动环节相互独立，完全排除了传动齿轮和行程挡块的调整，加工时通过人机对话的方式用键盘输入编程或调用存储程序，只要把所要求的加工方式、工件和刀具参数、切削用量等输入即可，而且编程时不需停机，工作程序可以储存供再次加工时调用，储存容量可达 100 种之多。其调整时间仅为普通滚齿机的 $10\%\sim30\%$。

（3）数控滚齿机的所有内联系传动都由数控系统完成，代替了普通滚齿机的机械传动，通过优化滚齿切入时的切削速度和进给量，加大回程速度，减少了滚齿时的基本时间。在数控滚齿机上加工与在普通滚齿机上加工比较，其基本时间减少 30%。

4. 滚齿加工的特点

（1）适应性好。由于滚齿加工是采用展成法加工，因而一把滚刀可以加工与其模数和齿形角相同的不同齿数的齿轮。

（2）生产率较高。滚齿为连续切削，无空行程，可用多头滚刀来提高粗滚效率，所以滚齿生产率一般比插齿高。

（3）被加工齿轮的一转精度高，即分齿精度高。滚齿时，一般都只是滚刀的一周多一点的刀齿参加切削，工件上所有这些齿槽都是由这些刀齿切出来的，所以被切齿距偏差小。

（4）被加工齿轮的一齿精度比插齿要低。

滚齿加工适于加工直齿圆柱齿轮、斜齿圆柱齿轮和蜗轮，但不能加工内齿轮、扇形齿轮和相距很近的多联齿轮。

12.1.3　插齿加工

插齿加工的应用也十分广泛，对于特殊结构的齿轮，如内齿轮、多联齿轮等，插齿就显示了独特的优越性。

1. 插齿原理

插齿的加工过程，从原理上讲，相当于一对直齿圆柱齿轮的啮合，如图 12-10 所示。插齿刀实质上是一个端面磨有前角，齿顶及齿侧均磨有后角的齿轮。插齿时，刀具沿工件轴线方向做高速的往复直线运动，形成切削加工的主运动，同时还与工件做无间隙的啮合运动，在工件上加工出全部轮齿齿廓。在加工过程中，刀具每往复一次仅切出工件齿槽的很小一部分，工件齿槽的齿面曲线是由插齿刀切削刃多次切削的包络线所形成的。

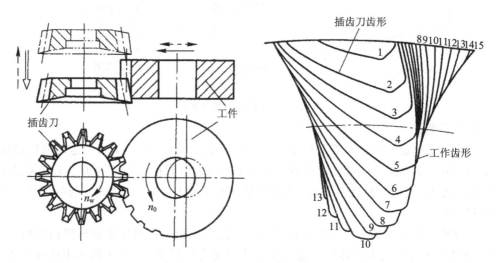

图 12-10　插齿原理

插齿加工时，机床必须具备以下运动：

（1）切削加工的主运动。插齿刀做上、下往复运动，向下为切削运动，向上为返回的退刀运动。

（2）展成运动。在加工过程中，必须使插齿刀和工件保持一对齿轮的啮合关系，即在刀具转过一个齿（$1/Z_刀$ 转）时，工件也应准确地转过一个齿（$1/Z_工$ 转）。

（3）径向进给运动。为了逐渐切至工件的全齿深，插齿刀必须要有径向进给，径向进给量是插齿刀每往复一次径向移动的距离，当达到全齿深后，机床便自动停止径向进给运动。当工件和刀具对滚一周时，才能加工出全部完整的齿面。

（4）圆周进给运动。圆周进给运动是插齿刀的回转运动，插齿刀每往复行程一次，同时回转一个角度，其转动的快慢直接影响每一次的切削用量和工件转动的快慢。圆周进给量用插齿刀每次往复行程中，刀具在分度圆上转过的圆周弧长表示，其单位为 mm/往复行程。

（5）让刀运动。为了避免插齿刀在回程时擦伤已加工表面和减少刀具磨损，刀具和工件之间应让开一段距离，而在插齿刀重新开始向下工作行程时，应立刻恢复到原位，以便刀具向下切削工件。这种让开和恢复原位的运动称为让刀运动。一般新型号的插齿机通过刀具主轴座的摆动来实现让刀运动，这样可以减小让刀产生的振动。

2. Y5132 插齿机

图 12-11 为 Y5132 插齿机的外形图。插齿刀装在刀架上，随主轴做上下往复运动并旋转；工件装在工作台上做旋转运动，并随工作台一起做径向直线运动。该机床加工外齿轮的最大加工直径为 320 mm，最大厚度为 80 mm；加工内齿轮的最大加工直径为 500 mm，最大厚度为 50 mm。

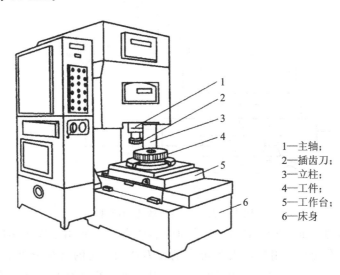

1—主轴；
2—插齿刀；
3—立柱；
4—工件；
5—工作台；
6—床身

图 12-11　Y5132 插齿机外形图

图 12-12 为插齿机的传动原理图。其中"电动机 M—1—2—u_v—3—4—5—曲柄偏心盘 A—插齿刀"为主运动传动链，u_v 为换置机构，用于改变插齿刀每分钟往复行程数。"曲柄偏心盘 A—5—4—6—u_s—7—8—9—插齿刀主轴套上的蜗杆蜗轮副 B—插齿刀"为圆周进给运动传动链，u_s 为调节插齿刀圆周进给量的换置机构。"插齿刀—蜗杆蜗轮副 B—9—8—10—u_c—11—12—蜗杆蜗轮副 C—工件"为展成运动传动链，u_c 为调节插齿刀与工件之间传动比的换置机构，当刀具转 $1/Z_刀$ 转时，工件转 Z_c 转。由于让刀运动及径向切入运动不直接参加工件表面成形运动，因此图中没有表示出来。

3. 插齿刀

标准直齿插齿刀分为三种类型，如图 12-13 所示。

（1）盘形插齿刀。如图 12-13(a)所示的盘形插齿刀以内孔及内孔支撑端面定位，用螺母紧固在机床主轴上，主要用于加工直齿外齿轮及大直径内齿轮。它的公称分度圆直径有四种，分别为 75 mm、100 mm、160 mm 和 200 mm，用于加工模数为 1～12 mm 的齿轮。

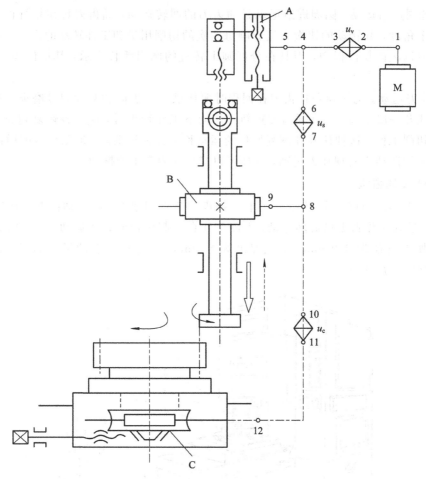

图 12 - 12　插齿机的传动原理

　　（2）碗形插齿刀。如图 12 - 13（b）所示的碗形插齿刀主要用于加工多联齿轮和带有凸肩的齿轮。它以内孔定位，用螺母夹紧可容纳在刀体内。它的公称分度圆直径也有四种，分别为：50 mm、75 mm、100 mm 和 125 mm，用于加工模数为 1～8 mm 的齿轮。

　　（3）锥柄插齿刀。如图 12 - 13（c）所示的锥柄插齿刀主要用于加工内齿轮，这种插齿刀为带锥柄的整体结构，用带有内锥孔的专用接头与机床主轴连接。其公称分度圆直径有两种，分别为：25 mm 和 38 mm，用于加工模数为 1～3.75 mm 的齿轮。

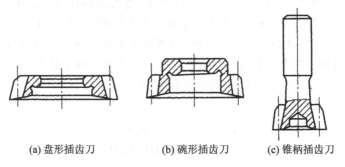

(a) 盘形插齿刀　　　　　(b) 碗形插齿刀　　　　　(c) 锥柄插齿刀

图 12 - 13　插齿刀的类型

4. 插齿的工艺特点及应用范围

（1）插齿的一齿精度好。插齿时形成工件齿面的包络线数在同等条件下比滚齿加工多得多，因而插齿的一齿精度好。此外，与滚刀相比，插齿刀制造较容易，刀具的精度也容易保证，插齿刀的装夹误差较小，故能减小齿面误差。

（2）插齿的一转精度比滚齿差。由于插齿加工时，刀具上各个刀齿顺次切制工件的各个齿槽，因而插齿刀的齿距累积误差将直接传递给被加工齿轮，影响被切齿轮的一转精度。

（3）插齿齿向偏差比滚齿大。插齿机的主轴回转轴线与工作台回转轴线之间存在平行度误差，这将直接影响被加工齿轮的齿向偏差。同时，由于插齿刀往复运动频繁，主轴与套筒容易磨损，所以插齿的齿向偏差通常比滚齿大。

（4）插齿的生产率比滚齿低。这是因为插齿刀的切削速度受到往复运动惯性限制难以提高。目前插齿刀每分钟往复行程次数一般只有几百次。此外，插齿有空行程损失，实际进行切削的长度只有总行程长度的 1/3 左右。

（5）插齿非常适合于加工内齿轮、阶梯齿轮、齿条、扇形齿轮等。

综上所述，插齿适于加工模数较小，齿宽较窄，一齿精度要求较高而一转精度又要求不十分高的齿轮。一般内齿轮、齿条和扇形齿轮都采用插齿加工。

12.1.4　齿面精加工方法

对于 IT6 级精度以上的齿轮，或者淬火后的硬齿面的加工，往往需要在滚齿、插齿之后经热处理再进行精加工，常用的齿面精加工方法有剃齿、珩齿和磨齿。下面将简述这三种加工方法及应用。

1. 剃齿

剃齿常用于未淬火圆柱齿轮的精加工，生产效率很高，是软齿面精加工应用最广泛的方法。

1）剃齿原理

剃齿在原理上属于一对交错轴斜齿轮啮合传动过程。剃齿刀实质上是一个高精度的螺旋齿轮，并且在齿面上沿齿向开了很多刀刃槽。剃齿加工过程就是剃齿刀带动工件做双面无侧隙的对滚，并对剃齿刀和工件施加一定压力。在对滚过程中剃齿刀和工件沿齿向和齿形方面均产生相对滑移，利用剃齿刀沿齿向开出的锯齿刀槽沿工件齿向切去一层很薄的金属。在工件的齿面方向因剃齿刀无刃槽，虽有相对滑动，但却不起切削作用。

图 12-14 为一把左旋剃齿刀和右旋被剃齿轮相啮合，剃齿刀和齿轮在啮合点 P 处的线速度分别为 v_0 和 v_1，可以分解为法向速度 v_{0n} 和 v_{1n}，很明显，要实现正常啮合传动的必要条件为二者的法向速度应相等，即

$$v_{0n} = v_0 \cos\beta_0 = v_{1n} = v_1 \cos\beta_1 \qquad (12-3)$$

剃齿刀和齿轮的齿面相对滑移速度 v 为二者沿齿长方向速度之差，也就是剃齿切削速度，即

$$v = v_{1t} - v_{0t} = v_1 \sin\beta_1 - v_0 \sin\beta_0 \qquad (12-4)$$

又因 $v_0 = n_0 \pi D_0$，所以简化后得

$$v_0 = \frac{n_0 \pi D_0 \sin\Sigma}{1000 \cos\beta_1} \qquad (12-5)$$

式中：β_0、β_1 分别为齿轮和剃齿刀的螺旋角；Σ 为剃齿刀和齿轮轴的轴交角 $\Sigma = \beta_1 \pm \beta_0$，两者螺旋角同向时取"＋"号，异向时取"－"号；$n_0$ 为剃齿刀转速，单位为 r/mm；D_0 为剃齿刀分度圆直径，单位为 mm。

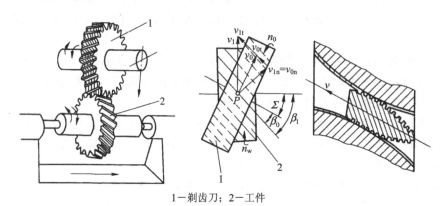

1—剃齿刀；2—工件

图 12-14 剃齿工作原理

从剃齿原理分析可知，两齿面是点接触，但因材料的弹性、塑性变形，而成为小面积接触，工件转过一转后齿面上只留下接触点的斑迹。为使工件整个齿面都能得到加工，工件尚需做往复运动，同时在往复运动一次后剃齿刀还应径向进给一次，使加工余量逐渐被切除以达到工件图样要求。

所以，剃齿应具备的运动有：剃齿刀的正反旋转运动；工件沿轴向的往复运动；工件每往复一次后的径向进给运动。

2）剃齿的工艺特点及应用

（1）剃齿机床结构简单、调整方便，但是由于剃齿刀与被加工齿轮没有强制啮合运动，因此对齿轮切向误差的修正能力差。

（2）剃齿加工精度主要取决于剃齿刀。只要剃齿刀本身的精度高、刃磨好，就能剃出 $Ra = 0.32 \sim 1.25\ \mu m$，精度为 IT6～IT8 级的齿轮，剃齿精度还受剃齿前齿轮精度的影响。剃齿一般只能使齿轮精度提高一个等级。从保证加工精度角度考虑，剃齿工艺采用滚齿比采用插齿好，因为滚齿的一转精度比插齿好，滚齿后的一齿精度虽然比插齿低，但这在剃齿工序中都是不难纠正的。

（3）剃齿加工效率高，一般 2～4 min 就可完成一个齿轮的加工，剃齿刀寿命长，剃齿刀一次刃磨后可以加工 1500 个齿轮，一把剃齿刀约可完成 10000 个齿轮的加工，因此加工成本低。然而，剃齿刀的制造比较困难，而且剃齿工件齿面容易产生畸变。

剃齿加工在汽车、拖拉机及金属切削机床等行业中广泛使用。

2. 珩齿

1）珩齿原理

珩齿的加工原理与剃齿是相同的，也是一对交错轴齿轮的啮合传动，所不同的只是珩齿是利用珩磨轮面上的磨料，通过压力和相对滑动速度来切除金属。图 12-15 表示在齿面上任一点处的切削速度可分解为沿齿向方向分量 v_t 和沿齿面方向分量 v_n。v_t 沿整个齿高变化，其变化规律是两头（齿根、齿顶）大、中间（节圆）小，v_n 的分布规律是两头大、中间为零，故齿面上各点的合成速度 v 的大小和方向是不相同的。

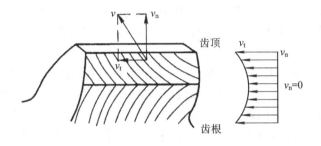

图 12-15　珩齿速度关系

根据珩齿加工原理，珩磨轮可以做成齿轮式珩磨轮来加工直齿和斜齿圆柱齿轮，如图 12-16 所示。珩磨轮的轮坯采用钢坯，其轮齿部分是用磨料与环氧树脂等经浇铸或热压而成的具有较高精度的斜齿轮。也可以将珩磨轮做成蜗杆，利用蜗轮-蜗杆的传动原理加工直齿和斜齿圆柱齿轮，如图 12-17 所示，这种方法目前在国外已经得到应用。

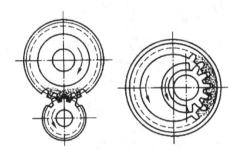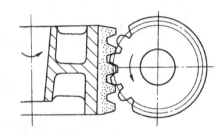

图 12-16　齿轮式珩齿法图　　　　　　　图 12-17　蜗杆式珩齿法图

蜗杆式珩磨轮的心部由 45 钢制成，齿部由环氧树脂和磨料混合浇注成形，坯料成螺纹状，可在专用机床上进行磨削，以获得精密的蜗杆式珩磨轮。当珩磨轮磨损后，可反复进行修磨，每修磨一次，高效的可珩磨 3000～4000 个齿轮。在这里蜗杆式珩磨轮的加工精度对齿轮加工精度是至关重要的。蜗杆式珩磨法与齿轮式珩磨法相比，具有珩磨轮精度高、珩削速度高、使用寿命长和表面粗糙度值小等优点。

2）珩齿加工的工艺特点及应用

（1）与剃齿相比，由于珩磨轮表面有磨料，所以珩齿可以精加工淬硬齿轮。一般条件下珩齿加工精度可达 IT6～IT7 级，表面粗糙度 Ra＝0.4～1.6 μm，可得到较小的表面粗糙度值和较高的齿面精度。

（2）因为珩齿与剃齿同属齿轮自由啮合，因而修正齿轮的切向误差能力有限。所以，应当在珩前的齿面加工尽可能采用滚齿，来提高齿轮的一转精度（即运动精度）。

（3）蜗杆式珩磨轮的齿面比剃齿刀简单，且易于修磨，珩磨轮精度可高于剃齿刀的精度。采用这种珩磨方式对齿轮的齿面误差、基本偏差及齿圈径向圆跳动能够较好地修正。因此，可以省去珩齿前的剃齿工序，变为滚齿—热处理—珩齿的工艺过程，缩短生产周期，节约价格昂贵的剃齿费用。

3. 磨齿

1)磨齿原理

一般磨齿机都采用展成法来磨削齿面，常见的有大平面砂轮磨齿机、碟形双砂轮磨齿机、锥面砂轮磨齿机和蜗杆砂轮磨齿机。其中，大平面砂轮磨齿机的精度最高，可达 IT3 级精度，但效率较低，而蜗杆砂轮磨齿机的效率最高，被加工齿轮的精度为 IT6 级。

（1）大平面砂轮磨齿原理。

图 12-18 为大平面砂轮磨齿原理图。齿轮的齿面渐开线由靠模来保证。图 12-18(a) 中，靠模绕护线转动，在挡块的作用下轴线沿导轨移动，因而相当于靠模的基圆在 CPC 线上纯滚动。齿坯与靠模轴线同轴安装即可磨出渐开线齿形。图 12-18(b) 中，通过转动一定角度可以用同一个靠模磨削不同基圆直径的齿轮。大平面砂轮磨齿精度较高，一般用于刀具或标准齿轮的磨削。

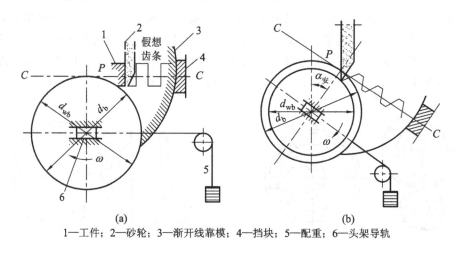

1—工件；2—砂轮；3—渐开线靠模；4—挡块；5—配重；6—头架导轨

图 12-18 大平面砂轮磨齿原理图

（2）蝶形砂轮磨齿原理。

图 12-19 为蝶形砂轮磨齿原理和机床工作原理图。图 12-19(a) 为采用两个蝶形砂轮的工作棱边形成假想齿条的两个齿侧面。在磨削过程中，砂轮高速旋转形成磨削加工的主运动，工件则严格地按照与固定齿条相啮合的关系做展成运动，使工件被砂轮磨出渐开线齿面。

被磨齿轮的展成运动是由滚圆盘的钢带机构实现的，如图 12-19(b) 所示，横向滑板 11 可沿横向导轨往复移动，上面装有工件 2 和心轴 3，后端通过分度机构 4 和滚圆盘 6 连接，两条钢带 5 和 9，一端固定在滚圆盘 6 上，另一端固定在支架 7 上，并沿水平方向拉紧。当横向滑板 11 由曲柄盘 10 转动做往复直线运动时，滚圆盘带动工件沿假想齿条节线做纯滚动，实现展成运动。纵向滑板 8 沿床身导轨做往复直线运动，可磨出整个齿的宽度。工件在完成一个或两个齿面的磨削后继续滚动至脱离砂轮，由分度机构带动分齿再进行下一个齿槽的磨削。

蝶形砂轮磨齿加工方法由于滚圆盘能够制造得很精确，且传动链短、传动误差小，所以展成运动精度高，被加工齿轮的精度可高达 IT4 级，但是砂轮的刚性差、磨削用量小、生产率较低。

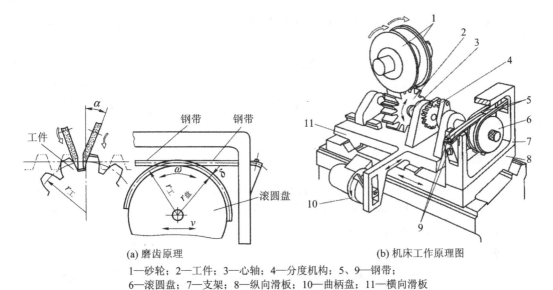

(a) 磨齿原理　　　　　　　　　　(b) 机床工作原理图

1—砂轮；2—工件；3—心轴；4—分度机构；5、9—钢带；
6—滚圆盘；7—支架；8—纵向滑板；10—曲柄盘；11—横向滑板

图 12 - 19　双片碟形砂轮磨齿原理及机床工作原理图

（3）蜗杆砂轮磨齿原理。

图 12 - 20 为蜗杆砂轮磨齿原理图，与滚齿加工相似，利用一对螺旋齿轮的啮合原理进行加工。把砂轮做成蜗杆形状，工件和砂轮者按严格的啮合传动关系运动实现渐开线齿轮的加工。

在大、中批量生产中，目前广泛采用蜗杆砂轮磨齿法。这种方法的加工原理和滚齿相似，砂轮为蜗杆状，磨齿时砂轮与工件两者保持严格的速比关系，为磨出全齿宽砂轮还需沿工件轴线方向进给。由于砂轮的转速很

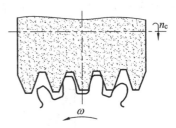

图 12 - 20　蜗杆砂轮磨齿的
工作原理图

高约 2000 r/min，工件相应的转速也较高，因此磨削效率高。被磨削齿轮的精度主要取决于机床传动链的精度和蜗杆砂轮的形状精度。

2）磨齿加工的特点及应用

磨齿加工的主要特点是：加工精度高，一般条件下加工精度可达 IT5～IT6 级，表面粗糙度 Ra＝0.2～0.8 μm；由于采用强制啮合的方式，不仅修正误差的能力强，而且可以加工表面硬度很高的齿轮；磨齿加工的效率低、机床复杂、调整困难，故加工成本较高，主要应用于齿轮精度要求很高的场合。

12.2　镗 削 加 工

12.2.1　镗削加工特点

镗削可以加工机座、箱体、支架等外形复杂的大型零件上的直径较大的孔，特别是有位置精度要求的孔和孔系。在镗床上利用坐标装置和镗模较容易保证加工精度。

镗削加工灵活性大、适应性强。在镗床上除加工孔和孔系外，还可以车外圆、车端面、

铣平面，加工尺寸可大可小，对于不同生产类型和精度要求的孔都可以采用这种加工方法。

镗削加工操作技术要求高、生产率低，要保证工件的尺寸精度和表面粗糙度，除取决于所用的设备外，更主要的是与工人的技术水平有关，同时机床、刀具调整时间亦较多。镗削加工时参加工作的切削刃少，所以一般情况下，镗削加工生产效率较低。使用镗模可以提高生产率，但成本增加，一般用于大批量生产。

12. 2. 2　镗床

镗床是主要用镗刀对工件已有的预制孔进行镗削的机床。镗刀安装在主轴或平旋盘上，工件固定在工作台上，可以随工作台做纵向或横向运动。通常，镗刀旋转为主运动，镗刀或工件的移动为进给运动。镗床分为卧式镗床、立式镗床、坐标镗床、金刚镗床等。

1. 卧式镗床

卧式镗床外形如图 12 - 21 所示。卧式镗床是镗床中应用最广泛的一种。它主要用于孔的加工，镗孔精度可达 IT7，除扩大工件上已铸出或已加工的孔外，卧式镗床还能铣削平面、钻削、加工端面和凸缘的外圆，以及切螺纹等，适用于单件小批量生产和修理车间，加工孔的圆度误差不超过 5 μm，表面粗糙度 Ra 为 0.63～1.25 μm。卧式镗床的主参数为主轴直径。

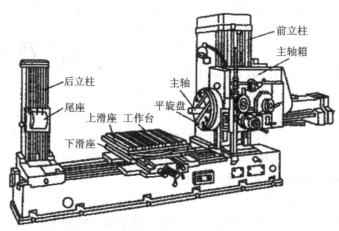

图 12 - 21　卧式镗床外形

卧式镗床的主要组成部分有床身、前立柱、主轴箱、工作台、后立柱等，主轴水平布置，主轴箱能沿前立柱导轨垂直移动。使用卧式镗床加工时，刀具装在主轴、镗杆或平旋盘上，通过主轴箱可获得需要的各种转速和进给量，同时可随着主轴箱沿前立柱的导轨上下移动。工件安装在工作台上，工作台可随下滑座和上滑座做纵、横向移动，还可绕上滑座的圆导轨回转至所需要的角度，以适应各种加工情况。

卧式镗床具有下列运动：

（1）主运动。卧式镗床的主运动有：镗轴的旋转运动和平旋盘的旋转运动，且二者是独立的，分别由不同的传动机构驱动。

（2）进给运动。卧式镗床的进给运动有：镗轴的轴向进给运动、主轴箱的垂直进给运动、工作台的纵向进给运动、工作台的横向进给运动、平旋盘上径向刀架的径向进给运动。

（3）辅助运动。辅助运动包括主轴、主轴箱及工作台在进给方向上的快速调位运动，后立柱的纵向调位运动，后支架的垂直调位移动，工作台的转位运动。这些辅助运动可以手动，也可以由快速电动机传动。卧式镗床能完成的主要加工方法如图 12 - 22 所示。

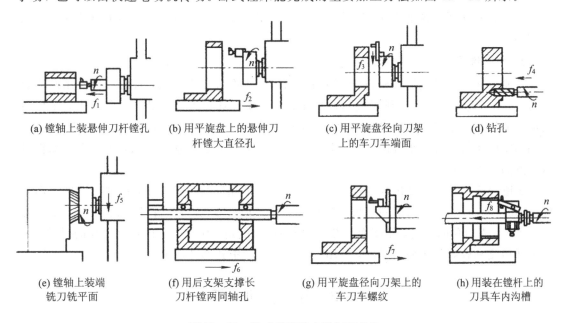

(a) 镗轴上装悬伸刀杆镗孔　　(b) 用平旋盘上的悬伸刀　　(c) 用平旋盘径向刀架　　(d) 钻孔
　　　　　　　　　　　　　　杆镗大直径孔　　　　　上的车刀车端面

(e) 镗轴上装端　　(f) 用后支架支撑长　　(g) 用平旋盘径向刀架上的　　(h) 用装在镗杆上的
　铣刀铣平面　　　刀杆镗两同轴孔　　　　车刀车螺纹　　　　　　　刀具车内沟槽

图 12 - 22　卧式镗床的主要加工方法

2. 坐标镗床

图 12 - 23 为立式坐标镗床外形图。坐标镗床是一种高精度机床，其主要特点是具有坐标位置的精密测量装置，能够依靠坐标测量装置精确地确定工作台、主轴箱等移动部件的位移量，实现工件和刀具的精确定位，主要用来镗削精密孔（IT5 以及更高）和位置精度要求很高的孔系。

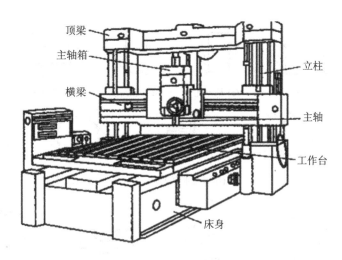

图 12 - 23　立式坐标镗床外形图

坐标镗床的工艺范围很广，除镗孔、钻孔、扩孔、铰孔以及精铣平面和沟槽外，还可以进行精密刻线和划线以及进行孔距、直线尺寸的精密测量工作。因此，坐标镗床是一种用途比较广泛的精密机床,适用于工具车间加工精密钻模、镗模及量具等,也适用于生产车间成批加工要求精密孔距的箱体类零件。

坐标镗床按其布局形式可分为立式和卧式两大类。立式坐标镗床适用于加工轴线与安装基面垂直的孔系和铣削顶面;卧式坐标镗床适用于加工轴线与安装基面平行的孔系和铣削侧面。

3. 金刚镗床

金刚镗床是一种高速精密镗床。因初期采用金刚石镗刀而得名,现已广泛使用硬质合金刀具。在金刚镗床上,主轴做高速旋转主运动,工件通过夹具安装在工作台上,工作台沿床身的导轨做平稳的低速纵向移动,以实现进给运动。为了运动平稳,主轴采用带传动,并用精密的角接触球轴承或静压滑动轴承支撑;同时,由于主轴短而粗,所以主轴部件具有良好的刚性和抗振性。

金刚镗床的特点是切削速度很高,同时背吃刀量和进给量又极小,可加工工件表面粗糙度 $Ra=0.08\sim0.63\ \mu m$,同时尺寸精度为 IT5~IT6 的孔。金刚镗床能进行单孔、阶梯孔、多孔、周边孔的镗削,车端面、锪孔、镗沟槽及倒角,加工的工件具有较高的尺寸、位置形状精度和较好的表面粗糙度,适用于大批量生产中孔的精加工。

12.3 拉削加工

12.3.1 拉削

拉削是一种高效率的加工方法。拉削可以加工各种截面形状的内孔表面及一定形状的外表面,如图 12-24 所示。拉削的孔径一般为 8~125 mm,孔的深径比一般不超过 5。拉削不能加工台阶孔和盲孔。由于拉床工作的特点,复杂形状零件的孔(如箱体上的孔)也不宜进行拉削。

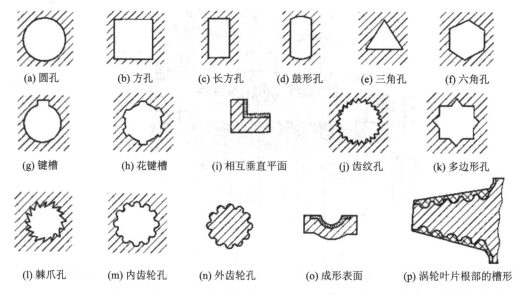

(a) 圆孔　　(b) 方孔　　(c) 长方孔　　(d) 鼓形孔　　(e) 三角孔　　(f) 六角孔

(g) 键槽　　(h) 花键槽　　(i) 相互垂直平面　　(j) 齿纹孔　　(k) 多边形孔

(l) 棘爪孔　　(m) 内齿轮孔　　(n) 外齿轮孔　　(o) 成形表面　　(p) 涡轮叶片根部的槽形

图 12-24　拉削加工的典型工件的截面形状

1. 拉削过程

拉刀是加工内外表面的多齿高效刀具,它依靠刀齿尺寸或廓形变化切除加工余量,以达到要求的形状尺寸和表面粗糙度。如图 12 - 25 所示,拉削时,将工件的端面靠在拉床挡壁上,拉刀先穿过工件上已有的孔,然后由机床的刀夹将拉刀前柄部夹住,并将拉刀从工件孔中拉过。

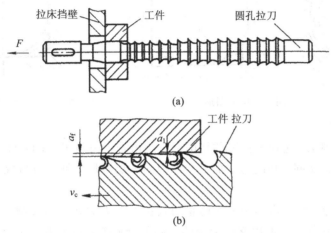

图 12 - 25　拉削过程

由拉刀上一圈圈不同尺寸的刀齿,分别逐层地从工件孔壁上切除金属,从而形成与拉刀最后的刀齿同形状的孔。拉刀刀齿的直径依次增大,形成齿升量 a_f,拉孔时从孔壁切除的金属层的总厚度就等于通过工件孔表面的切削齿的齿升量之和。由此可见,拉削的主切削运动是拉刀的轴向移动,而进给运动是由拉刀各个刀齿的齿升量来完成的,因此拉床只有主运动,没有进给运动。拉削时,拉刀做平稳的低速直线运动。拉刀的主运动通常由液压系统驱动。

2. 拉削方式

拉削方式是指拉刀把加工余量从工件表面切下来的方式,它决定每个刀齿切下的切削层的截面形状,在拉削加工中称之为拉削图形。拉削方式选择的恰当与否,直接影响到切削负荷的分配、拉刀的长度、拉削力的大小、拉刀的磨损和耐用度,以及加工表面质量和生产率。

拉削方式可分为分层拉削和分块拉削两大类。分层拉削包括同廓式和渐成式两种,分块拉削目前常用的有轮切式和综合轮切式两种。

1) 分层拉削法

(1) 同廓式拉削法。按同廓式拉削法设计的拉刀,各刀齿的廓形与被加工表面的最终形状一样。它们一层层地切去加工余量,最后由拉刀的最后一个切削齿和校准齿切出工件的最终尺寸和表面,如图 12 - 26 所示。采用这种拉削方式能达到较小的表面粗糙度值,但单位切削力大,且需要较多的刀齿才能把余量全部切除,拉刀较长,刀具成本高,生产率低,并且不适于加工带硬皮的工件。

(2) 渐成式拉削法。按渐成式拉削法设计的拉刀,各刀齿可制成简单的直线或圆弧,它们一般与被加工表面的最终形状不同,被加工表面的最终形状和尺寸是由各刀齿切出的

表面连接而成的，如图 12-27 所示。这种拉刀制造比较方便，但它不仅具有同廓式的同样
缺点，而且加工出的工件表面质量较差。

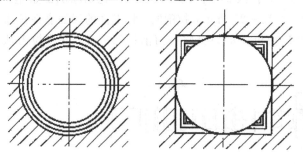
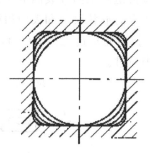

图 12-26　同廓式拉削图形　　　　　　　图 12-27　渐成式拉削图形

2）分块拉削法

（1）轮切式拉削法。轮切式拉刀的切削部分是由若干齿组组成的，每个齿组中有 2～5
个刀齿，它们的直径相同，共同切下加工余量中的一层金属，每个刀齿仅切去一层中的一
部分。

图 12-28(a)为 3 个刀齿列为一组的轮切式拉刀刀齿的结构与拉削图形。前两个刀齿
1、2 无齿升量，在切削刃上磨出交错分布的大圆弧分屑槽，切削刃也呈交错分布。最后一
个刀齿 3 呈圆环形，不磨出大圆弧分屑槽，但为了避免第三个刀齿切下整圈金属，其直径
应较同组其他刀齿直径略小。第一个齿沿圆周等间隔切除一部分余量，第二个齿切除其余
的余量，第三个圆环形齿切除前两齿交接处剩余的余量。

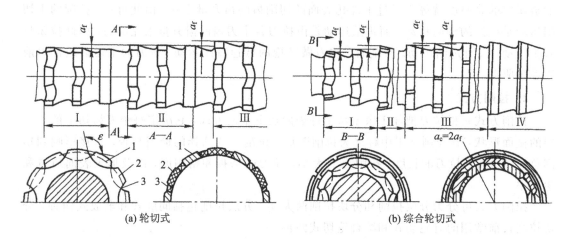

图 12-28　分块拉削方式

轮切式与分层拉削方式比较，它的优点是每一个刀齿上参加工作的切削刃的宽度较
小，但切削厚度较分层拉削方式要大得多。因此虽然每层金属要用一组（2 或 3 个）刀齿去
切除，但由于切削厚度比分层拉削方式大 2～10 倍，所以在同一拉削量下所需刀齿的总数
减少了许多，拉刀长度大大缩短，不仅节省了贵重的刀具材料，生产率也大大提高。在刀
齿上分屑槽的转角处强度高、散热良好，故刀齿的磨损量也较小。

轮切式拉刀主要适用于加工尺寸大、余量多的内孔，并可以用来加工带有硬皮的铸件
和锻件，但轮切式拉刀的结构较复杂，拉后工件的表面粗糙度较大。

（2）综合轮切式拉削法。综合轮切式拉刀集中了同廓式与轮切式的优点，粗切齿制成轮切式结构，精切齿则采用同廓式结构，这样既缩短了拉刀长度，提高了生产率，又能获得较好的工件表面质量。图 12 - 28(b)为综合轮切式拉刀刀齿的结构与拉削图形。拉刀上粗切齿Ⅰ与过渡齿Ⅱ采用轮切式刀齿结构，各齿均有较大的齿升量，过渡齿齿升量逐渐减小；精切齿Ⅲ采用同廓式刀齿的结构，其齿升量较小；校准齿Ⅳ无升量。

综合轮切式拉刀刀齿的齿升量分布较合理，拉削较平稳，加工表面质量高，但综合轮切式拉刀的制造较困难。

3. 拉削特点

（1）生产率高。由于拉削时，拉刀同时工作的刀齿数多、切削刃长，且拉刀的刀齿分粗切齿、精切齿和校准齿，在一次工作行程中就能够完成工件的粗、精加工及修光，机动时间短，因此拉削的生产率很高。

（2）可以获得较高的加工质量。拉刀为定尺寸刀具，用校准齿进行校准、修光工作；拉床采用液压系统，传动平稳；拉削速度低 $v_c = 2 \sim 8$ m/min，不会产生积屑瘤。因此，拉削加工质量好，精度可以达到 IT7～IT8 级，表面粗糙度 Ra＝0.4～1.6 μm。

（3）拉刀耐用度高，使用寿命长。由于拉削时，切削速度低，切削厚度小；在每次拉削过程中，每个刀齿只切削一次，工作时间短，拉刀磨损慢；拉刀刀齿磨钝后，还可刃磨几次。因此，拉刀耐用度高，使用寿命长。

（4）拉削属于封闭式切削，容屑、排屑和散热均较困难。如果切屑堵塞容屑空间，不仅会恶化加工表面质量，损坏刀齿，严重的会造成拉刀断裂，因此应重视对切屑的妥善处理。通常在刀刃上磨出分屑槽，并给出足够的齿间容屑空间及合理的容屑槽形状，以便切屑自由卷曲。

（5）拉刀制造复杂，成本高。一把拉刀只适用于加工一种规格尺寸的型孔或槽，因此拉削主要适用于大批大量生产和成批生产中。

12.3.2　拉床

拉床按其加工的表面所处位置分类，可分为内表面拉床和外表面拉床；按拉床的结构和布局形式，又可分为立式、卧式、链条式等。

图 12 - 29(a)为立式内拉床外形图，这种拉床可用拉刀或推刀加工工件的内表面。用拉刀加工时，工件的端面紧靠在工作台 2 的上平面上，拉刀由滑座 4 上的支架 3 支撑，自上向下插入工件的预制孔及工作台的孔中，将其下端刀柄夹持在滑座 4 的下支架 1 上，滑座向下移动进行拉削加工。用推刀加工时，推刀支撑在支架 3 上，自上向下移动进行加工。图 12 - 29(b)为立式外拉床的外形图，固定有拉刀 7 的滑板 6 可沿床身 8 的垂直导轨移动，工件固定在工作台 5 上的夹具内，拉刀随滑板向下移动完成工件外表面的拉削加工，工作台可做横向移动以调整切削深度，并在刀具回程时退离工件。

图 12 - 30 为卧式内拉床的外形图，在床身 1 的内部有水平安装的液压缸 2，通过活塞杆带动拉刀做水平移动，实现拉削的主运动。工件支撑架 3 是工件的安装基准，拉削时，工件的端面可以紧靠在支撑架上，如图 12 - 31(a)所示，也可以采用球面垫圈安装，如图 12 - 31(b)所示。护送夹头 5 及滚柱 4 用以支撑拉刀。

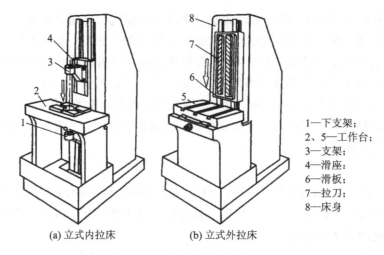

1—下支架；
2、5—工作台；
3—支架；
4—滑座；
6—滑板；
7—拉刀；
8—床身

(a) 立式内拉床　　(b) 立式外拉床

图 12-29　立式拉床

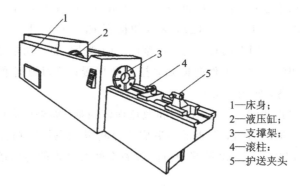

1—床身；
2—液压缸；
3—支撑架；
4—滚柱；
5—护送夹头

图 12-30　卧式内拉床

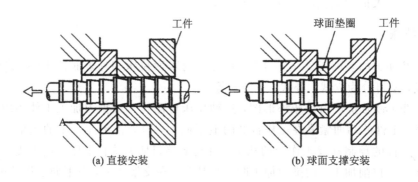

(a) 直接安装　　　　　　　(b) 球面支撑安装

图 12-31　工件的安装

12.4　刨 削 加 工

12.4.1　刨床和刨刀

　　刨削加工主要用于平面和沟槽加工。刨削可分为粗刨和精刨，精刨后的表面粗糙度 Ra值可达 1.6～3.2 μm，两平面之间的尺寸精度可达 IT7～IT9，直线度可达 0.04～0.12 mm/m。

1. 刨床

刨削加工是在刨床上进行的，常用的刨床有牛头刨床和龙门刨床。牛头刨床主要用于加工中小型零件，龙门刨床则用于加工大型零件或同时加工多个中型零件。

图 12-32 为牛头刨床外形图。在牛头刨床上加工时，工件一般采用平口钳或螺栓压板安装在工作台上，刀具装在滑枕的刀架上，滑枕带动刀具的往复直线运动为主切削运动，工作台带动工件沿垂直于主运动方向的间歇运动为进给运动。

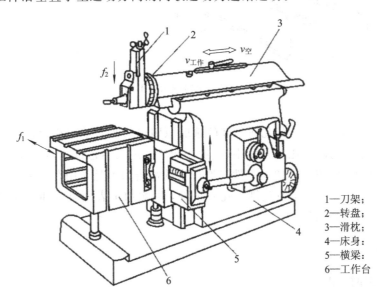

1—刀架；
2—转盘；
3—滑枕；
4—床身；
5—横梁；
6—工作台

图 12-32　牛头刨床外形图

在牛头刨床上，刀架后的转盘可绕水平轴线扳转角度，这样不仅可以加工平面，还可以加工各种斜面和沟槽，如图 12-33 所示。

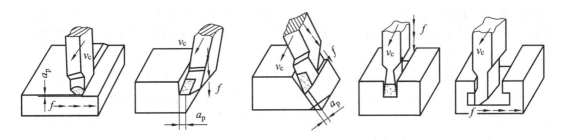

图 12-33　牛头刨床的加工类型

图 12-34 为龙门刨床外形图。在龙门刨床上加工时，工件用螺栓压板直接安装在工作台上或用专用夹具安装，刀具安装在横梁上的垂直刀架上或工作台两侧的侧刀架上，工作台带动工件的往复直线运动为主切削运动，刀具沿垂直于主运动方向的间歇运动为进给运动。各刀架也可以绕水平轴线扳转角度，故同样可以加工平面、斜面及沟槽。

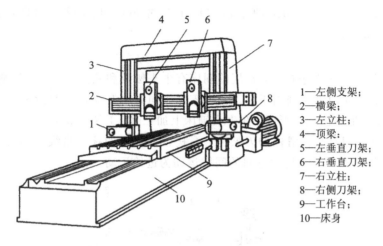

1—左侧支架；
2—横梁；
3—左立柱；
4—顶梁；
5—左垂直刀架；
6—右垂直刀架；
7—右立柱；
8—右侧刀架；
9—工作台；
10—床身

图 12-34 龙门刨床外形图

2. 刨刀

刨刀的结构与车刀相似，其几何角度的选取原则也与车刀基本相同，但是由于刨削过程有冲击，所以刨刀的前角比车刀要小（一般小于 5°，最大不超过 6°），而且刨刀的刃倾角也应取较大的负值，以使刨刀切入工件时所产生的冲击力不是作用在刀尖上，而是作用在离刀尖稍远的切削刃上。为了避免刨刀扎入工件，影响加工表面质量和尺寸精度，在生产中常把刨刀刀杆做成弯头结构。

12.4.2 刨削

1. 刨削加工的特点

刨削和铣削均是以加工平面和沟槽为主的切削加工方法。与铣削加工相比较，刨削加工有如下特点：

（1）加工质量。刨削加工的精度、表面粗糙度与铣削大致相当，但刨削主运动为往复直线运动，只能采用中低速切削。当用中等切削速度刨削钢件时，易出现积屑瘤，影响表面粗糙度，而硬质合金镶齿面铣刀可采用高速切削，表面粗糙度值较小。加工大平面时，刨削进给运动可不停地进行，刀痕均匀，而铣削时若铣刀直径（面铣）或铣刀宽度（周铣）小于工件宽度，需要多次走刀，会有明显的接刀痕。

（2）加工范围。刨削加工范围不如铣削加工广泛，铣削的许多加工内容是刨削无法代替的，例如加工内凹平面、型腔、封闭型沟槽以及有分度要求的平面沟槽等。但对于 V 形槽、T 形槽和燕尾槽的加工，铣削由于受定尺寸铣刀尺寸的限制，一般适宜加工小型的工件，而刨削可以加工大型的工件。

（3）生产率。刨削生产率一般低于铣削，这是因为铣削为多刃刀具的连续切削，无空程损失，硬质合金面铣刀还可以用于高速切削。但对于加工窄长平面，刨削的生产率则高于铣削，这是由于铣削不会因为工件较窄而改变铣削进给的长度，而刨削却可以因工件较窄而减少走刀次数。因此，窄平面（如机床导轨面等）的加工多采用刨削。

（4）加工成本。由于牛头刨床结构比铣床简单，刨刀的制造和刃磨较铣刀容易，因此一般刨削的成本比铣削低。

2. 宽刃细刨简介

宽刃细刨是在普通精刨基础上，使用高精度的龙门刨床和宽刃细刨刀，以低速和小吃刀量在工件表面切去一层极薄的金属。由于切削力、切削热和工件变形均很小，从而可获得比普通精刨更高的加工质量。其表面粗糙度 Ra 值可达 $0.8\sim1.6\ \mu m$，直线度可达 $0.02\ mm/m$。

宽刃细刨主要用来代替手工刮削各种导轨平面，可使生产率提高几倍，应用较为广泛。宽刃细刨对机床、刀具、工件、加工余量、切削用量和切削液均有严格的要求，具体如下：

(1) 刨床的精度要高，运动平稳性要好。为了维护机床精度，细刨机床不能用于粗加工。

(2) 当细刨刀刃宽小于 50 mm 时，用硬质合金刀片；当刃宽大于 50 mm 时，用高速钢刀片。刀刃要平整光洁，前后刀面的 Ra 值要小于 0.1 mm。选取 $-20°\sim-10°$ 的负值刃倾角，以使刀具逐渐切入工件，减少冲击，使切削平稳。图 12 - 35 为宽刃细刨刀的一种形式。

(3) 工件材料组织和硬度要均匀，粗刨和普通精刨后均要进行时效处理。工件定位基面要平整光洁，表面粗糙度 Ra 值要小于 $3.2\ \mu m$，工件的装夹方式和夹紧力的大小要适当，防止变形。

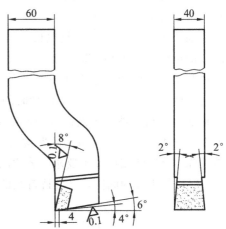

图 12 - 35　宽刃细刨刀

(4) 总的加工余量为 $0.3\sim0.4$ mm，每次进给的背吃刀量为 $0.04\sim0.05$ mm，进给量根据刃宽或圆弧半径确定，一般选取切削速度 $v_c=2\sim10$ m/min。

(5) 宽刃细刨时要加切削液，加工铸铁时常用煤油，加工钢件时常用全损耗系统用油和煤油(2∶1)的混合剂。

12.5　特种加工简介

特种加工是指直接利用电能、热能、光能、化学能、电化学能和声能以及特殊机械能对材料进行加工的方法。它与传统的切削加工方法相比具有许多特点，如：在加工过程中工具与工件之间没有显著的切削力；加工用的工具材料硬度可以低于被加工材料的硬度；能用简单的运动加工出复杂的形面。特殊加工主要用于高强度、高硬度、高韧性、高脆性、耐高温、耐磁性等难切削材料，以及精密细小和复杂形状零件的加工。

特种加工根据采用的能源分为以下几类：

(1) 力学加工：应用机械能进行加工，如超声波加工、喷射加工、水射流加工等。

(2) 电物理加工：利用电能转化为热能、机械能和光能等进行加工，如电火花成形加工、电火花线切割加工、电子束加工、离子束加工等。

(3) 电化学加工：利用电能转化为化学能加工，如电解加工、电镀、刷镀、镀膜、电铸造等。

(4) 激光加工：利用激光光能转化为热能进行加工。

（5）化学加工：利用化学能或光能转化为化学能进行加工，如化学铣削、化学刻蚀（即光刻加工）等。

（6）复合加工：将机械加工和特种加工叠加在一起形成复合加工，如电解磨削、超声电解磨削等。最多有四种加工方法叠加在一起的复合加工，如超声电火花电解磨削。

12.5.1　电火花加工

1. 电火花加工的原理

电火花加工是在一定的介质中，通过工具电极和工件电极之间脉冲放电的电蚀作用，对工件进行加工的方法。

如图 12-36 所示，工具电极 5 与工件电极 4 一起置于液体介质 7 中，并分别与脉冲电源 8 的负极和正极相连接。加工时，送进机构 6 移动工具电极使其逐渐趋近工件，当工具电极与工件之间的间隙小到一定程度时，介质被击穿，在间隙中发生脉冲放电。放电的持续时间极短（$10^{-8} \sim 10^{-6}$ s），而瞬时的电流密度极大，致使工件表面局部金属材料被熔化，汽化的金属材料被抛入液体介质冷凝成微小的颗粒，并从放电间隙中排除出去。每次放电即在工件表面形成一个微小的凹坑（称为电蚀），连续不断地脉冲放电，使工件表面不断地被蚀除，而逐渐完成加工要求。脉冲放电过程中，由间隙自动调节器驱动工具电极自动进给，保持与工件的间隙，以维持持续的放电。

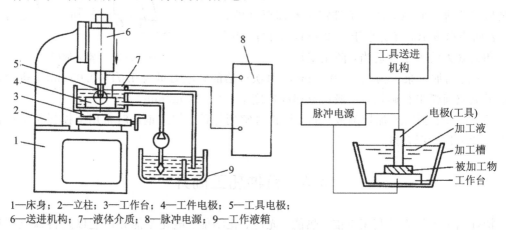

1—床身；2—立柱；3—工作台；4—工件电极；5—工具电极；
6—送进机构；7—液体介质；8—脉冲电源；9—工作液箱

图 12-36　电火花加工原理示意图

2. 电火花加工的特点和应用

电火花可以加工任何硬、脆、软和高熔点的导电材料，如淬火钢、硬质合金等。电火花加工时无切削变形，有利于对小孔、薄壁、窄槽以及各种复杂截面的型孔和型腔零件的加工，也适用于精密、细微加工；脉冲参数可以任意调整，可以在同一台机床上连续进行粗加工、半精加工和精加工；脉冲放电持续时间短，工件加工表面几乎不受影响；直接用电加工，便于实现自动控制和加工自动化。

3. 电火花加工的主要工艺指标

（1）加工精度：精加工的尺寸精度可达 0.005 mm，精密细微加工精度为 0.002～0.004 mm。

（2）表面粗糙度：精加工的表面粗糙度 Ra 值不大于 0.8 μm，精密细微加工表面粗糙度不大于 0.1 μm。

（3）加工速度：为单位时间内蚀除工件材料的体积量，平均为 20～30 mm³/min，高的为 2000～3000 mm³/min。

（4）工具电极损耗：用相对于工件蚀除体积的百分率表示，平均为 10%，最低为 0.1%。

4. 影响工艺指标的主要因素

（1）电极材料：一般选用纯铜、石墨、铜钨合金和银钨合金制作电极，其加工稳定性好。有时也选用钢或铸铁作电极，其机械加工性能好，但加工稳定性较差，电极损耗较大，主要用于穿孔加工。

（2）脉冲电源参数：主要是脉冲宽度和单个脉冲容量（脉冲电流幅值）。加大脉冲宽度，减小单个脉冲容量，可减少工具电极的损耗。

（3）加工极性：电火花加工时，工具电极接脉冲电源负极，工件电极接电源正极。若接反，则将大幅度增加工具电极的损耗。

（4）液体介质：主要指工作液的成分及排屑条件。

12.5.2　激光加工

1. 激光加工的基本原理

激光加工是利用功率密度极高的激光束照射工件的被加工部位，使其材料瞬间熔化或汽化，并在冲击波的作用下，将熔融物质喷射出去，从而对工件进行穿孔、蚀刻和切割，或采用较小能量密度，使加工区域材料熔融黏合，对工件进行焊接的一种加工方法。

固体激光器加工原理示意图如图 12-37 所示。当激光工作物质受到光泵（即激励脉冲氙灯）的激发后，吸收特定波长的光，在一定条件下可形成工作物质中亚稳态粒子大于低能级粒子数的状态，这种现象称为粒子数反转。此时，可能有少量激发粒子产生受激辐射跃迁，造成光放大，并通过谐振腔中的全反射镜和部分反射镜的反馈作用产生振荡，由谐振腔一端输出激光。通过透镜把激光束聚焦到工件的加工表面上，即可对工件进行加工。常用的固体激光工作物质有红宝石、钕玻璃和掺钕钇铝石榴石等。

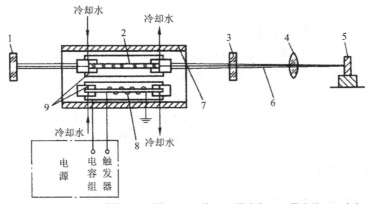

1—全反射镜；2—光泵；3—部分反射镜；4—透镜；5—工件；6—激光束；7—聚光器；8—氙灯；9—冷却水

图 12-37　固体激光器加工原理示意图

2. 激光加工的特点及应用

激光加工不需要加工工具，无刀具损耗、无切屑。激光加工可用于激光打孔、激光切割、激光焊接、激光热处理等方面，激光几乎可以对所有的材料进行打孔，还可透过玻璃材料对工件进行加工。激光加工技术精度高，但设备复杂，加工成本高。

12.5.3 超声波加工

1. 超声波加工的基本原理

超声波加工是利用产生超声振动的工具，带动工件和工具间的磨料悬浮液，冲击和抛磨工件的被加工部位，使其局部材料破坏而成为粉末，以进行穿孔、切割、研磨等的加工方法。

超声波加工原理图如图 12－38 所示，工具 4 的超声频振动是通过超声换能器 1 在高频电源作用下产生的高频机械振动，经变幅杆 2 使工具沿轴线方向做高速振动。工具的超声频振动，除了使磨粒获得高频撞击和抛磨作用外，还可使工作液受工具端部的超声振动作用而产生高频、交变的液压正负冲击波。正冲击波迫使工作液钻入被加工材料的细微裂缝处，加强机械破坏作用；负冲击波造成局部真空，形成液体孔穴。液体空穴闭合时又产生很强的爆裂现象，而强化加工过程，从而逐步地在工件上加工出与工具断面形状相似的孔穴。

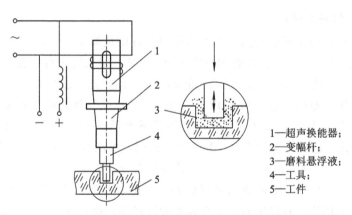

1—超声换能器；
2—变幅杆；
3—磨料悬浮液；
4—工具；
5—工件

图 12－38 超声波加工原理图

2. 超声波加工的特点及应用

超声波加工主要用于各种硬脆材料，尤其是电火花加工和电解加工无法加工的不导电材料的加工，如玻璃、陶瓷、石英、玛瑙、宝石、金刚石、锗、硅等。超声波加工的生产效率比电火花、电解加工低，但加工精度高。因此，对一些高精度的硬质合金冲压模、拉丝模等，常先用电火花粗加工和半精加工，最后用超声波精加工。超声波加工时对工件材料的宏观作用力小，热影响小，可加工一些不能承受较大机械力的薄壁、窄缝和薄片零件等。

12.5.4 电子束加工

1. 电子束加工的基本原理

电子束加工是在真空条件下，利用电子枪产生的电子经加速、聚焦，形成高能量、大密度的细电子束,轰击工件被加工部位,使该部位的材料熔化和汽化,从而进行加工,或利用电子束照射引起的化学变化而进行加工的方法。

电子束加工原理图如图 12-39 所示。在真空条件下,用电流加工阴极 1,产生的电子在高能电场作用下加速(电子枪),并经电磁透镜 4 聚焦成高能量、高速度的电子束流,冲击工件 7 表面极小的面积,在冲击处形成局部高温,使材料熔化其至汽化,实现加工。电磁透镜实质上是一个通以直流电源的多匝线圈,电流通过线圈形成磁场,利用磁场力的作用使电子束聚焦,其作用与光学玻璃透镜相似。偏转器 5 也是一个多匝线圈,当通以不同交变电流时,产生不同的磁场方向,使电子束按照加工需要做相应的偏转。

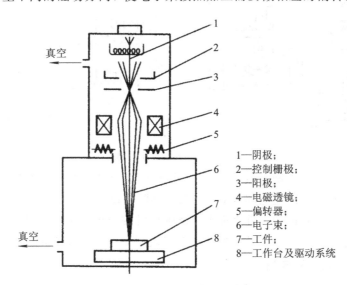

1—阴极;
2—控制栅极;
3—阳极;
4—电磁透镜;
5—偏转器;
6—电子束;
7—工件;
8—工作台及驱动系统

图 12-39　电子束加工原理图

2. 电子束加工的特点

(1) 电子束直径极小,经聚焦后可达微米级,故可加工微孔、窄缝。

(2) 电子束功率密度高,在几个微米的集束斑点上可达 10 W/cm^2,足以使任何材料熔化和汽化,因而能加工高硬度、难熔的金属和非金属材料。

(3) 电子束加工时工件受力小、变形小。

(4) 加工在真空环境中进行,可防止被加工工件氧化及周围环境对工件材料的污染。

(5) 加工过程容易实现自动化。

3. 电子束加工的应用

(1) 电子束打孔及型面加工。高能电子束可以加工各种微细孔(孔径为 $0.003\sim0.02$ mm)、型孔、斜孔、弯孔以及特殊表面,加工速率高,不受材料特性限制,且加工精度高,表面粗糙度值小。

(2) 电子束焊接。电子束焊接的可焊材料范围广,除能对普通碳钢、合金钢、不锈钢焊接外,更有利于高熔点金属(钛、钼、钨等及其合金)、活泼金属(锆、铌等)、异种金属(铜-不锈钢、银-白金等)、半导体材料和陶瓷等绝缘材料的焊接。

(3) 电子束蚀刻。电子束可用来对陶瓷、半导体材料进行精细蚀刻,加工精细的沟槽和孔。

12.5.5　电解加工

1. 电解加工的基本原理

电解加工是在通电的情况下，用金属阳极在电解液中产生溶解的电化学原理，对金属材料进行加工的一种方法，如图 12-40 所示。

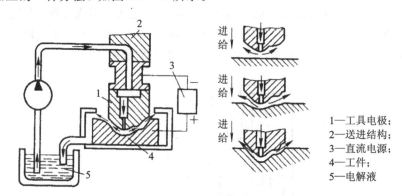

1—工具电极；
2—送进结构；
3—直流电源；
4—工件；
5—电解液

图 12-40　电解加工原理

电解加工时，以工件为阳极（接直流电源正极），工具为阴极（接直流电源负极），在两极之间的狭小间隙内，有高速电解液通过。当工具阴极以一定的速度（0.5～3 mm/min）向工件进给时，在相对于阴极的工件表面上，金属材料按阴极型面的形状不断地溶解，电解产物被高速电解液带走，于是工具的形状逐渐复映到工件上，形成所需要的加工形状。

2. 电解加工的特点和应用

(1) 采用低的工作电压（5～25 V）、高的电流密度（一般 10～90 A/cm²）、小的加工间隙（0.1～0.8 mm）和高的电解液流速（5～50 m/s），可加工高硬度、高强度和高韧性等难切削的金属材料（如淬火钢、高温合金、硬质合金、钛合金等）。

(2) 加工中无机械切削力或切削热，因此适于薄壁零件或其他刚性较差零件的加工。加工后零件表面无残余应力和毛刺。

(3) 由于影响电解加工的因素较多，难以实现高精度的稳定加工。

(4) 电解液（常用 $NaCl$、$NaNO_3$、$NaClO_3$）对机床有腐蚀作用；电解产物的处理和回收困难。

(5) 设备投资较大，耗电量大。

电解加工主要用于加工型孔、型腔、复杂型面及去毛刺等场合。

12.5.6　离子束加工

1. 离子束加工的基本原理

离子束加工被认为是最有前途的超精密加工和微细加工方法之一。这种加工方法是在真空中利用氩离子或其他带有 10 keV 数量级动能的惰性气体离子，在电场中加速，以其动能轰击工件表面而进行加工，这种加工方法又称为"溅射"。图 12-41 为离子束加工原理图。

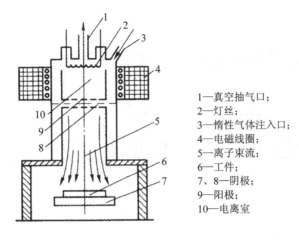

1—真空抽气口；
2—灯丝；
3—惰性气体注入口；
4—电磁线圈；
5—离子束流；
6—工件；
7、8—阴极；
9—阳极；
10—电离室

图 12 - 41 离子束加工原理图

2. 离子束加工的特点和应用

离子束加工可以分为去除加工、镀膜加工及注入加工。

（1）离子束溅射去除加工就是将加速的离子聚焦成细束，轰击加工表面，并从被加工表面分离出原子和分子。

（2）离子束溅射镀膜加工就是将加速的离子从靶材上打出原子或分子，并将它们附着到工件表面上形成镀膜。

（3）离子束溅射注入加工就是用数百 keV 的高级离子轰击工件表面，离子便打入工件表层内，其电荷被中和，成为置换原子或晶格间原子而被留于工件中，从而改变了工件材料的成分和性质。

离子束加工是一种很有价值的超精密加工方法，它不会像电子束加工那样产生热并引起加工表面的变形。它可以达到 $0.01\ \mu m$ 的机械分辨率。离子束加工是目前最精密的微细加工，它是纳米级加工技术的基础。离子刻蚀用于空气轴承的沟槽加工，而大量使用于集成电路、光电器件和光集成器件制造中的亚微米级图形的加工。但是，离子束加工技术难度大，不易掌握。目前，离子束加工尚处于不断发展中，在高级离子发生器中，离子束的均匀性、稳定性和微细度等方面都有待进一步研究。

12.5.7 水射流加工

水射流加工技术是在 20 世纪 70 年代初出现的，开始时只是在大理石、玻璃等非金属材料上用做切割直缝等简单作业，经过多年的开发，现已发展成为能够切削复杂三维形状的工艺方法。水射流加工特别适合于各种软质有机材料的去毛刺、切割等加工，是一种"绿色"加工方法。

1. 水射流加工的基本原理

如图 12 - 42 所示，水射流加工是利用水或加入添加剂的水液体，经水泵至贮液蓄能器使高压液体流动平稳，再经增压器增压，使其压力可达 $70\sim400$ MPa，最后由人造蓝宝石喷嘴形成 $300\sim900$ m/s 的高速液体射流束，喷射到工件表面，从而达到去除材料的加工目的。高速液体射流束能量密度可达 10^{10} W/mm^2，流量为 7.5 L/min，这种液体的高速冲击具有对固体的加工作用。

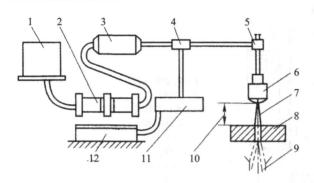

1—带有过滤器的水箱；2—水泵；
3—贮液蓄能器；4—控制器；
5—阀；6—蓝宝石喷嘴；
7—射流束；8—工件；
9—排水口；10—压射距离；
11—液压系统；12—增压器

图 12-42　液体喷射加工示意图

2. 水射流加工的特点

采用水射流加工时，工件材料不会受热变形，切缝很窄（0.075～0.40 mm），材料利用率高，加工精度一般可达 0.075～0.1 mm；高压水束不会变"钝"，各个方向都有切削作用，使用水量不多；加工开始时不需进刀槽、孔，工件上任意一点都能开始和结束切削，可加工小半径的内圆角；与数控系统相结合，可以进行复杂形状的自动加工。

水射流加工的加工区温度低，切削中不产生热量，无切屑、毛刺、烟尘、渣土等，加工产物混入液体排出，故无灰尘、无污染，适合木材、纸张、皮革等易燃材料的加工。

3. 水射流加工的设备

目前，国外已有系列化的数控水射流加工机，其基本组成主要有液压系统、切割系统、控制系统和过滤设备等。国内一般都是根据具体要求设计制造的。

水射流加工机床结构一般为工件不动，由切削头带动喷嘴做 3 个方向的移动。由于喷嘴口与工作表面距离必须保持恒定，才能保证加工质量，故在切削头上装一只传感器，控制喷嘴口与工件表面之间的距离。3 根轴的移动由数控系统控制，可加工出复杂的立体形状。

在加工大型工件（如船体、罐体、炉体等）时，不能放在水射流加工机床上进行，操作者可手持喷枪在工件上移动进行作业；对装有易燃物品的船舱、油罐，用高压水束切割，因无热量发生，则万无一失。手持喷枪可在陆地、岸滩、海上石油平台，甚至海底进行作业。

4. 水射流加工的应用

水射流加工的流束直径为 0.05～0.38 mm，加工的材料除大理石、玻璃外，还可以加工很薄、很软的金属和非金属材料。水射流加工已广泛应用于普通钢、装甲钢板、不锈钢、铝、铅、铜、钛合金板，以至塑料、陶瓷、胶合板、石棉、石墨、混凝土、岩石、地毯、玻璃纤维板、橡胶、棉布、纸、塑料、皮革、软木、纸板、蜂巢结构、复合材料等近 80 种材料的切削，最大厚度可达 90 mm。例如，切割厚 19 mm 吸音天花板，水压为 39 MPa，去除速度为 76 m/min；切割玻璃绝缘材料至厚 125 mm，由于缝较窄，可节约材料，降低加工成本；用高压水喷射加工石块、钢、铝、不锈钢，工效明显提高。水射流加工可代替硬质合金切槽刀具，可切材料厚度从几毫米至几百毫米，且切边质量很好。

用水喷射去除汽车、空调机、汽缸上的毛刺，由于缸体体积小、精度高、盲孔多，用手工去毛刺，需 26 名工人，现用 4 台水喷射机在两个工位上去毛刺，每个工位可同时加工两个汽缸，由 28 只硬质合金喷嘴同时作业，实现了去毛刺自动化，使生产率大幅度提高。

用高压水间歇地向金属表面喷射，可使金属表面产生塑性变形，达到类似喷丸处理的效果。例如，在铝材表面喷射高压水，其表面可产生 5 μm 硬化层，材料的屈服极限得以提高。此种表面强化方法，清洁、液体便宜、噪声低。此外，还可在经过化学加工的零件保护层表面划线。

本 章 小 结

(1) 成形法是利用与被加工齿轮的齿槽形状一致的刀具，在齿坯上加工出齿面的方法。成形铣削一般在普通铣床上进行。

(2) 展成法是利用一对齿轮或齿轮和齿条啮合的原理进行加工的，加工时刀具和工件按照一对齿轮或齿轮和齿条的啮合传动关系做相对运动，刀具齿形的运动轨迹逐步包络出工件的齿形。

(3) 滚齿加工是按展成法的原理来加工齿轮的。滚齿加工过程实质上是一对交错轴螺旋齿轮传动过程。

(4) 插齿加工相当于一对直齿圆柱齿轮的啮合。插齿时，刀具沿工件轴线方向做高速的往复直线运动，形成切削加工的主运动，同时还与工件做无间隙的啮合运动，在工件上加工出全部轮齿齿廓。

(5) 剃齿在原理上属于一对交错轴斜齿轮啮合传动过程。其加工过程就是剃齿刀带动工件做双面无侧隙的对滚，并对剃齿刀和工件施加一定压力。

(6) 珩齿的加工原理与剃齿是相同的，也是一对交错轴齿轮的啮合传动，所不同的只是珩齿是利用珩磨轮面上的磨料，通过压力和相对滑动速度来切除金属。

(7) 一般磨齿机都采用展成法来磨削齿面，常见的有大平面砂轮磨齿机、碟形双砂轮磨齿机、锥面砂轮磨齿机和蜗杆砂轮磨齿机。

(8) 镗削可以加工机座、箱体、支架等外形复杂的大型零件上的直径较大的孔。镗削加工灵活性大、适应性强、操作技术要求高、生产率低。镗床是主要用镗刀对工件已有的预制孔进行镗削的机床。镗床分为卧式镗床、立式镗床、坐标镗床和金刚镗床等。

(9) 拉削是一种高效率的加工方法。拉削可以加工各种截面形状的内孔表面及一定形状的外表面。拉削的孔径一般为 8～125 mm，孔的深径比一般不超过 5。拉削不能加工台阶孔和盲孔。

(10) 刨削加工主要用于平面和沟槽加工。刨削可分为粗刨和精刨，精刨后的表面粗糙度 Ra 值可达 1.6～3.2 μm，两平面之间的尺寸精度可达 IT7～IT9，直线度可达 0.04～0.12 mm/m。

(11) 电火花加工是在一定的介质中，通过工具电极和工件电极之间脉冲放电的电蚀作用，对工件进行加工的方法。

(12) 激光加工是利用功率密度极高的激光束照射工件的被加工部位，使其材料瞬间熔化或汽化，并在冲击波的作用下，将熔融物质喷射出去，从而对工件进行穿孔、蚀刻和切割，或采用较小能量密度，使加工区域材料熔融黏合，对工件进行焊接的一种加工方法。

（13）电子束加工是在真空条件下，利用电子枪产生的电子经加速、聚焦，形成高能量、大密度的细电子束，轰击工件被加工部位，使该部位的材料熔化和汽化，从而进行加工，或利用电子束照射引起的化学变化而进行加工的方法。

（14）电解加工时，以工件为阳极，工具为阴极，在两极之间的狭小间隙内，有高速电解液通过。当工具阴极以一定的速度向工件进给时，在相对于阴极的工件表面上，金属材料按阴极型面的形状不断地溶解，电解产物被高速电解液带走，于是工具的形状逐渐复映到工件上，形成所需要的加工形状。

（15）离子束加工是在真空中利用氩离子或其他带有 10 keV 数量级动能的惰性气体离子，在电场中加速，以其动能轰击工件表面而进行加工，这种加工方法又称为"溅射"。

（16）水射流加工是利用水或加入添加剂的水液体，经水泵至贮液蓄能器使高压液体流动平稳，再经增压器增压，使其压力可达 70～400 MPa，最后由人造蓝宝石喷嘴形成 300～900 m/s 的高速液体射流束，喷射到工件表面，从而达到去除材料的加工目的。

习　　题

12.1　齿轮成形法加工的原理及特点是什么？

12.2　齿轮展成法加工的原理及特点是什么？

12.3　齿轮加工方法主要有哪几种？

12.4　滚齿加工有何特点？用于什么场合？

12.5　插齿加工有何特点？用于什么场合？

12.6　剃齿加工有何特点？用于什么场合？

12.7　珩齿加工有何特点？用于什么场合？

12.8　磨齿加工有何特点？用于什么场合？

12.9　镗削加工有何特点？

12.10　卧式镗床所能完成的主要加工方法有哪些？

12.11　拉削加工的特点是什么？拉削方式有哪些？拉削加工适用于什么场合？

12.12　简述刨削加工的特点和适用范围。

12.13　何谓特种加工？与传统切削加工有何不同？

12.14　简述特种加工的种类、特点和应用范围。

12.15　加工模数 $m = 4$ mm 的直圆柱齿轮，齿数 $Z_1 = 35$，$Z_2 = 54$，试选择盘形齿轮铣刀的刀号。在相同的切削条件下，哪个齿轮的加工精度高？为什么？

第 13 章　机械加工工艺与机械装配工艺基础

（一）教学目标

·**知识目标：**

（1）了解机械加工工艺规程的基本概念；

（2）了解机械零件加工方法的选择、工艺路线的拟定，工艺规程的制订原则与步骤；

（3）了解保证装配精度的装配方法。

·**能力目标：**

（1）掌握拟定机械加工工艺规程的方法；

（2）能对工艺路线中的每个工序进行设计；

（3）能够应用工艺尺寸链计算基准不重合时的工序尺寸；

（4）能设计一般机器的装配工艺规程；

（5）能够根据实际情况选择合适的装配方法并合理设计各零件的尺寸和精度。

（二）教学内容

（1）介绍机械加工工艺基础知识和术语；

（2）介绍机械装配工艺基础知识和术语；

（3）工艺尺寸链与装配尺寸链的定义、组成，尺寸链的建立，封闭环尺寸及公差等的计算方法。

（三）教学要点

（1）机械加工工艺过程的组成；

（2）定位基准的选择；

（3）尺寸链的计算；

（4）装配工作的内容及装配方法的选择。

13.1　机械制造工艺过程的基本概念

13.1.1　生产过程与工艺过程

在机械制造时，从原材料制成机械产品的全过程称为机械的生产过程，生产过程可能包含生产技术准备、原材料的运输和保管、毛坯制造、机械加工、焊接、热处理、产品装配、生产质量检查和试车检验、油漆和包装等过程，这些过程可以分为工艺过程和辅助过程两类。

工艺过程是指直接改变生产对象的形状、尺寸、相对位置和性质，使其成为成品或半成品的过程，例如毛坯制造、机械加工及热处理、产品装配等。

辅助过程是指与原材料变成产品间接相关的过程，例如生产技术准备、原材料的运输和保管等。

13.1.2　机械加工工艺过程的组成

机械加工工艺过程可划分为五个不同层次的单元，分别是工序、安装、工步、走刀和工位，下面介绍这几个机械加工中的基本概念：

（1）工序。工序是工艺过程的基本组成单位，零件的机械加工工艺过程是由若干工序按照一定的顺序排列形成的。工序是指一个或一组工人，在一个工作地点对同一个或同时对几个工件所连续完成的那一部分工艺过程。例如对如图 13-1 所示的阶梯轴进行大批量加工时，其工序为：铣两端面、钻两端中心孔、车大外圆及倒角、车小外圆、切槽及倒角、铣键槽、去毛刺。加工工序的组成要素是工作地点、工人、工件和连续作业，如果这四者中任一发生变化，就构成了新的工序，例如轴调质前和轴调质后在车床上车外圆，就是两道工序。

（2）安装。完成一道工序，工件（或装配单元）在一次装夹中所完成的那部分工序内容称为安装。在同一道工序中，工件有可能要经过几次安装。

（3）工步。工步是划分工序的单元，在一个工序中，常常需要采用不同的切削刀具和切削用量来加工不同的表面，其中以同样刀具、同样切削用量，加工同一个或同一组表面的那部分工作称为一个工步。为了提高生产效率，常用几把刀具同时分别加工几个表面，这样的工步称为复合工步，如图 13-2 所示。

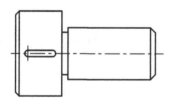

图 13-1　阶梯轴

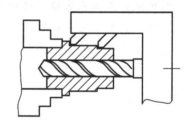

图 13-2　复合工步

（4）走刀。在一个工步内，如果要切除的金属层很厚，不能一次切削完，需要分几次进行切削，这时刀具以加工时的进给速度相对工件所完成的每次切削称为走刀。如图 13-3 所示，车削阶梯轴，第一工步车削到 $\phi85$ mm，第二工步车削到 $\phi65$ mm，由于第二工步上需切去较厚的金属层，所以分为两次走刀来进行。

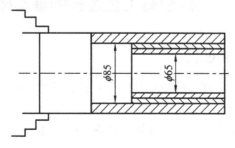

图 13-3　车削阶梯轴

（5）工位。一次安装后，工件在机床上占据的每一个加工位置称为工位。为了减少安装次数，常常采用各种回转工作台、回转夹具、移位夹具，使工件在一次安装中先后处于几个不同位置进行加工。如图 13 - 4 所示，一次安装后，在回转工作台上依次完成装卸工件、钻孔、扩孔和铰孔四个工位的加工。

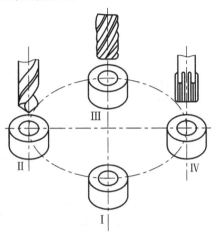

图 13 - 4　多工位加工图

13.1.3　生产纲领与生产类型

1. 生产纲领

生产纲领是指在计划期内企业应当生产的产品产量和进度计划，产品的生产纲领一般按照市场需求量与本企业的生产能力而定。计划期为一年的零件年生产纲领的计算公式为

$$N = Qn(1 + \alpha\%)(1 + \beta\%)$$

式中：N 为零件的生产纲领（件）；Q 为产品的生产纲领（台）；n 为每台产品中该零件的数量（件/台）；α 为备品的百分率；β 为废品的百分率。

2. 生产类型

生产类型通常分为单件生产、成批生产、大量生产三类，是由企业生产的产品特征（即产品属于重型、中型或轻型零件）、年生产纲领、批量以及投入生产的连续性决定的。

（1）单件生产：单个的生产某个零件，很少重复生产。例如重型机器制造、专用设备制造和新产品试制都属于单件生产。

（2）成批生产：指企业按年度分批生产相同的产品，生产呈周期性重复，按照批量不同，分为小批生产、中批生产和大批生产三种。例如普通机床、造纸机械、包装机械的制造等。

（3）大量生产：当产品的品种少而数量很大，大多数工作地点固定的加工某种零件的某一道工序，这种连续的大量制造同一种产品的生产就是大量生产。例如汽车、轴承、齿轮、摩托车等产品的制造。

不同生产类型的工艺特点是不一样的，表 13 - 1 列出了各种生产类型的工艺特点。

表 13 - 1　各种生产类型的工艺特点

工艺特点	生产类型		
	单件生产	成批生产	大量生产
零件的互换性	广泛采用钳工修配	多数互换，部分修配	全部互换，某些高精度配合件用分组选择法装配，不允许用钳工修配
毛坯情况	锻件自由锻造，铸件木工手工造型，毛坯精度低，加工余量大	锻件部分采用模锻，铸件部分用金属模，毛坯精度中等	广泛采用锻模、机器造型等高效方法生产毛坯，毛坯精度高，加工余量小
机床设备及其布置形式	通用机床，机群式布置，重要零件采用数控机床或加工中心	部分通用机床，部分专用机床，机床按零件类别分工段布置	广泛采用自动机床专用机床，采用流水线或自动线进行生产
工艺装置	广泛采用通用夹具、量具和刀具，找正法装夹工件	广泛采用通用夹具、通用道具、万能量具，部分采用专用刀具、专用量具	高效专用夹具，高效复合刀具，专用量具及自动检测装置
对工人的技术要求	对工人技术水平要求高	对工人技术水平要求较高	对调整工人的技术水平要求高，对操作工人技术水平要求不高
工艺文件	仅要工艺过程卡片	一般有工艺过程卡片，重要工序有工序卡片	详细的工艺文件，工艺过程卡、工序卡、调整卡等

13.2　定位基准的选择

13.2.1　基准的分类

机械零件是由若干个表面组成的，为了确定零件表面的相对关系，必须依据一些点、线、面，所依据的这些点、线、面几何要素就是基准，根据基准的不同功能，可分为设计基准和工艺基准两类。

1. 设计基准

设计基准是设计图样上所采用的基准，是标注设计尺寸或位置公差的起点，如图13 - 5 所示。

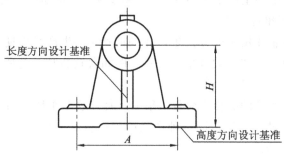

图 13 - 5　设计基准

2. 工艺基准

加工和装配过程中所使用的基准，称为工艺基准。工艺基准按用途不同又分为定位基准、测量基准、装配基准及工序基准。

（1）定位基准。加工时用于确定工件在机床或夹具上的正确位置所用的基准，称为定位基准。如图 13-6 所示，在加工 A 面的工序中，工件以圆柱表面在 V 形槽中进行定位，则圆柱的轴心线为定位基准，外圆柱表面为定位基面。在第一道工序中只能用毛坯上未经加工的表面作为定位基准，这种定位基准称为粗基准；在以后的各个工序中就可采用已加工表面作为定位基准，这种定位基准称为精基准。

（2）测量基准。用以检验已加工表面的尺寸及位置的基准，称为测量基准。如图 13-7 所示，用游标卡尺测量工件，圆柱面上距侧平面最远的圆柱母线为测量基准。通常采用设计基准为测量基准。

图 13-6　定位基准　　　　　　　　图 13-7　测量基准

（3）装配基准。装配时用以确定零件在部件或产品中的位置的基准，称为装配基准。装配基准一般与设计基准重合。

（4）工序基准。在工序图上，用以标定本工序所加工表面加工后的尺寸、形状、位置所采用的基准，称为工序基准。一般情况下，设计基准是在工程图纸上给定的，与设计基准不同的是，工序基准是由工艺技术人员从保证零件的设计要求出发，根据不同的工艺顺序与装夹方法选定的。工序基准除采用工件上实际表面或表面上的线以外，还可以是工件表面的几何中心、对称面或对称线等。如图 13-8 所示，加工切面工序中，工序图如图标注，则圆柱表面的最低母线为工序基准。

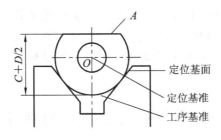

图 13-8　工序基准

13.2.2　定位基准的选择

在零件的加工过程中，每一道工序都有定位基准的选择问题。定位基准选择的正确与否对保证零件的加工精度，合理安排加工顺序都有着决定性的作用，因此定位基准的选择是制订工艺过程的主要内容之一。定位基准除了上述提到的粗基准与精基准外，还有辅助基准这种类型，辅助基准在零件的装配和使用过程中无用处，只是为了便于零件的加工而设置的基准。

1. 粗基准的选择原则

在机械加工工艺过程中，第一道工序所用的基准总是粗基准。粗基准的选择对工件主要有两个方面的影响，一是影响加工余量的分配，二是影响不加工表面与加工表面间的尺寸、相互位置。粗基准的选择原则如下：

(1) 选择重要表面为粗基准，这样可以使重要加工面的余量均匀。

(2) 选择不加工表面为粗基准，如果有多个不加工表面，则应选择其中与加工表面相互位置要求高的表面为粗基准。

(3) 选择加工余量最小的表面为粗基准，这样可以使各加工表面都有足够的加工余量。

(4) 选择平整光洁、加工面积较大的表面为粗基准，这样可减少定位误差，并使工件夹紧可靠。

(5) 粗基准在同一加工尺寸方向上只能使用一次，避免重复使用，主要原因是粗基准是毛坯表面，定位误差大，两次以同一粗基准装夹下加工出的各表面之间会有较大的位置误差。

2. 精基准的选择原则

选择精基准时，应着重从保证工件各加工面的位置精度和装夹方便这两方面来考虑。精基准的选择原则如下：

(1) 基准重合原则：应尽量选择加工表面的设计基准作为定位基准，特别是位置精度的要求很高时，不应违反这一原则。

(2) 基准统一原则：当零件需要多道工序加工时，应尽可能在多数工序中选择同一组表面精基准定位。

(3) 自为基准原则：有时精加工或光整加工工序要求余量小而均匀，则应以加工表面本身作为定位基准。例如，在床身导轨面进行磨削加工，常用导轨面本身作为基面找正后加工，还有拉孔、铰孔、研磨、无心磨等都是自为基准。

(4) 互为基准原则：某个工件上有两个相互位置精度要求很高的表面，常采用工件上的这两个表面互相作为定位基准进行反复加工来保证位置精度的要求。

(5) 便于装夹原则：所选精基准应能保证工件定位准确可靠，装夹的操作方便，夹具结构简单适用。

13.3　零件加工工艺的制订

13.3.1　制订零件加工工艺的内容和要求

零件加工工艺指的是零件加工的方法和步骤。制订加工工艺一般包括的内容有：零件加工的工艺路线、各工序的具体内容及所用的设备和工艺装备、零件的检验项目及检验方法、切削用量、时间定额等。将这些内容以工艺文件形式表示出来，就是机械加工工艺规程，即通常所说的“机械加工工艺过程卡片”，如图 13－9 所示。

	机械加工工艺过程卡片	产品型号		零(部)件图号			
		产品名称		零(部)件名称		共( )页	第( )页

材料牌号		毛坯种类		毛坯外形尺寸		每个毛坯可制作件数		每台件数		备注	

	工序号	工序名称	工序内容	车间	工段	设备	工艺装备	工时 准终	工时 单件
描图									
描校									
底图号									
装订号									

											设计(日期)	审核(日期)	标准化(日期)	会签(日期)
	标记	处数	更改文件号	签字	日期	标记	处数	更改文件号	签字	日期				

图 13－9 机械加工工艺过程卡片

制订零件加工工艺规程必须满足以下要求：

（1）技术先进：在制订零件的加工工艺规程时，在充分利用本企业现有生产条件的基础上，尽可能采用国内外先进工艺技术。

（2）生产效率高、生产成本低：在规定的生产纲领和生产批量下，可能会出现集中能够保证技术要求的方案，应通过对比和核算，结合现有生产条件，选择效率最高、工艺成本最低的方案。

（3）劳动条件好：制订工艺方案时，应尽量采取机械化和自动化的措施，减轻工人的劳动强度，保障生产安全，创造良好的劳动条件。

13.3.2 制订零件加工工艺的步骤

（1）分析产品的零件图与装配图。分析零件图的加工要求、结构工艺性，主要包括以下内容：

① 分析零件的作用及零件图上的技术要求。

② 分析零件主要加工表面的尺寸、形状及位置精度、表面粗糙度以及设计基准等。

③ 分析零件的材质、热处理及机械加工的工艺性。

（2）根据零件的生产纲领确定生产类型。

（3）选择毛坯。常用的毛坯分为铸件、锻件、型材和焊接件等，其种类和质量对零件加工质量、生产率、材料消耗以及加工成本都有直接影响。毛坯的选择应以生产批量的大小、零件的复杂程度、加工表面及非加工表面的技术要求等方面综合考虑。常用的毛坯类型如下：

① 铸件：将熔融金属浇入铸模，凝固后所得到的金属毛坯。铸件适用于形状比较复杂、所用材料又具备可铸性的零件。铸件的材料可以是铸铁、铸钢或有色金属。

② 锻件：金属材料经过锻造变形而得到的毛坯。锻件适用于力学性能要求高，材料（钢材）又具有可锻性，形状比较简单的零件。生产批量大时，可用模锻代替自由锻。

③ 型材：各种热轧和冷拉的圆钢、板材、异型材等，适用于形状简单的、尺寸较小的零件。

④ 焊接件：将各种金属零件用焊接的方法，而得到的结合件。在单件小批生产中，用焊接件制作大件毛坯，可以缩短生产周期。

（4）确定单个表面的加工方法。表面的加工质量直接影响零件和产品的质量，在了解各种加工方法特点的基础上，选择合理、经济的加工方法，保证加工精度。

（5）选择定位基准，确定零件的加工路线。根据粗基准与精基准的选择原则确定各工序的定位基准，合理安排各表面的加工顺序，制订出零件的机械加工工艺路线。

（6）确定各工序所用的设备及工艺装备。各工序所用机械设备的选用应在保证加工质量的前提下，尽量经济合理。一般情况下，成批生产时，应采用通用机床和专用工夹具，这样加工质量好、效率高、成本低。

（7）计算加工余量、工序尺寸及公差。

（8）确定切削用量，估算工时定额。单件小批量生产厂，切削用量多由操作者自行决定，机械加工工艺过程卡片中一般不作明确规定。在中批，特别是在大批量生产厂，为了保证生产的合理性和节奏的均衡，则要求必须规定切削用量，并不得随意改动。

（9）填写工艺文件。

13.4 工序尺寸的确定

13.4.1 加工余量

1. 基本概念

为了加工出合格的零件，必须从毛坯上切除金属层，金属层的厚度称为加工余量，即加工表面加工前后的尺寸之差。加工余量对加工质量和生产效率有较大影响，加工余量过大，造成材料浪费及加工成本增大，加工余量过小，造成不能纠正加工误差，质量降低。所以在保证质量的前提下，选择加工余量尽可能小。

加工余量分为工序余量和总余量。

（1）工序余量：工件经过每道工序加工后都应达到一定的尺寸要求，在一道工序中所切除的金属层厚度就称为工序余量。

工序余量又可分为单边余量和双边余量。通常表面加工属于单边余量，如图 13-10 所示。加工回转面时，当一个方向上的金属层被切除时，对称方向上的金属层也等量地被切除掉，这种加工属于双边余量，如图 13-11 所示。

在毛坯制造及各道工序的加工中，加工误差是不可避免的，因此毛坯尺寸、工序尺寸都有一个变动范围，即实际尺寸可在极限尺寸之间变化，因而加工余量也产生了最大工序余量和最小工序余量。

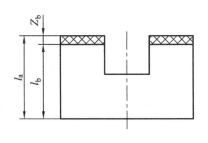

图 13 - 10　单边余量

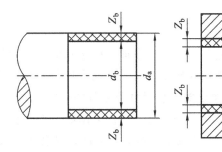

图 13 - 11　双边余量

（2）总余量：从毛坯到成品总共需要切除的余量。总余量等于相应表面各工序余量之和，也称为毛坯余量。总余量与工序余量的关系为

$$z_s = z_1 + z_2 + \cdots + z_i + \cdots + z_n = \sum_{i=1}^{n} z_i$$

式中：z_s 为总余量；z_i 为第 i 道工序余量。

2. 影响加工余量的因素

为了保证本工序的加工精度，必须了解影响加工余量的因素，影响加工余量的主要因素有以下四种：

（1）上一工序的尺寸公差：由于尺寸公差的存在，上一工序的实际尺寸可在极限尺寸之间变化，因此为了纠正误差，本工序的加工余量应包括上一工序的公差。

（2）上一工序的形状和位置偏差：工件上的某些形状和位置偏差不包括在尺寸公差的范围内，这些误差又必须在加工中加以纠正，需要单独考虑它们对加工余量的影响。

（3）上一工序加工面（或毛坯面）的状态：为了使工件的加工质量逐步提高，一般每道工序都应切到待加工表面以下的正常金属组织，因此上一工序留下的表面粗糙度 Ra 和缺陷层 H_{2a} 是本工序必须要切除的部分，如图 13 - 12 所示。

（4）本工序的装夹误差：装夹误差包括工件的定位误差和夹紧误差，这些误差会使切削刀具和被加工表面的相对位置发生变化，所以加工余量必须考虑装夹误差的影响。

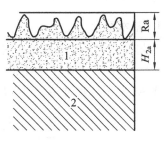

图 13 - 12　表面的粗糙度与缺陷层

3. 确定加工余量的方法

（1）分析计算法：用相应计算公式确定加工余量，是最经济和准确的，但是由于难以获得全面可靠的数据资料，所以一般应用得较少。

（2）经验估计法：根据以往加工的经验，估计加工余量的大小。为避免因加工余量不够而产生废品，所以一般估计的余量偏大，这种方法适用于单件小批生产。

（3）查表修正法：依据各工厂长期的生产实践特点制订的加工余量技术资料，或者依据"工艺手册"，直接查找加工余量，同时结合实际加工情况进行修正来确定加工余量，目前此方法在生产中应用广泛。

13.4.2　工序尺寸

工序尺寸是指某一工序加工应达到的尺寸，也就是工序图上所标注的尺寸。工序尺寸及其公差的确定要根据工序基准或定位基准与设计基准是否重合，采取不同的计算方法。

1. 基准重合时工序尺寸及公差的确定

当加工某表面的各道工序都采用同一个定位基准，并与设计基准重合时，工序尺寸计算只需考虑工序余量，可按如下方法计算各工序尺寸和公差：

(1) 确定各工序余量。

(2) 最后一道工序的工序尺寸等于零件图样上设计尺寸，并由最后工序向前逐道工序推算出各工序的工序尺寸，即从设计尺寸开始，逐次加上（对于被包容面）或减去（对于包容面）每道工序的加工余量，可分别得到各工序的基本尺寸。

(3) 最后一道工序的工序尺寸公差等于零件图样上设计尺寸公差，中间工序尺寸公差取加工经济精度。

(4) 除最后一道工序按图纸标注公差外，其余各工序尺寸按"入体原则"标注工序尺寸公差。所谓"入体原则"，是指在选取工序尺寸的极限偏差时，对被包容面（轴）的工序尺寸取上偏差为零，对包容面（孔）的工序尺寸取下偏差为零。

2. 基准不重合时工序尺寸及公差的确定

当工序基准或定位基准与设计基准不重合时，工序尺寸及其公差的确定比较复杂，需用工艺尺寸链来进行分析计算。

13.4.3　工艺尺寸链

1. 基本概念

工艺尺寸链是在零件加工过程中各种有关工艺尺寸按一定顺序排列的封闭尺寸系统。如图 13-13 所示，零件经过加工依次得尺寸 A_1、A_2 和 A_3，则尺寸 A_0 也就随之确定。A_0、A_1、A_2 和 A_3 形成尺寸链。列入尺寸链中的每一尺寸都称为环，A_0、A_1、A_2 和 A_3 都是环。

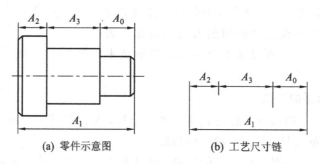

(a) 零件示意图　　　　(b) 工艺尺寸链

图 13-13　工艺尺寸链

环可分为封闭环和组成环两种。封闭环是在零件加工时最后自然形成的尺寸，是确保零件加工质量的一环，图 13-13 中的 A_0 就是封闭环；组成环是加工过程中直接获得的尺寸，图 3-13 中的 A_1、A_2 和 A_3 就是组成环。由于尺寸链的封闭性和关联性，所以根据组成环对封闭环的影响性质，将其分为增环与减环。在一个尺寸链中，组成环的其余环不变，当该环增大使封闭环也增大的环，称为增环，使封闭环减小的环，称为减环，即和封闭环同向变动的为增环，反向变动的为减环。根据定义，若 A_1 增大，则 A_0 将随之增大，所以 A_1 为增环；若 A_2 和 A_3 增大，则 A_0 将随之减小，所以 A_2 和 A_3 为减环。

对于环数较多的尺寸链，可用回路法快速判断增、减环，方法是从封闭环 A_0 开始顺着一定的路线标箭头，凡是箭头方向与封闭环的箭头方向相反的环便是增环，箭头方向与封闭环的箭头方向相同的环便为减环。如图 13-14 所示，A_1、A_2、A_4、A_5、A_7、A_8 是增环，A_3、A_6、A_9、A_{10} 是减环。

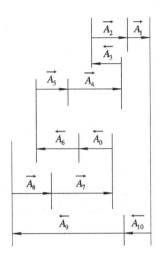

图 13-14　回路法判断增、减环

2. 工艺尺寸链的建立

工艺尺寸链分为直线尺寸链、角度尺寸链、平面尺寸链三种类型。直线尺寸链是指由长度尺寸组成，且各环尺寸相互平行的尺寸链；角度尺寸链是指由角度、平行度、垂直度等组成的尺寸链；平面尺寸链是指由成角度关系布置的长度尺寸构成的尺寸链。最常见的是直线尺寸链和角度尺寸链，现以直线尺寸链为例讲述建立装配尺寸链的步骤，具体如下：

（1）确定装配结构中的封闭环。封闭环是随着零件加工方案的变化而变化的，在判定过程中，必须根据具体方案，仅仅抓住"自然形成"这一要领。

（2）确定组成环，画工艺尺寸链图。从封闭环任意一端开始，按顺序逐步追踪与加工精度有关的各零件尺寸，将各尺寸首尾相接，直至封闭环的另一端为止，从而形成一个封闭的尺寸图，即构成一个工艺尺寸链。

（3）判断增、减环。画出工艺尺寸链图后，按定义判别组成环的性质。

（4）进行尺寸链的计算。根据尺寸链的基本计算公式，确定工序尺寸和公差。

3. 尺寸链的基本计算公式

计算工艺尺寸链的常用方法是极值法和概率法，此处介绍极值法。

（1）封闭环的基本尺寸等于所有增环的基本尺寸之和减去所有减环的基本尺寸之和，即

$$A_0 = \sum_{i=1}^{m} \overrightarrow{A_i} - \sum_{j=m+1}^{n-1} \overleftarrow{A_j}$$

式中：A_0 为封闭环的基本尺寸；$\vec{A_i}$ 为增环的基本尺寸；$\overleftarrow{A_j}$ 为减环的基本尺寸；m 为尺寸链的增环数；n 为尺寸链的总环数。

（2）封闭环的极限尺寸为

$$A_{0\max} = \sum_{i=1}^{m} \vec{A}_{i\max} - \sum_{j=m+1}^{n-1} \overleftarrow{A}_{j\min}$$

$$A_{0\min} = \sum_{i=1}^{m} \vec{A}_{i\min} - \sum_{j=m+1}^{n-1} \overleftarrow{A}_{j\max}$$

即封闭环的最大极限尺寸等于所有增环最大极限尺寸之和减去所有减环最小极限尺寸之和，封闭环的最小极限尺寸等于所有增环最小极限尺寸之和减去所有减环最大极限尺寸之和。

（3）封闭环的极限偏差为

$$ES(A_0) = \sum_{i=1}^{m} ES(\vec{A}_i) - \sum_{j=m+1}^{n-1} EI(\overleftarrow{A}_j)$$

$$EI(A_0) = \sum_{i=1}^{m} EI(\vec{A}_i) - \sum_{j=m+1}^{n-1} ES(\overleftarrow{A}_j)$$

即封闭环的上偏差等于所有增环的上偏差之和减去所有减环的下偏差之和，封闭环的下偏差等于所有增环的下偏差之和减去所有减环的上偏差之和。

（4）封闭环公差为

$$T_0 = \sum_{i=1}^{n-1} T_i$$

即封闭环公差等于所有组成环公差之和。

4. 计算实例

例 13-1　如图 13-15 所示工件 $A_1 = 80_{-0.1}^{0}$，以底面定位 A，加工台阶面 B，保证尺寸 $A_0 = 35_{0}^{+0.25}$，试确定工序尺寸 A_2 及平行度公差 T_{a_2}。

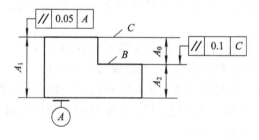

图 13-15　零件图

解　建立直线尺寸链，如图 13-16 所示，A_0 为封闭环，A_1 和 A_2 是组成环。根据尺寸链的计算公式可得到工序尺寸为

$$A_2 = 45_{-0.25}^{-0.1} = 44.9_{-0.15}^{0}$$

建立角度尺寸链，如图 13-17 所示，a_0 为封闭环，a_1 和 a_2 是组成环。根据尺寸链的计算公式可得到平行度公差为

$$T_{a_2} = 0.05$$

图 13-16　直线尺寸链图 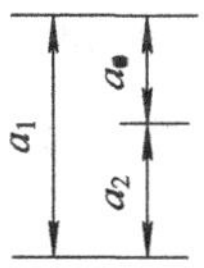　　　　　　　　　　图 13-17　角度尺寸链图

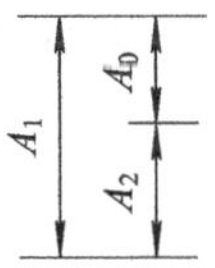

13.5　装配工艺的基本概念

13.5.1　装配的概念

一部机械产品往往由成千上万个零件组成，装配就是按照规定的技术要求，把加工好的零件按一定的顺序和技术进行配合和连接，使之成为半成品或成品的过程。装配工作是一个相当复杂的工艺过程，是决定产品质量的关键环节。

为保证有效地组织装配，必须将产品分解为若干个能进行独立装配的装配单元，从这个角度讲，机器是由零件、套件、组件和部件装配而成的。

零件：组成机器的最小单元，它是由整块金属或其他材料构成的，一般预先装成套件、组件、部件后才安装到机器上。

套件：在一个基准零件上，装上一个或若干个零件，就构成一个套件。它是最小的装配单元，为形成套件而进行的装配工作称为套装。

组件：在一个基准零件上，装上若干套件及零件，就构成一个组件，为形成组件而进行的装配工作称为组装。

部件：在一个基准零件上，装上若干组件、套件和零件，就构成一个部件。部件在机器中具有一定完整的功能，为形成部件而进行的装配工作称为部装。

在一个基准零件上，装上若干部件、组件、套件和零件就成为整个机器产品。一部机器中只有一个基准零件，为形成产品的装配称总装。例如卧式车床的总装便是以床身作为基准零件，装上主轴箱、进给箱、溜板箱等部件及其他组件、套件、零件。

13.5.2　装配的基本工作内容

1. 清洗

清洗的主要目的是去除零件表面或部件中的油污及机械杂质，特别对于轴承、密封件、相互接触或相互配合的表面，清洗是非常重要的一环，精度要求都在毫米级以下。

清洗的常见方法有机械清洗和物理-化学清洗两种类型。常见的机械清洗有手工清除法、机械工具清理法、压缩空气吹扫法、高压水冲洗法、磨料清洗法等；常见的物理-化学清洗有浸洗及煮洗法、压力冲洗法、蒸气浴清洗法、超声波清洗法、电化学清洗法等。

2. 连接

将两个或两个以上的零件结合在一起的工作称为连接，装配中的连接方式往往分为可拆连接和不可拆连接两类。

可拆连接指在装配后可方便拆卸而不会导致任何零件的损坏，拆卸后还可方便地重装。常见的可拆连接有螺纹连接、键连接、销连接等，其中螺纹连接应用最普遍。不可拆连

接指装配后一般不再拆卸，若拆卸则往往损坏其中的某些零件。常见的不可拆连接有焊接、铆接、过盈配合连接等。

3. 调整

调整包含平衡、校正、配作等。

平衡是为了防止在使用过程中因旋转件质量不平衡产生的离心惯性力而引起的振动。对于转速高、运动平稳性要求高的机器，不仅需要对旋转零、部件进行平衡，必要时对整机也需要进行平衡。平衡包括静平衡和动平衡，常见的平衡方法有加重法、减重法、调节法。

校正指在装配过程中通过适当的调整方法确定各相关零、部件间的相互位置，并达到装配精度要求。例如，卧式机床总装时床身导轨安装水平、主轴与尾座的等高性就需要进行校正。

配作指两个零件装配后固定其相互位置的加工，如配钻、配铰等，也可以是改善两零件表面结合精度的加工，如配刮、配研及配磨等。配作一般需与校正调整工作结合进行。

4. 检验和实验

产品装配完毕，应根据有关技术标准和质量验收标准，按照各项验收指标对产品进行较全面的检验和实验工作，合格后方准油漆、包装、出厂。

13.5.3　装配的组织形式

根据产品结构特点和生产纲领的不同，装配工作可以采用不同的组织形式，一般有固定式和移动式两种。

1. 固定式装配

固定式装配是将产品或部件的全部装配工作安排在一个固定的工作地点进行。在装配过程中产品的位置不变，装配所需的零、部件也汇集在工作地点附近。这种组织形式的特点是装配占地面积大，要求工人技术水平较高，而且装配周期长，装配效率低。固定式装配适用于单件小批生产。

2. 移动式装配

移动式装配是装配工人和工作地点固定不变，将产品或部件置于装配线上，装配对象不断地通过每个工作地点，在一个工作地点使用专用设备、夹具等重复完成固定的工序，在最后一个工作地点完成装配工作。这种组织形式实现了流水作业，因而装配周期短、效率高。移动式装配有自由移动式装配与强制移动式装配两种形式。自由移动式装配是利用小车或托盘在轨道上自由移动，装配进度是自由调节的。强制移动式装配是利用传送带或传送链进行的，又可分为连续移动和间歇移动两种方式。移动式装配只适用于大批大量生产。

13.5.4　装配精度

1. 装配精度的概念及内容

装配精度指产品装配后实际几何参数及工作性能与理想情况的符合程度。装配精度既是制订装配工艺规程的基础，又是确定零件的尺寸公差和技术条件的主要依据。装配精度主要包含如下内容：

（1）距离精度：指相关零、部件间的距离尺寸精度。例如相配合零件间的配合间隙、过盈量、卧式车床前后面顶尖对床身导轨的等高度等。

（2）位置精度：指相关零件的平行度、垂直度、同轴度等。例如车床主轴前后轴承的同轴度、立式钻床主轴对工作台面的垂直度、卧式铣床刀轴与工作台面的平行度等。

（3）相对运动精度：指相对运动的零、部件间在运动方向和运动速度上的精度。运动方向上的精度，例如车床拖板移动相对于主轴轴线的垂直度、车床主轴轴线对床鞍移动的平行度等；运动速度上的精度，主要是指传动精度，例如车床进给箱的传动精度。

（4）接触精度：指产品中两配合表面、接触表面和连接表面间的接触面积和接触点的分布情况与规定值的符合程度。例如齿轮啮合的接触斑点、导轨之间的接触情况等要求。

2. 影响装配精度的因素

机械产品及其部件均由零件组成，各相关零件的误差累积将反映于装配精度，因此零件精度是影响产品装配精度的首要因素，特别是关键零件对于装配精度的影响很大。当各零件的误差累积超过允许值时，可通过装配中的选配、调整和修配等手段来保证装配精度，因此零件精度必须与合理的装配工艺及方法来共同保证产品的装配精度。

13.6　装 配 尺 寸 链

13.6.1　基本概念

在产品或部件的装配关系中，把影响某一装配精度的相关零件的尺寸或相互位置关系按一定顺序首尾相接构成的封闭尺寸组合，称为装配尺寸链。为简便起见，通常不绘制装配部分的具体结构，而只是依次绘出各有关尺寸，排列成尺寸链简图，简图可以不符合严格的比例。例如对导柱与导套进行装配，要求保证装配精度，装配尺寸链如图 13-18 所示。装配尺寸链具有两个基本特征，一是具有封闭的外形，二是构成这个封闭外形的每个尺寸的偏差都影响装配精度。

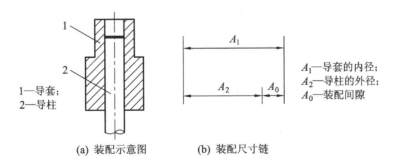

1—导套；
2—导柱

A_1—导套的内径；
A_2—导柱的外径；
A_0—装配间隙

(a) 装配示意图　　(b) 装配尺寸链

图 13-18　导柱与导套装配及装配尺寸链

13.6.2　计算实例

装配尺寸链的计算分为正计算与反计算两种类型。正计算是在已有产品装配图和全部零件图的情况下，由已知组成环的基本尺寸、公差及偏差，求封闭环的基本尺寸、公差及偏差，检验其是否满足装配精度的要求。反计算一般是在产品设计阶段进行，根据产品装配精度（封闭环）要求，确定组成环的基本尺寸及偏差，然后将这些基本尺寸和偏差标注到零件图上。无论哪种类型的计算，运用极值法一般情况下都能较好的解决。极值法的基本计算公式与 13.4.3 节中工艺尺寸链的计算公式相同。

例 13 - 2 如图 13 - 19 所示齿轮轴装配，要求装配后齿轮端面和箱体孔端面之间，具有 0.1～0.3 mm 的轴向间隙。已知 $A_1 = 90^{+0.1}_{0}$，$A_2 = 70^{0}_{-0.06}$，问 A_3 尺寸应控制在什么范围内才能满足装配要求。

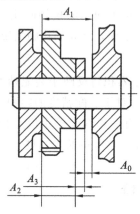

图 13 - 19　齿轮轴装配　　　　　　图 13 - 20　齿轮轴装配尺寸链

解　（1）绘制装配尺寸链简图，如图 13 - 20 所示。

（2）确定封闭环、增环、减环。其中，$\vec{A_0}$、$\vec{A_1}$、$\overleftarrow{A_2}$、$\overleftarrow{A_3}$。

（3）列尺寸链方程式，计算 A_3。尺寸链方程式为

$$A_0 = A_1 - (A_2 + A_3)$$

得

$$A_3 = A_1 - A_2 - A_0 = 90 - 70 - 0 = 20 \text{（mm）}$$

（4）确定 A_3 的极限尺寸。由

$$A_{0max} = A_{1max} - (A_{2min} + A_{3min})$$

得

$$A_{3min} = A_{1max} - A_{2min} - A_{0max} = 90.1 - 69.94 - 0.4 = 19.76 \text{（mm）}$$

由

$$A_{0min} = A_{1min} - (A_{2max} + A_{3max})$$

得

$$A_{3max} = A_{1min} - A_{2max} - A_{0min} = 90 - 70 - 0.2 = 19.8 \text{（mm）}$$

故 $A_3 = 20^{-0.20}_{-0.24}$。

极值法简单可靠，但是当封闭环的公差较小，组成环的数目又较多时，各组成环分得的公差是很小的，造成实际加工非常困难，而实际情况是加工一批零件时，实际尺寸处于公差中间部分的是多数，处于极限尺寸的零件是极少数的，而在装配产品或部件时各组成环恰好都处于极限尺寸情况更是小概率事件。因此，在大量生产中，当装配精度要求高，而且组成环的数目又较多时，比较适合的方法是应用概率法解算装配尺寸链。概率法和极

值法的区别只在封闭环公差的计算上，其他完全相同。

极值法的封闭环公差为

$$T_0 = \sum_{i=1}^{n-1} T_i$$

概率法的封闭环公差为

$$T_0 = \sqrt{\sum_{i=1}^{n-1} T_i^2}$$

式中：T_0 为封闭环公差；T_i 为组成环公差；n 为组成环个数。

13.7　机械产品装配方法

机械产品的精度最终是依靠装配精度来保证的，根据产品结构、生产类型等条件需选用不同的装配方法来满足装配精度的要求，常用的装配方法可划分为互换装配法、选择装配法、修配装配法和调整装配法四大类。

13.7.1　互换装配法

互换装配法是指零件具有互换性，被装配的各相关零件不需经过任何挑选、修配和调整就能达到规定的装配精度要求。互换装配法的实质是依靠零件的制造精度来保证装配精度。根据零件的互换程度，互换装配法可分为完全互换装配法和不完全互换装配法两类。

1. 完全互换装配法

完全互换装配法是以完全互换为基础确定各个零件的公差，合格的零件在进入装配时，不需要做任何挑选、修配或调整就可以使装配对象达到预先规定的装配技术要求。其优点是装配过程简单、效率高，对工人的技术水平要求不高；易于组织装配流水线和自动线实现流水作业和自动装配；零件的生产便于专业化，因此备件的供应问题容易解决，方便企业间的协作和用户维修。其缺点同样很显著，由于对零件的制造精度要求较高，零件加工有时候会特别困难。

2. 不完全互换装配法

不完全互换装配法又称部分互换装配法，是指装配时大部分零件不需要经过挑选、修配或调整就能达到规定的装配技术要求，但有很少一部分零件要加以挑选、修配或调整才能达到规定的装配技术要求。其实质是适当放大零件公差，按经济精度制造，这样会使零件加工容易，虽然会造成少数产品装配精度达不到规定要求，但这是小概率事情，总体经济可行。

一般情况下，使用要求与制造水平、经济效益不产生矛盾时，可采用完全互换装配法，反之采用不完全互换装配法。

13.7.2　选择装配法

选择装配法就是将零件的公差放大到经济可行的程度，然后从中选择合适的零件进行装配，以保证达到规定的技术要求的工艺装配方法。选择装配法在实际使用中有直接选配法和分组选配法两种不同的形式。

1. 直接选配法

直接选配就是工人凭借经验从一批加工好的零件中挑选合适的零件来进行装配，一个不合适再换另一个，直到满足装配技术要求为止。这种方法简单，但是挑选零件时间长，效率较低，而且装配质量很大程度上依赖于工人的经验和技术水平，这种装配方法没有互换性。

2. 分组装配法

分组装配法是将加工好的零件按实际尺寸的大小分成若干组，然后按对应组进行装配，同组零件具有互换性，组与组之间不能互换，配合精度取决于分组数，分组愈多，则装配精度就愈高。分组装配法中的零件是按经济精度制造的，在解决加工困难问题的同时又保证了装配精度，但是由于需要对零件进行测量与分组，增加了检验工时和费用，而且在一些组中可能剩下多余的零件不能进行装配。

13.7.3　修配装配法

修配装配法是将影响装配精度的各个零件按照经济加工精度制造，在装配时通过补充机械加工或手工修配的方法，改变指定零件上预先的修配量来达到所规定的精度要求的方法。修配装配法不具有互换性，增加了钳工的修配工作量，对工人技术水平要求较高，由于修配工时难以掌握，因此不能组织流水生产。修配装配法主要适用于单件小批量生产中装配精度要求较高且零件数较多的机器机构。

13.7.4　调整装配法

调整装配法是指装配时改变调整件在机器结构中的相对位置或更换合适的调整件来达到装配精度的方法。调整装配法与修配装配法的原理基本相同，但是与修配装配法不同的是它不是依靠去除金属来达到装配精度的。常用的调整件有螺钉、垫片、套筒、楔子以及弹簧等。调整装配法有可动调整法、固定调整法和误差抵消调整法等三种。

可动调整法是指通过改变调整件的相对位置来达到装配精度的方法，其优点是在调整过程中不需要拆卸零件，比较方便。如图 13－21 所示，通过调整螺钉来保证车床溜板和床身导轨之间的间隙。机械装配中采用可动调整法的例子较为常见。

固定调整法是指在尺寸链中选定一个或者加入一个结构简单的零件作为调整件来达到装配精度。例如装配时根据间隙的要求，选择不同厚度的垫圈。

误差抵消调整法是指通过调整某些相关零件的误差

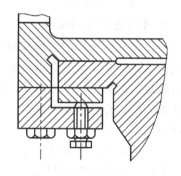

图 13－21　可动调整法装配

方向，使其相互抵消从而达到要求的装配精度的方法。例如在组装机床主轴时，通过调整前后轴承径向跳动的方向，来控制主轴锥空的径向跳动；又如在滚齿机工作台、分度蜗轮装配中，采用调整二者偏心方向来抵消误差以提高二者的同轴度。

　　调整装配法的主要优点是零件可以按经济精度制造，但却可获得较高的装配精度，且工作效率比修配装配法高。其不足之处是需增加调整装置，造成产品结构不够紧凑。

13.8　装配工艺规程的制订

　　装配工艺规程是指导产品或部件装配生产的工艺文件，其主要内容是各种工艺规程和操作方法。装配工艺规程是装配工作的主要技术文件，是处理装配工作中各种技术问题的重要依据，对装配质量、生产效率、生产成本和工人劳动强度等都有重要作用。

13.8.1　制订装配工艺规程的基本原则

1. 保证产品的装配质量

　　产品质量很大程度上是依靠产品的装配质量保证的，在满足设计所要求的技术参数和技术条件下，选用合理和可靠的装配方法，力求提高产品质量。

2. 提高装配效率

　　依据产品结构、车间设备和场地条件，合理安排装配顺序和工序，尽量减小手工劳动量，减轻体力劳动，缩短装配周期。

3. 降低装配成本

　　尽可能提高单位装配面积的生产率，降低消耗与投资，力求降低装配成本。

4. 保持先进性

　　在条件允许的情况下采用先进装配工艺技术和装配经验。

5. 注重安全性和环保性

　　充分考虑安全生产和防止环境污染问题。

13.8.2　制订装配工艺规程所需的原始资料

1. 产品图纸

　　产品图纸包括总装图、部件装配图和零件图。从总装图和部件装配图上可反映出产品和部件的结构、装配关系、配合件配合性质、相对位置精度、装配技术要求、零件明细等，依据这些内容制订装配顺序、装配方法；零件图则是为了满足装配精度的要求而作为补充加工或核算装配尺寸链的依据。

2. 产品的生产纲领

　　产品的生产纲领决定了产品的生产类型，而生产类型的不同，则装配的组织形式、装配方法、工艺过程的划分等均有所不同。产品的生产纲领对于设计装配工艺规程是重要的参考。

3. 现有生产条件

　　在制订装配工艺规程时，应充分了解工厂已有的装配设备与工艺设备、装配车间面积、工人技术水平、机械加工条件等情况，使制订的装配工艺规程能符合工厂的生产实际与生产条件。

13.8.3 制订装配工艺规程的方法与步骤

1. 图纸分析

图纸分析的第一步同时也是最基础的一步是检查产品图纸是否完整、正确，如果发现问题应及时与设计人员协商解决，其次通过结构工艺性分析掌握各零件的连接及装配方法，紧接着审核产品装配的技术要求，对装配精度要求进行必要的精度校核，最后分析和计算产品装配尺寸链。

2. 确定装配的组织形式

根据产品的结构特点、生产纲领和现场生产条件选择适当的装配组织形式，组织形式确定之后，也就确定了相应的装配方式。

3. 划分装配单元

装配单元是指装配中可独立装配的部件。对于大批量装配结构复杂的机器来说，划分装配单元是非常关键的一步，只有合理的划分装配单元，才能够合理安排装配顺序和划分装配工序。一般情况下，装配单元可分为零件、合件、组件、部件和产品五级，进行分级装配，如图 13-22 所示。

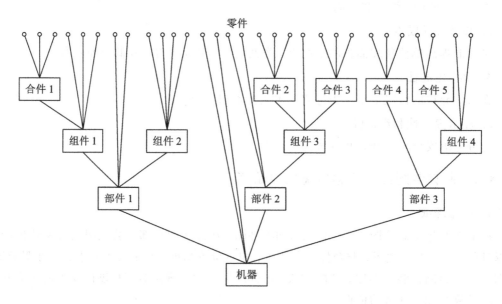

图 13-22 装配单元的划分

4. 确定装配基准件

任何装配单元，都要选择装配基准件，装配基准件是一个零件，或者是比该装配单元低一级的装配单元。其选择应考虑基准件的补充加工量应尽量少，尽可能不再有后续加工，同时基准件应有利于装配过程的检测、工序间的传递运输和翻身、转位等作业。一般情况下，选择的装配基准件是产品的基体或主干的零、部件。

5. 确定装配顺序

根据基准零件确定装配单元的装配顺序，确定装配顺序时应遵循以下原则：

（1）预处理工序先行：例如零件的去毛刺、清洗、防锈防腐、涂装、干燥等应先安排。

（2）先基础后其他：应首先进行基础零、部件的装配，使产品重心稳定。

（3）先里后外、先下后上：为避免前面工序妨碍后续工序的操作，应按先里后外、先下后上的顺序进行装配。

（4）先难后易：刚开始装配时基础件内的空间较大，有利于精密件的安装、调整和检测，较容易保证装配精度，因此按照先难后易的顺序进行装配。

（5）类似工序集中安排：对使用相同工装、设备和具有共同特殊环境的工序应集中安排。

（6）同方位工序集中安排：处于同一方位的装配工序也应尽量集中安排，避免基准件多次转位和翻转。

（7）电线、油（气）管同步安装：在机械零件装配的同时应把需装入内部的各种油（气）管、电线等也装进去，避免零、部件反复拆装。

（8）危险品最后：易燃、易爆、易碎或有毒物质的安装放在最后，减小安全防护工作量。

6. 划分装配工序

装配顺序确定后，紧接着应将装配过程划分成若干装配工序，工序划分的主要内容如下：

（1）确定工序内容，例如清洗、刮削、平衡、过盈连接、螺纹连接、校正、检验、试运转等。

（2）确定各工序所需的设备和工具，如需专用的设备、工装等，应拟定设计任务书。

（3）制订各工序装配操作范围和操作规范，例如过盈配合的压入力、压入方法、热胀法装配的加热温度、紧固螺栓的预紧扭矩、滚动轴承的预紧力等；

（4）制订各工序装配质量要求及检测方法、检测项目。

（5）确定各工序的时间定额，平衡各工序的工作节拍，特别是流水线装配时，工序的划分要注意流水线的节拍，使每个工序花费的时间大致相等。

7. 编写装配工艺文件

装配工艺文件主要有装配工艺过程卡片、检验卡片和试车卡片等，重要工序还应制订相应的装配工序卡，详细说明工序的工艺内容，如有需要应绘制出局部指导性装配简图。对于简单的装配，有时候装配工艺文件可用装配（工艺）系统图代替。

本 章 小 结

（1）在机械制造时，从原材料制成机械产品的全过程称为机械的生产过程，生产过程包括工艺过程和辅助过程两种类型。

（2）机械加工工艺过程可划分为五个不同层次的单元，分别是工序、安装、工步、走刀和工位。

（3）生产类型通常分为单件生产、成批生产、大量生产三类，是由企业生产的产品特征（即产品属于重型、中型还是轻型零件）、年生产纲领、批量以及投入生产的连续性决定的，不同生产类型的工艺特点是不一样的。

（4）机械零件是由若干个表面组成的，为了确定零件表面的相对关系，必须依据一些点、线、面，所依据的这些点、线、面几何要素就是基准。根据基准的不同功能，可分为设计基准和工艺基准两类。工艺基准按用途不同又分为定位基准、测量基准、装配基准及工序基准。

（5）工艺尺寸链是在零件加工过程中各种有关工艺尺寸按一定顺序排列的封闭尺寸系统。列入尺寸链中的每一尺寸都称为环，环可分为封闭环和组成环两种。封闭环是在零件加工时最后自然形成的尺寸，是确保零件加工质量的一环；组成环是加工过程中直接获得的尺寸。

（6）封闭环的基本尺寸为

$$A_0 = \sum_{i=1}^{m} \vec{A}_i - \sum_{j=m+1}^{n-1} \overleftarrow{A}_j$$

封闭环的极限尺寸为

$$A_{0\max} = \sum_{i=1}^{m} \vec{A}_{i\max} - \sum_{j=m+1}^{n-1} \overleftarrow{A}_{j\min}$$

$$A_{0\min} = \sum_{i=1}^{m} \vec{A}_{i\min} - \sum_{j=m+1}^{n-1} \overleftarrow{A}_{j\max}$$

封闭环的极限偏差为

$$ES(A_0) = \sum_{i=1}^{m} ES(\vec{A}_i) - \sum_{j=m+1}^{n-1} EI(\overleftarrow{A}_j)$$

$$EI(A_0) = \sum_{i=1}^{m} EI(\vec{A}_i) - \sum_{j=m+1}^{n-1} ES(\overleftarrow{A}_j)$$

封闭环公差为

$$T_0 = \sum_{i=1}^{n-1} T_i$$

（7）一部机械产品往往由成千上万个零件组成，装配就是按照规定的技术要求，把加工好的零件按一定的顺序和技术进行配合和连接，使之成为半成品或成品的过程，机器是由零件、套件、组件和部件装配而成的。

（8）在产品或部件的装配关系中，把影响某一装配精度的相关零件的尺寸或相互位置关系按一定顺序首尾相接构成的封闭尺寸组合，称为装配尺寸链。

（9）常用的装配方法可分为互换装配法、选择装配法、修配装配法和调整装配法四大类。

（10）装配工艺规程是指导产品或部件装配生产的工艺文件，其主要内容是各种工艺规程和操作方法。

习　题

13.1　何谓工序、安装、工位、工步、走刀？在一台机床上连续完成粗加工和半精加工算几道工序？若中间穿插热处理又算几道工序？

13.2　试述在机械加工工艺过程设计中，精基准的选择原则。

13.3　什么叫尺寸链？如何确定封闭环、增环和减环？

13.4　计算尺寸链的目的是什么?

13.5　如图 13-23 所示零件,若内外圆的同轴度公差为 $\phi 0.5$ mm,试求壁厚 N 的基本尺寸和极限偏差。

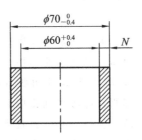

图 13-23　零件示意图

13.6　装配工作的基本内容是什么?

13.7　装配生产的组织形式有哪几种?各有何特点?

13.8　装配精度与零件精度有什么关系?试举例说明。

13.9　保证机器或部件装配精度的方法有哪几种?

13.10　极值法解尺寸链和概率法解尺寸链有何不同?各用于何种情况?

13.11　如图 13-24 所示齿轮箱,根据使用要求,应保证间隙 A_0 在一定范围内,各零件的基本尺为 A_1、A_2、A_3、A_4、A_5,试建立装配尺寸链。

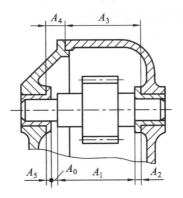

图 13-24　齿轮箱装配示意图

参 考 文 献

[1] 周晓邑，涂序斌. 机械制造基础[M]. 北京：北京理工大学出版社，2008.

[2] 沈向东. 机械制造技术[M]. 北京：机械工业出版社，2013.

[3] 庄万玉，等. 制造技术[M]. 北京：国防工业出版社，2008.

[4] 李永敏. 机械制造技术[M]. 郑州：黄河水利出版社，2008.

[5] 刘建军. 机械制造技术[M]. 西安：西安电子科技大学出版社，2008.

[6] 祁红志. 机械制造基础[M]. 北京：电子工业出版社，2010.

[7] 魏康民. 机械制造技术基础[M]. 重庆：重庆大学出版社，2004.

[8] 熊良山，等. 机械制造技术基础[M]. 武汉：华中科技大学出版社，2006.

[9] 张贻摇. 机械制造基础技能训练[M]. 北京：北京理工大学出版社，2008.

[10] 张本升. 机械制造技术[M]. 北京：北京邮电大学出版社，2012.

[11] 杨慧智. 机械制造基础实习[M]. 北京：高等教育出版社，2005.

[12] 刘贯军，郭晓琴. 机械工程材料与成型技术[M]. 北京：电子工业出版社，2013.

[13] 王纪安. 工程材料与材料成形工艺[M]. 北京：高等教育出版社，2004.

[14] 李言. 机械制造技术基础[M]. 北京：电子工业出版社，2011.

[15] 张绪祥，熊海涛. 机械制造技术基础[M]. 北京：人民邮电出版社，2013.

[16] 黄勤芳，孙峰. 机械制造技术基础[M]. 北京：机械工业出版社，2013.